TRAITÉ

DE LA

DYNAMIQUE

DES

SYSTÈMES MATÉRIELS

PAR

J.-B. BÉLANGER

Ancien ingénieur en chef des Ponts et Chaussées,
et ancien professeur à l'École centrale des Arts et Manufactures,
à l'École Polytechnique
et à l'École des Ponts et Chaussées.

PARIS

DUNOD   GAUTHIER-VILLARS
LIBRAIRE,   LIBRAIRE,
Quai des Augustins, 49   Quai des Augustins, 55

EUGÈNE LACROIX, LIBRAIRE,
Quai Malaquais, 15

1866

SUR LA MÉCANIQUE

ET

SUR LES THÉORIES DE SES PRINCIPALES APPLICATIONS

A

L'ART DE L'INGÉNIEUR

***

III

DYNAMIQUE DES SYSTÈMES MATÉRIELS

SUR LA MÉCANIQUE

ET

SUR LES THÉORIES DE SES PRINCIPALES APPLICATIONS

A

L'ART DE L'INGÉNIEUR

III

DYNAMIQUE DES SYSTÈMES MATÉRIELS

Paris. — Typographie Hennuyer et fils, rue du Boulevard, 7.

TRAITÉ

DE LA

DYNAMIQUE

DES

SYSTÈMES MATÉRIELS

PAR

J.-B. BELANGER

Ancien ingénieur en chef des Ponts et Chaussées
et ancien professeur à l'École centrale des Arts et Manufactures,
à l'École Polytechnique
et à l'École des Ponts et Chaussées.

PARIS

DUNOD | **GAUTHIER-VILLARS**
LIBRAIRE, | LIBRAIRE,
Quai des Augustins, 49 | Quai des Augustins, 55

EUGÈNE LACROIX, LIBRAIRE,
Quai Malaquais, 15

1866

PRÉFACE

Cet ouvrage, comme celui que j'ai publié en 1864, sous le titre de *Traité de la Dynamique d'un point matériel* et auquel il fait suite, est divisé en deux sections.

La première expose les notions fondamentales et les théories dont l'ensemble constitue la Dynamique des systèmes matériels, c'est-à-dire les généralités de la science de l'effet des forces sur les corps.

La seconde section contient de nombreux exemples de l'art d'appliquer à des questions usuelles les connaissances théoriques enseignées dans la première. Cette seconde partie donnera de l'intérêt à l'étude abstraite et un peu aride de la science pure : elle en fera mieux saisir la vraie signification et la portée ; elle habituera à voir dans les formules littérales les faits physiques dont elles sont les énoncés abrégés.

Mais je ne saurais trop conseiller aux jeunes gens studieux à qui ce livre est destiné, de relire les divers paragraphes de la première section chaque fois qu'ils en feront l'application, afin de les apprendre et les rapprendre jusqu'à ce qu'ils les possèdent imperturbablement, comme je suppose qu'ils savent les théorèmes principaux et très-peu nombreux de la dynamique d'un point matériel.

Une condition essentielle du succès de cette étude est d'attacher la plus grande attention à la signification scientifique de certains mots empruntés au langage commun et recevant en mécanique un sens spécial qui doit seul leur être attribué.

Les principaux mots techniques qui appartiennent à la Cinématique sont : *le temps, la vitesse et l'accélération* (*) *linéaires, la vitesse et l'accélération angulaires.* Il serait superflu de reproduire ici les explications données en leur lieu sur ces diverses quantités. Je crois seulement utile de rappeler que, dans un énoncé ou dans une formule de mécanique, un temps est exclusivement une durée qui a un commencement, une origine appelée *instant initial* et une fin appelée *instant final :* un instant n'est donc pas une durée même très-petite, pas plus qu'un point en géométrie n'a d'étendue. De même qu'on dit et qu'on écrit en abrégé

(*) J'ignore quel auteur a le premier employé en mécanique le mot accélération qui est très-utile dans les énoncés de cette science et qui désigne ce qu'on appelait auparavant force accélératrice en confondant un effet avec sa cause ; mais, chose assez curieuse, Poisson, qui n'en a fait aucun usage dans son *Traité de Mécanique* (2ᵉ édit., 1833), l'a introduit dans la table des matières du premier volume (p. 11), en ces termes : « Définition du mouvement uniformément accéléré ou retardé ; la force qui le produit est une force constante ; ce mouvement est celui des corps pesants dans le vide ; dans un même lieu, l'accélération est la même pour tous les corps ; sa grandeur à l'Observatoire de Paris. » La table renvoie au numéro 115, où il est dit que « on appelle *g* l'accroissement constant, positif ou négatif, de la vitesse dans chaque unité de temps, » sans autre dénomination.

« le point (x, y, z) » pour dire « le point dont les coor‑
données sont x, y et z, » certaines personnes disent
« l'instant t » ou « l'époque t » pour signifier « la fin ou
l'instant final du temps t; » c'est une locution que je
crois devoir éviter, pour conserver à la notation t son
unique signification. D'autres appellent instant l'élément
de temps dt, ce qui n'est pas moins incorrect en mathé‑
matiques que d'appeler point l'élément de volume $dx\,dy\,dz$.

La notion fondamentale spéciale à la Dynamique est celle
de la *force*, qui, comme celles de l'espace et du temps, s'ac‑
quiert par l'expérience. Voici à cet égard en quels termes,
au commencement de mon *Traité de la Dynamique d'un
point matériel* (p. 3), j'ai fait appel au souvenir du lecteur :

« La sensation que nous éprouvons, lorsque par notre
« contact avec un corps nous modifions son état de repos ou
« de mouvement, produit en nous l'idée de la force plus
« ou moins grande que nous exerçons ; et comme d'autres
« circonstances que l'action de nos muscles, telles que les
« attractions ou les répulsions à distance, donnent lieu à
« des effets semblables, nous sommes conduits à abstraire
« de ces circonstances très-diverses la notion commune et
« simple que l'expérience à tout moment répétée nous a
« donnée de la force mécanique. »

Cette explication est au fond celle qu'enseigne en d'au‑
tres termes M. Duhamel (*), qui, à l'exemple de D'Alem‑

(*) « La notion des forces est des plus simples et des plus incontes‑
« tables; elle nous vient de l'expérience de tous les instants. Nous ne
« pouvons déranger un corps de la position qu'il occupe sans avoir le
« sentiment d'un effort ; nous l'éprouvons de même pour soutenir un
« corps pesant, et nous avons l'idée d'un effort plus grand ou plus petit,
« avant d'avoir des moyens précis de comparaison. Il faut donc bien se

bert (*), déduit la notion des forces de celle des efforts que
nous faisons pour produire ou empêcher le mouvement des
corps. Peut-être y aurait-il à objecter ici qu'un effort s'étend
à tout l'organe agissant (la main, le bras, etc.), tandis que
la force, telle qu'on l'entend en Dynamique, se localise à
l'endroit du contact où elle s'exerce ; c'est pourquoi, s'il fallait, pour faire comprendre ce qu'est une force, employer un
synonyme, j'aimerais mieux dire que la force ressemble à
la pression que nous produisons sur un corps quand nous le
poussons, ou à la traction que nous faisons naître quand nous
tirons ce corps par l'intermédiaire d'un fil ou d'une corde.

La plupart des auteurs fondent l'idée de force sur la
notion de cause.

« On entend en général par force, » dit Lagrange (**),
« la cause, quelle qu'elle soit, qui imprime ou tend à im-
« primer du mouvement au corps auquel on la suppose
« appliquée. »

« La force, » dit Poinsot (***), « est une cause quelconque
« de mouvement. »

« On donne, en général, » dit Poisson (****), « le nom de
« force, à la cause quelconque qui met un corps en mou-
« vement, ou seulement qui tend à le mouvoir, lorsque

« garder de dire que la notion des forces ait rien d'hypothétique. Elle
« est aussi certaine que tout ce qui nous vient de l'expérience. »
(*Cours de Mécanique* de M. Duhamel, t. I, p. 2.)

(*) « Nous n'avons d'idée précise et distincte du mot *force*, qu'en
« restreignant ce terme à exprimer un effort. » (D'Alembert, *Traité de
Dynamique, Discours préliminaire*, p. 22.)

(**) *Mécanique analytique*, p. 1.

(***) *Éléments de Statique*, p. 2.

(****) *Traité de Mécanique*, p. 2.

« son effet est suspendu ou empêché par une autre cause. »

Il est aisé de voir, par quelques exemples, que ces définitions ont, par suite de la signification trop générale du mot *cause*, le défaut de ne pas s'appliquer exclusivement à l'objet défini, tel que la Dynamique le considère. En effet, suivant leur interprétation la plus naturelle, chacun pourrait raisonner ainsi : Lorsqu'en poussant un corps je le fais sortir du repos, je suis la cause de son mouvement; donc je suis une force. La vapeur qui pousse le piston d'une machine est la cause de son mouvement ; donc la vapeur est une force. Lorsqu'un obstacle arrête un corps animé d'une certaine vitesse, il est la cause qui modifie le mouvement préexistant ; donc cet obstacle est une force (*). Sans doute ces locutions sont intelligibles et peuvent même être très-convenables dans le discours ordinaire; mais, à mon avis, elles doivent être rigoureusement rejetées du langage de la science dont nous nous occupons. L'homme qui pousse un corps, le gaz qui presse un piston, l'obstacle qui arrête un corps en mouvement exercent des forces; ils sont des occasions, des causes de forces ; les forces qu'ils exercent, et celles que réciproquement ils reçoivent, conformé-

---

(*) Ceci n'est pas de ma part une simple supposition. L'illustre Carnot disait dans ce sens : « Les points fixes et obstacles quelconques sont des forces purement passives.... » (*Principes de l'équilibre et du mouvement*, p. 257.) Je n'insisterai pas sur ce qu'a aujourd'hui de singulier cette énonciation qu'un point fixe est une force ; mais l'expression de force passive me paraît une alliance de mots contradictoires ; car la force qu'exerce un appui fixe et que nous appelons souvent réaction de cet appui, *agit* aussi réellement que toute autre force. C'est probablement à l'imitation de Carnot que plusieurs auteurs appellent *résistances passives* celles qui naissent du frottement, de la roideur des cordes, etc.

ment au principe de la réaction égale et contraire à toute action, sont, dans notre pensée, toutes de même nature et comparables numériquement l'une à l'autre, quelle que soit la différence des agents qui les font naître.

Cette différence d'origine, dont la Dynamique générale fait abstraction, prend au contraire une grande importance en physique. De là les classifications admises dans cette dernière science. Ainsi par exemple, M. Jamin reconnaît (*) « cinq espèces spéciales de forces : les actions mu-
« tuelles des corps, la chaleur, la lumière, l'électricité et
« le magnétisme. » Cette énumération se rapporte sans doute, non à une prétendue diversité des forces. mais à la diversité des circonstances où ces forces se produisent ; car en définitive toutes les forces de la nature sont des actions mutuelles entre les derniers éléments des corps. Deux professeurs non moins éminents que celui que je viens de citer, MM. Boutan et d'Almeida, s'expriment sur le même sujet dans les termes suivants (**) : « Les forces que nous
« voyons intervenir dans la production des phénomènes
« sont très-variables par leur origine. Les plus importantes
« sont : les actions moléculaires, dont nous venons de dire
« un mot à propos des trois états de la matière ; les agents
« physiques déjà nommés (pesanteur, chaleur, électricité,
« lumière), dont l'étude fait le principal objet de ce cours ;
« l'action des moteurs animés (l'homme, le cheval, etc.) ;
« le vent et les cours d'eau, qui doivent à la pesanteur leur
« aptitude à jouer le rôle de forces ; l'élasticité des ressorts
« et les frottements, dont les effets se confondent avec ceux

(*) *Cours de Physique*, 1858, t. I, p. 5.
(**) *Cours élémentaire de Physique*, 1861, p. 6.

« des forces moléculaires. » Il est inutile d'insister sur ce que la Dynamique, science mathématique, aurait à reprendre à ce langage qui donne le même nom aux forces qu'aux agents qui les exercent ; le vent, par exemple, n'est pas proprement une force ; c'est l'air en mouvement, qui doit sa puissance motrice, non à la pesanteur, mais à sa masse et à sa vitesse, d'où résulte la pression ou force qu'il produit sur les ailes d'un moulin.

L'observation des phénomènes de la vie dans les êtres organisés a donné naissance aux expressions *force vitale*, *force intellectuelle*, *force morale*, qui se rattachent à des faits aussi certains que ceux de l'ordre purement matériel, mais d'une nature essentiellement différente. Il faut remarquer que le mot *force* n'a plus alors son sens propre et mathématique ; il n'indique plus des choses mesurables, dont on puisse dire, par exemple, que l'une est double ou triple d'une autre ; il n'a plus qu'un sens figuré, ou bien il prend la signification générale de cause des phénomènes dont l'étude est l'objet de la physiologie et de la philosophie. Or la Dynamique ne peut intervenir dans cette étude, à moins qu'elle n'y intervienne pour rappeler une loi absolue, infaillible, imposée aux mouvements de tous les êtres matériels, qu'ils soient ou ne soient pas organisés, la loi de la réaction égale à toute action. Ainsi l'âme humaine, ce chef-d'œuvre de la création divine, agit incontestablement sur la matière de nos organes, fait qui n'est guère plus merveilleux que l'action réciproque de tous les corps de l'univers, quelles que soient leurs distances grandes ou petites ; mais, ce qui n'a peut-être pas été vu assez clairement par les philosophes, cette faculté motrice de l'âme ne se manifeste jamais qu'en donnant naissance à des forces physiques égales et contraires deux à deux entre les éléments matériels de nos organes (*). C'est ce qui fait comprendre, comme on le verra ci-après, n⁰ˢ 13 et 17, pages 16 et 21, l'impossibilité où serait un homme ou un animal quelconque posé dans le vide sur un plan horizontal parfaitement poli, c'est-à-dire sans frottement, de déplacer horizontalement son centre de gravité, ou de s'imprimer une rotation d'ensemble autour de la verticale passant par ce point.

Peut-être trouvera-t-on que j'insiste beaucoup sur la signification du mot *force* en mécanique ; mais on s'étonnera moins si l'on considère que les plus grands esprits ont longtemps disputé sur une question qui se rattachait essentiellement à cette signification et que cette dispute nous a légué une expression vicieuse, celle de *force vive*. Il s'agissait de savoir quelle était *la mesure des forces des corps en mouvement*. Les uns, comme Descartes, Newton et Euler, soutenaient que la force d'un corps en mouvement est mesurée par le produit de sa masse m et de sa vitesse v, produit mv qu'on a appelé *impetus* ou *quantité de mouvement* ; d'autres, comme Leibnitz et Jean Bernoulli, prétendaient qu'elle est proportionnelle au produit de la masse du corps et du quarré de sa vitesse, ou ils disaient d'une manière plus précise que cette force se mesure par le produit du poids p du corps multiplié par la hauteur $\dfrac{v^2}{2g}$ d'où il faut faire tomber dans le vide un corps quelconque sous l'action de la pesanteur, pour lui faire acquérir la vitesse que possède le corps dont il s'agit ; et ce produit $p\dfrac{v^2}{2g}$ ou $\dfrac{1}{2}mv^2$ était nommé par Leibnitz, tantôt puis-

(*) Voir *Mécanique* de Poisson, t. II, p. 451.

sance motrice, tantôt force vive et tantôt puissance vive. A l'appui de la première opinion, on alléguait que si deux corps non élastiques viennent directement à la rencontre l'un de l'autre avec des vitesses réciproques à leurs masses, leur choc mutuel les réduit tous deux au repos : donc, concluait-on, ces deux corps, avant leur rencontre, étaient animés de forces égales et contraires qui se trouvent finalement équilibrées, détruites. La seconde opinion s'appuyait sur un autre genre d'expérience : qu'on fasse, par exemple, tomber une boule métallique creuse d'une certaine hauteur sur une matière molle où elle s'enfoncera un peu ; qu'après l'avoir retirée, on double son poids en la chargeant de grenailles et qu'on la laisse tomber sur la même matière molle à côté du premier trou, en faisant en sorte que la hauteur de la chute soit la moitié de ce qu'elle a été la première fois, on reconnaît que l'augmentation du poids a compensé la diminution de la hauteur et que l'enfoncement produit est le même. L'effet étant le même dans les deux cas, on en concluait que dans les deux cas la force du corps tombé est la même. Or les quarrés des vitesses de corps tombant de diverses hauteurs sont proportionnels aux hauteurs de chute ; donc, disait-on, pour que deux corps en mouvement soient animés de forces égales, il faut que les quarrés de leurs vitesses soient réciproques à leurs masses.

Toute la difficulté de cette contestation venait de ce qu'on n'avait pas préalablement défini l'objet du débat, en disant ce qu'on entendait par la force d'un corps en mouvement. Aujourd'hui cette expression, qu'on peut, si l'on veut, conserver dans le discours ordinaire, devrait être exclue du langage mathématique dans lequel le mot *force* serait restreint à exprimer l'idée que réveillent en nous les mots

pression, poussée, traction. Il est clair que rien de tel ne se
manifeste dans un corps par cela seul qu'il est en mouvement. Si, par une pure hypothèse, on imagine que ce corps,
que des forces quelconques ont tiré du repos, soit, à partir
d'un certain instant, abandonné à lui-même, ne rencontrant
ni obstacle ni résistance, son centre de gravité conserve dès
lors sa vitesse invariable en grandeur et en direction; c'est
la loi de l'inertie. Dans cet état le corps ne reçoit ni n'exerce
aucune force. Il semble donc qu'il n'y ait rien qu'on puisse
appeler sa force actuelle.

Comment se faisait-il que les grands géomètres que nous
venons de nommer l'entendissent autrement? C'est que,
adoptant pour le mot *force* la définition vague et trop générale de *cause de mouvement*, ils appliquaient le même nom
à des choses différentes. Quand ils considéraient la variation
actuelle du mouvement d'un corps, ils reconnaissaient tous
que la cause aussi actuelle de cette variation, cause que depuis on a appelée tantôt force accélératrice, tantôt force
motrice, est proportionnelle au produit de la masse et de
l'accroissement de la vitesse dans l'unité de temps. Mais
lorsqu'ils portaient leur attention sur le mouvement acquis
ou, pour mieux dire, sur la vitesse acquise d'un corps,
comme, par exemple, dans le cas simple de mouvement
rectiligne uniforme, ils attachaient au mot *force* l'idée de
la cause non actuelle, mais antérieure, de ce mouvement,
ou bien ils considéraient le corps comme capable, en vertu
de sa masse inhérente à sa nature et de sa vitesse accidentelle, de devenir ultérieurement cause de mouvement pour
un autre corps qu'il viendrait à rencontrer, et ils appelaient
force du premier corps cette faculté d'imprimer du mouvement au second.

Si aujourd'hui on proposait comme un problème de déterminer la force ainsi définie, les notions élémentaires de mécanique (*) suffiraient pour répondre :

La masse d'un corps étant donnée ainsi que sa vitesse actuelle, la force motrice qui a fait sortir ce corps du repos, et la force contraire ou résistante qui serait capable de le ramener au repos, peuvent être supposées soit variables, soit constantes. Si l'on admet, pour simplifier, la seconde hypothèse, cela ne suffit pas pour calculer l'intensité de la force ; il faut encore prendre en considération un temps ou un espace, soit le *temps* qu'a duré l'action de la première force ou que durera l'action de la seconde, soit l'*espace* qu'a parcouru le mobile sous l'action de la force motrice ou l'espace qu'il parcourra sous l'action de la force résistante.

Si l'on considère le temps, la solution du problème se réduit à écrire que le produit de la force et du temps est égal au produit de la masse et de la vitesse, relation qu'on exprime par la formule

$$Ft = mv$$

et qu'on énonce en disant que *l'impulsion de la force est égale à l'impetus ou à la quantité de mouvement du corps.*

Si l'on considère l'espace, la solution consiste à écrire que le produit de la force et de l'espace parcouru pendant son action est égal au produit du poids du corps multiplié par la hauteur due à sa vitesse, c'est-à-dire à la moitié du produit de la masse et du quarré de la vitesse, seconde

(*) Voir, *Dynamique d'un point matériel*, chap. III, § 3.

relation qu'on exprime par la formule

$$ Fs = \frac{1}{2}\, mv^2, $$

et qui s'énonce en disant que *le travail de la force est égal à la puissance vive du corps*.

Supposons, par exemple, qu'une balle de fusil dont le poids p est de $\frac{1}{10}$ kilog. ait une vitesse v de 420 mètres par seconde. Si l'on admet que pendant le temps t rapporté à une seconde et compté depuis l'instant du départ jusqu'à celui où la vitesse v a été acquise, la force F exprimée en kilogrammes ait été constante, dans l'équation

$$ Ft = mv, $$

on fera

$$ m = \frac{p}{g} = \frac{1}{10 \times 9,81} = \frac{0,102}{10} \quad \text{et} \quad v = 420, $$

ce qui donne

$$ Ft = 1,071 ; $$

donc, suivant que l'action de la
force a duré   0″,01 ; 0″,005 ; etc.
son intensité a été en kilogrammes   107,1 ;   214,2 ; etc.

Si le même corps, lorsqu'il a la vitesse de 420 mètres, rencontre un autre corps qui anéantisse cette vitesse en lui opposant une force constante, la même équation donnera l'impulsion résistante exercée par l'obstacle sur la balle en mouvement. En supposant, par exemple, que l'obstacle ait détruit la vitesse dans un temps de 0,0001 de seconde, on en conclura que la force a été de 10 710 kilogrammes.

Veut-on, au lieu du temps, faire entrer dans le calcul l'espace s parcouru pendant ce temps? S'il s'agit du même corps ayant la même vitesse finale, il faut dans l'équation

$$Fs = \frac{1}{2} mv^2,$$

substituer pour m et v les mêmes valeurs, ce qui donnera

$$Fs = 224,91 ;$$

donc, suivant que la force a

agi dans une étendue de $\qquad$ 1^m; $0^m,90$; $0^m,80$; etc.
son intensité F en kilog. est $\qquad$ 224,9; 249,9; 281,1; etc.

Si, comme nous l'avons dit tout à l'heure, le même corps en rencontre un autre qui détruise sa vitesse en lui opposant une force constante, la même équation donnera le travail résistant exercé par la réaction de l'obstacle sur la balle en mouvement; et en supposant, par exemple, que l'obstacle n'ait permis au centre de gravité du mobile que de parcourir une longueur de $0^m,02$, on en conclura que l'intensité de sa réaction a été de $\dfrac{224,91}{0,02} = 11245$ kilogr.

On voit à quoi aurait dû se réduire la fameuse querelle sur la mesure de ce qu'on appelait la force d'un corps en mouvement : ceux qui, avec Descartes et Newton (*), voulaient que cette mesure fût la masse multipliée par la vitesse,

______

(*) Voltaire, qui avait publié en 1738 un ouvrage aujourd'hui oublié sur la philosophie de Newton, paraît avoir voulu, dans les vers suivants d'une épitre à Frédéric II, roi de Prusse (avril 1741), exprimer la doc-

nommaient force la quantité complexe que nous appelons *impulsion*, laquelle, moyennant le choix convenable des unités, est numériquement égale à l'impetus ou quantité de mouvement; ceux qui, avec Leibnitz et J. Bernoulli, prétendaient que la force d'un corps en mouvement est proportionnelle au produit de la masse et du quarré de la vitesse, donnaient le nom de force à la quantité complexe que nous nommons *travail* et qui, d'après le même choix d'unités, est numériquement égale à ce que nous appelons *puissance vive*. Si de deux corps non élastiques qui vont directement à la rencontre l'un de l'autre, ou veut savoir lequel des deux entraînera l'autre, il faut considérer leurs *impetus* numériquement égaux aux produits de leurs masses et de leurs vitesses; s'il s'agit de comparer les cavités que feront les deux corps en pénétrant dans un obstacle compressible, cette pénétration correspondant à un travail résistant, il faut considérer les puissances vives, proportionnelles aux produits des masses et des quarrés des vitesses. Supposé, par exemple, que la première masse soit égale à huit fois la se-

trine de la mesure des forces par les quantités do mouvement et le principe de la réaction égale à toute action.

> Songez que les boulets ne vous respectent guère,
> Et qu'un plomb dans un tube entassé par des sots
> Peut casser d'un seul coup la tête d'un héros,
> Lorsque, multipliant son poids par sa vitesse,
> Il fend l'air qui résiste, et pousse autant qu'il presse.

Ces vers sont assurément très-spirituels; mais s'il s'agissait de casser une tête, Leibnitz aurait raison contre Newton, car la possibilité pour une balle de produire cet effet croît proportionnellement au produit du poids et du quarré de vitesse : c'est une question de travail. Quant au dernier vers, on ne devine pas aisément que le second hémistiche veut dire que le plomb pousse l'air autant que l'air presse le plomb.

conde, mais que la seconde vitesse soit quadruple de la première, on trouvera que l'impetus du premier corps est double de celui du second, et que la puissance vive du second est double de celle du premier, qui par conséquent entraînerait l'autre dans son choc, mais ferait un travail moindre.

Je crois maintenant devoir faire quelques observations au sujet des mots impulsion, impetus, travail et puissance vive.

On s'accorde généralement à ne plus admettre l'existence de forces dites instantanées ou de percussion, qu'on supposait sans durée et capables de produire dans les corps des changements brusques de vitesse, sans les faire passer par les états intermédiaires. La doctrine qui repousse ces forces instantanées a été professée par M. Poncelet, à l'École d'artillerie et du génie de Metz, dès 1825, et par Coriolis dans son *Traité du calcul de l'effet des machines*, publié seulement en 1829, mais écrit plusieurs années auparavant. Elle a été adoptée par Poisson dans la deuxième édition de son *Traité de Mécanique*, en 1855. Toute force a donc une certaine durée. Lorsque deux corps sont rapprochés au degré qui constitue le contact physique, leur action mutuelle peut être prolongée pendant un temps appréciable, ou n'avoir qu'une très-courte durée qui échappe à l'observation. L'ancienne doctrine, distinguant ces deux cas, disait que dans le premier les corps agissaient l'un sur l'autre par pression, et que dans le second ils agissaient par impulsion. La pression était bien de la même nature que ce que nous appelons force; mais ce qu'on appelait tantôt une *force d'impulsion*, tantôt simplement une *impulsion*, était en réalité le produit de l'action mutuelle très-grande des deux corps multipliée par la très-courte durée de son action (*Mécanique analytique* de Lagrange, t. I, p. 256; t. II, p. 66). La seule innovation que je me sois permise est de supprimer le mot force devant celui d'*impulsion*, et de donner de cette dernière expression une définition qui comprend toutes les forces possibles, considérées sous le rapport de leur durée quelconque. Dans le cas particulier d'une force constante, son impulsion est le produit de son intensité et de sa durée.

J'ai dit, dans mon *Traité de la Dynamique d'un point matériel*, p. 58, en quoi l'expression *quantité de mouvement* me parait choquante, et j'ai proposé de remettre en usage le mot latin et anglais *impetus*, qui au siècle dernier était employé dans ce sens en mécanique, et qui, appliqué à la quantité de mouvement de l'eau ou de l'air débités dans le même temps par une même section, répond parfaitement à l'idée que nous nous faisons de l'impétuosité d'une rivière ou d'un ouragan. L'impulsion subie par un corps et son impetus se correspondent comme une cause et son effet.

Le mot *travail*, proposé dès 1826 par Coriolis et aujourd'hui généralement adopté, à l'exemple du général Poncelet, pour désigner une quantité (*) très-importante en mécanique, n'a pas besoin d'être défini ici, non plus que le nom très-expressif de *kilogrammètre* donné à l'unité de travail,

---

(*) Du moment qu'il est entendu que le mot *travail* dans la mécanique théorique signifie par lui-même une quantité, il semble incorrect d'employer l'expression *quantité de travail* dont font usage plusieurs auteurs et Coriolis lui-même, dans quelques passages de son *Traité du calcul de l'effet des machines*. Cette locution convient aussi peu que si l'on disait quantité de longueur, quantité de volume, etc.

par M. le général **Poncelet**. Mais je ne puis m'empêcher de protester contre l'emploi abusif que beaucoup d'ingénieurs font depuis quelque temps du mot *travail* dans les questions de résistance des matériaux de construction : c'est évidemment dénaturer le sens de ce terme que de dire, par exemple, qu'une poutre en fer soumise à une certaine charge transversale *travaille* en tel point à 6 kilogrammes par millimètre quarré, pour exprimer qu'en ce point la pression ou la tension dans une certaine direction a la valeur qu'on indique.

Si l'on désigne par p le poids et par v la vitesse d'un point matériel ou d'un corps quelconque dont nous ne considérons le mouvement qu'en ce qui concerne son centre de gravité, et si l'on multiplie le poids par la hauteur due à la vitesse, c'est-à-dire par $\dfrac{v^2}{2g}$, le produit $p\dfrac{v^2}{2g}$ qu'on peut exprimer par $\dfrac{mv^2}{2}$, en appelant m la masse du corps, signifie trois choses numériquement égales :

1° Le travail moteur de la force qui, supposée appliquée au centre de gravité, à partir de l'instant où le corps est sorti du repos, s'est exercée sur lui pour l'amener à son état actuel de mouvement ;

2° Le travail résistant d'une force que le corps dont il s'agit devrait subir de la part d'un autre corps pour être ramené au repos dans un temps quelconque ;

3° Enfin le travail moteur de la force qu'exercerait pendant ce même temps le même corps considéré sur le corps résistant, en vertu du principe de la réaction égale à toute action, pourvu que le premier corps, qui devient ainsi moteur relativement au second, soit supposé ne pas se déformer pendant qu'il exerce cette fonction.

La quantité $p\,\dfrac{v^2}{2g}$ ou $\dfrac{1}{2}\,mv^2$ est donc la mesure du travail que le corps auquel elle se rapporte est capable d'exercer sur un autre corps qui lui sera opposé, jusqu'à ce qu'il soit réduit au repos, sous la condition de ne pas se déformer. Plus généralement et sans condition aucune, la même quantité est la mesure du travail résistant que ce corps, en vertu de sa masse et de sa vitesse, est capable de supporter jusqu'à ce qu'il perde cette vitesse. Quel nom convient-il de donner à cette quantité, dont la considération est de la plus haute utilité dans la théorie du mouvement varié des machines? Au commencement de notre siècle, Laplace, Lagrange, et Poisson leur disciple, se bornaient à dire qu'on nommait « *force vive* d'un système la somme des produits de la masse de chaque corps par le quarré de sa vitesse, » sans aucune explication sur l'origine et le fondement de cette expression. Ils laissaient à leurs lecteurs ou auditeurs à deviner comment cette quantité, qui dans les formules de la Dynamique est homogène avec un poids multiplié par une hauteur, pouvait exprimer une *force*, et ce que signifiait l'épithète *vive* donnée à cette prétendue force. On voit d'ailleurs que la force vive définie par ces illustres géomètres était égale *au double* du travail auquel était dû l'état de mouvement du corps considéré.

Coriolis, dans son traité du *Calcul de l'effet des machines*, publié en 1829, insista sur la signification pratique qu'il fallait attribuer à la quantité $\dfrac{pv^2}{2g}$ en disant qu'elle « est la mesure du travail qu'on pourrait retirer, au maximum, « de la vitesse d'un point matériel. » Quant au nom à lui donner, voulant d'une part conserver la dénomination usitée de *force vive*, et trouvant d'autre part « qu'il est « très-gênant d'avoir un nom pour le double d'une quan- « tité qu'on retrouve à chaque instant, » il se décida à appeler force vive cette quantité $\frac{pv^2}{2g}$ ou $\frac{mv^2}{2}$, moitié de ce que les géomètres appelaient du même nom (*).

Chargé en 1838 d'enseigner la mécanique à l'École centrale des Arts et Manufactures, je crus utile d'éviter cette ambiguïté, et pour cela il me suffit de remplacer simplement le mot *force* par le mot *puissance* déjà employé sans grande utilité dans quelques énoncés de statique, et dont la véritable signification dans la langue commune me parut répondre parfaitement à l'idée qu'il s'agissait d'exprimer. En voici la preuve : le *Traité des Synonymes français* de Girard dit à l'article 522 que les trois mots Pouvoir, Puissance et Faculté, pris dans le sens physique et littéral, « signifient tous une disposition dans le sujet, par le moyen « de laquelle il est capable d'agir et de produire un effet : « mais le *pouvoir* vient des secours ou de la liberté d'agir ; « la *puissance* vient des forces ; et la faculté vient des pro- « priétés naturelles. » Je n'hésitai donc pas à nommer puissance, en Dynamique, la *capacité de produire du travail*, à dire ainsi la puissance d'un ressort, la puissance d'un mo- teur, la puissance d'un cheval (traduction de l'anglais *horse power*) (**), et enfin la *puissance vive* d'un corps en mou- vement pour faire entendre que cette puissance ou capacité

(*) J'ai ouï dire, et cela se comprend, qu'un célèbre académicien, géomètre et philosophe, Ampère, blâmait cette innovation qui conservait une expression reçue en changeant sa signification.

(**) D'Aubuisson (*Traité d'hydraulique*, p. 334) prétend que « dans « les arts,... on a toujours dit et l'on dira toujours : la force d'un coude travail est due tout à la fois à la masse et à la *vitesse* du corps. Coriolis avait dit avant moi que « l'épithète *vive* « sert à distinguer le travail qu'on peut retirer d'une vi- « tesse acquise, de celui qu'on peut retirer de ressorts com- « primés ou de tout autre moteur. »

Une seule objection m'a été faite : c'est que ma propo-sition était une innovation. M. Duhamel, dans la deuxième édition, publiée en 1853, de son *Cours de Mécanique* (1re partie, p. 404), reconnaît que la « dénomination de

« rant d'eau, d'une machine, d'un cheval. » Néanmoins il joint au mot *force* l'adjectif *dynamique* pour exprimer l'idée de travail, et il appelle la force proprement dite, *force statique*, comme si les forces qui agis-sent dans l'état d'équilibre étaient d'une autre nature que celles qui s'exercent pendant le mouvement. Je ne puis accepter dans le langage de la science ce sacrifice de l'exactitude à l'usage vulgaire.

En admettant que, comme le dit Carnot (Principes de l'équilibre et du mouvement, p. 34), il se présente deux manières aussi naturelles l'une que l'autre d'évaluer l'action qu'exercent les moteurs animés, l'une qui consiste à voir quel fardeau un homme, par exemple, peut porter, ou quel effort, évalué en poids, il peut soutenir, tout en demeu-rant en repos ; l'autre qui est d'examiner l'ouvrage qu'il est en état de faire dans un temps donné..., tout le monde reconnaîtra qu'il est né-cessaire de ne pas confondre dans une même dénomination ces deux manières de considérer les forces, savoir, leur intensité et leur travail.

S'il fallait donner une preuve de la nécessité de mettre un terme à cette confusion, je citerais les phrases suivantes d'un article inséré, le 24 octobre 1863, dans un journal très-répandu et signé du nom d'un académicien justement célèbre pour sa science en physique et en astronomie.

« La force d'un cheval peut soulever un homme d'un mètre en une « seconde de temps. La pesanteur, pendant le même temps, l'abaisse « de cinq mètres. Il faut donc une force de cinq chevaux pour soutenir « un homme en l'air. »

« force vive donnée à la quantité mv^2 est impropre, puis-
« que le produit d'une masse par le quarré d'une vitesse
« n'a aucun rapport avec la mesure d'une force ; mais, »
ajoute-t-il, « nous la conserverons pour éviter les inconvé-
« nients attachés au changement de nom, et parce que
« d'ailleurs elle ne peut induire en erreur, dès qu'on s'est
« bien entendu sur sa signification. » Il me semble que,
pour être bien conséquent, ce savant auteur aurait mieux
fait de ne pas adopter le terme *travail* qui n'existait pas
dans sa première édition, de 1845. Il n'y avait en effet rien
de choquant à dire que le principe des forces vives appliqué
à un point matériel consiste en ce que l'accroissement de la
force vive du mobile est, dans certains cas, exprimé par
une fonction des coordonnées finales de ce point ; l'inconvénient était seulement que l'énoncé de cette propriété ne
faisait qu'une impression fugitive dans l'esprit des lecteurs.
Mais dire, par exemple, que dans le cas très-simple d'un
corps ayant le poids p, la masse m, et tombant de la hauteur h sans vitesse initiale, la formule

$$mv^2 = 2ph,$$

qui donne la vitesse v au bas de la chute, s'énonce en
disant que la force vive acquise par le mobile est double du
travail de la pesanteur, tandis que si un corps est lancé
verticalement dans le vide de bas en haut, il s'élèvera jusqu'à ce qu'il ait subi de la part de la pesanteur un travail
qui sera la moitié de sa force vive, n'est-ce pas exposer
l'étudiant à ne pas comprendre pourquoi l'effet produit est
numériquement tantôt le double et tantôt la moitié de sa
cause ?

J'ai la conviction que tôt ou tard on reconnaîtra que,

comme le voulait Coriolis, ce n'est pas la quantité mv', mais que c'est la quantité $\frac{1}{2}mv^2$ ou $\frac{pv^2}{2g}$ qui doit recevoir un nom spécial, quand on voit énoncer en langage ordinaire les formules algébriques de la Dynamique ; et quant à l'expression *puissance vive*, j'ai aujourd'hui en sa faveur un argument que je ne connaissais pas, ayant cru pendant plus de vingt-cinq ans que j'étais le seul auteur responsable de cette dénomination : elle appartient à Leibnitz.

Dans un volume de ses œuvres, on peut lire les passages suivants (*) :

Page 119. « *Ostendendum est ejusdem esse potentiæ elevare unam libram ad duos pedes, et elevare duas libras ad unum pedem.* » (C'est la même puissance d'élever une livre à deux pieds, et d'élever deux livres à un pied.)

Page 191. Lettre en français à Hugens : « J'estime la « puissance ou force par la quantité de l'effect... »

Page 218. Mémoire en français. « On peut estimer com- « modément la force d'un corps pesant par le produit de la « masse ou de la pesanteur multipliée par la hauteur à « laquelle le corps pourrait monter en vertu de son mou- « vement. »

Page 238. Mémoire en latin où apparaissent les expressions *force morte* et *force vive*, dont la première, qui désignait ce que nous nommons la force proprement dite, est complétement rejetée aujourd'hui, et dont l'autre a été, comme on va le voir, abandonnée par Leibnitz lui-même.

Page 365. Mémoire intitulé *Dynamica de potentiâ et legibus naturæ corporeæ* :

(*) L'édition que je cite est celle de Halle, 1860.

« *Proposilio* V. *Potentiæ motrices absolutæ sunt in*
« *ratione composita ex simplice mobilium et duplicatâ*
« *velocitatum.* » (Les puissances motrices absolues sont
en raison composée des mobiles et du quarré de leurs
vitesses.)

Enfin page 456 : « *Proposilio* XXXV. *Nullum est elastrum*
« *tam intensum quam possit adhuc amplius intendi quan-*
« *tuldcumque* POTENTIA VIVA. » (Il n'est pas de ressort qui
soit tellement tendu, qu'il ne puisse l'être davantage par
une *puissance vive* quelque petite qu'elle soit.)

De toutes ces citations, il résulte :

1° Que, suivant Leibnitz, la force d'un corps en mouvement s'estimait, c'est-à-dire s'exprimait numériquement
par le produit du poids (les mots masse ou pesanteur ne
signifiaient pas pour lui autre chose que le poids) multiplié par la hauteur à laquelle le corps pourrait monter en
vertu de son mouvement (ce que nous appelons hauteur
due à la vitesse);

2° Que Leibnitz a bien dit que cette force ou puissance
était en raison composée du poids et du quarré de la vitesse,
attendu que la hauteur due à la vitesse est proportionnelle
à ce quarré; mais qu'il n'a énoncé nulle part qu'elle fût
égale à la masse multipliée par le quarré de la vitesse, suivant la définition posée sans indication de motif par Laplace,
Lagrange et leurs disciples;

3° Que cette prétendue force, appelée par Leibnitz d'abord
puissance ou force, puis force vive, plus tard puissance
motrice, a été nommée enfin *puissance vive*.

C'est donc sous le patronage d'un grand nom que je place
désormais cette expression scientifique et sa véritable signification.

Je viens peut-être de prolonger plus qu'il n'était nécessaire une dissertation qui ne porte que sur le langage et
nullement sur le fond de la science. Il me reste à justifier
une innovation fondamentale que dès 1838 j'ai adoptée dans
l'enseignement de la Mécanique, et qui consiste à considérer la Statique comme un cas particulier de la Dynamique,
dont toutes les questions peuvent, comme je le fais voir,
être traitées complétement et directement, sans y faire
intervenir la notion artificielle de l'équilibre dans les mouvements variés.

Je ne dois pas dissimuler que cette marche non-seulement
n'est pas complétement suivie par mes anciens collègues
ou successeurs, mais qu'elle a été l'objet d'une critique
sévère de la part d'un savant académicien et ancien professeur de Mécanique, dans la préface de la seconde édition
de son *Cours de Mécanique,* publiée en 1855, époque à
laquelle j'étais à l'École polytechnique, depuis 1851, professeur chargé d'un Cours de Mécanique et machines nou-
vellement institué. « Dix-huit siècles, dit-il, séparent l'ori-
« gine de la Statique de celle de la Dynamique, c'est-à-dire
« Archimède de Galilée. » Il allègue que l'équilibre est
utile à étudier en lui-même, attendu qu'il a des applications
importantes et nombreuses dans la vie ordinaire ; il donne
pour exemples les balances, les voûtes, les charpentes, et
même les machines destinées à être mises en mouvement.
Il ajoute que la Dynamique est beaucoup plus difficile que
la Statique.

Enfin, et ici je cite textuellement : « Une considération
« plus puissante encore est celle des principes sur lesquels
« ces deux sciences sont fondées. Elles dépendent l'une et
« l'autre, à des degrés différents, des lois assignées au

« monde matériel. Leurs bases doivent donc être des ré-
« sultats de l'observation, ou des hypothèses. Or la science
« du mouvement en exige un plus grand nombre que celle
« de l'équilibre ; et si certaines lois de la nature étaient
« modifiées, la Dynamique serait entièrement changée,
« tandis que la Statique resterait encore ce qu'elle est. Ce
« serait donc renverser l'ordre naturel des choses que de
« présenter la théorie des mouvements produits par les
« forces, avant celle de leur équilibre. Toute tentative de
« ce genre serait à nos yeux un pas rétrograde ; et le succès
« qu'elle pourrait avoir ne saurait être durable. »

J'ose espérer que cette prédiction, qui depuis onze ans
ne s'est pas encore accomplie, ne se réalisera pas plus dans
l'avenir que la durée promise par le même auteur, en 1843,
à la théorie des couples imaginée par M. Poinsot comme
base de la composition des forces.

Il me semble d'ailleurs qu'on attache une importance
exagérée à la prétendue diversité des principes sur lesquels
sont fondées la Dynamique et la Statique. Ces principes
sont pour l'une et pour l'autre au nombre de trois, savoir :

Le principe de l'inertie étroitement lié à la notion de la
force ;

Le principe de la composition des effets des forces ;

Le principe de la réaction égale et contraire à toute
action.

Or ces lois. aussi admirables que simples, sont tellement
confirmées par les faits observés en tous lieux et en tous
temps, qu'il est bien superflu de s'occuper de ce que deviendrait la science, si l'une de ces lois venait à être modifiée.

Que la Statique ait son utilité propre et indépendante de
la Dynamique, je ne le conteste pas jusqu'à un certain

point. Le malheur est que souvent des personnes qui en Mécanique ne connaissent que la Statique veulent faire de la Dynamique sans la savoir et perdent ainsi en vaines inventions leur temps et leur argent; et ceci n'est peut-être pas une mauvaise raison pour considérer la Dynamique comme le fondement solide de la science de l'équilibre.

Quand il serait vrai que la Statique fût moins difficile que la Dynamique, comme un cas particulier est souvent plus simple et par conséquent plus facile que la règle générale d'où il dérive, ce ne serait pas un motif suffisant pour nous croire obligés d'étudier l'une avant l'autre, nous qui devons les savoir toutes les deux. Ceci est une question de méthode. La question est de savoir quel est le mode d'enseignement qui, en arrivant le plus promptement au but, laisse dans l'esprit les impressions les plus nettes et les plus durables.

L'ordre historique dans lequel une science a été créée est un argument peu décisif, quant à l'ordre à suivre dans l'enseignement; mais, dans le cas actuel, cet argument conduit à une conclusion toute différente de celle qu'on nous oppose. Tant que la Statique a été privée de l'appui de la Dynamique, elle est restée une science en germe, réduite à la condition de l'équilibre du levier sous l'action de forces parallèles; ce n'est qu'après les découvertes de Galilée, et même assez longtemps après, qu'a été trouvée la règle de la composition des forces, si célèbre sous le nom de parallélogramme des forces; et cette règle fondamentale a été découverte et démontrée, non par de pures considérations d'équilibre, mais par une application de la loi du mouvement que produit une force sur un point matériel et de la loi de la composition des mouvements trouvée par Galilée. C'est cette même marche que nous suivons aujourd'hui, et si l'expérience ne suffisait pas à la justifier, nous citerions le témoignage irrécusable de Lagrange, qui, dans son *Traité de Mécanique analytique* (p. 19), s'exprime ainsi :

« Il faut avouer qu'en séparant le principe de la composition des forces de celui de la composition des mouvements, on lui fait perdre ses principaux avantages, l'évidence et la simplicité ; et on le réduit à n'être qu'un résultat de construction géométrique et d'analyse. »

Jamais condamnation fut-elle plus formelle, et tombat-elle de plus haut?

Peut-être les notions fondamentales de la Dynamique d'un point matériel seraient-elles tolérées au commencement d'un cours de Mécanique, à condition que, dès que la composition des forces serait connue, on s'en servît pour en déduire tous les théorèmes de la Statique avant de s'occuper du mouvement des systèmes matériels sous l'action de forces quelconques. C'est ainsi que M. Delaunay, dans son *Traité de Mécanique rationnelle*, après les chapitres qui concernent l'équilibre ou le mouvement d'un point matériel, a exposé les conditions de l'équilibre des systèmes matériels, en commençant par les solides invariables, avant de s'occuper du mouvement des systèmes matériels quelconques. Mais plus j'y ai réfléchi et plus j'ai consulté l'expérience de l'enseignement, plus je me suis convaincu que la marche que je soumets dans cet ouvrage au jugement des ingénieurs instruits est préférable, parce qu'elle est au plus haut degré logique, lumineuse et solidement instructive.

Je n'ai pas la présomption de croire que je puisse convaincre ni le savant académicien dont je viens de repousser le blâme, ni ceux de ses éminents collègues qui, comme lui, ayant longtemps enseigné la Mécanique, sont naturellement peu disposés à accueillir un nouvel ordre d'études en cette science. Il est de mon devoir et il ne me coûte nullement de reconnaître le mérite éclatant de leurs travaux, et de déclarer que, sans les ouvrages des savants professeurs qui m'ont précédé dans cette carrière, je n'aurais pas même songé à y entrer. Mais je crois que trente ans d'études, de méditations et d'expérience sur la meilleure manière de mettre en œuvre tant de précieux matériaux me donnent le droit d'avoir à cet égard une opinion personnelle ; et en la proclamant j'obéis à ma conscience sans nulle autre préoccupation.

Une table de matières détaillée par chapitres, paragraphes et articles donnera une idée du plan et du contenu de l'ouvrage. On y verra que dans les vingt-cinq premières pages se trouvent démontrées les plus importantes propositions de la Dynamique applicables aux systèmes matériels quelconques en mouvement, et relatives

Aux projections et aux moments des quantités de mouvement et des impulsions ;

Au mouvement du centre de gravité ;

Au travail et aux puissances vives.

Ces théorèmes sont établis avec autant de clarté que de simplicité, comme conséquences des théorèmes analogues de la Dynamique d'un point matériel, en considérant les corps quelconques comme des assemblages d'éléments à chacun desquels s'appliquent ces derniers théorèmes, pourvu qu'on tienne compte des forces dites intérieures, forces égales et opposées deux à deux, que ces points exercent les uns sur les autres. J'ignore quel est l'inventeur de cette méthode nouvelle et d'ailleurs bien naturelle de traiter la

Mécanique ; tout ce que je puis dire, c'est que je l'ai recueillie de mes conversations amicales avec mon ancien camarade d'école, Coriolis. Quant aux théorèmes de la Dynamique d'un point matériel, ils sont démontrés très-facilement (p. 46 et suiv. de mon Traité sur ce sujet) d'après les propriétés géométriques des parallélogrammes infinitésimaux dont l'emploi a été sommairement indiqué par M. le général Poncelet, dans le programme de l'enseignement de l'École polytechnique, imprimé en 1830.

Quelques lecteurs remarqueront peut-être que, dans mon Cours fait aux élèves de première année à l'École centrale, en 1838, sur les généralités de la Mécanique, et publié en 1847, je ne considérais pas les moments des quantités de mouvement autour d'un axe. Ayant égard à l'instruction des élèves moins avancée qu'elle ne l'est aujourd'hui au moment de leur entrée à l'École, j'avais omis cette partie de la science pour simplifier mon enseignement et le réduire au strict nécessaire ; mais j'ai reconnu depuis qu'il était utile de combler cette lacune, ce qui, grâce aux moyens dont je viens de parler, est devenu très-facile.

Je traite au paragraphe 6 de la composition des forces appliquées à un système matériel, en commençant, contrairement à l'usage, par définir l'équivalence de deux groupes de forces sans faire intervenir dans cette question la notion inutile de l'équilibre, ni l'hypothèse de l'application de ces forces à un système solide.

Je termine ce paragraphe par une théorie des couples, où se trouvent succinctement mais complétement exposées toutes les propositions que contiennent sur ce sujet les *Éléments de Statique* de Poinsot. La conception des couples, après avoir été pendant quelques années admise comme base essentielle de l'enseignement de la Statique, est aujourd'hui abandonnée sous ce rapport. Mais il n'en est pas moins vrai que cette considération, très-facilement introduite *à posteriori* dans la composition des forces, donne à certains énoncés une forme très-élégante, et conduit à des rapprochements intéressants entre la composition des forces et la composition des mouvements d'un solide étudiée en Cinématique (*).

Les paragraphes 7 et 8 pourront être omis dans une première lecture jusqu'à ce que la suite ait fait sentir la nécessité de les connaître. Ils sont d'ailleurs d'une faible étendue.

Le chapitre II traite de la Dynamique spéciale des solides et commence par la démonstration d'un théorème que l'on admet ordinairement comme chose évidente ou comme un postulatum nécessaire. Viennent ensuite les paragraphes relatifs

Au mouvement de rotation varié d'un solide autour d'un axe fixe;

Aux propriétés géométriques des moments d'inertie;

Au mouvement le plus général d'un solide.

Dans ce dernier paragraphe se trouve démontré un très-beau théorème dû à M. Poinsot, qui l'a donné dans sa *Théorie nouvelle de la rotation des corps*. J'avouerai, si l'on veut, que cette proposition, admirable au point de vue théorique, n'est d'aucune utilité pour la science des machines; mais elle fournit une explication intéressante du mouvement des projectiles non sphériques dans l'espace, et elle tient si peu de place dans mon livre, qu'on ne

(*) Voir ci-après, p. 52 et 53.

pourra pas me faire un reproche de l'y avoir mise comme une application des généralités précédentes et des propriétés géométriques de l'ellipsoïde.

Le chapitre III a pour sujet la Statique, et comprend, dans un espace peu étendu, non-seulement toutes les propositions qui appartiennent proprement à cette partie de la Mécanique, mais encore celles qui, sous le nom de principe de D'Alembert ou sous d'autres dénominations, se rapportent à l'emploi de la Statique dans les questions de mouvement, théorie qui, bien que n'étant pas absolument nécessaire, a trop de célébrité pour être passée sous silence.

Le chapitre IV terminant la première section donne les généralités qui concernent le frottement des corps solides, la résistance à leur roulement et la roideur des cordes.

La deuxième section est double en étendue de la première et pourrait être plus volumineuse encore, parce que la carrière des applications est pour ainsi dire illimitée. Un coup d'œil rapide sur la table des matières permettra de voir quelles sont les questions que j'ai traitées et celles que j'ai omises, faute de données suffisantes. On considérera peut-être comme un hors-d'œuvre les dix pages employées à la théorie de la toupie; mais, malgré son inutilité pratique, cette question m'a paru devoir intéresser. C'est pourquoi je l'avais introduite dans mon cours à l'École polytechnique (*).

A la suite de la seconde section, j'ai placé les théories de

(*) Avant que j'eusse rien publié sur ce sujet, il avait été traité succinctement avec d'autres questions dans un *Mémoire sur les forces apparentes dans les mouvements relatifs*, inséré aux *Annales des Mines*, 1853, par M. Resal.

deux questions physico-mathématiques très-importantes pour l'art de l'ingénieur. L'une traite de la poussée des terres et l'autre de la stabilité des voûtes.

En ce qui concerne la poussée des terres, j'ai exposé à ma manière ce que j'ai trouvé de plus généralement utile dans les ouvrages de MM. Navier et Poncelet.

La question de la stabilité des voûtes a été depuis long-temps l'objet de nombreuses études, que M. le général Poncelet a savamment analysées dans son mémoire intitulé *Examen historique et critique des principales théories concernant l'équilibre des voûtes*, et publié en 1852 dans les comptes rendus de l'Académie des sciences.

Plus récemment, M. Drouets, ingénieur des ponts et chaussées, à écrit *Sur la stabilité des voûtes* un mémoire inséré aux *Annales des ponts et chaussées*, 1865, et dont je considère la publication comme un véritable service rendu aux ingénieurs. Depuis qu'en 1840 M. Méry a appelé leur attention sur les courbes des centres de pression, aucun d'eux n'ignorait que, dans une voûte stable, il y a une infinité possible de ces courbes. J'avais, dans mes cours à l'École des ponts et chaussées et à l'École centrale, indiqué l'existence d'une courbe la plus favorable de toutes, et un procédé de tâtonnement propre à la faire connaître. M. Drouets a le premier, à ma connaissance, donné une méthode qui conduit à ce but par la résolution d'équations du premier degré. Celle que j'expose diffère peu au fond de la sienne ; mais je me suis efforcé d'en rendre l'explication simple et claire, et je l'ai dégagée de considérations assez compliquées de géométrie analytique, qui paraissent avoir servi de guide à M. Drouets, et qui cependant ne me semblent nullement nécessaires.

Je répète, à ce propos, que le seul mérite auquel je prétende dans cet ouvrage est d'avoir choisi et mis en œuvre les idées d'autrui, en les exposant avec ordre et clarté, sans imitation servile comme sans dessein prémédité d'innover. Il me semble que c'est tout ce qu'on peut exiger d'un professeur.

Dans l'intention de rendre simples et expressives les formules de la Mécanique, j'ai employé plusieurs notations dont les unes sont depuis longtemps usitées et les autres datent de 1838.

Les lettres F, P exprimant des forces, les notations F_x, P_x, qu'on doit lire et énoncer en disant F indice x, P indice x, signifient les projections de ces forces sur l'axe des x. De même v_x, v'_y, qu'il faut lire v indice x, v' indice y, expriment la projection de la vitesse v sur l'axe des x et celle de la vitesse v' sur l'axe des y. Une lettre est même quelquefois suivie de deux indices inférieurs : par exemple v_0 (v indice zéro) signifie une vitesse initiale, et v_{0x} (v indice zéro, indice x) signifie la projection de cette vitesse sur un axe des x.

La lettre $\mathfrak{T}$ remplace constamment le mot *travail* et doit être lue comme si ce mot était écrit en toutes lettres; ainsi F désignant une force, la notation $\mathfrak{T}F$ doit être lue : travail de F.

La lettre $\mathfrak{M}$ remplace le mot *moment;* la notation $\mathfrak{M}_x F$ doit être lue comme s'il y avait : moment autour de l'axe des x de la force F.

La lettre Σ remplace le mot *somme :* ΣF_x signifie, par exemple, la somme des projections des forces F sur un axe des x, ces forces étant en nombre quelconque et désignées spécialement par F', F'', F''', etc. Cette notation diffère du signe $\int$ en ce que celui-ci désigne une somme d'un nombre infini d'éléments infiniment petits exprimés sous la forme différentielle.

La lettre g est exclusivement employée à désigner l'*accélération constante* due à la pesanteur. Quand on adopte le mètre et la seconde pour unités de longueur et de temps, cette quantité est, pour notre latitude, 9,8088.

La lettre π désigne toujours le rapport de la circonférence d'un cercle à son diamètre.

Nous appelons l'attention des lecteurs sur un détail typographique qui, sans être bien important, a cependant son utilité. Toutes les fois qu'une quantité, qui entre dans une formule ou dans une équation, est représentée par une seule lettre, minuscule ou majuscule, de l'alphabet ordinaire, cette lettre est en caractère italique, et les caractères romains sont réservés aux notations qui remplacent des mots. Telles sont les notations

$$\log, \quad \sin, \quad \mathrm{d}, \quad \mathrm{F} \quad \text{ou} \quad \mathrm{f}, \quad \mathrm{Rés},$$

qui sont les abrégés de « logarithme de, sinus de, différentielle de, fonction F ou f de, résultante de, » et ne signifient point elles-mêmes des quantités. Ainsi A et u étant des nombres, b un angle, x et y des variables, F' et F'' deux forces, nous écrivons

$$\log A, \quad \log a, \quad \sin b, \quad \mathrm{d}x, \quad \mathrm{F}(x), \quad \mathrm{f}(x, y), \quad \mathrm{Rés}(F', F'').$$

Par analogie, si nous avons à désigner une ligne par deux lettres écrites à ses extrémités, ces lettres, dont ni l'une ni l'autre ne représente une quantité, sont, majuscules ou minuscules, en caractères romains.

Chaque figure des planches placées à la fin du volume porte un numéro d'ordre, et un renvoi, en chiffres plus petits, à l'article auquel cette figure s'applique. Les flèches dans les figures indiquent les directions ou sens des mouvements, et non les directions des forces : la direction d'une force est marquée suffisamment par une droite qui, partant du point d'application, se termine par la lettre italique désignant la force.

Lorsque je renvoie aux théorèmes établis dans les deux Traités que j'ai publiés précédemment, je me sers des indications telles que les suivantes : (I, 60) signifie *Cinématique*, art. 60 ; (II, 62) signifie *Dynamique d'un point matériel*, art. 62.

FIN DE LA PRÉFACE.

TABLE DES MATIÈRES

—

PREMIÈRE SECTION

NOTIONS GÉNÉRALES THÉORIQUES ET EXPÉRIMENTALES

—

Chap. I. Dynamique des systèmes quelconques.

DEUXIÈME SECTION

APPLICATIONS. — PROBLÈMES ET EXERCICES DIVERS.

FIN DE LA TABLE DES MATIÈRES.

ERRATA

Page 31, ligne 20, perpendicalaire *lisez* perpendiculaire.
 »   52, »   11, $-R_1$ » $-R_2$
 »   79, »   18, Σwy » Σmy
 »   234, »   234,   fig. 32   »   fig. 32 *bis*
 »   296, »   5,   0,525   »   0,525 P
 »   383, »   23, $=\dfrac{f\pi}{n}$ » $+\dfrac{f\pi}{n}$

DYNAMIQUE
DES SYSTÈMES MATÉRIELS

PREMIÈRE SECTION

NOTIONS GÉNÉRALES THÉORIQUES ET EXPÉRIMENTALES.

CHAPITRE I.

DYNAMIQUE DES SYSTÈMES QUELCONQUES.

§ 1.

NOTIONS SUCCINCTES SUR LA CONSTITUTION DES CORPS.

1. Corps ou système matériel. Forces extérieures. Forces intérieures. — Tous les corps sont considérés en mécanique comme des assemblages ou systèmes de points matériels. Un tel système en repos ou en mouvement est sollicité par des forces, qui, relativement à ce système ou corps spécial et défini, se distinguent en deux sortes, savoir : en forces *extérieures* et en forces *intérieures*. Les premières sont dues à l'action de corps autres que les éléments dont se compose le système considéré ; (telles sont les forces répulsives exercées par les corps en contact avec celui dont il s'agit, par les moteurs animés, par les liquides ou les gaz qui les pressent ; telles sont encore les forces attractives de la pesanteur, qui, bien qu'elles agissent sur toutes les parties, même intérieures, d'un corps soumis à nos observations, n'en sont pas moins, relativement à ce corps, des forces extérieures.) Les forces intérieures sont celles que les divers éléments du système reçoivent les uns des autres, forces qui, d'après le principe de l'égalité de l'action et de la réaction contraire (II, 11), sont égales et opposées deux à deux.

Les forces intérieures sont quelquefois désignées sous la dénomination de *forces moléculaires mutuelles*. Rappelons-nous à ce propos (II, 11) que toutes les forces réellement existantes dans la nature s'exercent de molécule à molécule : par exemple, le poids de chacun des éléments qui constituent un système matériel limité résulte des forces qu'il reçoit de chacun des éléments du globe terrestre. Mais les forces intérieures relativement à un système déterminé sont particulièrement dites moléculaires, pour faire entendre qu'elles s'exercent entre des molécules du même système ; et elles sont dites mutuelles pour rappeler qu'elles se groupent deux à deux en forces égales et opposées. Du reste, les forces intérieures, par leur essence, ne diffèrent nullement des forces extérieures ; aussi des forces qui, sous un certain aspect, sont intérieures, deviennent extérieures sous un autre : c'est ce dont on verra des exemples, notamment aux articles 101, 197 et suiv. de ce traité.

2. Dans un système matériel, les forces mutuelles intérieures varient avec les forces extérieures et avec l'état de repos ou de mouvement du corps. — Comme l'a expliqué M. Poncelet (*Introduction à la Mécanique industrielle*, p. 256 à 264), on se fait une idée du rôle des forces intérieures dans la constitution des corps, au moyen d'une double hypothèse, qui consiste à étendre aux moindres parties de la matière la loi de la gravitation universelle, de sorte qu'elles s'attirent davantage à mesure qu'elles sont plus rapprochées ; et à admettre qu'il existe en même temps entre deux molécules voisines une répulsion mutuelle qui dépend de la chaleur ou d'autres causes analogues, et qui varie avec la distance, mais suivant une autre loi que la gravitation. Ainsi la force moléculaire qu'un élément a' reçoit d'un autre élément a'', et celle que a'' reçoit de a' seraient chacune la résultante de deux forces, la gravitation mutuelle de ces éléments et leur répulsion mutuelle due à la chaleur. Cette résultante serait attractive, répulsive ou nulle, suivant que la première force serait supérieure, inférieure ou égale à la seconde.

Supposons, par exemple, que deux petits corps a' et a'' soient d'abord en repos, sans l'action d'aucune force extérieure, c'est-à-dire d'aucune force venant d'un troisième corps : les forces mutuelles résultantes entre a' et a'' sont nulles dans ce cas, ce qui n'empêche pas que la gravitation mutuelle de ces deux points et leur répulsion due à la chaleur ou à d'autres causes ne puissent être considérables par rapport à leurs masses, s'ils sont suffisamment rapprochés. Supposons qu'ensuite les deux mêmes corps viennent à être respectivement soumis à deux forces extérieures F' et F'' qui tendent soit à les rapprocher, soit à les écarter ; et que, sous cette double action, leur repos existe encore. Le point a', considéré seul, ne peut alors se maintenir en repos que parce que, outre la force F', venant d'un agent autre que a'', il reçoit de ce point a'' une force f' égale et contraire à F'. De même, l'équilibre du point a'' exige que la force F'' soit égale et contraire à l'action f'' que a'' reçoit de a'. Cela posé, si on admet le principe de l'égalité de l'action et de la réaction contraire, c'est-à-dire l'égalité d'intensité et l'opposition de direction des forces f' et f'', on en conclura que F' et F'' sont nécessairement deux forces égales et opposées. Si l'on préférait regarder, comme évident, que l'équilibre de l'ensemble des deux éléments a' et a'' exige l'égalité des forces opposées F' et F'', on en conclurait l'égalité des forces mutuelles f' et f''.

Lorsque les forces F' et F'' tendent à rapprocher a' et a'', les forces mutuelles f' et f'', qui leur sont égales, sont répulsives, ce qui signifie que la gravitation est alors inférieure à la répulsion due aux causes analogues à la chaleur. Or, si l'on compare la situation relative des deux points à ce qu'elle était en l'absence des forces F' et F'', le second état d'équilibre s'explique, en disant que par le rapprochement des deux points a' et a'', leur gravitation mutuelle s'est, à la vérité, augmentée, mais que leur répulsion s'est augmentée davantage encore. Le contraire aurait lieu si les deux forces extérieures F' et F'' tendaient à écarter les deux points l'un de l'autre.

Les forces intérieures mutuelles ne dépendent pas seulement des forces extérieures; mais, celles-ci restant les mêmes, les premières varient avec l'état de mouvement du corps : par exemple, on verra plus tard, et l'on aperçoit déjà d'après les lois dynamiques du mouvement circulaire (II, 58), que lorsqu'un corps tourne autour d'un axe fixe, ses molécules les plus éloignées de cet axe ne sont maintenues dans leur union entre elles et avec les autres que par des attractions intérieures qui croissent avec la rapidité de la rotation.

Il peut arriver qu'un très-petit changement dans la distance de deux points en produise un très-grand dans l'intensité de leur action mutuelle. On conçoit ainsi la constitution des corps solides, dans lesquels les actions mutuelles variant fortement par suite de très-petits changements de forme, font que ces corps résistent, dans certaines limites, non sans déformation réelle, mais sans déformation sensible, aux efforts qui tendent à les comprimer ou à les dilater ; cette propriété existe dans les corps à des degrés divers qui constituent leur solidité, leur stabilité, leur élasticité plus ou moins grandes, et appréciées seulement par expérience (*).

____

(*) Ces considérations feront bien comprendre que l'action mutuelle de deux éléments d'un même corps solide est variable, et ne se mesure nulle-

5. Ce que nous appelons théorèmes généraux. — Les théorèmes qui vont être établis dans les quatre paragraphes suivants sont les conséquences nécessaires de la dynamique d'un point matériel et du principe de la réaction égale et contraire à toute action, appliqué aux forces intérieures mutuelles de tout système matériel. Ceux que nous appelons théorèmes généraux du mouvement d'un système matériel se réalisent dans un corps ou ensemble de corps quelconque, plus ou moins déformable, tel que ceux qui s'offrent à nous dans la nature.

ment par la force qu'il faudrait exercer sur l'une de ces parties pour la détacher de l'autre supposée fixe. Confondre ces deux forces distinctes serait une erreur analogue à celle par laquelle on supposerait que la tension d'un fil est égale à la force capable de le rompre. La force nécessaire pour produire la séparation des deux parties d'un même corps est la mesure de leur cohésion; c'est la limite de leur action mutuelle.

§ 2.

THÉORÈME GÉNÉRAL DES QUANTITÉS DE MOUVEMENT ET DES IMPULSIONS
DES FORCES EXTÉRIEURES, PROJETÉES SUR UN AXE QUELCONQUE.

4. Formules et énoncé de ce théorème. — Commençons par étendre à un système matériel quelconque la propriété la plus simple de la dynamique d'un point matériel en mouvement curviligne. Désignons par

m la masse de l'un quelconque des éléments matériels dont se compose un système en mouvement, avec ou sans déformation ;

v sa vitesse ;

F l'une quelconque des forces extérieures, agissant sur cet élément, et dues soit à la pesanteur, soit à des corps étrangers au système et plus ou moins rapprochés du point considéré ;

f l'une quelconque des forces intérieures qu'il subit, c'est-à-dire l'une des innombrables forces qu'il reçoit des autres éléments du système qui en sont plus ou moins voisins.

Appliquons à ce point matériel et aux forces qui y sont ainsi exercées l'équation élémentaire de la quantité de mouvement et de l'impulsion projetées (II, 62) ; nous aurons

$$m \, dv_x = \Sigma F_x dt + \Sigma f_x dt .$$

Si l'on imagine écrite une équation pareille pour chaque point du système, et qu'on fasse la somme de toutes les équations ainsi posées, en désignant par $\sum$ ce qu'on pourrait aussi représenter par $\Sigma\Sigma$, c'est-à-dire la somme des sommes Σ, et en remarquant que $\sum f_x$ étendue à toutes les forces intérieures est nulle, parce que les forces intérieures, étant égales et opposées deux à deux, *se détruisent en projection*, on a

$$\Sigma\, m\, dv_x = \sum F_x\, dt \qquad\qquad [1]$$

et en intégrant depuis l'instant où les vitesses sont v_0, et ont leurs projections désignées par v_{0x},

$$\Sigma\, m v_x - \Sigma\, m v_{0x} = \sum \int' F_x\, dt. \qquad\qquad [2]$$

Ces deux formules s'énoncent ainsi :

THÉORÈME. *L'accroissement pendant un certain temps de la somme des quantités de mouvement d'un système matériel, projetées obliquement ou rectangulairement, sur un axe quelconque, est égal à la somme des impulsions des forces extérieures projetées sur le même axe, pendant le même temps, soit élémentaire, soit fini.*

La première de ces deux relations peut s'écrire (II.52) sous la forme analytique suivante, qui suppose le système rapporté à trois axes, à chacun desquels elle s'applique :

$$\Sigma\, m\, \frac{d^2x}{dt} = \Sigma X dt, \quad \Sigma\, m\, \frac{d^2y}{dt} = \Sigma Y dt, \quad \Sigma\, m\, \frac{d^2z}{dt} = \Sigma Z dt. \quad [3]$$

Le théorème des quantités de mouvement et des impulsions projetées a, comme on va le voir (10) pour corollaire la loi très-simple qui règle le mouvement du centre de gravité d'un système matériel quelconque.

5. **Autre énoncé des mêmes formules : égalité des sommes de projections des forces totales et des forces extérieures.** — Les équations qui précèdent contiennent au premier membre l'expression d'un phénomène, l'accroissement de la

quantité de mouvement dans un système matériel déterminé, et au second membre, les impulsions, combinaisons des forces et du temps, qui produisent ce phénomène ; elles expriment l'égalité d'un effet et de sa cause ; et cette égalité existe numériquement, quoique les quantités comparées ne soient pas de même nature concrète ; elle existe moyennant les conventions établies relativement aux unités de masse, de vitesse et de force. Or, les équations [1] et [3] sont quelquefois considérées comme exprimant l'égalité entre deux quantités homogènes, entre deux sommes de forces projetées, et voici comment :

Les forces réelles qui sollicitent l'élément matériel dont la masse est m, forces, les unes extérieures F, les autres intérieures f, ont nécessairement une résultante, puisqu'elles s'exercent sur un même point ; on l'appelle *force totale*, et nous la désignons par φ. Sa projection sur un axe est égale à la somme des projections de ses composantes ; ainsi

$$\varphi_x = \Sigma F_x + \Sigma f_x .$$

Si l'on imagine que les équations pareilles à celles-là soient posées pour tous les points du système, en conservant le même axe de projection Ox, et qu'elles soient toutes ajoutées, on obtiendra l'équation

$$\sum \varphi_x = \sum F_x \tag{n}$$

dont le second membre ne contient que les forces extérieures, parce que la somme des projections des forces intérieures f, égales et opposées deux à deux, est nulle. Il ne reste plus qu'à écrire la relation de chaque force totale ou résultante φ, avec l'effet qu'elle produit (II, 52), savoir :

$$\varphi_x = m \frac{dv_x}{dt} = m \frac{d^2x}{dt^2} \quad \text{d'où} \quad \sum \varphi_x = \sum m \frac{dv_x}{dt} = \sum m \frac{d^2x}{dt^2} .$$

En substituant ces expressions dans l'équation précédente [a], on a

$$\Sigma m \frac{d v_x}{dt} = \sum F_x \quad \text{ou} \quad \Sigma m \frac{d^2 x}{dt^2} = \sum F_x , \qquad [3\,bis]$$

équations qui équivalent aux formules [1] et [3], dont elles ne diffèrent qu'en ce que les deux membres sont divisés par dt; et l'on voit pourquoi on les énonce en disant :

La somme des projections des forces totales, sur un axe quelconque, est égale à la somme des forces extérieures projetées sur le même axe;

énoncé qui n'a, d'ailleurs, d'utilité qu'autant qu'on se rappelle les relations de chaque force totale avec le mouvement du point matériel auquel elle s'applique.

§ 3.

THÉORÈME GÉNÉRAL DU MOUVEMENT DU CENTRE DE GRAVITÉ.

6. Point central d'un système de points à chacun desquels est attribuée une importance numérique. — L'existence du centre de gravité d'un système matériel, quels que soient son état de repos ou de mouvement, sa constitution et les forces qui le sollicitent, résulte de la proposition géométrique suivante :

THÉORÈME. *Un système de points géométriques, occupant à un certain instant des positions déterminées, si l'on affecte à chacun de ces points une importance mesurée par un nombre quelconque, il existe au même instant un point géométrique, que nous appelons point central, tellement situé, que le produit de sa distance à un plan pris arbitrairement, multipliée par la somme des nombres assignés à tous les points, est égal à la somme des produits partiels obtenus en multipliant la distance (positive ou négative) de chaque point au même plan par le nombre propre à ce point.*

DÉMONSTRATION. 1° Soient deux points A', A'' (fig. 1), dont les importances numériques sont a' et a''. Il s'agit de démontrer que si x' et x'' sont les distances, positives ou négatives de ces deux points à un plan quelconque, il existe nécessairement un autre point C'' tellement situé dans l'espace, que $x_{,}''$ étant sa distance au même plan, on a toujours, de quelque manière qu'on fasse varier le plan de comparaison, en ayant égard aux signes, l'équation

$$(a' + a'') \, x_{,}'' = a'x' + a'x''.$$

On voit d'abord que ce point central C'' ne peut être que sur la droite $A'A''$; autrement, quand le plan de comparaison passerait par ce point, en laissant A' et A'' du même côté, x_1'' serait nulle, et la somme $a'x' + a''x''$ ne le serait pas.

Puis, en mettant l'équation de condition sous la forme

$$a'\,(x_1'' - x') = a''\,(x'' - x_1''), \quad \text{ou} \quad \frac{a'}{a''} = \frac{A''B''}{A'B'} = \frac{A''C''}{A'C''},$$

on reconnaît que le point central C'' divise la droite $A'A''$ en deux parties inversement proportionnelles aux nombres a' et a'', ce qui est toujours possible.

2° Supposons que deux systèmes de points aient chacun un point central, soient A' et A'' ses deux centres, et soient n' et n'' les importances numériques totales des deux systèmes. Le raisonnement précédent s'appliquera exactement pour démontrer l'existence du point central C'' de l'ensemble des deux systèmes et pour faire voir qu'il partage la droite $A'A''$ en deux parties inversement proportionnelles aux nombres n' et n''; car dans l'équation $(n' + n'')\,x_1'' = n'x' + n''x''$ à laquelle il satisfera, quel que soit le plan de comparaison, les produits $n'x'$ et $n''x''$ réuniront, d'après l'hypothèse, les produits des distances de tous les points des deux systèmes multipliés par les nombres attribués à ces points.

3° D'après ces deux propositions élémentaires, on reconnaît aisément et l'existence du point central d'un système de trois, de quatre, d'un nombre quelconque de points, et le procédé géométrique pour trouver ce point, dont la position dans l'espace ne dépend que de celles des points du système et des rapports que leurs nombres ont entre eux.

En désignant par $x', y', z', x'', y'' z'', \ldots$ les coordonnées rectangulaires de points auxquels sont attribués les nombres $n', n'', \ldots$ et par $x_1, y_1, z_1,$ les coordonnées du point central de l'ensemble de ces points, on a

$$x_1\,\Sigma n = \Sigma n x, \quad y_1\,\Sigma n = \Sigma n y, \quad z_1\,\Sigma n = \Sigma n z,$$

équations qui prouvent que le point central d'un système déterminé est unique.

REMARQUE. Nous avons supposé, pour plus de simplicité, que les coordonnées étaient rectangulaires, c'est-à-dire étaient les distances proprement dites des points aux plans de comparaison. Mais les équations précédentes et la propriété qu'elles expriment subsisteraient, si les distances x au plan des yz étaient obliques et parallèles, car les distances x', x'',... x_i, seraient toutes augmentées dans un même rapport.

7. Cas particuliers 1° des points d'égale importance, 2° des points matériels. — 1° Si le système est formé de N points d'égale importance, on a

$$\Sigma n = Nn \quad \text{et} \quad \Sigma nx = n\Sigma x,$$

d'où

$$x_1 = \frac{\Sigma x}{N}, \quad y_1 = \frac{\Sigma y}{N}, \quad z_1 = \frac{\Sigma z}{N} \, ;$$

c'est pourquoi le point central s'appelle, dans ce cas, *le centre des distances moyennes du système* à divers plans de comparaison.

2° Lorsque les points considérés étant les éléments d'un système matériel, les nombres qui leur sont assignés sont proportionnels à leur masse m, et, par conséquent, à leurs poids en un même lieu, le point central est appelé le *centre de gravité* (il vaudrait mieux dire centre de masse) du système. Les équations précédentes deviennent

$$x_1 \Sigma m = \Sigma mx, \quad y_1 \Sigma m = \Sigma my, \quad z_1 \Sigma m = \Sigma mz. \quad [4]$$

8. Projections du centre de gravité, sur un plan, sur un axe. — Si l'on transporte ou si l'on projette toutes les masses d'un système par des parallèles à un axe (des z, par exemple) sur le plan de deux autres axes (plan des x et y), les coordonnées x, y des masses élémentaires ne changent pas, les coordonnées x_1 et y_1 du centre de gravité resteront aussi les mêmes; donc *le centre de gravité de la projection du système est la projection du centre de gravité du système.*

Il en sera de même si la projection de tous les éléments du système, au lieu de se faire sur un plan, se fait sur un axe par des plans parallèles, perpendiculaires ou obliques à cet axe.

9. Densité d'un corps. — Poids spécifique. — Centre de gravité des corps homogènes. — Dans l'application du calcul et de la géométrie à la physique et à la mécanique, on admet l'existence de corps mathématiquement homogènes, c'est-à-dire dans toute l'étendue desquels la masse M comprise sous une portion quelconque du volume apparent, divisée par l'expression numérique V de ce volume, donne un quotient parfaitement constant, qui est la masse sous l'unité de volume, et qui s'appelle en mécanique la *densité* du corps, quantité indépendante du lieu où il se trouve ; tandis que, si l'on désigne par P le poids Mg de cette partie dont le volume est V, le quotient $\dfrac{P}{V}$, poids du corps sous l'unité de volume, s'appelle le *poids spécifique* du même corps, quantité qui dépend du lieu où le corps est pesé, et qui suppose que l'accélération g est la même pour tous ses éléments.

La notion de l'homogénéité, liée à l'hypothèse de la continuité de la matière, ne convient pas en toute rigueur aux corps naturels, assemblages d'atomes, c'est-à-dire de parties matérielles indivisibles, non contiguës, séparées les unes des autres par des pores ou espaces vides de matière pondérable. Mais comme ces atomes et leurs intervalles sont d'une extrême petitesse, tellement que sous un volume encore imperceptible pour nous, il peut en entrer un nombre immense, l'hypothèse de la continuité n'entraîne aucune erreur appréciable, lorsqu'il s'agit soit des relations existantes entre le volume, la masse et le poids des corps mécaniquement homogènes, soit de la détermination de leur centre de gravité.

Le centre de gravité d'un corps supposé mathématiquement homogène peut être défini *à priori*, en considérant ce corps comme composé d'éléments auxquels on attribue des nombres représentant leur volume proportionnel à leurs masses. C'est pourquoi le point central s'appelle souvent, dans ce cas, le *centre de gravité du volume* de ce corps. Sa recherche se réduit comme on sait à un problème de géométrie infinitésimale

10. Mouvement du centre de gravité. — Soient m la masse d'un élément d'un système quelconque en mouvement, x sa distance actuelle à un plan, x_1 la distance actuelle du centre de gravité du système au même plan. On a, comme nous venons de le voir, $x_1 \Sigma m = \Sigma mx$, et en différenciant par rapport au temps

$$\frac{dx_1}{dt} \Sigma m = \Sigma m \frac{dx}{dt} \quad \text{et} \quad \frac{d^2x_1}{dt^2} \Sigma m = \Sigma m \frac{d^2x}{dt^2},$$

ou bien, en désignant par v la vitesse d'un point du système, et par v_1 celle du centre de gravité

$$v_{1x} \Sigma m = \Sigma m v_x$$

et

$$\frac{dv_{1x}}{dt} \Sigma m = \Sigma m \frac{dv_x}{dt}.$$

Maintenant appelant F l'une quelconque des forces qui sollicitent le point dont la masse est m, on sait (II.52) qu'on a $m \dfrac{d^2x}{dt^2} = \Sigma F_x$. Par conséquent pour tout le système

$$\Sigma m \frac{d^2x}{dt^2} = \sum F_x \quad \text{ou} \quad \Sigma m \frac{dv_x}{dt} = \sum F_x,$$

et l'on a déjà vu (4) que dans cette dernière somme, il n'y a à considérer que les forces extérieures. Des deux dernières relations, on conclut :

$$\frac{d^2x_1}{dt^2}\,\Sigma m = \sum F_x \quad \text{ou bien} \quad \frac{dv_{1x}}{dt}\,\Sigma m = \sum F_x \qquad [5]$$

THÉORÈME. *Le centre de gravité d'un système matériel quelconque se meut comme un point qui réunirait seul la masse Σm du système et qui serait sollicité par les forces extérieures transportées parallèlement à elles-mêmes.*

Cette proposition très-remarquable s'appliquant au centre de gravité d'un système matériel quelconque plus ou moins déformable, sans exception des êtres animés, étend à tous les corps ou ensembles de corps le principe de l'inertie d'abord spécial à un point matériel, et cette extension repose, comme on voit, sur le principe, distinct du premier, de la réaction égale et contraire à toute action.

11. Résultante de translation. — La somme des projections ΣF_x sur un axe quelconque est indépendante des points d'application des forces, et subsiste sans aucun changement, si l'on transporte toutes ces forces en un même point, parallèlement à elles-mêmes. Or, elles ont alors en général une résultante qu'il est souvent utile de considérer. Nous venons de voir qu'elle détermine seule la loi de la variation du mouvement du centre de gravité du système ; et comme le mouvement d'un système quelconque peut se décomposer en une translation commune au centre de gravité, et un mouvement plus ou moins compliqué relatif à des axes emportés avec ce point parallèlement à eux-mêmes, mouvement qui devient une rotation sphérique, lorsque le système est de forme invariable, nous donnerons à la résultante, dont nous venons de parler, le nom de *résultante de translation*. ΣF_x est sa projection sur l'axe des x.

12. Cas particulier où la résultante de translation est

nulle. — **Conservation du mouvement du centre de gravité.**
— Lorsque les forces extérieures sont nulles, ou lorsqu'elles ont seulement leur résultante de translation nulle, le centre de gravité du système matériel quelconque se meut uniformément en ligne droite. Cette proposition a reçu autrefois le nom de *principe de la conservation du mouvement du centre de gravité*, nom bien emphatique aujourd'hui pour un simple corollaire d'un théorème plus important.

15. Conséquences et exemples de l'application du théorème précédent. — Il résulte de la propriété absolue, énoncée au numéro 10, que la théorie générale du mouvement d'un point matériel, sous l'action de forces quelconques, s'applique sans aucune exception au mouvement du centre de gravité de tout système matériel, pourvu que, par la pensée, on y concentre toute la masse, et qu'on y transporte toutes les forces.

Ainsi la propriété de l'inertie (II. 3) appartient à un système matériel quelconque, en ce sens que son centre de gravité ne peut se mettre en mouvement, s'il est actuellement en repos, ni changer soit en grandeur, soit en direction, sa vitesse, s'il en a une, à moins qu'une ou plusieurs forces extérieures n'agissent sur un ou plusieurs points du système. En l'absence de telles forces, le centre de gravité persiste soit dans le repos, soit dans le mouvement rectiligne et uniforme préalablement acquis, et les forces intérieures n'ont d'autre effet que de concourir avec les vitesses acquises pour changer la figure du système, s'il n'est pas solide, ou pour produire des mouvements de rotation.

La faculté locomotive chez les animaux ne fait pas exception à cette règle générale. La contraction des muscles résulte de forces mutuelles qui, seules, ne pourraient mettre en mouvement le centre de gravité d'abord en repos; la pesanteur ne pourrait que le faire descendre verticalement ; mais la réaction des corps sur lesquels les animaux s'appuient produit des forces extérieures et par suite le déplacement du centre de gravité dans tous les sens possibles.

Sur un plan horizontal parfaitement poli et sans frottement, c'est-à-dire dont les réactions seraient verticales, un animal ferait de vains efforts pour changer l'état de repos ou de mouvement de son centre de gravité, dans une direction horizontale.

Si un projectile est lancé et fait explosion dans l'espace, tant que les éclats ne rencontrent pas d'autres corps, le centre de gravité poursuit sa course, comme si ces éclats ne se fussent pas séparés, sauf l'effet des modifications que subit la résistance de l'air.

Si le projectile resté entier possède une rotation dans l'espace, à l'instant où il touche le sol, il en reçoit une action tangentielle qui peut accroître la vitesse du centre de gravité et changer sa direction.

Lorsqu'un bateau à vapeur se meut uniformément, c'est que les diverses pressions exercées, tant sur la carène que sur les aubes ou autres appareils propulseurs, se détruiraient, si elles étaient transportées en un point, parallèlement à elles-mêmes.

Un homme en repos sur un plan horizontal y exerce une pression verticale égale à son poids, car la réaction du plan et ce poids se détruiraient, si ces deux forces étaient transportées au centre de gravité. Si cet homme saute, ou si, d'abord assis, il se lève, sa pression sur le plan augmente pendant tout le temps que le centre de gravité prend un mouvement accéléré ascendant. Le contraire a lieu si l'homme, d'abord debout, se baisse. Lorsque sortant du repos, il se met en marche, la résultante de translation des pressions qu'il exerce sur le sol est oblique, en arrière, tant que son mouvement s'accélère, en avant, lorsqu'il se retarde.

§ 4.

THÉORÈME GÉNÉRAL DES MOMENTS DES QUANTITÉS DE MOUVEMENT ET DES IMPULSIONS DES FORCES EXTÉRIEURES AUTOUR D'UN AXE QUELCONQUE.

14. Formules et énoncé de ce théorème. — Les équations de *projections*, obtenues au paragraphe 2 et interprétées au paragraphe 3, ne concernent que les grandeurs et les situations angulaires des forces et des vitesses, sans tenir compte des distances entre les éléments du système. Les équations de *moments*, dont nous allons nous occuper, prennent en considération les distances des forces et des vitesses à des axes de comparaison. En conservant les notations indiquées au commencement de l'article 4, on a, pour un point matériel et pour un axe quelconque (II, 63)

$$d\,\mathfrak{M}\,mv = \Sigma\,\mathfrak{M}\,F\,dt + \Sigma\,\mathfrak{M}\,f\,dt.$$

On en conclut en ajoutant les équations analogues pour tous les points du système, au même instant,

$$d\,\Sigma\,\mathfrak{M}\,mv = \sum \mathfrak{M}\,F\,dt,$$

d'où [6]

$$\Sigma\,\mathfrak{M}\,mv - \Sigma\,\mathfrak{M}\,mv_0 = \sum \int \mathfrak{M}\,F\,dt,$$

équations dans lesquelles la somme $\sum$ des moments doit être prise pour les forces extérieures seulement, attendu que les moments des forces intérieures du système sont deux à deux égaux et de signes contraires. Ces équations s'énoncent ainsi :

THÉORÈME. *L'accroissement de la somme des moments des quantités de mouvement d'un système matériel, autour d'un axe quelconque, est égal à la somme des moments des impulsions des forces extérieures pendant le même intervalle de temps, soit élémentaire, soit fini.*

La première de ces relations peut s'écrire (II, 59 et 63) sous l'une ou l'autre des formes analytiques suivantes, qui supposent le système rapporté à trois axes, à chacun desquels elle s'applique par permutation tournante.

$$\text{Autour de O}x
\begin{cases}
\Sigma m\,\mathrm{d}\left(y\dfrac{\mathrm{d}z}{\mathrm{d}t} - z\dfrac{\mathrm{d}y}{\mathrm{d}t}\right) = \sum (yZ - zY)\,\mathrm{d}t \\[2em]
\text{ou } \Sigma m\left(y\dfrac{\mathrm{d}^2 z}{\mathrm{d}t^2} - z\dfrac{\mathrm{d}^2 y}{\mathrm{d}t^2}\right) = \sum (yZ - zY)
\end{cases}$$

$$\text{Autour de O}y
\begin{cases}
\Sigma m\,\mathrm{d}\left(z\dfrac{\mathrm{d}x}{\mathrm{d}t} - x\dfrac{\mathrm{d}z}{\mathrm{d}t}\right) = \sum (zX - xZ)\,\mathrm{d}t \\[2em]
\text{ou } \Sigma m\left(z\dfrac{\mathrm{d}^2 x}{\mathrm{d}t^2} - x\dfrac{\mathrm{d}^2 z}{\mathrm{d}t^2}\right) = \sum (zX - xZ)
\end{cases} \qquad [7]$$

$$\text{Autour de O}z
\begin{cases}
\Sigma m\,\mathrm{d}\left(x\dfrac{\mathrm{d}y}{\mathrm{d}t} - y\dfrac{\mathrm{d}x}{\mathrm{d}t}\right) = \sum (xY - yX)\,\mathrm{d}t \\[2em]
\text{ou } \Sigma m\left(x\dfrac{\mathrm{d}^2 y}{\mathrm{d}t^2} - y\dfrac{\mathrm{d}^2 x}{\mathrm{d}t^2}\right) = \sum (xY - yX)
\end{cases}$$

15. Autre énoncé des mêmes formules : égalité des sommes de moments des forces totales et des forces extérieures. — En reprenant les considérations indiquées au numéro 5, on est naturellement conduit à écrire que pour l'une des forces totales, on a autour d'un axe quelconque (II, 41)

$$\mathfrak{M}\varphi = \Sigma \mathfrak{M}\,F + \Sigma \mathfrak{M}\,f$$

et pour l'ensemble de toutes les forces totales et de toutes les forces extérieures, en conservant le même axe des moments,

$$\Sigma \mathfrak{M} \varphi = \Sigma \mathfrak{M} F. \tag{b}$$

on a d'ailleurs, φ étant la résultante de toutes les forces qui agissent réellement sur le point dont la masse est m (II, 59),

$$\mathfrak{M} \varphi = \frac{d \mathfrak{M} \, mv}{dt} \quad \text{d'où} \quad \Sigma \mathfrak{M} \varphi = \frac{d \Sigma \mathfrak{M} \, mv}{dt},$$

expression qui, étant substituée dans l'équation précédente [b], donne une équation équivalente à la première des équations [6], dont elle ne diffère qu'en ce que les deux membres sont divisés par dt.

Quant aux équations [7] en termes finis, on les obtient directement, sans passer par l'équation [6], en remarquant que la force φ peut se décomposer en trois, parallèles à trois axes coordonnés rectangulaires, et égales à $m \dfrac{d^2 x}{dt^2}$, $m \dfrac{d^2 y}{dt^2}$, $m \dfrac{d^2 z}{dt^2}$,

d'où l'on conclut $\mathfrak{M}_x \varphi = m \left(y \dfrac{d^2 z}{dt^2} - z \dfrac{d^2 y}{dt^2} \right)$, etc., de même qu'on a $\mathfrak{M}_x F = yZ - zY$, etc., expressions qui substituées dans l'avant-dernière équation [b] reproduisent les équations [7] ci-dessus, sous la seconde forme. On voit ainsi pourquoi des formules [6] et [7] s'énoncent en disant :

La somme des moments des forces totales autour d'un axe quelconque est égale à la somme des moments des forces extérieures autour du même axe.

16. Cas particulier. Théorème des aires. — Lorsque les forces extérieures sont nulles, ou ont seulement leur somme de moments nulle autour d'un axe fixe, la somme des moments des quantités de mouvement ou la somme des produits des masses multipliées par les moments des vitesses, autour du même axe, est constante, puisque sa différentielle est nulle.

En d'autres termes (II, 60), *la somme des produits des masses multipliées par les aires que décrivent sur un plan perpendiculaire à l'axe les projections orthogonales des rayons vecteurs, joignant l'axe aux points du système, est proportionnelle au temps.*

Cette proposition est connue sous le nom de *principe de la conservation des aires.* Il est bien entendu que les sommes dont il est question dans ces énoncés sont des sommes algébriques, les moments des forces, des vitesses et les aires devant être pris avec leurs signes suivant leurs sens.

17. Exemple de l'application du théorème précédent. — Un homme, d'abord en repos sur un plan horizontal, ne se procure un mouvement de rotation autour d'un axe qu'en empruntant au sol, à l'aide du frottement, des forces dont les impulsions produisent autour de cet axe une somme de moments égale à la somme des moments des quantités de mouvement acquises. S'il était possible de le mettre sur un plateau en repos, supporté par un pivot qui fût absolument sans frottement, cet homme ne pourrait s'imprimer une rotation d'ensemble ; si l'un de ses membres, un bras, par exemple, tournait vers la droite, le reste du corps, y compris le plateau, tournerait à gauche, conformément au théorème des aires.

Le balancement instinctif de nos bras pendant la marche a pour effet de compenser celui des jambes et de diminuer celui du reste du corps.

$$\S\ 5.$$

THÉORÈME GÉNÉRAL DU TRAVAIL ET DES PUISSANCES VIVES.

18. Somme des travaux élémentaires des deux forces égales et opposées appliquées à deux points différents. — Le but que nous nous proposons dans ce paragraphe est d'étendre à un système matériel le théorème connu de l'effet du travail des forces appliquées à un point. On comprend tout d'abord l'utilité d'étudier le travail de deux forces égales et opposées, comme sont les forces intérieures. Cette somme de travail a, comme on va le voir, une expression très-simple, quel que soit le mouvement des deux points d'application.

Soient A et A' (fig. 2) deux points situés à une distance finie l'un de l'autre, et sollicités, *entre autres forces,* par deux forces égales et opposées F et F', que nous supposons ici répulsives. Ces deux points, se déplaçant en vertu principalement de leurs vitesses acquises, sont transportés en B et B', à des distances infiniment petites de A et de A'; et si b et b' sont les projections orthogonales des points B et B' sur la droite AA', la somme des travaux des deux forces considérées est $F(A'b' - Ab)$ ou $F(bb' - AA')$. Or, l'angle de BB' avec AA' est infiniment petit; par conséquent, la différence entre BB' et sa projection bb' est infiniment petite par rapport à la plus grande des distances AB et A'B'; on doit la négliger (*). Ainsi en faisant $AA' = l$ et $BB' = l + dl$, on a

$$bb' - AA' = BB' - AA' = dl.$$

(*) Cette proposition peut être démontrée d'une manière plus explicite, comme il suit :

Théorème de géométrie infinitésimale. *Les points* A *et* A' (fig. 3)

Donc la somme des travaux élémentaires des deux forces égales F et F' est exprimé par $F\,dl$, ne dépendant que de la variation de la distance mutuelle des deux points et de la valeur des forces : travail positif, quand les deux forces sont répulsives et que les deux points s'éloignent l'un de l'autre, ou quand les forces sont attractives et que les points se rapprochent ; travail

étant à une distance finie l'un de l'autre, si l'on considère deux points B et B', infiniment rapprochés l'un de A, l'autre de A', la différence entre la distance BB' et sa projection orthogonale bb' sur la droite AA' est un infiniment petit d'un ordre supérieur, c'est-à-dire qu'elle est infiniment petite par rapport à la somme des distances infiniment petites AB et A'B'.

Démonstration. Soient $AB = s$, $A'B' = s'$, $BC = z$, $Cb = y$, $B'C' = z'$, $C'b' = y'$, $BD' = l'$, $bb' = p$.

Les angles C, b, C', b', étant droits, on a

$$l' = \sqrt{p^2 + (y' - y)^2 + (z' - z)^2},$$

d'où il résulte

$$l' < p + \frac{(y' - y)^2}{2p} + \frac{(z' - z)^2}{2p} ;$$

car le quarré de cette dernière quantité est plus grand que

$$p^2 + (y' - y)^2 + (z' - z)^2 \quad \text{ou} \quad l'^2.$$

donc

$$l' - p < \frac{y' - y^2}{2p} + \frac{(z' - z)^2}{2p}.$$

Les coordonnées z et y sont toutes deux plus petites que s; de même z' et y' sont plus petites que s'; donc, quels que soient les signes de ces quantités, on a

$$(y' - y)^2 < (s + s')^2 \quad \text{et} \quad (z' - z)^2 < (s + s')^2 :$$

donc

$$l' - p < \frac{(s + s')^2}{p},$$

donc le rapport de $l' - p$ à la somme infiniment petite $s + s'$ est moindre que la fraction infiniment petite $\dfrac{s + s'}{p}$, ce qu'il fallait démontrer.

négatif dans les deux cas contraires ; travail nul, quand la distance ne varie pas.

19. Effet du travail des forces sur un système matériel quelconque. — Appelons

m la masse d'un élément du système,

v_0 et v les valeurs de sa vitesse à deux instants différents,

F les forces extérieures qui le sollicitent (nous disons forces extérieures, c'est-à-dire dues à des corps non compris dans le système) ;

f les forces intérieures qui agissent sur le même point (forces intérieures, c'est-à-dire dues à d'autres points matériels du système).

L'équation du travail démontrée, en général, pour un point matériel (II, 64), peut s'inscrire ainsi :

$$\frac{1}{2}\,mv^2 - \frac{1}{2}\,mv_0^2 = \Sigma\mathcal{C}F + \Sigma\mathcal{C}f, \qquad [8]$$

les sommes indiquées par la notation Σ se rapportant à toutes les forces reçues (et non exercées) par le point dont la masse est m et dont les vitesses finale et initiale sont v_0 et v. Concevons qu'il soit posé autant d'équations pareilles à celle-là, qu'il y a de points matériels dans le système, et que toutes ces équations soient ajoutées ; on aura une équation qui, d'après ce qu'on vient de voir (18), pourra se mettre sous la forme

$$\Sigma\,\frac{1}{2}\,mv^2 - \Sigma\,\frac{1}{2}\,mv_0^2 = \sum \mathcal{C}F + \Sigma\int f\,dl\,; \qquad [9]$$

équation dans laquelle les sommes Σ du premier membre ont autant de termes qu'il y a d'éléments matériels dont la vitesse varie dans le système, la première somme $\sum$ du second membre autant de termes qu'il y a de forces extérieures faisant un travail, et la seconde somme Σ autant de termes qu'il y a dans le système de groupes de deux points matériels agissant l'un sur l'autre, et variant de distance mutuelle pendant le déplacemnut considéré. Donc

Théorème. *Quel que soit le mouvement d'un système matériel, l'accroissement algébrique de sa puissance vive, après un déplacement quelconque, est égal à la somme algébrique des travaux des forces, tant extérieures qu'intérieures. qui ont agi sur les divers éléments du système pendant ce déplacement, quelle qu'en soit la durée, le travail des forces intérieures ne dépendant que de leurs intensités et des mouvements relatifs de ces éléments.* C'est une des propositions de la dynamique les plus fécondes en déductious utiles.

20. Travail de la pesanteur sur un système quelconque. — Soient p le poids d'un élément du système et z sa distance variable au-dessous d'un plan horizontal fixe. On a pour ce point en mouvement

$$d\,\mathfrak{T}p = p\,dz \quad \text{et} \quad \mathfrak{T}p = \int_{z_0}^{z} p\,dz = pz - pz_0;$$

et pour le système entier

$$\Sigma\mathfrak{T}p = \Sigma pz - \Sigma pz_0 = P\,(Z - Z_0),$$

en représentant par P le poids total du système, et par Z_0 et Z les ordonnées verticales de son centre de gravité aux deux instants extrêmes. La dernière égalité résulte de la définition du centre de gravité d'un système matériel quelconque. Donc

Théorème. *Le travail des forces supposées constantes et parallèles, dues à la pesanteur dans un système quelconque, solide ou déformable, subissant un déplacement aussi quelconque, est égal au poids total du système multiplié par la hauteur dont le centre de gravité du système est abaissé, hauteur prise négativement si ce centre s'est effectivement élevé.* Ce théorème a de très-fréquentes applications.

21. Cas particulier du théorème du travail, dit principe des forces vives. — Soient X, Y, Z, les composantes de l'une quelconque des forces extérieures F. Le travail de celle-ci est (II, 68) exprimé par $\int (X dx + Y dy + Z dz)$, et il peut arriver que cette intégrale soit une fonction des seules coordonnées du point soumis à la force F. Si cette condition, dont on a vu (II, 69) des exemples, a lieu pour toutes les forces extérieures qui agissent sur le système, $\sum \tilde{e} F$ est une fonction des coordonnées des divers points de ce système. Il en sera de même du travail $\int f dl$ des forces intérieures, si l'on admet que l'action réciproque entre deux points est une fonction de leur distance mutuelle, car celle-ci est elle-même une fonction des coordonnées des deux points dont il s'agit.

Sous cette double condition l'équation du travail prend la forme

$$\sum \frac{1}{2} m v^2 - \sum \frac{1}{2} m v_0^2 = \mathcal{F}(x, y, z, x', y', z'\ldots)$$
$$- \mathcal{F}(x_0, y_0, z_0, x'_0, y'_0, z'_0, \ldots),$$

et l'énoncé qui l'exprime a été appelé par les géomètres *principe des forces vives.* C'est un théorème hypothétique moins général que le théorème du travail (19) affranchi de toute exception.

Si le travail total des forces, tant intérieures qu'extérieures, est nul, la quantité $\Sigma m v^2$ est constante. Tel est ce qu'on a nommé le *principe de la conservation des forces vives.*

DE LA COMPOSITION DES FORCES APPLIQUÉES A UN SYSTÈME MATÉRIEL.

GÉNÉRALITÉS SUR CE SUJET.

22. De l'équivalence de deux groupes de forces. — Les théorèmes généraux démontrés aux paragraphes 2 et 4, et qui concernent les quantités de mouvement et les impulsions, ont cela de remarquable que les forces qu'ils mentionnent sont les seules forces extérieures, et que celles-ci n'y entrent que par les sommes de leurs projections ou de leurs moments relatifs à un axe quelconque. Or, il est évident qu'un groupe de forces étant considéré, on peut le remplacer par un autre, sans altérer ni l'une ni l'autre de ces deux sommes ; c'est ce qui arrivera notamment dans les trois cas suivants :

1° Si, à plusieurs forces agissant sur un même point, on substitue leur résultante ;

2° Si réciproquement on substitue à une force d'autres forces qui pourraient être ses composantes, agissant au même point ;

3° Si l'on transporte une force d'un point à un autre, sans changer ni la direction ni l'intensité de cette force.

Ce que nous disons des deux premiers cas est la conséquence immédiate de propriétés de la résultante de plusieurs forces appliquées à un même point (II, 32 et 49) ; et, quant au troisième, la projection et le moment d'une force relativement à un axe déterminé ne dépendent, d'après leurs définitions, que de l'intensité et de la direction de cette force, et nullement de son point d'application sur l'alignement de sa direction.

Ces observations conduisent à la théorie de *l'équivalence* des forces, que nous allons exposer, en commençant par les définitions nécessaires.

23. Équivalentes. Résultante. Forces en équilibre. —
Lorsque deux groupes de forces sont tels que, pour tout axe
qu'on voudra imaginer dans l'espace, la somme des projections
des forces d'un groupe et celle de leurs moments sont respectivement égales aux deux sommes analogues dans l'autre
groupe ; on dit que les deux groupes de forces sont *équivalents*,
ou que les forces d'un des groupes sont, dans leur ensemble,
équivalentes à celles de l'autre.

Lorsque plusieurs forces sont réductibles à une seule équivalente, ce qui d'ailleurs n'est pas toujours possible, comme on
va le voir, cette équivalente unique s'appelle la *résultante* des
forces dont il s'agit.

Enfin, dans le cas particulier où les sommes de projections et
de moments des forces d'un groupe sont nulles pour tout axe
pris à volonté, on dit que ces forces ont une *résultante nulle* ou
que ces forces sont en *équilibre*, locution dont on verra bientôt
l'explication, quand il sera question des forces appliquées à un
corps solide.

Remarque. De la définition générale de l'équivalence, et des
propositions établies aux numéros 5 et 15, il s'ensuit que *dans
un système matériel quelconque en mouvement, l'ensemble des forces
totales est équivalent à l'ensemble des forces extérieures.*

**24. Deux groupes équivalents ont la même résultante
de translation.** — C'est une conséquence évidente de ce que
les sommes des projections des forces des deux groupes sur un
axe quelconque sont égales (11).

25. Réduction d'un groupe de forces à deux équivalentes.
— Théorème. *On peut toujours réduire un groupe quelconque de
forces F', F'', F''',... à deux équivalentes, dont l'une passe en un
point donné* O, *et dont l'autre, sauf le cas où elle concourt au
même point, est située dans un plan déterminé par le choix arbitraire du point* O, *et peut avoir dans ce plan un alignement pris*

à volonté, sous la condition que cette deuxième équivalente ait autour du point O un moment invariable de grandeur et de sens.

DÉMONSTRATION. 1° Considérons les deux plans passant l'un par la direction de la force F' et par le point O, l'autre par la force F'' et le même point ; ils se coupent suivant une droite OR''. La force F' appliquée à M', étant dans un même plan avec OR'', peut être remplacée, sans changement de projection ni de moment relativement à des axes quelconques, par deux composantes P' et Q', passant l'une par O, l'autre par un point R'' choisi à volonté sur l'intersection OR''; de même F'' appliquée en M'' dans le plan $M''OR''$ peut être remplacée par ses deux équivalentes P'' et Q'', passant l'une par O, l'autre par R''. Aux forces P' et P'', transportées en O, on substitue leur résultante S', et aux forces Q' et Q'' transportées en R'', leur résultante T'. On a ainsi autant de forces qu'auparavant ; mais l'une S' passe en O, et le nombre des autres T', F''', F^{IV},... est diminué de 1. Il ne reste qu'à opérer de la même manière sur celles-ci, jusqu'à ce qu'il n'y en ait plus qu'une T, pouvant ne pas passer en O, où concourent les autres forces réductibles, par conséquent, à une seule S.

2° De quelque manière qu'on procède pour obtenir deux équivalentes d'un même groupe de forces F, le point choisi O restant le même et la deuxième équivalente n'y passant pas, nous disons que le plan qui contient ce point et cette deuxième équivalente est invariable : soient deux forces S' et T' formant un groupe équivalent à celui de deux forces S et T ; si S' et S passent toutes deux par un point O, T n'y passant pas, il s'agit de démontrer que les deux forces T' et T sont dans un plan passant par le même point. En effet, par ce point O, menons deux axes Ox et Oy rencontrant la force T. Autour de chacun de ces deux axes, les sommes de moments de ces deux groupes équivalents doivent être égales. Les moments de S, de S' et de T' sont séparément nuls ; donc il en est de même des moments de T ; cette force est donc dans un même plan avec chacun des deux axes Ox et Oy. D'ailleurs, elle ne passe pas par le point O, car le moment de T autour d'un axe mené par O perpendiculairement au plan xOy n'étant pas nul, celui de T' ne l'est pas non plus. Donc la force T' est dans le plan qui contient le point O et la direction de la force T.

3° Nous disons maintenant que la deuxième équivalente T, ne passant pas au point O, peut être remplacée par deux autres, dont l'une, passant par O, se compose avec S, et dont l'autre ait un alignement donné dans le plan de T et de O. En effet, si la nouvelle direction rencontre la première, le remplacement se fait immédiatement par une simple décomposition de T. Dans le cas de parallélisme, on peut employer une deuxième équivalente intermédiaire, c'est-à-dire décomposer T en deux forces, l'une passant par O et l'autre T' rencontrant l'alignement donné, puis décomposer T' en deux, l'une passant par O, et l'autre qui est la force cherchée, suivant l'alignement. Il résulte de cette explication même que l'alignement donné ne peut pas passer par le point O, la force T n'y passant pas, par hypothèse.

4° Quant à la dernière partie du théorème, puisque la somme des moments des forces S et T autour d'un axe quelconque est égale à celle des moments des forces F, qu'elles remplacent, si l'axe passe par le point O et est perpendiculaire au plan déterminé de O et de T, le moment de S étant nul, celui de T autour de O devient seul égal à la somme des moments des forces F autour de ce même axe; ce qui achève de démontrer la proposition.

26. Cas d'une résultante unique. — Il peut arriver que les deux équivalentes S et T soient dans un même plan, auquel cas, si elles ne sont pas égales, parallèles et de sens contraires, elles se réduisent à une seule force. En effet, si ces deux forces concourent en un point, on peut les y transporter et obtenir leur résultante par la règle du parallélogramme des forces. Si elles sont parallèles et de même sens, ou parallèles et de sens contraires, mais inégales, pour trouver leur résultante, on peut tracer une droite qui rencontre ces deux forces et appliquer dans son alignement deux forces P et $- P$ égales et de sens contraires. S et P se composent alors en une force Q, de même que T et $- P$ en une force Q', et il est facile de voir que, même dans le cas où S et T sont de sens contraires, les forces Q et Q' se rencontrent à cause de l'inégalié de S et de T : elles ont donc une résultante.

Réciproquement, *deux forces S et T qui ont une résultante R sont nécessairement dans un même plan.* Pour le démontrer, prenons sur l'alignement de S un point O qui ne soit ni sur l'alignement de T ni sur celui de R; par O et par T, concevons un plan et dans ce plan les axes Ox et Oy quelconques, mais non parallèles à R. Les moments de cette résultante R autour de ces deux axes sont nuls, puisque ceux de ses composantes S et T le sont. Donc R rencontre à la fois Ox et Oy sans passer par O, et, par conséquent, est dans le plan de xOy, qui contient T. Cela posé, S est dans ce même plan, car sa projection sur un axe Oz perpendicalaire à xOy est nulle, comme le sont celles de T et de R.

27. Cas d'un couple. — Lorsque deux forces sont égales, parallèles et de sens contraires, sans être directement opposées, elles forment ce que M. Poinsot, dans ses *Eléments de statique*, a appelé un *couple*.

Ce genre particulier de groupe de deux forces jouit de propriétés que nous étudierons bientôt sous le titre de *Théorie des couples*.

Bornons-nous ici à remarquer qu'un couple ne peut être réduit à une résultante unique, puisque sa résultante de translation est nulle.

28. Définitions. Moment résultant d'un groupe de forces

autour d'un point déterminé. Son axe représentatif. — Le moment de la deuxième équivalente T d'un groupe de forces F pour un point donné O, moment dont le plan, le sens et la grandeur sont déterminés, comme on vient de le voir, s'appelle le *moment résultant du groupe de forces F autour du point O*.

Il peut être défini par un axe représentatif A de direction, de longueur et de sens déterminés, suivant les conventions connues (II, 44). Cet axe perpendiculaire au plan de O et de T a cette propriété que sa projection rectangulaire sur une droite quelconque Ox passant par O est (II, 45) égale au moment de la force T autour de cette droite, et par conséquent égale à la somme des moments des forces F autour de cette même droite Ox.

Au lieu de procéder par décompositions et recompositions successives (25), on peut, plus élégamment, obtenir ou formuler le moment résultant par l'un ou l'autre des deux théorèmes suivants.

29. Détermination du moment résultant d'un groupe de forces autour d'un point O par les moments de ces forces autour de trois axes. — La première équivalente S des forces F étant supposée passer par le point O, soit T leur deuxième équivalente.

On a pour un axe quelconque Ox passant par O l'égalité suivante, qui résulte de ce que le moment de S autour de cet axe est nul :

$$\mathfrak{M}_x T = \Sigma \mathfrak{M}_x F.$$

Soit A en direction et en grandeur l'axe représentatif du moment résultant, c'est-à-dire du moment de l'équivalente T autour de O. On a, par un théorème démontré (II.45),

$$A \cos (A, x) = \mathfrak{M}_x T;$$

et, d'après l'équation précédente,

$$A \cos (A, x) = \Sigma \mathfrak{M}_x F.$$

En appliquant cette formule à trois axes partant du même point O et non situés dans un même plan, on aura les projections sur ces axes de la droite A qui, par conséquent, sera déterminée en direction et en grandeur. Le plus simple sera de prendre trois axes rectangulaires Ox, Oy, Oz, et de poser les équations

$$A \cos (A, x) = \Sigma \mathfrak{M}_x F,$$
$$A \cos (A, y) = \Sigma \mathfrak{M}_y F, \qquad [10]$$
$$A \cos (A, z) = \Sigma \mathfrak{M}_z F,$$

$$A^2 = (\Sigma \mathfrak{M}_x F)^2 + (\Sigma \mathfrak{M}_y F)^2 + (\Sigma \mathfrak{M}_z F)^2.$$

qu'on exprime en disant :

THÉORÈME. *L'axe représentatif du moment résultant d'un groupe de forces autour d'un point O est la diagonale d'un parallélipipède rectangle, dont les trois côtés partant de cette origine sont égaux aux sommes de moments des forces autour de ces mêmes côtés, et ont les sens indiqués par leurs signes.*

REMARQUE. L'axe Ox pouvant varier en partant toujours de O, la plus grande valeur de $A \cos (A, x)$ et, par conséquent, de $\Sigma \mathfrak{M}_x F$. a lieu quand l'angle de Ox et de A est nul. Donc, *la direction de l'axe du moment résultant est celle de la droite autour de laquelle la somme des moments des forces du groupe est un maximum.*

30. Détermination du moment résultant d'un groupe de forces autour d'un point O par la composition des moments de ces forces autour de ce point. — En conservant les notations du numéro précédent, reprenons l'équation

$$A \cos (A, x) = \Sigma \mathfrak{M}_x F.$$

Soient a', a'', a''',... les axes représentatifs des moments des forces F', F'', F''',... autour du point O. On a en vertu du théorème (II, 45) cité tout à l'heure,

$$a' \cos (a', x) = \mathfrak{M}_x F',$$

$$a'' \cos (a'', x) = \mathfrak{M}_x F'',$$

$$a''' \cos (a''', x) = \mathfrak{M}_x F''', \text{ etc.}$$

et par conséquent, en ajoutant ces égalités,

$$\Sigma a \cos (a, x) = \Sigma \mathfrak{M}_x F;$$

Donc

$$A \cos (A, x) = \Sigma a \cos (a, x) . \qquad [11]$$

Ainsi, THÉORÈME. *Un point O étant pris à volonté pour y faire passer la première équivalente S d'un groupe de forces F, l'axe représentatif du moment de la deuxième équivalente T, autour de ce point, a pour projection, sur une droite quelconque, la somme des projections des axes représentatifs des moments des forces F autour du même point O, et, par conséquent, cet axe représentatif du moment de T est la droite résultante (II, 48) des axes des moments des forces F autour du point O.*

31. Des six conditions de l'équivalence de deux groupes de forces. — Puisqu'il faut qu'en puisse passer d'un groupe de forces à l'autre sans changer ni les sommes de projections, ni les sommes de moments de ces forces, il s'ensuit que pour un axe quelconque Ox, il faut qu'en désignant en général par la notation F les forces d'un des groupes et par F' celles de l'autre, on ait :

$$\Sigma F_x = \Sigma F'_x \quad \text{et} \quad \Sigma \mathfrak{M}_x F = \Sigma \mathfrak{M}_x F'.$$

Nous allons démontrer qu'il suffit de six équations pareilles, trois de moments et trois de projections relatives à des axes de

même origine, pour assurer que les deux groupes sont équivalents, c'est-à-dire réductibles à deux mêmes équivalentes dont
l'une passe par cette origine. En effet :

1° Soient A et A' les axes représentatifs des moments résultants des deux groupes. Ils ont avec les forces les relations
suivantes, pour trois axes Ox, Oy et Oz :

$$A_x = \Sigma \mathfrak{M}_x F, \quad A_y = \Sigma \mathfrak{M}_y F, \quad A_z = \Sigma \mathfrak{M}_x F,$$

$$A'_x = \Sigma \mathfrak{M}_x F', \quad A'_y = \Sigma \mathfrak{M}_y F', \quad A'_z = \Sigma \mathfrak{M}_z F';$$

d'où il suit que si l'on pose les trois équations de moments

$$\Sigma \mathfrak{M}_x F = \Sigma \mathfrak{M}_x F', \quad \Sigma \mathfrak{M}_y F = \Sigma \mathfrak{M}_y F', \quad \Sigma \mathfrak{M}_z F = \Sigma \mathfrak{M}_z F', \quad [\text{M}]$$

par cela même on écrit que les axes A' et A' ont les mêmes
projections sur trois axes non situés dans un même plan, et par
conséquent coïncident en direction et en grandeur; d'où il
résulte que les secondes équivalentes T et T' des deux groupes
non-seulement sont alors dans un même plan passant par l'origine O, mais encore peuvent avoir dans ce plan même direction et même grandeur, (23, 3°), en un mot, coïncider.

2° Si l'on pose les trois équations de projections sur trois
axes :

$$\Sigma F_x = \Sigma F'_x, \quad \Sigma F_y = \Sigma F'_y, \quad \Sigma F_z = \Sigma F'_z, \quad [\text{P}]$$

les équivalentes des deux groupes, S et T d'une part, S' et T'
d'autre part, ayant les mêmes sommes de projections que les
groupes, satisferont aux équations

$$S_x + T_x = S'_x + T'_x, \quad S_y + T_y = S'_y + T'_y, \quad S_z + T_z = S'_z + T'_z.$$

Or, si les équations de moments [M] sont en même temps
vérifiées, on vient de voir qu'on peut alors faire

$$T_x = T'_x, \quad T_y = T'_y, \quad T_z = T'_z,$$

et par conséquent

$$S_x = S'_x, \quad S_y = S'_y, \quad S_z = S'_z,$$

c'est-à-dire que les forces S et S' coïncident aussi bien que T et T'. Donc, la conséquence des six équations [M] et [P] est que les deux groupes de forces auxquels elles s'appliquent sont réductibles aux deux mêmes équivalentes et par conséquent sont équivalents.

REMARQUES. I. Si les trois équations de projections [P] étaient seules vérifiées, on pourrait déjà en conclure que la résultante de translation (10) serait la même pour les deux groupes, et que, par conséquent, le mouvement du centre de gravité du système ne serait pas altéré par la substitution d'un des groupes à l'autre. Dans cette même hypothèse, toute équation analogue aux équations [P] c'est-à-dire exprimant l'égalité des sommes de projections des forces des deux groupes sur un axe quelconque, serait vraie, mais non distincte des trois autres qui la comprendraient implicitement ; car la quatrième équation serait une conséquence nécessaire de l'égalité des deux résultantes de translation, exprimée par les trois premières.

II. Si les trois équations de moments [M] étaient seules vérifiées, il s'ensuivrait que choisissant O pour y faire passer les premières équivalentes S et S' des deux groupes, on pourrait, ce qui vient d'être démontré, faire complétement coïncider les deuxièmes équivalentes T et T'. Dans ce cas, toute équation analogue aux équations [M] et prise pour les deux mêmes groupes et pour un axe passant par le point O, dans une direction d'ailleurs quelconque, serait vraie, mais implicitement comprise dans les trois autres ; car les sommes de moments des forces des deux groupes étant toujours respectivement égales aux sommes de moments de leurs équivalentes, et cela pour un axe absolument quelconque dans l'espace, s'il s'agit d'un axe passant par l'origine O, pour lequel les moments des forces S et S'

sont nuls, l'exactitude de la nouvelle équation est une conséquence nécessaire de l'égalité des forces T et T' exprimée par
les trois premières équations [M].

52. Forme analytique des six conditions d'équivalence. —
Si suivant les notations déjà connues (11, 52 et 59), on représente par X, Y, Z les composantes parallèles à trois axes coordonnées rectangulaires de l'une des forces F du premier groupe,
par x, y, z les coordonnées d'un des points de sa direction,
par X', Y', Z', x', y', z' les quantités analogues du second
groupe, les six équations d'équivalence peuvent s'écrire ainsi,
en indiquant par Σ des sommes étendues à toutes les forces de
chaque groupe :

$$
\left.
\begin{array}{lll}
\text{Au lieu de} \quad \Sigma F_x = \Sigma F'_x, & \Sigma X = \Sigma X' \\
\text{» \quad de} \quad \Sigma F_y = \Sigma F''_y, & \Sigma Y = \Sigma Y' \\
\text{» \quad de} \quad \Sigma F_z = \Sigma F'_z, & \Sigma Z = \Sigma Z'
\end{array}
\right\} \quad [12]
$$

$$
\left.
\begin{array}{lll}
\text{Au lieu de} \ \Sigma \mathfrak{M}_x F = \Sigma \mathfrak{M}_x F', & \Sigma(yZ - zY) = \Sigma(y'Z' - z'Y') \\
\text{» \quad de} \ \Sigma \mathfrak{M}_y F = \Sigma \mathfrak{M}_y F', & \Sigma(zX - xZ) = \Sigma(z'X' - x'Z') \\
\text{» \quad de} \ \Sigma \mathfrak{M}_z F = \Sigma \mathfrak{M}_z F', & \Sigma(xY - yX) = \Sigma(x'Y' - y'X')
\end{array}
\right\} [13]
$$

équations dans lesquelles il est bien entendu que les composantes ou projections des forces, et les diverses coordonnées
sont prises avec leurs signes.

REMARQUE. Les équations [12] et [13] viennent d'être établies
relativement à trois axes coordonnés rectangulaires. Il est cependant digne de remarque qu'elles subsisteraient comme
conditions nécessaires et suffisantes d'équivalence, si les axes
étaient obliques, partant toujours d'une origine commune et
non situés dans un même plan. Cela est évident quant aux
équations de projections [12], d'après la propriété de la résul

tante de translation dont la projection quelconque sur un axe est égale à la somme des projections semblables des composantes. Quant aux équations [13] qui cessent d'être des équations de moments proprement dits quand les axes ne sont pas rectangulaires, on démontre sans difficulté que chacune d'elles est alors une équation de moments affectée d'un coefficient commun à tous ses termes.

33. Condition de la réduction de plusieurs forces à une résultante unique. — Cette question peut se traiter comme il suit par l'emploi de la géométrie analytique. Soient X_1, Y_1, Z_1, les composantes de la résultante, parallèles à trois axes coordonnés et appliquées aux points dont les coordonnés sont x_1, y_1, z_1. Les équations d'équivalence sont, eu égard aux trois sens, considérés comme positifs, des moments autour des axes :

$$X_1 = \Sigma F_x, \quad Y_1 = \Sigma F_y, \quad Z_1 = \Sigma F_z, \qquad [14]$$

$$y_1 Z_1 - z_1 Y_1 = \Sigma \mathfrak{M}_x F,$$

$$z_1 X_1 - x_1 Z_1 = \Sigma \mathfrak{M}_y F, \qquad [15]$$

$$x_1 Y_1 - y_1 X_1 = \Sigma \mathfrak{M}_z F,$$

Les trois équations [14] déterminent les trois projections et, par conséquent, la grandeur et la situation angulaire de la résultante. Les trois équations [15] expriment trois plans dans lesquels se trouve cette force, et donnent lieu à une équation de condition analogue à celle qui a été trouvée (II, 47) comme relation entre les projections d'une force sur trois axes coordonnés et ses moments autour de ces mêmes axes :

$$\Sigma F_x \Sigma \mathfrak{M}_x F + \Sigma F_y \Sigma \mathfrak{M}_y F + \Sigma F_z \Sigma \mathfrak{M}_z F = o. \qquad [16]$$

Il faut excepter le cas où les trois sommes de projections seraient nulles, tandis que les sommes de moments ne le seraient pas. Alors, les deux équivalentes S et T seraient égales, paral-

lèles, de sens contraires, sans être directement opposées : elles
formeraient un *couple* sans résultante unique :

CAS PARTICULIER DES FORCES PARALLÈLES.

34. Résultante de forces parallèles dans l'espace. — Si
les forces F d'un groupe en nombre quelconque sont toutes
parallèles entre elles, les unes dans un sens, les autres pouvant
être en sens contraire, et si on les rapporte à trois axes rectangulaires dont l'un leur soit parallèle, trois des six quantités qui
relativement à ces forces entrent dans les équations d'équivalence sont identiquement nulles, savoir : les sommes de leurs
projections sur les deux axes qui leur sont perpendiculaires et
la somme de leurs moments autour de l'axe qui leur est parallèle. Il s'ensuit que l'équation [16] du n° 33 est identiquement
vérifiée et que, sauf le cas de réduction à un couple et le cas
d'équilibre, les forces ont une résultante qu'on trouvera par les
trois équations d'équivalence qui restent à vérifier.

Convenons 1° de représenter par F l'une quelconque des
forces du groupe, prise avec le signe $+$, ou le signe $-$, selon
qu'elle est dans le sens de l'axe Oz, ou en sens contraire;
2° de représenter par x et y les coordonnées positives ou négatives et parallèles aux autres axes, d'un point quelconque de la
droite suivant laquelle agit la force F.

La résultante devant avoir ses projections égales aux sommes
de projections des forces F sera par conséquent parallèle à Oz.
Représentons par R sa valeur algébrique, c'est-à-dire positive
ou négative, selon qu'elle a le sens de Oz ou le contraire, et
par x_1 et y_1 les coordonnées d'un quelconque des points de son
alignement. Les trois équations restant à vérifier, une de projections sur Oz et deux de moments autour de Oy et de Ox,
sont

$$R = \Sigma F, \quad R x_1 = \Sigma F x, \quad R y_1 = \Sigma F y.$$

Ces équations doivent être appliquées eu égard aux signes des forces et des coordonnées : il est aisé de reconnaître en effet que si l'on prend pour positif le moment Fx de F autour de Oy, ce moment change de sens quand l'un de ses facteurs devient négatif, et redevient positif quand ses deux facteurs sont négatifs.

La seule inspection de ces trois équations démontre que si la somme algébrique ΣF n'est pas nulle, la détermination de la résultante R et de sa direction a toujours une solution et n'en a qu'une seule, quel que soit le nombre des composantes.

35. Résultante de deux forces parallèles. — La théorie générale du numéro précédent prouve que sauf le cas où ces deux forces sont égales et de sens contraires, elles ont une résultante qui leur est parallèle, et qui est égale à leur somme algébrique, c'est-à-dire égale à la somme absolue et dans le sens des composantes, si celles-ci ont même sens, et égale à leur différence absolue, dans le sens de la plus grande, si elles sont de sens contraires. En second lieu, la résultante est dans le plan des composantes parce que son moment autour d'un axe situé dans ce plan est nul comme le sont les moments de ces deux forces.

Quant à la situation de la résultante dans ce plan, elle est déterminée par les équations

$$R = F' + F'' \quad \text{et} \quad Rx_1 = F'x' + F''x'',$$

qui ne sont que l'application des formules générales (34) au cas de deux forces F' et F'' de même signe ou de signes contraires, passant par deux points dont les distances à une origine quelconque dans le plan de ces forces sont x' et x'' prises avec leurs signes. On en tire

$$x_1 = \frac{F'x' + F''x''}{F' + F''},$$

formule qui donne lieu à quelques remarques utiles.

Dans le cas exceptionnel où les deux forces F' et F'' sont égales et de sens contraires sans être directement opposées, R devient nulle et x_1 infini, parce que son dénominateur est nul sans que le numérateur le soit. Il y a donc *impossibilité* de réduire à une résultante unique les deux forces qui alors forment un couple.

Dans toute autre hypothèse, si l'on pose l'équation d'équivalence des moments autour d'un point pris sur la direction de la résultante, les moments des deux composantes doivent être égaux et de signes contraires, pour que leur somme algébrique soit nulle comme le moment de la résultante. Il s'ensuit 1° que *si les deux composantes parallèles sont de même sens, la résultante est dans leur intervalle et partage cet intervalle en deux parties réciproquement proportionnelles aux deux forces ;* par conséquent, *elle partage dans le même rapport toute droite joignant deux points pris respectivement sur les directions de ces deux composantes ;* 2° que si *les composantes sont de sens contraires, la résultante est en dehors de leur intervalle et du côté de la plus grande* (seule position possible pour que les moments de deux composantes autour d'un point pris sur la résultante soient de signes contraires et égaux), *et les distances des composantes à la résultante sont encore en raison inverse de ces deux forces,* ces distances étant comptées soit sur une perpendiculaire, soit sur une droite oblique qui rencontre les forces.

56. Décomposition d'une force en deux autres qui lui soient parallèles. — Les mêmes équations de projections et de moments

$$R = F' + F'' \quad \text{et} \quad Rx_1 = F'x' + F''x'',$$

permettent de résoudre les questions dans lesquelles, outre la résultante en grandeur et en direction, on connaît soit deux points par lesquels passent les deux composantes parallèles, soit l'un de ces points et l'une des composantes, grandeur et sens.

Le problème toujours possible, puisqu'il repose sur la résolution d'équations du premier degré, présente divers cas, soit, si deux points sont donnés, suivant qu'ils sont de différents côtés, ou d'un même côté de la résultante, soit, si un seul point est donné, suivant que la composante qui y passe est de même sens, et plus petite ou plus grande que la résultante, ou suivant qu'elle est de sens contraire. Le lecteur fera bien de traiter des exemples numériques de ces cinq cas, en remarquant que l'équation des moments se simplifie lorsqu'on prend l'origine des distances ou l'axe des moments sur la direction d'une des trois forces.

37. Centre de forces parallèles. — Connaissant les positions d'autant de points qu'on voudra par lesquels passent des forces parallèles, d'intensités connues, les unes considérées comme positives, ayant toutes un même sens, et les autres négatives, étant en sens contraire des premières, on peut, sans connaître la situation angulaire de ces forces, et sauf le cas où leur somme algébrique est nulle, assigner un point par lequel passe nécessairement leur résultante. Cela vient d'être établi (33) pour deux forces F', F'' : si M' et M'' sont deux points par lesquels elles passent, leur résultante R'' coupe la droite $M'M''$ en un point N'', dont les distances à M' et à M'' sont réciproquement proportionnelles aux deux composantes. De même, la résultante R''' de R'' et d'une troisième force F''', passant par M''', passe en un point N''' de la droite $M'''N'''$ qui ne dépend que du rapport de $F' + F''$ à F'''. En procédant ainsi, de suite on arriverait, sans connaître la direction des forces, à trouver un point N, par lequel passe nécessairement la résultante.

Ce point s'appelle le *centre des forces parallèles* dont il s'agit. Les points par lesquels ces forces passent nécessairement s'appellent *points d'application*.

Si F représente une quelconque des forces du système, x la distance de son point d'application à un plan quelconque, x_t la distance au même plan du centre des forces parallèles, on peut, d'après l'explication qui précède, sans changer la position de ce point, supposer les forces parallèles au plan considéré, et l'on a par conséquent, comme au numéro 37,

$$R = \Sigma F, \quad Rx_1 = \Sigma Fx, \quad \text{d'où} \quad x_1 = \frac{\Sigma Fx}{\Sigma F}.$$

En opérant de même par rapport à deux autres plans, on a

$$y_1 = \frac{\Sigma Fy}{\Sigma F} \quad \text{et} \quad z_1 = \frac{\Sigma Fz}{\Sigma F}.$$

Ainsi trois coordonnées déterminant le centre des forces parallèles sont obtenues en fonctions de celles de leurs points d'application, et des rapports des forces.

38. Centre de gravité. — Lorsque les forces parallèles sont les poids de points matériels dont se compose un corps ou système, le centre de ces forces n'est autre chose que le *centre de gravité* du système ; car on peut dans les formules précédentes substituer aux forces F, c'est-à-dire aux poids des points matériels, leurs masses qui leur sont proportionnelles, et les formules sont alors celles de la fin du numéro 7.

CAS PARTICULIER DES FORCES SITUÉES DANS UN PLAN.

39. Résultante de forces situées dans un plan. — En prenant un point O quelconque dans le plan des forces, on pourra toujours (25) réduire celles-ci à deux équivalentes qui seront dans le même plan. Trois cas seront alors possibles : les deux équivalentes pourront être égales et directement opposées, c'est le cas d'équilibre ; elles pourront former un couple ; sauf ces deux cas, elles auront une résultante unique qu'on pourra obtenir par le parallélogramme des forces ou par la composition de deux forces parallèles.

40. Résultante déduite des équations d'équivalence. —
La grandeur et la direction de cette résultante peuvent être
exprimées par des équations de projections et de moments.
Pour cela, le plus simple est de rapporter les forces à trois
axes, dont deux, Ox et Oy, soient dans leur plan, et le troisième, Oz, perpendiculaire à ce plan. Trois des six quantités,
qui, relativement à ces forces, entrent dans les équations d'é-
quivalence (31 et 32), sont alors identiquement nulles, savoir :
la somme de leurs projections sur l'axe Oz et les deux sommes
de leurs moments autour de Ox et de Oy. L'équation [16] du
numéro 33 est donc identiquement vérifiée, ce qui confirme
que, comme nous venons de le reconnaître *à priori*, sauf le cas
de réduction à un couple et le cas d'équilibre, les forces ont
une résultante ; et on peut la trouver par les trois équations
d'équivalence qui restent à vérifier.

Désignant par R cette résultante et par F une quelconque
des composantes, on a

$$R_x = \Sigma F_x, \quad R_y = \Sigma F_y, \quad \mathfrak{M}_0 R = \Sigma \mathfrak{M}_0 F.$$

Les deux premières de ces équations font connaître les deux
projections sur Ox et sur Oy de la résultante, ce qui détermine
sa grandeur et sa situation angulaire. La troisième complète la
détermination de son alignement ; car, sa grandeur étant connue, la valeur absolue de son moment détermine sa distance à
l'origine O, et le signe de ce moment détermine le choix à faire
de l'une des deux forces qui ont la situation angulaire et la distance trouvées.

On donne ordinairement à l'équation des moments la forme
indiquée au numéro 32, savoir :

$$x_1 R_y - y_1 R_x = \Sigma(x F_y - y F_x)$$

où l'on voit que les coordonnées x_1 et y_1 d'un point de la direction de la résultante sont indéterminées, mais que la droite,

suivant laquelle est cette direction, est parfaitement déterminée, dès que les forces et leurs directions sont données.

THÉORIE DES COUPLES.

41. Moment d'un couple. — La somme algébrique des moments des deux forces d'un couple, autour d'un axe perpendiculaire au plan qui contient ces deux forces, est, quelque part
que soit l'axe, égale au produit de l'une des forces multipliée
par la distance qui les sépare, et affectée d'un signe qui ne varie
pas non plus quand l'axe change.

Cela est facile à voir : si l'axe est situé entre les deux forces,
leurs deux moments sont de même sens, de même signe, et la
grandeur de chacune des forces étant facteur commun à ces
moments, leur somme, de même signe qu'eux, est égale à cette
grandeur multipliée par la somme de leurs distances à l'axe,
c'est-à-dire par leur distance mutuelle. Si l'axe est en dehors
de l'intervalle des deux forces, les deux moments sont de sens
contraires ; le plus grand en valeur absolue a le même sens
qu'avaient les deux moments dans le premier cas, et la somme
algébrique des deux moments contraires est égale à la grandeur
commune des forces multipliée par la différence de leurs distances à l'axe, c'est-à-dire encore par leur distance entre elles.

Cette somme algébrique invariable s'appelle, pour abréger,
le *moment du couple*. En général, ce moment est égal à celui de
l'une quelconque des deux forces du couple, pris autour d'un
point situé sur l'autre force.

La distance qui sépare les deux forces d'un couple s'appelle
son *bras de levier*. On verra au chapitre de la Statique (100)
l'origine de cette dénomination.

42. Équivalence de deux couples. — Un couple $(P, -P)$
ne peut avoir une résultante unique (27) ; mais *deux couples*
$(Q, -Q)$ *et* $(P, -P)$ *peuvent être équivalents l'un à l'autre.* Dé-
montrons *qu'il suffit et qu'il faut pour cela que leurs plans soient
parallèles et que leurs moments soient égaux et de même sens.*

En effet, 1° non-seulement leurs sommes de projections, étant nulles, sont égales; mais encore, sous la double condition indiquée, les sommes de moments de leurs forces autour d'un axe perpendiculaire à leurs plans sont égales, puisque ces sommes sont les moments des couples, et les sommes analogues autour de deux axes pris dans le plan d'un des couples, et non parallèles aux forces de l'autre, sont aussi égales, étant nulles, parce que les deux forces de l'autre couple sont à égales distances de ces axes.

Il suit de là que : *Quel que soit un couple, on peut lui donner pour équivalent un autre couple, dont l'une des forces ait une direction (alignement et sens) quelconque donnée dans le même plan ou dans un plan parallèle à celui du premier couple et une intensité prise à volonté.* Le bras de levier du nouveau couple se détermine, d'après cette donnée, de manière à conserver le même moment et le même sens.

2° Réciproquement, lorsque deux couples $(P, -P)$ et $(Q, -Q)$ sont équivalents, leurs plans sont parallèles et leurs moments sont égaux et de même sens. Car si leurs plans se coupaient, on pourrait, en faisant tourner les deux couples dans leurs plans, les amener à avoir chacun une force dirigée suivant l'intersection, et si l'on prenait dans le plan de l'un des couples $(P, -P)$, par exemple, un axe Ox rencontrant cette intersection, trois moments partiels, ceux de P, de $-P$ et de Q, seraient nuls, mais celui de la quatrième force, $-Q$, ne le serait pas, parce que cette force ne pourrait ni être parallèle à l'axe Ox ni le rencontrer. Donc, dans le cas de l'équivalence, les plans des deux couples ne peuvent se couper. L'égalité de leurs moments est d'ailleurs une conséquence immédiate de cette équivalence.

43. Axe représentatif d'un couple. — Pour définir complétement les caractères communs à tous les couples équivalents à un même couple, il suffit de donner la situation angulaire dans l'espace d'une droite dirigée de manière que le sens du couple soit celui de la rotation positive autour de cette droite, et de prendre sur sa direction une longueur représentant, moyennant une échelle convenue, le moment du couple dont il s'agit. L'alignement de cet axe peut d'ailleurs être mené pour tout point de l'espace pris arbitrairement.

44. Composition en une résultante unique d'une force et d'un couple dont le plan contient cette force ou lui est parallèle. — Soit F la force et $(P, -P)$ le couple, dont le bras de levier est a et par conséquent le moment est Pa. On peut d'abord transformer ce couple en un autre $(F', -F')$, dont les forces soient égales à F et dont le bras de levier sera $\dfrac{Pa}{F}$, afin que le moment reste égal à Pa ; de plus, on peut au besoin transporter le nouveau couple parallèlement à lui-même, de manière que son plan contienne la force F ; enfin, on peut tourner et transporter le même couple, de manière que l'une de ses forces $-F'$ coïncide, mais en direction contraire, avec la force F. Alors les forces F et $-F'$ se détruisent, et il reste pour équivalente unique du groupe primitif la force F', égale et parallèle à F en même sens, mais à une distance $\dfrac{Pa}{F}$ de la première direction, distance parallèle au plan du couple, et dont le sens doit être choisi, de manière que le moment de la résultante F' autour d'un point pris sur la direction de F soit de même sens que celui du couple $(P, -P)$.

45. Réduction d'un groupe de forces à leur résultante de translation et à un couple. — Un groupe quelconque de forces pouvant se réduire (23) à deux équivalentes, dont l'une S passe en un point donné O et l'autre T est dans un plan déterminé par le choix du point O, appliquons à ce point deux forces T' et $-T'$, parallèles et égales à T, l'une de même sens et l'autre de sens opposé. Rien n'est changé aux sommes de projections et de moments des forces. Mais T et $-T'$ forment un couple dont le moment est celui de la force T autour du point O, et les deux forces S et T' ont une résultante R passant par ce point, laquelle est la résultante de translation du groupe primitif, puisque la projection de cette force R sur un axe quelconque étant égale à la somme des projections de S et de T', est égale à celle des projections de S et de T, et par conséquent des forces du groupe sur ce même axe.

Remarque. Le choix du point O n'ayant aucune influence ni sur l'intensité, ni sur la direction de la résultante de translation, n'en peut avoir une que sur la grandeur et la direction du couple, qui, avec la résultante de translation appliquée en ce point O, forme un groupe de trois forces équivalent au groupe primitif.

46. Définition. **Couple résultant d'un groupe de forces relativement à une direction déterminée de la résultante de translation.** — A tout groupe de forces appartient une résultante de translation, dont la situation angulaire et la grandeur dépendent uniquement de celles des forces du groupe. Si on lui assigne une direction particulière OR, cette force réunie à un couple constituera un système de trois forces équivalent au groupe primitif, et ce couple aura toujours même grandeur, même direction et même sens, quel que soit le point O qu'on prenne sur la direction déterminée de la résultante de translation pour y faire passer le plan du couple. Il s'appelle le *couple résultant du groupe relativement au point O ou à la direction* OR.

Le couple résultant pouvant être placé de manière que l'une de ses deux forces passe au point O, il s'ensuit que le moment du couple résultant est la même chose que ce qui a été appelé (28) *moment résultant autour du point* O, et que son axe représentatif est exactement ce qui a été nommé l'*axe re-*

présentatif du moment résultant. Seulement nous n'avions pas remarqué que le moment résultant resterait le même si l'on transportait le point O parallèlement à la résultante de translation.

47. Détermination du couple résultant relatif à un point O par les moments des forces primitives autour de trois axes passant par ce point. — D'après ce qui vient d'être dit, le théorème du numéro 29 peut être énoncé en ces termes :

Théorème. *L'axe représentatif du couple résultant d'un groupe de forces, relativement à un point O, est la diagonale d'un parallélipipède rectangle, dont les trois côtés partant de cette origine sont égaux aux sommes de moments des forces autour de ces mêmes côtés, et ont les sens indiqués par leurs signes.*

48. Détermination du couple résultant relatif à un point O par la composition des moments des forces primitives autour de ce point. — D'après la même remarque, le théorème du numéro 30 peut recevoir cet énoncé :

Théorème. *L'axe représentatif du couple résultant d'un groupe de forces autour d'un point O est la droite résultante des axes représentatifs des moments des forces primitives autour du même point O.*

49. Composition des couples. — Le théorème précédent peut être encore présenté sous une autre forme, sans rien changer au fond.

Soient les forces désignées en général par F et en particulier par F', F'', F''',... dirigées comme on voudra dans l'espace. Prenons arbitrairement un point O et appliquons-y fictivement deux forces contraires F'_1 et $-F'_1$ égales et parallèles à F', deux forces contraires F''_1 et $-F''_1$ égales et parallèles à F'', et ainsi de suite pour toutes les forces primitives. Le nouvel ensemble de forces, les unes réelles, les autres fictives, sera équivalent au groupe des forces F et par conséquent pourra se réduire à sa résultante de translation R et à son couple résultant $(T, -T)$. Or, parmi les forces fictives appliquées en O, celles qui sont de même sens que les forces F', F'', F''',... savoir, $F'_{,}$, $F''_{,}$, $F'''_{,}$,... ont pour équivalente unique la résultante de translation R ; donc les autres forces, c'est-à-dire les couples $(F', -F'_{,})$, $(F'' - F''_{,})$, $(F''', -F'''_{,})$,... considérés séparément de cette résultante, ont pour équivalent le couple résultant $(T, -T)$. D'ailleurs les axes représentatifs de ces couples sont identiquement les mêmes que les axes représentatifs des moments des forces primitives F', F'', F''',... autour de O, et peuvent par conséquent leur être substitués dans le théorème précédent ; donc

Théorème. *L'axe représentatif du couple résultant d'un groupe quelconque de forces, relativement à un point O choisi pour y faire passer la résultante de translation, est la droite résultante des axes représentatifs des couples formés des forces du groupe et de forces qui leur seraient égales, parallèles en sens opposés, et appliquées au point O.*

Remarque. Ce théorème s'applique au cas particulier où les forces primitives consistent en un nombre quelconque de couples. Ces couples peuvent être transportés parallèlement à leur plan, leurs forces peuvent être changées de directions dans ce plan, leurs grandeurs et leurs bras de levier peuvent varier, pourvu que ce soit en raison inverse les unes des autres, enfin leur résultante de translation est nulle ; par conséquent, le point O, indiqué dans l'énoncé précédent, devient arbitraire, et le théorème se réduit à celui-ci :

Théorème de la composition des couples. *Un groupe de tant de couples qu'on voudra est équivalent à un seul, dont l'axe représentatif est la droite résultante des axes représentatifs des couples partiels.*

On voit que la composition et la décomposition des couples présentent des questions et des solutions analogues à celles qui concernent la composition et la décomposition des forces appliquées à un même point.

50. Axe central d'un groupe de forces. — Dans la remarque du numéro 45, nous avons vu que le choix du point O, où l'on fait passer la resultante de translation, peut avoir une influence sur la grandeur et la direction du couple résultant. Un moyen élégant de déterminer cette influence est de considérer ce que M. Poinsot (*Éléments de statique*, n° 68) a appelé *l'axe central des couples*, et qu'il conviendrait mieux, ce semble, de nommer *l'axe central des forces* d'un groupe quelconque.

Parmi les diverses réductions équivalentes d'un groupe de forces à sa résultante de translation et à un couple, il en est une qui se distingue en ce que *l'axe du couple est parallèle à la résultante de translation*. Pour le démontrer, supposons toutes les forces réduites par équivalence à la résultante de translation représentée par la droite R passant en O (fig. 4) et à un couple dont l'axe représentatif, mené par ce même point, est la droite A faisant avec R l'angle z. Décomposons ce couple en deux couples rectangulaires. l'un dont l'axe A_1, égal à $A \cos z$, est dirigé suivant la résultante R; l'autre dont l'axe A_2, égal à $A \sin z$, est perpendiculaire à R. Ce dernier couple A_2 et la force R, se trouvant dans le cas du numéro 44, se réduisent à une force unique R_1 égale, parallèle en même sens, à R, et située en arrière du plan de la figure à une distance de R et du plan égale à $\dfrac{A_2}{R}$. Le groupe primitif se trouve donc réduit à la résultante de translation R_1 et au couple A_1, dont l'axe est parallèle à cette force et dont le moment est égal à $A \cos z$.

La direction de la résultante R_1, qui satisfait à cette condition, est l'axe central du groupe des forces qu'elle remplace avec le couple A_1, et le procédé même qui vient de nous y conduire prouve que, pour un même groupe primitif, cette direction est unique.

Maintenant, comparons cette combinaison de la résultante de translation et d'un couple à axe parallèle, avec une autre réduction équivalente formée d'une force et d'un couple. Comme il faut que la force reste égale et parallèle en même sens à la résultante de translation, désignons-la par R_2 égale à R_1 (fig. 5), et appelons x la distance qui sépare ces deux forces. Unissons cette force R_2 au groupe composé de R_1 et du couple A_1, et pour ne pas détruire l'équivalence, joignons-y encore la force $-R_1$ égale et directement opposée à R_2. Nous voyons alors que les forces R_1 et $-R_2$ forment un couple dont le moment est $R_1 x$, dont le plan est celui des forces R_1 et R_2, dont par conséquent l'axe est perpendiculaire à l'axe A_1 du couple relatif à la résultante R_1. Les deux couples rectangulaires A_1 et $R_1 x$ se réduisant à un seul, dont la grandeur est

$$\sqrt{A_1^2 + R_1^2 x^2} \, ,$$

dont la projection sur l'axe central est constamment égale a A_1, et dont l'angle avec cet axe a pour tangente le rapport $\dfrac{R_1 x}{A_1}$ proportionnel à la distance x.

Ainsi la considération de l'axe central « où se fait, » dit M. Poinsot, « une réduction si lumineuse de toutes les forces du système » a l'avantage « d'éclairer à la fois toutes les autres réductions équivalentes et de les grouper, pour ainsi dire, dans un seul tableau où l'on en voit d'un coup d'œil l'ordre et la dépendance mutuelle. »

51. Remarques sur l'analogie entre la composition des forces et la composition des mouvements d'un solide. — Cette analogie ou similitude de composition a été indiquée en 1834 par M. Poinsot, dans le Mémoire imprimé à la suite de ses *Éléments de statique*, sous le titre : *Théorie nouvelle de la rotation des corps*.

1° *Les couples se composent comme les translations.*

La translation résultante de plusieurs autres est représentée par une droite résultante des droites qui représentent les translations composantes. Ces droites ont pour origine un point quelconque de l'espace, attendu qu'une translation est caractérisée par une vitesse et par une situation angulaire, sans alignement déterminé (I, 60).

Le couple résultant de plusieurs autres a pour axe représentatif une droite résultante des axes représentatifs des couples composants. Ces axes ont pour origine un point quelconque de l'espace, attendu qu'un couple est caractérisé par la grandeur de son moment et par la situation angulaire de son axe, sans alignement déterminé.

2° *Les forces concourantes se composent comme les rotations dont les axes concourent.*

Quand les axes de rotation concourent en un point, l'axe représentatif de la rotation résultante est la droite résultante des axes qui représentent les rotations composantes : il passe au point de concours commun (I, 62).

Quand plusieurs forces concourent en un point, la force résultante est représentée par la droite résultante des droites qui représentent les forces composantes : elle passe au point de concours commun.

3° *Les forces parallèles se composent comme les rotations parallèles.*

Deux rotations parallèles (sauf le cas où elles sont parallèles, égales et de sens contraires, sans être autour d'une même droite), équivalent à une rotation parallèle, égale à la somme algébrique des rotations composantes, et dont l'axe est tellement situé dans le plan des axes des rotations composantes que le produit de la rotation résultante par la distance de cet axe à un point du plan, est égal à la somme algébrique des produits analogues faits pour les rotations composantes, eu égard aux signes des rotations et des distances (I, 63).

Deux forces parallèles (sauf le cas d'un couple) ont une résultante parallèle, dans le même plan, égale à la somme algébrique des composantes (mêmes sommes de projections), et dont le moment autour d'un point du plan est égal à la somme algébrique des moments des deux forces.

4° *Une force, sans altérer l'équivalence d'un groupe, se transporte parallèlement par l'addition d'un couple, comme une rotation par l'addition d'une translation, sans altérer le mouvement.*

Une rotation est équivalente au mouvement composé : 1° d'une rotation égale, parallèle et de même sens, dont l'axe passe en un point quelconque de l'espace, et 2° d'une translation variable avec la distance des axes de rotation, mais toujours perpendiculaire au plan de ces deux axes.

Une force est équivalente au groupe composé : 1° d'une force égale parallèle et de même sens, passant par un point quelconque de l'espace, et 2° d'un couple dont la grandeur dépend de la distance des deux forces, mais dont l'axe est toujours perpendiculaire au plan de ces forces.

5° *Un groupe quelconque de forces simultanées se réduit comme un nombre quelconque de mouvements composants.*

Un nombre quelconque de mouvements composants d'un solide se réduit : 1° à une rotation dont l'axe représentatif passant par un point choisi à volonté a d'ailleurs toujours la même situation angulaire et la même grandeur, et 2° à une translation qui dépend, quant à sa situation angulaire et à sa grandeur, du point choisi. Cette grandeur est la vitesse du même point considéré comme lié invariablement au solide.

Un groupe quelconque de forces appliquées à un solide se réduit : 1° à une force passant par un point choisi à volonté, et d'ailleurs toujours la même quant à sa situation angulaire et à sa grandeur, et 2° à un couple dont l'axe représentatif, quant à sa situation angulaire et à sa grandeur, dépend du choix du point choisi. Cet axe est celui du moment résultant du groupe des forces autour de ce même point.

6° *A l'axe central du mouvement d'un solide correspond par analogie l'axe central d'un groupe de forces.*

Le mouvement d'un solide étant réduit à une rotation et à une translation, *l'axe central* de ce mouvement est celui de la rotation dans le cas où la translation est parallèle à ce même axe.

Un groupe de forces étant réduit à une force et à un couple, *l'axe central* du groupe est la direction de la force dans le cas où l'axe représentatif du couple est parallèle à cette force.

7° *L'axe central des forces et l'axe central du mouvement ont des propriétés analogues relativement au minimum du moment résultant et au minimum de la vitesse.*

Tous les points de l'axe central du mouvement sont ceux qui, dans le solide, ont actuellement la moindre vitesse.

Pour tout point de l'axe central des forces, le moment résultant ou le couple résultant est un minimum.

52. De la théorie des aires. — Les moments des forces d'un groupe quelconque, soit autour d'un point O, soit autour d'une droite Ox, étant proportionnels, les premiers aux aires des triangles qui ont pour bases les droites représentant les forces, et pour sommet le point O, les seconds aux projections de ces mêmes triangles sur un plan perpendiculaire à la droite Ox, on comprend qu'on a pu faire une *Théorie des aires et de leurs projections*, analogue à celle des moments des forces et à celle des couples. Ce sont trois formes différentes pour un même fond. Nous n'insistons pas sur ce rapprochement qui ne nous est pas actuellement utile.

§ 7.

DE LA COMPOSITION DES QUANTITÉS DE MOUVEMENT.

53. Les quantités de mouvement se composent comme des forces. — Reportons-nous aux relations générales qui existent entre les masses m des éléments d'un système matériel quelconque, les vitesses v_0 et v qu'ils possèdent à deux instants différents, et les forces extérieures F généralement variables qui les sollicitent dans l'intervalle de ces deux instants. Ces relations, qui ne dépendent ni de la constitution plus ou moins déformable du système, ni des forces intérieures mutuelles et généralement variables entre ses éléments, sont exprimées par deux équations [2] et [6], l'une, des projections (4), l'autre, des moments des quantités de mouvement et des impulsions (13), relativement à un axe quelconque, savoir :

$$\Sigma m v_x - \Sigma m v_{0x} = \sum \int F_x dt$$

$$\Sigma \mathfrak{M} m v - \Sigma \mathfrak{M} m v_0 = \sum \int \mathfrak{M} F dt .$$

Chaque quantité $m v_x$, produit de la masse m multipliée par la projection v_x de la vitesse, peut aussi être considérée comme la projection de la quantité $m v$ qui a la même direction que la vitesse, et n'en diffère que par le facteur m, lequel n'est par lui-même susceptible ni de direction ni de signe. De même, chaque quantité désignée par $\mathfrak{M} m v$ est le moment de la même quantité de mouvement $m v$, c'est-à-dire le résultat qu'on obtiendrait en prenant le moment autour du même axe d'une force qui aurait même direction que v et même expression numérique que mv. Ainsi les quantités de mouvement entrent dans les premiers membres des équations, par leurs sommes de projections et par leurs sommes de moments aux deux instants extrêmes, tout à fait comme les forces entrent aux seconds membres pour chaque élément du temps. De là l'idée toute naturelle d'appliquer aux quantités de mouvement d'un système matériel les propriétés de la composition des forces, qui ne sont, en définitive, que des propriétés géométriques, selon la remarque déjà faite (II, 48).

54. Moment résultant des quantités de mouvement autour d'un point. — En nous appuyant sur le théorème du numéro 25, et sur les remarques qui précèdent, nous devons considérer comme démontré : 1° que l'ensemble des quantités de mouvement d'un système matériel quelconque, à tout instant déterminé, peut d'une infinité de manières être remplacé par deux quantités de mouvement qu'on appellera équivalentes à celles du système, parce qu'elles auront mêmes sommes de projections et de moments pour un axe quelconque ; 2° que l'une des deux quantités de mouvements équivalentes peut toujours être assujettie à passer par un point donné quelconque O, et que la seconde équivalente est alors dans un plan déterminé par le choix du point O, et a son moment autour de ce point également déterminé de grandeur et de sens.

Ce moment de la seconde équivalente s'appelle le moment résultant des quantités de mouvement du système autour du point indiqué O, dénomination qui n'implique pas seulement le produit de la multiplication d'une quantité de mouvement par une distance au point O, mais aussi le plan déterminé, contenant ce point et la seconde équivalente, et le sens d'une rotation autour du même point dans ce plan.

55. Axe représentatif du moment résultant des quantités

de mouvement autour d'un point O. — Ces trois propriétés, plan, sens et grandeur, peuvent être définies par une droite analogue à l'axe représentatif du moment résultant d'un groupe de forces autour d'un point pris à volonté ; et la projection rectangulaire de cet autre axe représentatif sur un axe quelconque passant par O est à chaque instant, par application évidente du théorème du numéro 29, égale à la somme des moments, autour du même axe, des quantités de mouvement actuelles du système.

Il s'ensuit que lorsqu'on a les sommes des moments des quantités de mouvement d'un système matériel, autour de trois axes partant d'une même origine et non situés dans un plan, on peut en conclure leur moment résultant autour de cette origine, et par suite la somme des moments de ces mêmes quantités de mouvement autour d'un quatrième axe quelconque passant par la même origine.

56. **Axe du maximum de la somme des moments des quantités de mouvement, pour une origine déterminée. Plan du maximum des aires autour de cette origine.** — 1° Puisque pour une droite quelconque passant par une origine donnée, la somme des moments des quantités de mouvement est égale à la projection sur cette droite de l'axe représentatif du moment résultant de ces mêmes quantités de mouvement autour de cette même origine, comme cette projection a sa plus grande valeur lorsqu'elle est faite sur la propre direction de l'axe représentatif, il s'ensuit que cet axe est, parmi tous ceux qui ont la même origine, celui autour duquel la somme des moments des quantités de mouvement du système, à l'instant considéré, est un maximum. 2° On a vu (II, 60) que le moment de la vitesse v d'un point M autour d'un axe passant par un point O, multiplié par le temps infiniment petit dt est égal au double de l'aire décrite dans ce temps dt par la projection du rayon vecteur OM sur un plan perpendiculaire à l'axe dont il s'agit. Le

moment de la quantité de mouvement mv multiplié par dt est donc égal au double de cette même aire multipliée par la masse m. Donc la somme des moments des quantités de mouvement autour d'un axe quelconque passant par un point O, multipliée par le temps dt, est égale au double de la somme des produits qu'on obtiendrait en multipliant la masse m de chaque point matériel M par la projection, sur un plan perpendiculaire au même axe, de l'aire que décrit dans le temps dt le rayon vecteur OM de ce point mobile. Or, l'axe pour lequel la somme des moments est un maximum, est l'axe du moment résultant ; donc le plan sur lequel la somme des produits des aires projetées et des masses est un maximum, est le plan du moment résultant des quantités de mouvement. De là la qualification qu'on lui donne de *plan du maximum des aires*, plan généralement variable avec l'origine O des rayons vecteurs et avec le temps.

57. Cas particulier où le plan et la grandeur du moment résultant des quantités de mouvement sont invariables. — Ce cas particulier a lieu lorsque, dans l'intervalle de temps considéré, le second membre de l'équation des moments [6] est constamment nul, pour trois axes coordonnés, et, par conséquent, lorsque les forces F ont une résultante passant par l'origine, ou bien une résultante nulle. Le moment résultant des quantités de mouvement est alors constant, quoique les vitesses des divers éléments du système matériel soient variables en vertu de leurs actions mutuelles.

§ 8.

EXTENSION DES THÉORÈMES PRÉCÉDENTS AUX MOUVEMENTS RELATIFS.

GÉNÉRALITÉS SUR CE SUJET.

58. Rappel des expressions des forces relatives. — Les modifications du mouvement d'un point matériel, relativement à un système de comparaison mobile, sont les mêmes qu'elles seraient si ce mouvement était absolu, et qu'aux forces réelles, qui sollicitent le point, on joignît deux forces fictives désignées par les notations $-F_e$ et $-2mu_r w$, et pour la détermination desquelles nous renvoyons le lecteur à la Dynamique d'un point matériel (II, 77 et 78). Ces forces, disons-nous, sont fictives et nécessaires pour compenser l'erreur que l'on commettrait si l'on considérait le mouvement relatif comme un mouvement absolu. Par exemple, lorsque l'on considère le poids des corps sur la terre comme une force réelle, résultante de l'attraction terrestre et de la force centrifuge due à la rotation du globe, et qu'on introduit ce poids parmi les forces qui déterminent l'état de repos ou de mouvement que nous observons, les calculs ne sont exacts que par suite d'une double fiction ; d'une part, la force centrifuge n'agit pas sur le corps dont il est question, mais aussi son repos ou son mouvement ne sont qu'apparents, et abstraction faite du mouvement de la terre qui l'entraîne.

Il est évident que tous les théorèmes précédents sur les relations qui existent entre les circonstances du mouvement des divers éléments d'un système matériel, et les forces tant extérieures qu'intérieures qui les sollicitent, s'appliquent immédiatement au mouvement quelconque du système relativement à des axes de comparaison liés invariablement entre eux et mobiles dans l'espace, pourvu qu'aux forces réelles dont nous venons de parler, on joigne pour chaque point les deux forces relatives qui dépendent du mouvement du système de comparaison.

Nous verrons plus tard, quand nous nous occuperons spécialement du mouvement d'un corps solide, des applications de cette règle générale. Quant à présent nous allons seulement nous arrêter à un cas particulier.

CAS OÙ LE SYSTÈME DE COMPARAISON A UN MOUVEMENT DE TRANSLATION COMMUN AVEC LE CENTRE DE GRAVITÉ.

39. Des quantités de mouvement absolues et relatives dans ce cas. — On sait (10) comment le mouvement du centre de gravité d'un système matériel dépend des forces extérieures. Supposons que nous considérions le mouvement d'un tel système relativement à ce centre de gravité, ou, pour mieux dire, relativement à des axes ayant ce point pour origine, et transportés avec lui parallèlement à eux-mêmes. Dans cette hypothèse, pour tout point du système matériel, la vitesse d'entrainement est à chaque instant la vitesse du centre de gravité ; désignons-la par V. Soient v la vitesse absolue, et v_r la vitesse relative d'un point dont la masse est m. On sait que v est la résultante de V et de v_r. Par conséquent, la quantité de mouvement mv est la résultante des quantités de mouvement mV et mv_r, d'où il suit que, autour d'un axe quelconque, le moment de la première est égal à la somme des moments des deux autres. En étendant cette relation à tout le système pour un même axe, on a

$$\Sigma \mathfrak{M} mv = \Sigma \mathfrak{M} mV + \Sigma \mathfrak{M} m v_r .$$

Or, toutes les quantités de mouvement mV étant parallèles et proportionnelles aux masses ont leur résultante passant par le centre de gravité, de sorte que la somme de leurs moments $\Sigma \mathfrak{M} mV$

est égale au moment $\mathfrak{M}\mathcal{V}\Sigma m$ de la quantité de mouvement qu'aurait la masse entière concentrée au centre de gravité ; et si l'axe des moments, d'ailleurs quelconque, passe aussi par ce point, le terme $\Sigma\mathfrak{M}\,m\mathcal{V}$ est nul, et l'équation précédente se réduit à

$$\Sigma\mathfrak{M}\,mv = \Sigma\mathfrak{M}\,mv_r\,; \qquad\qquad [17]$$

et comme celle-ci a lieu pour un axe quelconque passant par le centre de gravité, il s'ensuit que *le moment résultant des quantités de mouvement d'un système matériel quelconque, autour du centre de gravité, a la même grandeur et la même direction, soit dans le mouvement absolu, soit dans le mouvement relatif à des axes de comparaison en translation commune avec ce point.*

60. Plan invariable de Laplace. — Supposons qu'un système matériel étant en mouvement, les forces extérieures qui sollicitent les divers éléments dont il se compose soient parallèles entre elles et proportionnelles aux masses de ces éléments, lesquels sont d'ailleurs animés de mouvements quelconques, en vertu de leurs vitesses initiales et de leurs actions mutuelles. Ces forces extérieures ont donc une résultante qui, si elle était appliquée en un point matériel réunissant au centre de gravité la masse entière du système, lui imprimerait les modifications de mouvement que ce centre subit réellement. Cela posé, si l'on rapporte le système à des axes de comparaison en translation commune avec ce point central, les forces d'entraînement seront précisément les forces extérieures qui agissent réellement sur les divers éléments ; et puisque pour étudier la loi du mouvement relatif que nous considérons, il faut aux forces réelles joindre des forces égales et contraires aux forces d'entraînement, il s'ensuit que les unes et les autres disparaissent dans ce cas, c'est-à-dire que ce mouvement relatif de tout le système matériel est exactement le même que serait le mouvement absolu du même système ayant son centre de gravité immobile, et subissant dans ses diverses parties les seuls effets de leurs actions mutuelles, sans aucune influence des forces extérieures.

De là une conséquence aussi importante que facile à déduire. Puisque le mouvement relatif dont nous parlons s'accomplit comme si les forces extérieures étaient nulles, il s'ensuit (57) que la grandeur du moment résultant des quantités de mouvement relatif, autour du centre de gravité, est constante; et que son plan, dans le système de comparaison, est invariable. Par conséquent, dans l'espace absolu, ce plan reste constamment parallèle à lui-même. Ainsi, par la connaissance des masses des parties du système matériel, et par la seule observation de leurs vitesses relativement à des axes en translation passant par le centre de gravité, on peut, comme l'a dit LAPLACE, *retrouver à tous les instants un plan qui conserve toujours une situation parallèle.* Cette théorie est applicable au système du monde.

61. Équation de l'effet du travail dans le mouvement relatif à des axes en translation commune avec le centre de gravité.

En appelant $(v_0)_r$ et v_r les valeurs, à deux instants distincts, de la vitesse relative d'un élément du système ayant la masse m, F l'une des forces extérieures, généralement variables, qui le sollicitent, F_e la force d'entraînement correspondante à ce même élément dans le mouvement relatif que nous supposons, $f\,dl$ le travail élémentaire de deux forces intérieures mutuelles, on a (19) pour l'équation de l'effet du travail, appliquée au mouvement relatif du système, entre les deux instants extrêmes,

$$\Sigma \frac{1}{2} m v_r{}^2 - \Sigma \frac{1}{2} m (v_0)_r{}^2 = \Sigma \mathfrak{C}_r F - \Sigma \mathfrak{C}_r F_e + \Sigma \int f\,dl,$$

équation dans laquelle la notation ordinaire du travail, $\mathfrak{C}$, est remplacée par $\mathfrak{C}_r$, indiquant par l'indice r qu'il s'agit du travail relatif, c'est-à-dire que le travail élémentaire d'une force pendant le temps dt s'obtient en multipliant la force par la projection sur sa direction du chemin élémentaire relatif $v_r dt$. Or il est à remarquer que, le système de comparaison étant en translation, il en résulte que la somme $\Sigma \bar{c}_r F_e$ ainsi entendue est nulle. En effet, si l'on représente par R la résultante de translation des forces réelles F à chaque instant, au même instant chaque force F_e attribuée à une masse m est proportionnelle à cette masse et peut être exprimée par $\dfrac{R}{\Sigma m} m$; de plus elle est parallèle à R. Il s'ensuit que l'on a pendant le temps dt

$$d \Sigma \bar{c}_r F_e = \Sigma \frac{R}{\Sigma m} m v_r dt \cos (v_r, R) = \frac{R}{\Sigma m} dt \Sigma m v_r \cos (v_r, R),$$

quantité nulle parce que, le centre de gravité étant immobile dans le mouvement relatif, la somme des projections des quantités de mouvement relatif sur un axe quelconque (qu'on prend ici parallèle à la force d'entraînement) est égale à zéro.

Ainsi l'équation du travail, dans la question qui nous occupe, se réduit à

$$\Sigma \frac{1}{2} m v_r^2 - \Sigma \frac{1}{2} m (v_r)_0^2 = \Sigma \bar{c}_r F + \Sigma \int f dt, \qquad [18]$$

de sorte que *lorsqu'il s'agit du mouvement d'un système matériel, relativement à des axes en translation commune avec le centre de gravité, le théorème du travail s'applique, comme s'il s'agissait d'un mouvement absolu, sans qu'on ait à considérer d'autres forces que les forces extérieures et les forces intérieures, qui agissent réellement,* pourvu que, quant aux premières, les déplacements attribués à leurs points d'application soient leurs déplacements relatifs, et non leurs déplacements réels dans l'espace.

Dans cette même hypothèse des axes de comparaison mobiles, la somme des puissances vives relatives est liée à celle des puissances vives absolues, prises au même instant, par une relation remarquable.

Désignant comme précédemment par v la vitesse absolue d'un élément du système, par v_r sa vitesse relative, et par V la vitesse du centre de gravité au même instant (V est par conséquent la vitesse d'entraînement commune à tous les éléments), on a la relation $v = $ rés (V, v_r),   d'où

$$v^2 = V^2 + v_r{}^2 + 2Vv_r \cos (v_r, V)$$

et par conséquent, pour tout le système matériel,

$$\Sigma \, \frac{1}{2} \, mv^2 = \frac{1}{2} \, V^2 \Sigma m + \Sigma \, \frac{1}{2} \, mv_r{}^2, \qquad\qquad [19]$$

attendu que la somme $V\Sigma mv_r \cos (v_r, V)$ est nulle d'après la remarque qui vient d'être faite sur la somme analogue $\Sigma mv_r \cos (v_r, R)$.

Donc

THÉORÈME. *La puissance vive d'un système matériel peut toujours être décomposée en deux autres, dont l'une est celle qu'aurait le système si toute la masse était condensée au centre de gravité, et l'autre est la somme des puissances vives dues au mouvement des divers éléments du système relativement à des axes de comparaison menés par le centre de gravité, et se transportant avec lui parallèlement à eux-mêmes.*

CHAPITRE II.

DYNAMIQUE SPÉCIALE DES SOLIDES.

---

§ 1.

GÉNÉRALITÉS SUR CE SUJET.

62. Théorème déduit des équations différentielles du mouvement d'un système matériel parfaitement solide. — On sait qu'il n'existe pas de corps qui, sous l'action de forces variables, ne subisse soit des compressions, soit des dilatations; mais on sait aussi que ces déformations sont presque insensibles lorsque les forces qui les produisent sont suffisamment restreintes; c'est pourquoi la science adopte, comme une hypothèse limite, l'existence de corps tout à fait invariables, et en tire des conséquences qui sont au moins approximatives, sauf à tenir compte, dans les applications, des circonstances exceptionnelles qui peuvent modifier les résultats obtenus.

Cherchons à nous rendre compte de la possibilité d'exprimer par des équations toutes les circonstances du mouvement d'un système matériel solide, et d'abord rappelons-nous comment on exprime le mouvement d'un seul point matériel sous l'action d'une force variable suivant une loi déterminée.

Ce qui caractérise ce point, quant à sa qualité essentielle en mécanique, c'est sa masse : elle est immuable.

La détermination de son mouvement, quelque compliqué

qu'il soit dans l'espace, se réduit à celle de trois mouvements rectilignes, mouvements des projections du point sur trois axes.

Chacun de ces mouvements rectilignes, par exemple celui qui a lieu sur l'axe des x, se spécifie par deux quantités constantes, et par une troisième quantité qui en général est variable : la première est la distance à l'origine, x_0, qui détermine la position du point projeté, à un instant initial; la deuxième exprime la vitesse du même point dans cette position, elle est due aux causes antérieures qui ont produit l'état de mouvement actuel, et nous la désignons par $(v_0)_x$; la troisième quantité est l'accélération de la projection dont il s'agit, quantité dont la valeur, à un instant quelconque, est désignée par $\dfrac{dv_x}{dt}$ ou par $\dfrac{d^2x}{dt^2}$, et exprimée, en fonction de la force actuelle et de la masse, par la formule

$$\frac{d^2x}{dt^2} = \frac{X}{m} \, .$$

On sait (II, 29, 3° et 5°) comment, dans les cas où X est une fonction soit de t, soit de x, on en déduit l'équation complète du mouvement rectiligne dont il est question, eu égard aux données initiales x_0 et $(v_0)_x$. Dans tout autre cas il suffirait de connaître une suite de valeurs de X correspondantes à des valeurs de t ou de x, successives et suffisamment rapprochées, pour obtenir au moins approximativement la loi cherchée de ce mouvement, en opérant comme si pendant chaque élément du temps θ l'accélération $\dfrac{d^2x}{dt^2}$ ou $\dfrac{dv_x}{dt}$ était constante, ayant la valeur qui convient à l'instant initial de θ et à la position du point mobile à cet instant.

Passons maintenant à un système matériel comprenant n points dont les masses sont m', m'', m''', ... $m^{(n)}$, et dont les distances mutuelles sont invariables. Supposons les positions variables de ces points rapportées à trois axes rectangulaires. À un certain instant, nous admettons que l'on possède les données nécessaires pour déterminer les $3n$ coordonnées de ces points, et leurs vitesses en projections et par suite dans l'espace; c'est ce que nous appelons les coordonnées initiales, et les vitesses initiales du système. Il reste à calculer les $3n$ accélérations projetées. Or, ces dernières quantités sont d'abord soumises, indépendamment des forces qui les produisent, à un certain nombre de relations dues à l'invariabilité de figure du système. Pour les obtenir, considérons d'abord trois points du système dont les coordonnées sont $x', y', z', x'', y'', z'', x''', y''', z'''$, et dont les distances mutuelles sont l'_{II}, l'_{III}, et l'_{III}. Ces quantités sont liées par *trois* équations de la forme

$$(x' - x'')^2 + (y' - y'')^2 + (z' - z'')^2 = (l'_{\text{II}})^2.$$

En exprimant ensuite que les $n-3$ autres points sont chacun à des distances invariables de chacun des trois premiers, on obtiendrait $3(n-3)$ équations distinctes et analogues à celle-ci :

$$(x^{\text{IV}} - x')^2 + (y^{\text{IV}} - y')^2 + (z^{\text{IV}} - z')^2 = (l^{\text{IV}}_{\text{I}})^2.$$

On aurait donc en tout $3n-6$ équations exprimant l'invariabilité de figure du système. (En réalité il y a entre les n points $\frac{1}{2}n(n-1)$ distances; mais elles ne sont pas toutes indépendantes les unes des autres.)

Ces $3n-6$ équations, étant différenciées deux fois, donneraient le même nombre $3n-6$ d'équations contenant au premier degré, outre les coordonnées et les vitesses dont les valeurs initiales sont données, les $3n$ dérivées ou accélérations projetées qu'il s'agit de calculer, savoir :

$$\frac{d^2x'}{dt^2}, \quad \frac{d^2x''}{dt^2}, \quad \frac{d^2x'''}{dt^2} \cdots \cdots \cdot \frac{d^2x^{(n)}}{dt^2},$$

$$\frac{d^2y'}{dt^2}, \quad \frac{d^2y''}{dt^2}, \quad \frac{d^2y''}{dt^2} \cdots \cdots \cdot \frac{d^2y^{(n)}}{dt^2},$$

$$\frac{d^2z'}{dt^2}, \quad \frac{d^2z''}{dt^2}, \quad \frac{d^2z'''}{dt^2} \cdots \cdots \cdot \frac{d^2z^{(n)}}{dt^2}.$$

Il ne manquerait donc que 6 équations pour déterminer complétement ces $3n$ quantités.

Ces 6 équations se trouvent de la manière la plus simple dans celles qui, sous les numéros [3] et [7], formulent, aux articles 4 et 13, les théorèmes généraux des projections et des moments des quantités de mouvement et des impulsions, et peuvent s'écrire ainsi :

$$m'\frac{d^2x'}{dt^2} + m''\frac{d^2x''}{dt^2} + \cdots \cdots = X' + X'' + \cdots$$

$$m'\frac{d^2y'}{dt^2} + m''\frac{d^2y''}{dt^2} + \cdots \cdots = Y' + Y'' + \cdots$$

$$m'\frac{d^2z'}{dt^2} + m''\frac{d^2z''}{dt^2} + \cdots \cdots = Z' + Z'' + \cdots$$

$$\left.\begin{array}{l} m'\left(x'\dfrac{d^2y'}{dt^2} - y'\dfrac{d^2x'}{dt^2}\right) \\[2ex] + m''\left(x''\dfrac{d^2y''}{dt^2} - y''\dfrac{d^2x''}{dt^2}\right) + \cdots \end{array}\right\} = \left\{\begin{array}{l} x'Y' - y'X' \\[2ex] + x''Y'' - y''X'' + \cdots \end{array}\right.$$

$$\left.\begin{array}{l} m'\left(y'\dfrac{d^2z'}{dt^2} - z'\dfrac{d^2y'}{dt^2}\right) \\[2ex] + m''\left(y''\dfrac{d^2z''}{dt^2} - z''\dfrac{d^2y''}{dt^2}\right) + \cdots \end{array}\right\} = \left\{\begin{array}{l} y'Z' - z'Y' \\[2ex] + y''Z'' - z''Y'' + \cdots \end{array}\right.$$

$$m' \left(z' \frac{d^2 x'}{dt^2} - x' \frac{d^2 z'}{dt^2} \right) \left. \begin{array}{c} \\ \\ \end{array} \right\} = \left\{ \begin{array}{c} z' X' - x' Z' \\ \\ + z'' X'' - x'' Z'' + \ldots \end{array} \right.$$

$$+ m'' \left(z'' \frac{d^2 x''}{dt^2} - x'' \frac{d^2 z''}{dt^2} \right) + \ldots$$

Ces six dernières équations, comme les $3n - 6$ précédentes, ne renferment qu'au premier degré les $3n$ accélérations projetées. Ainsi se trouve démontrée la possibilité de soumettre au calcul la loi suivant laquelle, à partir d'un instant pris à volonté, chaque point du système modifie son mouvement par l'effet des forces tant intérieures qu'extérieures qui le sollicitent.

Or, un fait très-important et dont la démonstration est le but auquel tendent les explications précédentes, c'est que dans les équations qui, comme on vient de le voir, expriment la détermination du mouvement le plus général d'un système solide, les forces intérieures, malgré la réalité évidente de leur rôle physique, n'entrent en aucune manière, et les forces extérieures n'y entrent que par leurs sommes de projections sur trois axes et par les sommes de leurs moments autour de ces mêmes axes. Donc

THÉORÈME. *Le mouvement d'un corps parfaitement solide, et déterminé quant aux masses et aux distances mutuelles de ses éléments, dépend uniquement, eu égard aux vitesses acquises à l'instant initial, des valeurs que prennent à chaque instant les trois sommes de projections des forces extérieures sur trois axes coordonnés, et les trois sommes de moments de ces forces autour des mêmes axes ; en d'autres termes, il ne dépend que des grandeurs et des directions, à chaque instant, de la résultante de translation et du moment résultant des forces autour d'un point fixe.*

65. COROLLAIRE. *Par conséquent, on ne change rien au mouvement d'un corps parfaitement solide lorsqu'on remplace théoriquement les forces extérieures qui le sollicitent réellement*

par d'autres forces formant un groupe équivalent suivant la définition du numéro 23.

Remarque. C'est un remplacement de ce genre qu'on opère
lorsque aux forces qui agissent réellement sur un corps solide
on ajoute deux forces égales, directement opposées, mais appliquées à deux points différents et liés invariablement au solide. Il est généralement admis comme chose évidente, dans
l'enseignement de la mécanique, que ces deux forces ne changent rien à l'état de mouvement ou de repos du solide (*Traité
de mécanique de* Poisson, *Eléments de statique de* M. Poinsot, *Cours
de mécanique de* M. Duhamel, *Traité de mécanique rationnelle de*
M. Delaunay, etc.). Pour nous qui pensons que la mécanique
rationnelle doit être fondée, à l'exclusion de tout autre axiome,
sur trois lois générales de l'univers : le principe de l'inertie de
la matière, le principe de la réaction égale et contraire à l'action, et le principe de la composition des effets des forces sur
un point matériel, nous avons cru préférable de placer au commencement de la dynamique spéciale des solides la démonstration qu'on vient de lire.

Les lecteurs qui préféreront accepter comme un *postulatum*
l'égalité d'effet sur un corps solide de deux groupes de forces
ne différant que par l'addition de deux forces égales et directement opposées, en concluront aisément, en procédant comme
au numéro 25, la possibilité de remplacer un groupe quelconque de forces agissant sur un corps solide par deux forces, sans
rien changer ni au mouvement du corps, ni aux sommes de projections et de moments des forces relativement à un axe quelconque, d'où il suivra que, sans altération du mouvement, les
forces peuvent être remplacées d'une infinité de manières par
la résultante de translation dirigée dans un alignement arbitraire et par un couple dépendant du choix de cet alignement. Lorsque la résultante de translation est nulle, les forces
se réduisent à un couple dont l'axe représentatif est déterminé,

et l'accélération actuelle du centre de gravité est nulle. Lorsque les forces ont une résultante, le couple correspondant à sa direction disparaît et le corps solide se meut comme il le ferait sous l'action de cette force unique. Mais on doit se garder de croire que cette réduction des forces extérieures à une résultante ou à une force et à un couple ait pour conséquence une loi simple et facile à entrevoir dans le mouvement d'un corps solide sous leur action. On verra, au paragraphe 4 ci-après, quelle difficulté a présentée l'étude du mouvement d'un tel corps, même dans le cas où, abandonné à lui-même dans l'espace, mais avec des vitesses acquises, il ne serait plus soumis à aucune force extérieure actuelle.

64. Effet du travail des forces appliquées à un corps solide. — Le théorème démontré au numéro 19 se simplifie dans le cas où le système matériel est invariable, en ce que la somme des travaux des forces intérieures devient nulle, parce que les distances mutuelles des éléments du système sont constantes. La formule applicable à cette hypothèse est, d'après les notations précédemment indiquées,

$$\Sigma \frac{1}{2} mv^2 - \Sigma \frac{1}{2} mv_0^2 = \Sigma \mathcal{C} F = \Sigma \int (X dx + Y dy + Z dz). \quad [20]$$

65. Travaux de deux groupes équivalents. — Théorème. *On ne change rien à la somme des travaux d'un groupe de forces appliquées à un corps solide en mouvement, lorsqu'on remplace ce groupe par un autre équivalent,* suivant la définition du numéro 23. Cette proposition est une conséquence nécessaire du corollaire énoncé au numéro 63, car si la substitution des forces du second groupe à celles du premier ne change rien au mouvement du solide, elle n'altère pas l'accroissement de la puissance vive totale du système, ni par conséquent la somme des travaux égale à cet accroissement.

REMARQUE. On démontrerait directement le théorème précédent en s'appuyant sur la théorie de la composition des forces telle qu'elle est établie au paragraphe 6 du chapitre Ier. On peut, suivant le procédé du numéro 25, réduire chaque groupe de forces à deux équivalentes, S_1 et T_1 pour le premier, S_2 et T_2 pour le deuxième, en choisissant le même point O du corps pour y faire passer les deux forces S_1 et S_2. Les deux nouveaux groupes devant être équivalents comme les deux primitifs, c'est-à-dire avoir mêmes sommes de projections et de moments relativement à un axe quelconque, on démontrerait, comme au numéro 25 (2°), que les plans déterminés l'un par O et T_1, l'autre par O et T_2, se confondent; puis on reconnaîtrait que les deux forces T_1 et T_2 peuvent recevoir même alignement et par suite même grandeur, leurs moments autour de O devant être égaux; ensuite, on conclurait de l'égalité des sommes de projections que les deux forces S_1 et S_2 seraient égales en même temps que les forces T_1 et T_2. Or, les diverses opérations indiquées au numéro 25 non-seulement ne changent rien aux sommes de projections et de moments, mais encore ne changent rien à la somme des travaux des forces *lorsque le système en mouvement est solide :* en effet, dans ce cas, on peut, sans altérer le travail d'une force, la transporter d'un point à un autre du solide, sur la même direction, car cela revient à appliquer au second point deux forces égales à la première, l'une de même direction, l'autre contraire, et à supprimer ensuite les deux forces égales et opposées appliquées aux points différents, attendu que, d'après le numéro 18, la somme de leurs travaux est nulle; quant aux autres opérations, qui consistent en compositions ou décompositions de forces sans changement du point d'application, on sait (II, 64) qu'elles ne changent rien à la somme des travaux. Donc, sur un même corps solide en mouvement quelconque deux groupes équivalents de forces font la même somme de travaux.

Il en résulte qu'un groupe de forces peut être substitué à

l'autre sans altérer l'accroissement de la puissance vive totale du système solide ; mais on ne pourrait pas légitimement en conclure que cette substitution ne change rien au mouvement du système, car il est évident que deux corps égaux pourraient à chaque instant posséder la même somme de puissance vive, et avoir néanmoins des mouvements très-différents. C'est par des considérations autres que celles du travail qu'il est démontré, au numéro 62, qu'on peut remplacer un groupe de forces par un autre équivalent appliqué à un corps solide, sans rien changer au mouvement de ce corps.

§ 2.

DU MOUVEMENT DE ROTATION D'UN CORPS SOLIDE
AUTOUR D'UN AXE FIXE.

66. Composantes des forces totales parallèles à trois axes et leurs moments. — Les relations qui existent entre les forces extérieures agissant sur un corps solide assujetti à un axe fixe, et le mouvement angulaire de ce corps, se déduisent de l'équivalence des forces extérieures et des forces totales (23, *Rem.*), eu égard aux conditions spéciales en vertu desquelles il ne s'agit plus d'un système matériel quelconque, animé d'un mouvement quelconque, mais d'un corps solide, tournant autour d'un axe immobile, double hypothèse qui permet de tirer des équations d'équivalence établies aux numéros 5 à 15, des conséquences plus développées et pour ainsi dire plus palpables que celles auxquelles on est obligé de s'arrêter quand on reste dans les généralités de la dynamique des systèmes matériels.

On sait que ces équations d'équivalence consistent dans l'égalité des sommes de projections et de moments de deux groupes de forces qui sont les forces extérieures d'une part et les forces totales de l'autre ; calculons donc d'abord les projections de l'une quelconque des forces totales sur trois axes rectangulaires Ox, Oy, Oz. Nous choisissons ces axes de manière que le dernier se confonde avec l'axe de rotation. Le sens positif de la rotation est supposé allant de Ox vers Oy. Un point M du solide (fig. 6) dont les coordonnées variables sont z, x et y, reste à une distance r de l'axe Oz, et ce rayon r fait avec une parallèle à l'axe Ox un angle variable α. Sa vitesse angulaire actuelle, qui est celle de tout le solide, est $\dfrac{d\alpha}{dt}$; nous représentons cette variable par w, et la vitesse linéaire du point M étant v, on a

$$v = wr .$$

Le point M, dont la masse est m, se meut circulairement sous l'action de forces, les unes extérieures et les autres intérieures, toutes forces réelles dont la résultante que nous désignons par φ est la force totale actuelle pour ce point.

Ses projections ou composantes parallèles aux axes peuvent être obtenues de deux manières en fonctions des modifications de mouvement.

1° Elles sont d'abord exprimées par les formules générales

$$\varphi_x = \frac{m\,dv_x}{dt}, \quad \varphi_y = \frac{m\,dv_y}{dt} \quad \text{et} \quad \varphi_z = 0 .$$

Or, la vitesse v étant égale à wr et dirigée suivant la perpendiculaire au rayon, dans le sens de la rotation, on a

$$v_x = -\,wr\sin\alpha \quad \text{et} \quad v_y = wr\cos\alpha$$

formules dans lesquelles w et α sont deux variables, et qui donnent

$$\frac{dv_x}{dt} = -\,wr\cos\alpha\,\frac{d\alpha}{dt} - r\sin\alpha\,\frac{dw}{dt} ,$$

et

$$\frac{dv_y}{dt} = -\,wr\sin\alpha\,\frac{d\alpha}{dt} + r\cos\alpha\,\frac{dw}{dt} ,$$

d'où, à cause de $\dfrac{d\alpha}{dt} = w$, $\quad r\cos\alpha = x$, $\quad r\sin\alpha = y$, et en multipliant par m, on conclut

$$\gamma_x = -w^2 mx - \frac{dw}{dt} my, \quad \text{et} \quad \gamma_y = -w^2 my + \frac{dw}{dt} mx.$$

2° Autrement, la force totale γ peut se décomposer en deux, l'une tangentielle, que nous désignerons par ψ, et l'autre centripète χ, qui s'expriment en fonctions des modifications de mouvement du point dont la masse est m, savoir (II, 56 et 57) :

$$\psi = mr \frac{dw}{dt} \quad \text{et} \quad \chi = mw^2 r,$$

dont les projections sur Oz sont nulles, et dont les autres sont :

$$\psi_x = -\frac{dw}{dt} mr \sin \alpha = -\frac{dw}{dt} my,$$

$$\chi_x = -mw^2 r \cos \alpha = -w^2 mx,$$

$$\psi_y = \frac{dw}{dt} mr \cos \alpha = \frac{dw}{dt} mx,$$

$$\chi_y = -w^2 mr \sin \alpha = -w^2 my;$$

par conséquent on a, comme dans le procédé précédent,

$$\gamma_x = \psi_x + \chi_x = -w^2 mx - \frac{dw}{dt} my,$$

$$\gamma_y = \psi_y + \chi_y = -w^2 my + \frac{dw}{dt} mx,$$

$$\gamma_z = 0.$$

Connaissant ainsi les trois composantes rectangulaires de γ, appliquées au point dont les coordonnées sont x, y et z, on

obtient les moments de leur résultante par les formules connues
et évidentes (II, 47).

$$\mathfrak{M}_{x\varphi} = y\varphi_z - z\varphi_y = w^2 myz - \frac{dw}{dt}\, mxz\,,$$

$$\mathfrak{M}_{y\varphi} = z\varphi_x - x\varphi_z = - w^2 mxz - \frac{dw}{dt}\, myz\,,$$

$$\mathfrak{M}_{z\varphi} = x\varphi_y - y\varphi_x = \frac{dw}{dt}\, m\,(x^2 + y^2) = \frac{dw}{dt}\, mr^2.$$

Cette dernière équation pouvait être écrite immédiatement,
puisque le moment de la force totale φ autour de Oz est égal
à celui de sa composante tangentielle ψ.

**67. Sommes de projections et de moments des forces
totales. Moment d'inertie. Rayon de giration.** — Si on imagine les équations pareilles aux six qui précèdent, posées pour
tous les points du système, et si on les ajoute, en remarquant
qu'à un même instant les quantités w^2 et $\dfrac{dw}{dt}$ ont les mêmes
valeurs dans toutes ces équations, on obtient les six quantités à
introduire dans les équations d'équivalence des forces totales et
des forces extérieures :

$$\Sigma \varphi_x = - w^2 \Sigma mx - \frac{dw}{dt}\Sigma my\,,$$

$$\Sigma \varphi_y = - w^2 \Sigma wy + \frac{dw}{dt}\Sigma mx\,,$$

$$\Sigma \varphi_z = 0\,;$$

$$\Sigma \mathfrak{M}_{x\varphi} = w^2 \Sigma myz - \frac{dw}{dt}\Sigma mxz\,,$$

$$\Sigma \mathfrak{M}_{y\varphi} = - w^2 \Sigma mxz - \frac{dw}{dt}\Sigma myz\,,$$

$$\Sigma \mathfrak{M}_{z\varphi} = \frac{dw}{dt}\Sigma mr^2.$$

REMARQUE. Dans ces six formules, la qualité matérielle, la grandeur et la distribution de la masse du corps tournant, sont caractérisées par cinq quantités, sommes ou intégrales :

$$\Sigma mx, \quad \Sigma my, \quad \Sigma mr^2, \quad \Sigma mxz, \quad \Sigma myz.$$

Les deux premières sont les moments de la masse relativement aux deux plans coordonnés passant par l'axe Oz. Si l'on appelle x_1 et y_1 les coordonnées du centre de gravité perpendiculaires à Oz, et M la masse totale, on a

$$\Sigma mx = Mx_1 \quad \text{et} \quad \Sigma my = My_1.$$

Moment d'inertie. — L'intégrale Σmr^2 est la somme des produits obtenus en multipliant la masse m de chaque élément par le quarré de sa distance r à l'axe de rotation. Cette quantité essentiellement positive s'appelle, et nous verrons bientôt pourquoi (119), le *moment d'inertie* du corps considéré, autour de l'axe auquel se rapportent les distances r. Dès à présent nous voyons, par la sixième équation précédente, que la somme Σmr^2 est égale à la *somme des moments des forces totales* quand l'accélération angulaire est égale à l'unité.

Cette même quantité entre très-simplement dans l'expression de la puissance vive d'un corps tournant, laquelle étant en général $\Sigma \frac{1}{2} mv^2$ devient, quand on y remplace v par wr, égale à $\frac{1}{2} w^2 \Sigma mr^2$. Ainsi la *puissance vive d'un corps tournant est égale à la moitié du quarré de la vitesse angulaire, multiplié par le moment d'inertie autour de l'axe de rotation.*

Rayon de giration. — Si, pour un solide déterminé et pour un axe pris à volonté, on pose la relation $\Sigma mr^2 = k^2 \Sigma m = k^2 M$, la distance k qui satisfait à cette égalité s'appelle le *rayon de giration* du corps autour de cet axe. Ce rayon est donc la distance à laquelle on peut transporter toute la masse du corps sans changer le moment d'inertie relatif à l'axe dont il s'agit, ni par conséquent la somme des moments des forces totales, ni la puissance vive du système tournant autour de ce même axe, pourvu que la vitesse angulaire reste la même.

Les sommes Σmxz et Σmyz, qui entrent dans la quatrième et la cinquième des six formules précédentes, n'ont pas jusqu'ici reçu de nom; elles sont de la même nature concrète que le moment d'inertie, puisqu'elles reviennent au produit d'une masse par le quarré d'une distance; mais elles peuvent être positives, négatives ou nulles. Par exemple, les sommes Σmxz et Σmyz sont nulles, lorsque le corps est symétrique, quant à la figure et quant aux masses, relativement au plan xOy, puisque les éléments du corps ont, deux à deux, la même masse, le même x, le même y, et des z égaux et de signes contraires.

On conçoit que dans un même corps les diverses sommes dont nous venons de parler changent de valeur selon les positions des plans coordonnés auxquels ce corps est rapporté, et que ces variations sont soumises à certaines lois; de là l'utilité et l'intérêt de l'étude que nous exposerons au paragraphe suivant, et dont l'application s'étendra à d'autres mouvements que la simple rotation des solides.

68. Réactions exercées par les appuis et passant par l'axe de rotation d'un solide. — Ces réactions peuvent évidemment se réduire à deux forces appliquées à deux points pris arbitrairement sur l'axe Oz. Soient A et A' (fig. 7) ces deux points dont les distances à l'origine O sont ζ et ζ'. Désignons par X et X', Y et Y', les composantes parallèles à Ox et Oy, et par Z la somme des composantes suivant Oz des forces dont il s'agit; et appelons P les autres forces extérieures qui proviennent, soit de la pesanteur, soit de corps extérieurs quelconques et même des frottements tangentiels aux tourillons du corps tournant. Ainsi toutes les forces extérieures désignées par P dans les équations générales d'équivalence aux numéros 5 et 15, sont ici partagées en deux catégories : les cinq réactions X, X', Y, Y' et Z, et les forces P. Pour simplifier un peu les deux premières équations d'équivalence, choisissons le plan zOx, de manière qu'il contienne le centre de gravité à l'instant où il s'agit de calculer les cinq réactions des appuis, et désignons par a la distance du centre de gravité à l'axe de rotation Oz. Ainsi $\Sigma mx = Ma$ et $\Sigma my = 0$. Les six équations d'équivalence des forces extérieures P et des forces totales φ deviennent, d'après les formules écrites au commencement du numéro précédent,

$$\Sigma P_x + X + X' = -w^2 Ma,$$

$$\Sigma P_y + Y + Y' = \frac{dw}{dt} Ma,$$

$$\Sigma P_z + Z = 0,$$

$$\Sigma \mathfrak{M}_x P - Y\zeta - Y'\zeta = w^2 \Sigma myz - \frac{dw}{dt}\Sigma mxz, \qquad [21]$$

$$\Sigma \mathfrak{M}_y P + X\zeta + X'\zeta = -w^2 \Sigma mxz - \frac{dw}{dt}\Sigma myz,$$

$$\Sigma \mathfrak{M}_z P = \frac{dw}{dt}\Sigma mr^2.$$

Dans ces équations le mouvement actuel du solide est spécifié par deux quantités, sa vitesse angulaire w et son accélération angulaire $\frac{dw}{dt}$. La première est due aux causes qui ont agi *antérieurement*, et pendant un temps plus ou moins long ; la seconde est due aux forces qui agissent *actuellement*. La première doit être donnée, à un instant initial, ainsi que la situation du corps, à ce même instant, pour que la recherche de sa situation et de sa vitesse angulaire, à un autre instant, soit un problème déterminé. La seconde est liée par une relation très-simple à la qualité matérielle du corps et à la manière d'agir des forces extérieures : en effet, la dernière des équations d'équivalence mise sous la forme

$$\frac{d\omega}{dt} = \frac{\Sigma \mathfrak{M} P}{\Sigma m r^2} \tag{22}$$

s'énonce en disant : THÉORÈME. *L'accélération angulaire d'un corps solide tournant autour d'un axe fixe est, à chaque instant, égale à la somme des moments autour de cet axe de toutes les forces extérieures, agissant au même instant, divisée par le moment d'inertie du corps autour de cet axe.*

Cette formule s'obtient sans recourir aux cinq autres équations d'équivalence, par l'application immédiate de l'équation du numéro 15, $\Sigma \mathfrak{M}_\varphi = \Sigma \mathfrak{M} F$, dont le premier membre est égal à la somme des moments des forces tangentielles, $\Sigma m r \dfrac{d\omega}{dt} \cdot r$, ou $\dfrac{d\omega}{dt} \Sigma m r^2$.

L'accélération angulaire étant ainsi déterminée par la sixième équation, les cinq autres, contenant au premier degré les cinq réactions X, X', Y, Y' et Z, suffisent pour les calculer, en fonctions des autres quantités, données nécessaires du problème.

REMARQUE. Les réactions X, X', Y, Y' et Z sont égales et opposées aux pressions que le corps tournant exerce sur ses appuis, de sorte que si l'on voulait déterminer immédiatement ces pressions, il suffirait de changer dans les équations [21] les signes des cinq quantités qui désignent les réactions des appuis.

69. Résultante de translation des forces totales ou des forces extérieures. — Les trois premières équations d'équivalence donnent lieu à un énoncé digne de remarque, en montrant que les sommes de projections des forces extérieures (réactions des appuis et autres), ou, ce qui est la même chose, les sommes de projections des forces totales, ne changeraient pas, si toute la matière du corps tournant se trouvait condensée en son centre de gravité, à la distance a de l'axe de rotation. Or, on sait que ces projections suffisent pour déterminer non la résultante d'un groupe de forces, mais la résultante de translation. Ainsi

THÉORÈME. *La résultante de translation des forces totales ou des forces extérieures a même grandeur et même situation angulaire que la force totale due à la masse entière du corps tournant, supposée condensée au centre de gravité.*

Cet énoncé permet de retrouver immédiatement la composante centripète Maw^2 et la composante tangentielle $Ma\dfrac{dw}{dt}$ de la force fictive dont il s'agit.

70. Cas où les forces totales ont une résultante unique. — La condition nécessaire pour cela, et exprimée (33) par l'équation

$$\Sigma_{\gamma x}\,\Sigma\mathfrak{M}_{x\varphi} + \Sigma_{\gamma y}\,\Sigma\mathfrak{M}_{y\varphi} + \Sigma_{\gamma z}\,\Sigma\mathfrak{M}_{z\varphi} = 0,$$

se réduit ici (67) à

$$-w^4\,Ma\,\Sigma myz - \left(\frac{dw}{dt}\right)^2 Ma\,\Sigma myz = 0;$$

et attendu que a n'est pas nul, sans quoi la résultante de translation le serait aussi et les forces se réduiraient à un couple, cette condition est remplie seulement par $\Sigma myz = 0$.

Or, il est à remarquer que si la somme Σmyz est nulle, et si la somme analogue Σmxz ne l'est pas en même temps, d'après la position de l'origine O sur l'axe de rotation, on peut, en déplaçant cette origine sur le même axe, et transportant les deux autres axes parallèlement à eux-mêmes en $O'x'$ et $O'y'$, faire en sorte que les sommes nouvelles $\Sigma my'z'$ et $\Sigma mx'z'$ soient nulles toutes deux. En effet, si l'on fait $OO'=c$, on a

$$z'=z-c, \quad x'=x, \quad y'=y,$$

$$\Sigma my'z'=\Sigma myz-c\Sigma my \quad \text{et} \quad \Sigma mx'z'=\Sigma mxz-c\Sigma mx.$$

Par hypothèse, $\Sigma myz=0$; d'ailleurs le plan xOz contenant le centre de gravité, on a $\Sigma my=0$ et $\Sigma mx=Ma$. Donc la somme $\Sigma my'z'$ restera nulle, et pour que $\Sigma mx'z'$ le soit, il suffira de faire

$$c=\frac{\Sigma mxz}{Ma},$$

distance positive ou négative, mais réelle et finie, puisque a n'est pas nulle.

Transportons l'origine au point O' ainsi déterminé et appelons Φ la résultante des forces extérieures ou des forces totales. Les six équations d'équivalence du numéro 67 deviennent à cause de $\Sigma mx=Ma$, $\Sigma my=0$, $\Sigma mxz'=0$, et $\Sigma myz'=0$

$$\Phi_x=-w^2 Ma, \quad \Phi_y=\frac{dw}{dt}Ma, \quad \Phi_z=0;$$

$$\mathfrak{M}_x\Phi=0, \quad \mathfrak{M}_y\Phi=0, \quad \mathfrak{M}_z\Phi=\frac{dw}{dt}\Sigma mr^2.$$

La résultante est donc dans le plan des $x'y'$ qui rencontre l'axe de rotation au point O', et si dans ce plan on décompose Φ en deux forces, l'une centripète, suivant $O'x'$, l'autre Φ_y perpendiculaire à $O'x'$, en appelant l la distance de cette deuxième composante à l'axe Oz, on aura $\mathfrak{M}_z\Phi=\Phi_y l$, d'où, d'après la deuxième et la sixième de ces équations,

$$l=\frac{\Sigma mr^2}{Ma}, \tag{23}$$

ce qui détermine le point où la résultante rencontre la droite O'x' située dans le plan passant par le centre de gravité.

71. Accroissement du quarré de la vitesse angulaire. — Cette quantité dans un corps tournant autour d'un axe fixe, résulte du travail des forces extérieures. Puisque la vitesse d'un élément du corps tournant est wr, sa puissance vive est $\frac{1}{2} mw^2r^2$, et par conséquent *la puissance vive totale du corps solide, à un même instant, est exprimée par* $\frac{1}{2} w^2 \Sigma mr^2$, *moitié du produit du quarré de la vitesse angulaire actuelle, et du moment d'inertie du corps autour de l'axe fixe de rotation.*

Cette expression introduite dans l'équation générale de l'effet du travail, eu égard à ce que, le corps étant solide, la somme des travaux des forces intérieures mutuelles est nulle, donne

$$w^2 - w_0^2 = \frac{2\Sigma \mathcal{C} F}{\Sigma mr^2} :$$

THÉORÈME. *L'accroissement du quarré de la vitesse angulaire entre deux instants est égal au double du travail des forces extérieures dans cet intervalle de temps, divisé par le moment d'inertie.*

REMARQUE. En différentiant la dernière équation, on retrouve la formule de l'accélération angulaire (68). On a d'abord

$$wdw = \frac{\Sigma d\mathcal{C} F}{\Sigma mr^2},$$

dw étant l'accroissement de la vitesse angulaire pendant le temps dt, et $d\mathcal{C}F$ étant le travail élémentaire d'une force F pendant le même temps. Pour exprimer ce travail, décomposons la force F en deux forces rectangulaires, l'une parallèle à l'axe et dont le travail est nul, l'autre P égale à la projection de F sur un plan perpendiculaire à l'axe. Le travail d'une résultante étant égal à la somme des travaux de ses composantes (II, 64), le travail de F est égal à celui de P. On peut, sans rien changer à ce dernier, supposer la force P appliquée au pied de la perpendiculaire commune à l'axe et à P. Cette perpendiculaire étant désignée par p, la vitesse de son pied est $p\omega$, le chemin qu'il décrit pendant le temps dt est $p\omega dt$, dirigé suivant la même droite que la force P. Le travail de celle-ci pendant ce temps est donc $Pp\omega dt$ ou bien $\omega dt \cdot \mathfrak{M}F$; c'est ce qu'on énonce en disant que *le travail élémentaire d'une force appliquée à un corps solide tournant est égal au moment de cette force, multiplié par le déplacement angulaire et infiniment petit du solide,* quantité dans laquelle il est facile de vérifier qu'il faut avoir égard aux sens ou aux signes tant de la vitesse angulaire ω que du moment $\mathfrak{M}F$. L'équation posée ci-dessus devient donc

$$\omega d\omega = \omega dt \cdot \frac{\Sigma \mathfrak{M}F}{\Sigma mr^2} \quad \text{d'où} \quad \frac{d\omega}{dt} = \frac{\Sigma \mathfrak{M}F}{\Sigma mr^2}.$$

§ 3.

PROPRIÉTÉS GÉOMÉTRIQUES DES MOMENTS D'INERTIE.

72. Relation des moments d'inertie d'un solide autour de deux axes parallèles. — Le moment d'inertie d'un même corps solide varie avec la situation relative de l'axe.

Soient deux axes parallèles dont l'un AG (fig. 8) passe par le centre de gravité, et l'autre BC en est à une distance $AB = a$. On a pour un point M dont la masse est m, à la distance r de BC, et à la distance r_1 de AB,

$$mr^2 = m \left(r_1^2 + a^2 - 2ax \right),$$

et en faisant la somme de toutes les équations pareilles applicables aux divers éléments du solide,

$$\Sigma mr^2 = \Sigma mr_1^2 + a^2 \Sigma m,$$

attendu que, pour l'ensemble du système dont le centre de gravité est sur la droite AG, la somme Σmx est nulle, en égard aux signes des x, positifs pour certains points, et négatifs pour d'autres.

En multipliant cette équation par $\frac{1}{2} w^2$ on voit que *la puissance vive d'un corps solide tournant autour d'un axe fixe, peut se décomposer en deux autres, dont l'une est celle que posséderait le système, s'il tournait avec la même vitesse angulaire autour d'un axe parallèle au premier et passant par le centre de gravité, et l'autre est la puissance vive qu'aurait le corps, si toute la masse était condensée au centre de gravité. C'est un cas particulier du théorème final du numéro 61.*

75. Relation des moments d'inertie d'un solide autour de divers axes concourants. — Si, par un même point O (fig. 9), on mène divers axes autour de chacun desquels on prenne le moment d'inertie d'un même solide, cette quantité varie suivant une loi que nous allons étudier.

Soient Ox, Oy, Oz, trois axes rectangulaires, et soit Ou un quatrième axe par rapport auquel il s'agit de calculer le moment d'inertie d'un système. Soit en M un élément de masse m ; soient x, y, z, ses trois coordonnées, et $MP = r$ sa distance à Ou. La longueur OP étant la projection rectangulaire sur Ou du contour polygonal dont les côtés sont x, y et z, on a

$$r^2 = OM^2 - OP^2$$
$$= x^2 + y^2 + z^2 - [x \cos(u, x) + y \cos(u, y) + z \cos(u, z)]^2$$

d'où en remplaçant $x^2 + y^2 + z^2$ par

$$(x^2 + y^2 + z^2)[\cos^2(u, x) + \cos^2(u, y) + \cos^2(u, z)]$$

puis multipliant par m et faisant la somme de toutes les équations analogues, on conclut

$$\Sigma m r^2 = \begin{cases} \cos^2(u, x) \, \Sigma m (y^2 + z^2) \\ + \cos^2(u, y) \, \Sigma m (z^2 + x^2) \\ + \cos^2(u, z) \, \Sigma m (x^2 + y^2) \\ - 2 \cos(u, y) \cos(u, z) \, \Sigma m yz \\ - 2 \cos(u, z) \cos(u, x) \, \Sigma m zx \\ - 2 \cos(u, x) \cos(u, y) \, \Sigma m xy \end{cases} \qquad [24]$$

Les trois sommes $\Sigma m (y^2 + z^2)$, $\Sigma m (z^2 + x^2)$ et $\Sigma m (x^2 + y^2)$ sont les moments d'inertie du solide autour de l'axe Ox, de l'axe Oy et de l'axe Oz ; les trois sommes $\Sigma m yz$, $\Sigma m zx$ et $\Sigma m xy$ sont des quantités analogues revenant chacune au produit de la masse du solide et du quarré d'une longueur. Pour un corps donné, ces diverses sommes sont déterminées par la situation des axes coordonnés relativement au solide, et l'équation montre comment le moment d'inertie autour de Ou dépend de ces six quantités et des angles de Ou avec les mêmes axes.

Pour simplifier l'écriture de cette formule, nous emploierons les notations qui suivent :

$$\Sigma mr^2 = I_u,$$

$$\Sigma m(y^2 + z^2) = I_x, \quad \Sigma m(z^2 + x^2) = I_y, \quad \Sigma m(x^2 + y^2) = I_z,$$

$$\Sigma myz = S_x, \quad \Sigma mzx = S_y, \quad \Sigma mxy = S_z,$$

la lettre I désignant, en général, un moment d'inertie autour d'un axe indiqué par la petite lettre inférieure, et la lettre S la somme des produits des masses m multipliées chacune par le rectangle de ses coordonnées perpendiculaires à l'axe désigné par l'indice inférieur. L'équation [24] peut donc s'écrire ainsi :

$$I_u = I_x \cos^2(u, x) + I_y \cos^2(u, y) + I_z \cos^2(u, z)$$

$$-2S_x \cos(u, y)\cos(u, z) - 2S_y \cos(u, z)\cos(u, x) - 2S_z \cos(u, x)\cos(u, y).$$

74. Ellipsoïde représentatif des moments d'inertie. — Pour rendre plus sensible la loi exprimée par la formule [24], Poinsot a eu l'idée ingénieuse de porter sur la droite Ou, à partir de O, une longueur OU qui fût une fonction simple du moment d'inertie Σmr^2 autour de cette droite, et d'écrire l'équation de la surface à laquelle appartiendraient les diverses positions du point U, quand on ferait varier la direction Ou autour de laquelle serait pris le moment d'inertie du même corps. Soit u cette distance, et soient x, y, z les coordonnées de l'extrémité U ; par conséquent

$$\cos(u, x) = \frac{x}{u}, \quad \cos(u, y) = \frac{y}{u} \quad \text{et} \quad \cos(u, z) = \frac{z}{u}$$

expressions dont la substitution dans la formule du numéro précédent conduit naturellement à la simplifier en choisissant la longueur u de manière qu'on ait $I_u u^2 = 1$.

L'équation devient ainsi

$$1 = I_x x^2 + I_y y^2 + I_z z^2 - 2 S_x yz - 2 S_y zx - 2 S_z xy. \quad [25]$$

Le lieu géométrique des points U est donc du second ordre ; aucune des distances u ne peut être infinie, puisque I_u ne peut pas être nul ; donc c'est un ellipsoïde. Ainsi

THÉORÈME. *Si sur diverses droites passant par un même point, et considérées successivement comme axes des moments d'inertie d'un même corps, on porte, à partir de l'intersection commune, des longueurs réciproques aux racines quarrées de ces moments d'inertie, le lieu des extrémités de ces longueurs est un ellipsoïde.*

75. Axes principaux et moments principaux d'inertie.— Si, pour un point O déterminé, on prend les axes coordonnés suivant les axes principaux de l'ellipsoïde représentatif des moments d'inertie, son équation se réduit à

$$1 = I_x x^2 + I_y y^2 + I_z z^2 . \quad [26]$$

Les droites dirigées suivant ces axes de l'ellipsoïde sont nommés les *axes principaux d'inertie* du solide pour le point O. Ils sont caractérisés dans leur ensemble par les trois équations

$$S_x = 0, \quad S_y = 0, \quad S_z = 0,$$

c'est-à-dire

$$\Sigma myz = 0, \quad \Sigma mzx = 0, \quad \Sigma mxy = 0,$$

dans lesquelles il est bien entendu que x, y et z sont les coordonnées de chaque élément matériel du solide.

Les moments d'inertie I_x, I_y et I_z pris autour des axes principaux correspondants au point O sont appelés *moments d'inertie principaux* pour ce point. Chaque distance u du centre de l'ellipsoïde à un point de sa surface étant exprimée par $\dfrac{1}{\sqrt{I_u}}$ l'inverse de la racine quarrée du moment d'inertie I_u autour de la droite menée par ces deux points ; et une propriété connue des diamètres de l'ellipsoïde étant que le plus grand et le plus petit d'entre eux sont deux diamètres principaux ; il en résulte que le plus petit et le plus grand des trois moments d'inertie principaux sont aussi le plus petit et le plus grand des moments d'inertie autour de toutes les droites passant par le même point.

76. Caractères auxquels on peut reconnaître qu'une droite est axe principal d'inertie en un ou plusieurs points.

1° Pour qu'une droite Oz soit axe principal au point O pris pour origine des coordonnées rectangulaires x, y, z, les deux conditions

$$S_x = 0 \text{ et } S_y = 0, \text{ c'est-à-dire } \Sigma myz = 0 \text{ et } \Sigma mxz = 0,$$

sont nécessaires et suffisantes, car elles font que l'équation [25] devenant

$$1 = I_x x^2 + I_y y^2 + I_z z^2 - 2S_z xy$$

est celle d'un ellipsoïde symétrique par rapport au plan xOy, et que, par conséquent, l'axe des z coïncide avec un de ses diamètres principaux.

Cas particulier. Lorsque le corps est rectangulairement symétrique quant à sa figure et à ses masses élémentaires, relativement à un plan pris pour celui des axes Ox et Oy, la double condition $S_x = 0$, $S_y = 0$, est évidemment remplie, quelle que soit l'origine O dans ce plan. Toute droite perpendiculaire à ce même plan est axe principal pour le point où elle le traverse.

2° Cherchons la condition sous laquelle Oz est axe principal en un point O' autre que l'origine des coordonnées x, y, z. Choisissons le plan zOx de manière qu'il passe par le centre de gravité supposé à une distance a de Oz. Soit O' origine des x', y' et z' parallèles aux coordonnées x, y et z. Si l'on fait $OO'=\zeta$, on a

$$z'=z-\zeta, \quad x'=x, \quad y'=y,$$

$$\Sigma m y'z' = \Sigma myz - \zeta \Sigma my = \Sigma myz,$$

et

$$\Sigma m x'z' = \Sigma mxz - \zeta a \Sigma m;$$

donc si la droite Oz ne passe pas au centre de gravité, il faut et il suffit, pour qu'elle soit axe principal en un de ses points O', qu'on ait, relativement au point quelconque O de cette droite,

$$\Sigma myz = 0;$$

et si l'on pose $\Sigma mxz = Mh^2$, le point unique O' est alors déterminé par

$$\zeta = \frac{\Sigma mxz}{a \Sigma m} = \pm \frac{Mh^2}{Ma} = \pm \frac{h^2}{a}.$$

Ce théorème rapproché de ce qui est dit au numéro 70, prouve que *pour que les forces totales d'un corps tournant autour d'un axe aient une résultante unique, il faut que cette droite soit axe principal d'inertie en un de ses points.*

3° Si la droite Oz passe par le centre de gravité, la distance a est nulle; les deux conditions $\Sigma myz = 0$ et $\Sigma mxz = 0$ sont alors nécessaires, et si elles sont remplies par un point O de cette droite, elles le sont par tout autre de ses points; la droite est donc axe principal en chacun de ses points.

Cas particulier. Lorsque le corps est divisible en tranches parallèles infiniment minces ayant leurs centres de gravité sur une droite Oz perpendiculaire aux tranches, cette droite est axe principal en tous ses points; car pour une tranche les sommes Σmxz et Σmyz devenant $z\Sigma mx$ et $z\Sigma my$ sont nulles.

4° Si la droite Oz passant par le centre de gravité G est axe principal en l'un de ses points, et par conséquent en tous ses points, toute droite $O'z'$ parallèle à Oz est axe principal au point O' où tombe la perpendiculaire GO', menée de G à cette droite. En effet, en prenant O' pour origine des x', y' et z', et G pour origine des x, y et z (fig. 10), on a, en faisant $GO' = a$, $z' = z$, $y' = y$, $x' = a + x$,

$$\Sigma mz'y' = \Sigma mzy = o \quad \text{et} \quad \Sigma mz'x' = a\Sigma mz + \Sigma mzx = o.$$

77. Ellipsoïde central. — M. Poinsot désigne sous le nom d'*ellipsoïde central* celui qui répond au centre de gravité du corps. Non-seulement les trois axes principaux, correspondant au centre de gravité d'un solide, sont axes principaux pour tous leurs points, mais, d'après ce qu'on vient de voir, toute parallèle à l'une de ces droites est axe principal au point où elle rencontre le plan des deux autres.

78. Cas particulier d'un ellipsoïde de révolution. — Il peut arriver que l'ellipsoïde des moments d'inertie correspondant à un point soit de révolution. Les moments d'inertie autour des droites menées par ce point perpendiculairement à l'axe de révolution sont égaux. Toutes ces droites sont des axes principaux. Si l'ellipsoïde est une sphère, tous les moments d'inertie autour des droites passant par son centre sont égaux. Une quelconque de ces droites est axe principal.

79. Relation du moment d'inertie I_a autour d'un axe quelconque passant par un point O avec les moments d'inertie principaux correspondants à ce point. — Prenons les axes principaux d'inertie correspondants au point O pour axes de coordonnées. Par $S_x = o$, $S_y = o$ et $S_z = o$, l'équation [24] du numéro 73 devient la suivante, facile à énoncer en langage ordinaire :

$$I_u = I_x \cos^2 (u, x) + I_y \cos^2 (u, y) + I_z \cos^2 (u, z) . \quad [27]$$

80. Calcul du moment d'inertie d'un corps homogène autour d'un axe donné Oz ('). — Soient Ox et Oy perpendiculaires entre eux et sur Oz. On a

$$I_z = \Sigma m (x^2 + y^2) = \frac{\Pi}{g} (\Sigma q x^2 + \Sigma q y^2) ,$$

Π étant le poids de l'unité de volume et q le volume élémentaire dont la position a les coordonnées x et y. Les deux sommes $\Sigma q x^2$ et $\Sigma q y^2$ se calculent séparément. Soit le solide divisé en tranches comprises entre des plans infiniment voisins perpendiculaires à Ox. L'aire variable ou constante de la section faite par un de ces plans étant désignée par A, le volume de la tranche est exprimé par $A dx$, et la partie de $\Sigma q x^2$ qui comprend toute la tranche est $A dx . x^2$. On a donc pour le corps entier

$$\Sigma q x^2 = \int A x^2 dx .$$

De même B représentant l'aire d'une section faite par le plan perpendiculaire à Oy, et situé à la distance y de l'origine, on a

$$\Sigma q y^2 = \int B y^2 dy .$$

Donc

$$I_z = \frac{\Pi}{g} \left(\int A x^2 dx + \int B y^2 dy \right) ,$$

(') Ce sujet est traité avec les développements suffisants dans mon *Résumé de leçons de géométrie analytique et de calcul infinitésimal*, pages 281 à 295. Les formules rappelées au numéro 82 y sont démontrées.

et

$$k^2 = \frac{1}{\Sigma q}\left(\int Ax^2 dx + \int By^2 dy\right). \qquad [27]$$

A cause de l'homogénéité du solide, le rayon de giration k est indépendant de la densité. Lorsque les intégrales qui précèdent ne s'obtiennent pas en formules générales, dans chaque cas particulier, où la figure du solide est définie par des données numériques ou graphiques, on applique la méthode connue des intégrations approximatives.

81. Moments d'inertie des lignes et des surfaces. — En admettant que des points matériels soient distribués uniformément tantôt sur une ligne, tantôt sur une surface, on est conduit à considérer les moments d'inertie des lignes et des surfaces comme ceux de corps proprement dits.

82. Quelques formules de moments d'inertie. — Voici quelques résultats faciles à vérifier. k désignant dans chaque hypothèse le rayon de giration, et P le poids du corps, on a toujours le moment d'inertie

$$I = \frac{P}{g}\, k^2.$$

1° Ligne droite, de longueur a, tournant autour d'un axe qui passe par une extrémité et fait avec cette droite l'angle α . . . $k^2 = \frac{1}{3}\, a^2 \sin^2 \alpha$,

2° Disque circulaire de rayon R autour d'un diamètre . . . . $k^2 = \frac{1}{4}\, R^2$,

3° Secteur circulaire de rayon R autour du centre. . . . . $k^2 = \frac{1}{2}\, R^2$,

4° Cylindre droit circulaire de rayon R,
autour de l'axe de figure . . . . $k^2 = \dfrac{1}{2} R^2$,

5° Cylindre creux d'épaisseur uniforme,
de rayons R et R' . . . . $k^2 = \dfrac{1}{2} (R^2 + R'^2)$,

6° Jante à section rectangulaire tournant autour de l'axe de figure, même formule. On peut introduire le rayon moyen $\dfrac{R + R'}{2} = R_{,}$ et l'épaisseur $R' - R = b$;

on a . . . . $k^2 = R_{,}^2 + \dfrac{1}{4} b^2$,

7° Sphère pleine de rayon R autour
d'un diamètre . . . . $k^2 = \dfrac{2}{5} R^2$,

8° Parallélipipède rectangle dont les trois arêtes contiguës sont a, b, c, tournant autour d'une droite menée par son

centre de gravité parallèlement aux arêtes a $k^2 = \dfrac{1}{12} (b^2 + c^2)$.

85. Calcul de l'intégrale $\Sigma m xz$ pour un corps donné. — L'application du numéro 68 exige que, outre le moment d'inertie $\Sigma m r^2$ autour de l'axe de rotation Oz, on puisse calculer au moins approximativement les intégrales $\Sigma m xz$ et $\Sigma m yz$. Pour un corps donné, ces quantités dépendent nécessairement de l'origine et de la direction des axes coordonnés, et il peut être utile de remarquer une propriété analogue à celle qui a été démontrée au numéro 72. Comparons les valeurs des trois sommes $\Sigma m xy$, $\Sigma m yz$ et $\Sigma m zx$ à ce qu'elles deviennent lorsqu'on transporte les axes parallèlement, et leur origine au centre de gravité G du solide. Soient a, b, c les coordonnées de ce point G dans le système des x, y et z, et appelons x', y', z' les nouvelles coordonnées du point quelconque du solide, dont la masse est m.

Nous avons

$$x = x' + a, \quad y = y' + b \quad \text{et} \quad z = z' + c,$$

donc

$$\Sigma mxy = \Sigma mx'y' + ab\,\Sigma m,$$

attendu que les sommes $a\Sigma my'$ et $b\Sigma mx'$ sont nulles, parce que les plans des $x'z'$ et des $y'z'$ contiennent le centre de gravité.

On a de même

$$\Sigma myz = \Sigma my'z' + bc\,\Sigma m,$$

$$\Sigma mzx = \Sigma mz'x' + ca\,\Sigma m.$$

Ainsi *la somme Σmxy peut se décomposer en deux parties, l'une égale à ce que deviendrait cette somme pour des axes parallèles passant au centre de gravité, l'autre égale à ce qu'elle serait si la masse du solide était condensée en ce même centre.*

Proposons-nous maintenant de calculer l'intégrale Σmxz, et pour cela imitons la marche suivie au numéro 80 : divisons le solide en tranches comprises entre des plans infiniment voisins perpendiculaires à Ox. L'aire variable ou constante de la section faite par un de ces plans étant désignée par A, la masse m de cette tranche est $\dfrac{\Pi}{g} A dx$, et la partie de Σmzx qui comprend toute cette tranche est $\dfrac{\Pi}{g} A dx \cdot z_i \cdot x$, si l'on appelle z_i la distance au plan des xy du centre de gravité $\mathbf{g}$ de la tranche. On a donc, en supposant le corps homogène, c'est-à-dire Π constant,

$$\Sigma mzx = \frac{\Pi}{g} \int A z_i x \, dx;$$

quadrature qui doit être étendue à tout le solide, et dans laquelle $\Delta z_i x$ est une quantité qui, pour chaque valeur de x, prend une valeur positive ou négative qu'on peut calculer au moins approximativement.

Dans le cas particulier où la figure du corps et la direction des axes seraient telles que les centres de gravité g des tranches perpendiculaires à Ox se trouvassent dans le plan des xy, alors z_i serait constamment nul, et il en serait de même de l'intégrale. C'est ce qui arrive fréquemment, au moins d'une manière approchée, dans la pratique.

§ 4.

MOUVEMENT LE PLUS GÉNÉRAL D'UN SOLIDE SOUMIS
A DES FORCES QUELCONQUES.

84. Décomposition de ce mouvement en une translation et un pirouettement autour d'un point fixe. — Cas particulier où la résultante des forces passe par ce point. — Le mouvement du corps peut se décomposer d'une infinité de manières, et notamment (I, 51 à 53) en une translation commune au centre de gravité et un pirouettement relatif autour de ce centre considéré comme origine de trois axes de comparaison entraînés avec lui parallèlement à eux-mêmes. Si l'on appelle R la résultante de translation variable ou constante des forces F agissant sur ce solide, et M la masse totale de ce corps, le point géométrique, centre de gravité invariable relativement au corps, se meut avec lui dans l'espace, comme un point matériel qui, ayant la masse M, serait à chaque instant sollicité par la force R (10 et 11). Et quant au pirouettement ou mouvement relatif du solide, il est le même que le mouvement absolu qu'aurait le même corps sous l'action des forces réelles F, et des forces fictives, $-F_e$, opposées aux forces d'entraînement, qui, étant toutes parallèles, égales à $\dfrac{R}{M} m$, et par conséquent proportionnelles aux masses, ont une résultante égale à leur somme R et passant au centre de gravité.

Nous sommes ainsi conduits à étudier le mouvement d'un solide autour d'un point fixe, et, d'abord, nous considérerons le cas le plus simple, celui où toutes les forces F qui agissent hors de ce point ont leur résultante passant par ce même point. On sait qu'alors (57), bien que les vitesses varient, le moment résultant des quantités de mouvement est constant en grandeur et en direction. De là l'utilité des recherches suivantes.

85. Moment résultant des quantités de mouvement relativement à un point fixe O autour duquel tourne le solide. — On le calcule d'après l'expression de la vitesse d'un point quelconque du corps tournant, en fonction de la vitesse angulaire du solide et de la distance du point à l'axe de rotation.

Soient x, y, z, les coordonnées d'un élément dont la masse est m. Considérons d'abord le cas où le solide tourne autour de Ox. Alors, en désignant par ξ la distance de l'élément à cet axe, et par z l'angle de la perpendiculaire ξ à ce même axe avec une parallèle à Oy (fig. 11), on a :

$$\Sigma \mathfrak{M}_x mv = w \Sigma m \xi^2 = w I_x ,$$

$$\Sigma \mathfrak{M}_y mv = - \Sigma m w \xi \cos z \cdot x = - w \Sigma m y x ,$$

$$\Sigma \mathfrak{M}_z mv = - \Sigma m w \xi \sin \alpha \cdot x = - w \Sigma m z x .$$

Les signes des moments sont déterminés suivant la convention ordinaire que la rotation positive va

autour de Ox dans le sens de Oy vers Oz,
  »   de Oy »   de Oz » Ox,
  »   de Oz »   de Ox » Oy.

Dans le cas particulier où l'axe instantané de rotation Ox est, au point O, un axe principal d'inertie du corps en mouvement, les sommes $\Sigma m y x$ et $\Sigma m z x$ sont nulles. Les trois moments composants se réduisent donc alors à un seul $w I_x$ qui est, par conséquent, le moment résultant des quantités de mouvement autour de O.

Maintenant, considérons le solide comme tournant instantanément autour d'une droite quelconque Ou, passant par l'origine ; sa rotation est décomposable (I, 62 et 72) en trois rotations

$w \cos(u, x)$, $w \cos(u, y)$ et $w \cos(u, z)$, autour de trois axes Ox, Oy et Oz, c'est-à-dire (I, 71) que chaque vitesse est décomposable en trois vitesses, savoir : $\xi w \cos(u, x)$ autour de Ox, $\eta w \cos(u, y)$ autour de Oy, et $\zeta w \cos(u, z)$ autour de Oz, les distances du point considéré aux axes Ox, Oy et Oz étant ξ, η, ζ. Toutes les vitesses et les quantités de mouvement sont ainsi décomposées en trois groupes correspondant aux trois rotations composantes ; et si nous supposons que, à l'instant dont il s'agit, les droites Ox, Oy et Oz soient prises suivant les axes principaux d'inertie du solide pour le point O, les moments résultants partiels des trois groupes de quantités de mouvement seront, d'après le cas précédent,

$$w \cos(u, x)\, I_x, \quad w \cos(u, y)\, I_y, \quad w \cos(u, z)\, I_z.$$

Cela étant, reportons-nous à la notion de l'ellipsoïde des moments d'inertie pour le point O. Désignons par x', y' et z' les coordonnées du point U où l'axe instantané Ou perce cet ellipsoïde, et par u la distance de ce point U à l'origine. Les cosinus ci-dessus indiqués sont exprimés par $\dfrac{x'}{u}$, $\dfrac{y'}{u}$, $\dfrac{z'}{u}$, et les trois moments résultants partiels par

$$\frac{w}{u} I_x x', \quad \frac{w}{u} I_y y', \quad \frac{w}{u} I_z z'.$$

Or, ces trois quantités sont égales aux projections rectangulaires, sur les trois axes coordonnés, de l'axe représentatif du moment résultant total des quantités de mouvement (55). Ce moment résultant total a donc pour valeur

$$A = \frac{w}{u} \sqrt{I_x^2 x'^2 + I_y^2 y'^2 + I_z^2 z'^2}, \qquad [28]$$

et son axe fait avec les axes principaux Ox, Oy et Oz, des angles dont les cosinus sont proportionnels aux produits $I_x x'$, $I_y y'$ et $I_z z'$.

Observons maintenant que l'équation de l'ellipsoïde étant

$$I_x x^2 + I_y y^2 + I_z z^2 = 1 ,$$

son plan tangent au point (x', y', z') a pour équation

$$I_x x'x + I_y y'y + I_z z'z = 1 , \qquad [29]$$

et que les cosinus ci-dessus indiqués sont ceux des angles de la normale en ce point avec les axes coordonnés (*). Donc

Lorsqu'un solide quelconque tourne autour d'un point fixe, si l'on imagine l'ellipsoïde des moments d'inertie du solide relativement à ce point, l'axe représentatif du moment résultant des quantités de mouvement autour du point fixe est perpendiculaire au plan qui touche l'ellipsoïde au point où celui-ci est percé par l'axe instantané de rotation ; en d'autres termes : *le plan du moment résultant des quantités de mouvement* (appelé aussi plan du maximum des aires) *est parallèle au plan diamétral de l'ellipsoïde qui est conjugué avec le diamètre dirigé suivant l'axe de rotation.*

Cette proposition établit la direction du moment résultant comme une conséquence nécessaire de celle de l'axe instantané de rotation OU. Quant à la grandeur A de ce moment, on remarque que, dans son expression [28], il entre un radical qu'on trouve également dans l'expression de la distance de l'origine des coordonnées au plan tangent à l'ellipsoïde. En effet, de l'équation [29] du plan tangent, on conclut que la distance désignée par p de l'origine à ce plan est donnée par la formule

$$p = \frac{1}{\sqrt{I_x^2 x'^2 + I_y^2 y'^2 + I_z^2 z'^2}} .$$

(*) Les connaissances de géométrie que suppose cet article sont exposées dans mon *Résumé de leçons de géométrie analytique et de calcul infinitésimal*, seconde édition, pages 229, 230 et 111.

L'expression [28] trouvée ci-dessus du moment résultant des quantités de mouvement autour de O revient donc à

$$A = \frac{w}{pu}.$$ [30]

On réunit cette expression de la grandeur du moment résultant des quantités de mouvement à la détermination de sa direction obtenue tout à l'heure, en énonçant le théorème suivant, lequel, sauf les notions de masse et de vitesse qu'il suppose, n'est qu'une proposition de géométrie qui a son application à la dynamique dans les numéros 86, 88 et 89 :

Théorème. Lorsqu'un corps solide tourne autour d'un point fixe, si l'on imagine l'ellipsoïde des moments d'inertie du corps autour de ce point, et qu'on mène son plan tangent au point où l'axe instantané de rotation perce sa surface, l'axe représentatif du moment résultant des quantités de mouvement autour du point fixe est dirigé suivant la perpendiculaire de ce point au plan tangent, et sa grandeur est égale à la vitesse angulaire instantanée du solide divisée par le produit des deux distances du point fixe au plan tangent et au point de contact.

86. Mouvement d'un solide autour d'un point fixe où passe la résultante des forces extérieures. — Théorème de Poinsot. — Dans cette hypothèse indiquée à la fin du numéro 84, le moment résultant A des quantités de mouvement est constant, 1° en direction, donc la perpendiculaire p a sa direction invariable dans l'espace; 2° en grandeur, donc la quantité A ou $\frac{w}{pu}$, formule [30], est constante.

De plus le quotient $\frac{w}{u}$ est aussi constant. En effet, les forces ayant une résultante qui passe par le point fixe O, et le corps étant solide, il en résulte que le travail de ces forces, égal à celui de leur résultante (65), est nul, et par conséquent la puissance vive totale du système reste constante. Or, celle-ci a pour

expression $\frac{1}{2} w^2 I_u$, et l'on a par définition de l'ellipsoïde

$u = \dfrac{1}{\sqrt{I_u}}$ d'où $I_u = \dfrac{1}{u^2}$; donc $\dfrac{w^2}{u^2}$ est constant; donc il

en est de même de $\dfrac{w}{u}$.

De ce que les deux quantités A ou $\dfrac{w}{pu}$ et $\dfrac{w}{u}$ sont inva-

riables, malgré les changements possibles de w et de u, il résulte enfin que la distance p est aussi invariable. Par conséquent le plan tangent désigné au théorème précédent est immobile dans l'espace.

L'ellipsoïde roule sans glisser sur ce plan, puisque, à chaque
instant, le point de contact U considéré comme appartenant à
la surface courbe, bien que mobile, a actuellement sa vitesse
nulle, comme se trouvant sur l'axe instantané de rotation du
corps et de l'ellipsoïde.

De tout cela on conclut :

Théorème. *Lorsqu'un corps solide est mobile autour d'un point
fixe O, où passe la résultante des forces extérieures, l'ellipsoïde
des moments d'inertie du corps autour du même point fixe O (surface idéale liée au solide et mobile avec lui) roule sans glisser
sur un plan tangent fixe* (fig. 12), *avec une vitesse angulaire w
constamment proportionnelle à la distance u du point fixe au point
de contact.* Ce beau théorème, qui donne une image sensible du
mouvement en apparence si compliqué d'un corps de figure
quelconque pirouettant sur un point fixe, est dû à l'illustre
géomètre Poinsot.

Si le solide, à un instant quelconque, tourne autour d'un des
axes principaux relatifs au point fixe, il continue indéfiniment
à tourner autour du même axe. C'est pourquoi les axes principaux s'appellent aussi *axes permanents de rotation.*

87. Mouvement d'un solide dans l'espace en vertu de vitesses acquises et sous les seules forces actuelles dues à la pesanteur. — Cette question offre une application immédiate du théorème précédent; le centre de gravité décrit une parabole déterminée par sa vitesse initiale et par l'accélération verticale constante g. Le mouvement du corps relativement à trois axes entraînés parallèlement à eux-mêmes avec le centre de gravité est dans les conditions du numéro précédent, car ce point est relativement fixe, et les forces réelles mg et fictives $-mg$ se détruisent : le mouvement dépendra de trois données correspondantes à l'instant initial, savoir : 1° la position de l'ellipsoïde central d'inertie, 2° la direction de l'axe instantané de rotation, 3° la vitesse angulaire.

88. Mouvement d'un solide soumis à des forces quelconques de courte durée. — Supposons d'abord qu'un corps solide étant en repos, des forces F agissent sur lui, simultanément ou non, mais pendant un temps très-court θ, comme dans le cas d'un choc. Le solide se déplace extrêmement peu durant cette action, quoique celle-ci puisse lui imprimer un mouvement final très-rapide. Une vitesse très-grande est en effet compatible avec un déplacement aussi petit qu'on veut, pourvu qu'on attribue à celui-ci une durée suffisamment petite. On peut donc regarder les forces F comme conservant, pendant qu'elles agissent, chacune une direction constante dans l'espace et relativement au corps très-peu déplacé.

Le centre de gravité prend le même mouvement que si la masse y était concentrée et les forces directement appliquées. R désignant la résultante de translation des forces F, la vitesse du centre de gravité à la fin de leurs impulsions a pour grandeur

$$V = \frac{1}{\Sigma m} \int_0^\theta R\,dt\,;$$

sa direction est celle de R, et, à partir de la fin du temps θ,
cette grandeur et cette direction se conservent invariablement
jusqu'à ce que des forces agissent de nouveau. Si les forces F
se réduisaient à un couple, R et V seraient nulles.

Quant au mouvement que le corps, partant du repos, prend
autour de son centre de gravité, ou plutôt, relativement à des
axes en translation menés par ce centre, il est dû aux forces F
et à des forces fictives $-F_e$ à chaque instant parallèles entre
elles et proportionnelles aux masses. La somme des moments
autour d'un axe quelconque passant par le centre de gravité des
quantités de mouvement relatif acquises à la fin du choc est
égale (14) à la somme des moments autour de cet axe des impulsions totales des seules forces F, attendu que la somme des
moments des forces fictives et de leurs impulsions est nulle ;
donc le moment résultant A des quantités de mouvement est
égal en intensité et en direction au moment résultant des impulsions des forces F. Or, ces impulsions peuvent se réduire à
deux équivalentes, dont l'une passe par le centre de gravité et
l'autre, multipliée par θ, détermine avec ce centre la grandeur
et le plan du moment résultant des impulsions. Ce dernier
est donc aussi le plan du moment résultant des quantités
de mouvement à la fin de l'action des forces F. A partir
de cet instant, les forces cessent, ce plan et l'axe qui lui est
perpendiculaire restent constants. Donc (86) ce corps tourne
dès lors autour du centre de gravité, de manière que son
ellipsoïde central touche constamment un plan parallèle à celui
qui passe par son centre et par la seconde équivalente des
forces F, et il commence à tourner autour du diamètre de l'ellipsoïde central qui, dans sa position initiale, est conjugué avec
ce plan. Sa vitesse angulaire variable sera d'ailleurs déterminée
à chaque instant par la valeur constante de $\dfrac{w}{pu}$, qui est celle
du moment résultant A, égal, comme on vient de le voir, au
moment résultant des impulsions des forces F pendant le

temps θ, ou au moment de leur seconde équivalente multiplié par ce temps.

89. Mouvement d'un solide soumis à des impulsions successives. — Supposons en second lieu qu'après un temps quelconque t ce même corps reçoive encore, pendant une très-courte durée θ', de nouvelles impulsions de forces F'. Rien ne s'oppose à ce que le corps soit considéré à la fin du temps t comme devant son mouvement actuel à des impulsions de forces F_1 dont la durée très-courte θ_1 aurait précédé immédiatement cet instant, ces forces F_1 étant censées agir sur le corps, placé sans vitesse acquise dans la position qu'il occupe réellement. Puisque le centre de gravité a conservé la vitesse V ci-dessus formulée, l'impulsion $\int_0^{\theta_1} R_1 \, dt$ de la résultante de translation des forces F_1 serait égale à $V \Sigma m$, c'est-à-dire précisément égale à $\int_0^{\theta} R \, dt$. Puisque pendant tout le temps t le moment résultant des quantités de mouvement du corps autour du centre de gravité est resté constant et égal en intensité et en direction au moment résultant des impulsions primitives des forces F pendant le temps θ, ce serait à ce même moment résultant que devrait être égal celui des impulsions des forces F_1. Ainsi, à la fin du temps $t+\theta'$, le corps possède la même vitesse de son centre de gravité, et le même moment résultant de ses quantités de mouvement autour de ce centre que s'il avait reçu pendant le temps toujours très-court $\theta_1 + \theta'$, d'abord les impulsions des forces F conservant relativement au centre de gravité et au système de comparaison en translation les positions qu'elles avaient primitivement, et tout de suite après les impulsions des forces F'. Or, au commencement de l'article 88, nous avons remarqué qu'il était indifférent que les forces F fussent simultanées ou successives, pourvu que le temps θ fût très-court ; il a dû seulement être entendu que chaque force F ne devait entrer dans le calcul que multipliée par sa durée propre : cette observation s'applique au cas actuel. Donc, à partir de l'instant final du temps $t+\theta'$ le corps tourne autour de son centre de gravité de manière que son ellipsoïde central touche constamment un plan parallèle à celui qui passe par son centre et par la seconde équivalente de l'ensemble des forces F' et F.

On se fait ainsi une idée complète du mouvement du corps : en effet, on a vu ce que devient celui-ci quand il sort du repos en vertu des forces F et quand ensuite il est abandonné à la seule action des forces intérieures ; la situation réelle du corps, sa vitesse de translation et sa rotation à la fin du temps t, lorsque les forces F' sont sur le point d'agir, sont donc complétement déterminées et comprises ; à cet instant la vitesse de son centre de gravité, changeant, dans un temps très-court, d'intensité et de direction, devient la résultante des vitesses dues séparément aux impulsions des forces F et F' et se conserve ensuite jusqu'à ce que de nouvelles forces agissent ; enfin le corps, à partir de l'instant terminant le temps $t+\theta'$, tourne de manière que son ellipsoïde central reste tangent à un nouveau plan fixe qui vient d'être défini, et l'axe instantané initial de cette nouvelle période de rotation est le diamètre de l'ellipsoïde central qui, dans sa position à la fin du temps t, est conjugué avec le nouveau plan tangent. Il y a donc changement très-rapide, et pour ainsi dire brusque, dans la rotation comme dans la translation.

Ces considérations s'étendent à la continuité des forces qui n'est que la limite de la discontinuité dont nous venons de nous occuper.

90. Remarques : I. Non-seulement le centre de gravité d'un corps se meut conformément à la propriété démontrée pour un système matériel quelconque ; mais, en outre, sous la condition de la solidité, le mouvement de rotation sphérique d'un corps

autour de son centre de gravité, relativement à des axes qui, passant par ce point, restent constamment parallèles à leurs directions initiales, est celui qui aurait lieu si le centre de gravité était fixe, les forces extérieures hors de ce point restant les mêmes qu'elles sont.

11. Puisque la rotation et la translation d'un corps solide ne dépendent que de la résultante de translation des forces extérieures et du moment résultant de ces mêmes forces, il s'ensuit qu'on ne change rien au mouvement d'un corps solide, si l'on ajoute aux forces qui le sollicitent d'autres forces équivalentes (suivant la définition du numéro 23), comme, par exemple, si l'on transporte une force d'un point à un autre de sa direction.

La théorie précédente est donc une seconde démonstration d'une proposition (63) que l'on énonce ordinairement comme un axiome, et, par conséquent, comme un principe fondamental dans l'enseignement de la mécanique (*).

(*) Après cette théorie du mouvement d'un corps solide, pourraient se placer méthodiquement quelques généralités sur la méthode à suivre pour traiter les questions qui concernent le mouvement des systèmes de plusieurs corps liés entre eux comme le sont les diverses parties des machines; mais ces généralités sont tellement simples qu'il suffira de les exposer lorsque, dans la seconde section de ce Traité, nous nous occuperons de l'application de la Dynamique à des exemples puisés dans l'industrie.

CHAPITRE III.

STATIQUE OU CONDITIONS DE L'ÉQUILIBRE D'UN SYSTÈME MATÉRIEL.

§ 1.

DES SIX CONDITIONS D'ÉQUILIBRE INDÉPENDANTES DES FORCES INTÉRIEURES.

91. Objet de la statique. — Un système matériel de nature quelconque, qu'il soit solide, plus ou moins déformable, ou liquide, ou même gazeux, peut être en repos sous l'action des forces qui le sollicitent et dont les unes sont extérieures, les autres intérieures et mutuelles. Cet état constitue ce qu'on appelle *l'équilibre du système*. La *statique* a pour objet d'en étudier les conditions.

92. Relations générales entre les forces extérieures. — Le repos d'un corps n'étant qu'un cas particulier de son mouvement, celui où tous ses points ont des vitesses nulles et des accélérations nulles, les équations générales obtenues au chapitre précédent doivent avoir ici leur application et leurs conséquences.

Ainsi, 1° en faisant $\dfrac{dv_x}{dt} = 0$ dans l'équation [1] du n° 4, $\Sigma m\, dv_x = \Sigma F_x\, dt$, nous trouvons, quel que soit l'axe de projection Ox, $\Sigma F_x = 0$; donc

THÉORÈME I. *Dans un système quelconque en équilibre, la somme algébrique des projections rectangulaires ou obliques des forces extérieures sur une droite est nulle, quelle que soit cette droite.*

2° En faisant $\dfrac{d\,\Sigma\mathfrak{M}\,mv}{dt}=0$, dans l'équation [6] du n° 14,

$\Sigma\mathfrak{M}\,mv = \Sigma\mathfrak{M}\,Fdt$, on en conclut $\Sigma\mathfrak{M}\,F = 0$; donc

THÉORÈME II. *Dans un système quelconque en équilibre, la somme algébrique des moments des forces extérieures autour d'une droite est nulle, quelle que soit cette droite.*

93. Interprétation de ces relations générales. — L'équation $\Sigma F_x = 0$ signifie (11) que la résultante de translation des forces F a sa projection nulle sur l'axe des x. Trois équations semblables,

$$\Sigma F_x = 0, \quad \Sigma F_y = 0, \quad \Sigma F_z = 0, \qquad [31]$$

vérifiées pour trois axes non parallèles à un même plan, expriment que cette résultante est nulle, et que, par conséquent, si le centre de gravité du système matériel est actuellement sans vitesse acquise, il persiste dans le repos aussi longtemps que les forces satisfont à la triple condition dont il s'agit.

L'équation $\Sigma\mathfrak{M}_x F = 0$ exprime (29) que le moment résultant de toutes les forces F autour d'un point quelconque de la droite Ox a son axe représentatif perpendiculaire à cette droite, à moins qu'il ne soit nul. Trois équations semblables,

$$\Sigma\mathfrak{M}_x F = 0, \quad \Sigma\mathfrak{M}_y F = 0, \quad \Sigma\mathfrak{M}_z F = 0, \qquad [32]$$

vérifiées pour trois axes Ox, Oy, Oz, non situés dans un même plan, expriment que le moment résultant autour du point O est nul, c'est-à-dire que les deux équivalentes S et T des forces F passent en ce point.

Les six équations vérifiées à la fois expriment que, quant à leurs sommes de projections et de moments pour un quatrième axe quelconque, les forces F équivalent à deux forces égales et directement opposées, que, par conséquent, ces deux sommes sont nulles, quel que soit l'axe.

94. Expression analytique des six équations générales d'équilibre. — Si l'on représente par X, Y et Z les composantes positives ou négatives parallèles à trois axes rectangulaires de l'une quelconque des forces F, et par x, y et z les coordonnées de son point d'application, on reconnaît que les six équations d'équilibre peuvent, eu égard aux signes, se mettre sous la forme suivante :

$$\Sigma X = 0, \qquad \Sigma Y = 0, \qquad \Sigma Z = 0; \qquad [33]$$

$$\Sigma(xY - yX) = 0, \quad \Sigma(yZ - zY) = 0, \quad \Sigma(zX - xZ) = 0. \quad [34]$$

95. Les mêmes équations en coordonnées obliques. — Il est digne de remarque que les mêmes équations subsistent, et entraînent les mêmes conséquences, lorsque les axes Ox, Oy et Oz, auxquels les coordonnées x, y, z et les composantes X, Y, Z sont parallèles, ne sont pas rectangulaires. Démontrons-le.

Quant aux équations de projections $\Sigma X = 0$, $\Sigma Y = 0$, $\Sigma Z = 0$, cela est déjà connu, puisqu'elles signifient que la résultante de translation des forces F est nulle.

Cherchons quelle est autour d'un des axes obliques, l'axe Oz par exemple, la somme des moments des trois composantes obliques X, Y et Z, appliquées au point (x, y, z). Soit O (fig. 13) la projection rectangulaire de cet axe Oz sur le plan de la figure; soient x_1 et y_1 les projections, faites rectangulairement sur le même plan, des coordonnées obliques x et y du point M qui se trouve ainsi projeté lui-même en M_1. La force Z, parallèle à Oz, a sa projection nulle en M_1, tandis que les deux forces X et Y sont projetées toujours rectangulairement sur le même plan en X_1 et Y_1 parallèles à x_1 et y_1.

Cela posé, la somme des moments des trois composantes X, Y et Z autour de Oz est

$$\mathfrak{M}_z F = Y_1 \cdot x_1 \, \sin(x_1, y_1) - X_1 \cdot y_1 \, \sin(x_1, y_1).$$

Or, d'après les définitions précédentes des quantités x_1, y_1, X_1 et Y_1, projections de x, y, X et Y sur le plan de la figure, on a

$$x_1 = x \sin(x, z), \quad y_1 = y \sin(y, z),$$
$$X_1 = X \sin(x, z), \quad Y_1 = Y \sin(y, z);$$

donc

$$\mathfrak{M}_z F = \sin(x_1, y_1) \sin(x, z) \sin(y, z) (xY - yX).$$

Les trois sinus sont indépendants des coordonnées et des forces, et aucun d'eux n'est nul.

Donc on a pour l'ensemble des forces

$$\Sigma \mathfrak{M}_z F = \sin(x_1, y_1) \sin(x, z) \sin(y, z) \, \Sigma(xY - yX);$$

et le premier membre est nul en même temps que $\Sigma(xY - yX)$; donc, enfin, les trois dernières des six équations écrites à l'article précédent expriment, même dans le cas des coordonnées obliques, que la somme des moments des forces F est nulle autour d'un axe quelconque passant par l'origine.

96. Cas particulier d'un corps parfaitement solide.— Les six conditions de projections et de moments qui viennent d'être formulées sont nécessaires pour l'équilibre dans ce cas comme elles le sont toujours ; mais de plus elles sont suffisantes. Car il résulte de ces six conditions, et du corollaire n° 63, confirmé par la deuxième remarque du numéro 90, que le corps solide, s'il a des vitesses acquises, continue de se mouvoir comme si les forces extérieures n'existaient pas, et que s'il est d'abord en repos, il y persiste. Ainsi

THÉORÈME. *Pour qu'un corps parfaitement solide sous l'action de forces quelconques reste en repos, ou se meuve comme si ces forces n'existaient pas, il faut et il suffit que, pour trois axes quelconques concourants et non situés dans un même plan, les sommes des projections et de moments des forces extérieures soient séparément nulles.*

97. REMARQUES. I. S'il ne s'agissait que de démontrer la nécessité de ces six conditions pour que le système supposé en repos y persiste, il suffirait, en s'appuyant sur la dynamique d'un point matériel, de remarquer : 1° que chaque point d'un système en repos est dans ce même état ; que, par conséquent, les forces extérieures et intérieures qui sollicitent ce point ont leur résultante nulle ; 2° que la projection, sur un axe, de la résultante de forces appliquées à un point étant égale à la somme des projections de ses composantes, cette somme est ici nulle pour chaque point, et qu'il en est, par conséquent, de même de la somme générale des projections de toutes les forces, parmi lesquelles il n'y a pas lieu de compter les forces intérieures, puisque leurs projections sont égales et de signes contraires deux à deux ; 3° que le même raisonnement s'applique aux moments des forces autour d'un axe quelconque. Mais il resterait à démontrer la réciproque des six conditions d'équilibre ainsi obtenues, difficulté résolue par la marche que nous avons adoptée, sans supposer le postulatum mentionné au numéro 63.

II. On tire du théorème précédent cette conséquence que, *pour qu'un système matériel déformable quelconque soit en équilibre, toutes les conditions auxquelles doivent satisfaire les forces extérieures, indépendamment des forces intérieures, sont implicitement renfermées dans les six équations ci-dessus énoncées,* puisque, en modifiant au besoin les forces intérieures pour rendre le système invariable, on assurerait l'équilibre au moyen de ces seules relations.

Toute autre condition nécessaire, outre celles-là, sera fondée sur la constitution spéciale du corps, comme nous le verrons lorsque nous nous occuperons des systèmes articulés, des systèmes funiculaires et des fluides.

III. Les six conditions nécessaires et suffisantes pour l'équilibre d'un corps solide sont exprimées sous la forme la plus simple par les six équations de projections et de moments

$$\Sigma F_x = 0, \qquad \Sigma F_y = 0, \qquad \Sigma F_z = 0, \qquad [32$$

$$\Sigma \mathfrak{M}_x F = 0, \quad \Sigma \mathfrak{M}_y F = 0, \quad \Sigma \mathfrak{M}_z F = 0; \qquad [33]$$

mais l'équilibre peut être exprimé par d'autres équations que celles-là, pourvu qu'elles forment ce qu'on appelle en algèbre un système équivalent à celui des six équations fondamentales qui précèdent. Si, par exemple, on posait une quatrième équation de moments, mais que ces moments fussent pris autour d'un quatrième axe $O'x'$ qui ne passât pas par le point O, la nouvelle équation jointe aux trois équations [33] signifierait que la résultante qui, si elle existe, passe par O, d'après les trois équations de moments [33], est de plus dans un même plan avec $O'x'$, de sorte que pour écrire que cette résultante est nulle, il ne faudrait plus que deux équations de projections sur deux axes concourants pris dans ce plan.

Si, outre les équations [33], on en posait deux autres analogues,

$$\Sigma \mathfrak{M}_{x'} F = 0, \qquad \Sigma \mathfrak{M}_{y'} F = 0,$$

équations de moments autour de deux axes $O'x'$, $O'y'$, ne passant pas par O, et concourant en O', cela signifierait que la résultante est dirigée suivant la droite OO', et pour exprimer que cette résultante est nulle, il ne manquerait plus qu'une équation de projections sur cette droite, ou une équation de moments autour d'un sixième axe qui ne serait pas dans un plan avec OO'.

98. Équilibre de forces appliquées à un corps solide. — Si, parmi les forces extérieures qui agissent sur un corps solide, il en est qui, considérées séparément, satisfont aux six conditions ci-dessus énoncées, on dit que *ces forces sont en équilibre*. Il est clair que si l'on supprimait par la pensée ces forces, celles qui resteraient formeraient un groupe équivalent à l'ensemble des forces agissantes, puisque rien ne serait changé aux sommes de projections et de moments, ni, par conséquent, au mouvement du corps solide qui les subit ; seulement les forces intérieures seraient modifiées. Cette dernière observation fait comprendre qu'il serait inexact de dire que les forces en équilibre se détruisent, si l'on entendait par là qu'elles sont sans influence sur l'état des pressions ou tensions intérieures du solide.

99. Cas particuliers, forces parallèles, forces dans un plan, couples. — Tout ce qui a été dit sous ces titres, aux numéros 34 et suivants, trouve son application aux cas d'équilibre.

Il est facile de voir que lorsque les forces F sont toutes dans un plan, ou deux à deux symétriques par rapport à un plan, les équations d'équilibre se réduisent ou à deux équations de moments autour de deux axes perpendiculaires au plan et à une équation de projections sur une droite joignant ces axes, ou à trois équations de moments autour de trois axes perpendiculaires au plan des forces, et non situés dans un même plan.

§ 2.

ÉQUILIBRE DES SYSTÈMES ASSUJETTIS A CERTAINES LIAISONS.

100. Ce qu'on entend par liaisons; hypothèses théoriques admises à cet égard. — Quelques détails feront comprendre ce qu'on entend par les liaisons de divers genres auxquelles peut être assujetti un système matériel.

PREMIER GENRE. **Un corps solide en contact avec des appuis fixes.** — Un corps considéré comme tout à fait invariable peut être en contact avec un ou plusieurs corps supposés absolument fixes, que nous désignerons sous la dénomination d'*appuis*; et l'on peut demander quelles sont les conditions de l'équilibre du premier, sous l'action de certaines forces P appliquées en des points déterminés de ce corps et indépendantes de l'existence des appuis. La réponse générale à cette question est :

Que les appuis remplissent leurs fonctions par des forces Q qu'ils exercent sur le corps dont il s'agit, forces qu'on appelle souvent *réactions des appuis*, parce qu'elles sont égales et opposées aux forces que le corps considéré exerce sur ces appuis ;

Que ces forces ou réactions sont extérieures, relativement au corps en équilibre ;

Que ces forces réunies aux forces P complètent l'ensemble des forces F extérieures auxquelles le corps est soumis, et qui doivent par conséquent satisfaire aux six conditions générales de l'équilibre.

C'est par des hypothèses sur la direction des réactions exercées par les appuis que les géomètres établissent les relations d'équilibre entre les forces.

Ainsi, 1° dans le cas où un seul appui assujettit le corps à un point fixe autour duquel il peut tourner en tous sens, on considère l'appui comme exerçant une réaction unique Q qui n'a d'autre condition que de passer par le point fixe et avec laquelle les forces P doivent être en équilibre : les équations nécessaires entre ces forces P se réduisent à trois équations do moments autour de trois droites, non dans un plan, menées par le point d'appui. Les trois autres équations $\Sigma P_x + Q_x = 0$, $\Sigma P_y + Q_y = 0$, $\Sigma P_z + Q_z = 0$, déterminent la réaction inconnue Q, son intensité et sa direction.

2° Si un point A du corps est assujetti à ne pouvoir se mouvoir que dans une certaine direction pendant que l'ensemble peut tourner en tous sens autour du même point, on suppose cette liaison produite par une droite rigide Az le long de laquelle le point A peut glisser sans frottement, en même temps que le corps peut tourner librement autour de ce point. On en conclut que la réaction de l'appui est encore une force unique Q passant par A, mais dirigée, d'une manière d'ailleurs quelconque, dans le plan xAy, perpendiculaire à Az. Dans ce cas, quatre équations d'équilibre entre les forces P sont à vérifier, savoir : trois équations de moments autour des axes Ax, Ay, Az, et l'équation de projections $\Sigma P_z = 0$. Les deux autres équations $\Sigma P_x + Q_x = 0$, $\Sigma P_y + Q_y = 0$, font connaître la réaction Q de l'appui.

3° Si un point A du corps est assujetti à se mouvoir sur une surface donnée, pendant que l'ensemble de ce corps peut tourner en tous sens autour du même point, on suppose que la réaction do l'appui est dirigée suivant la normale Az à la surface et du côté où se trouve le corps en contact. On en conclut cinq équations entre les forces P, savoir : trois équations de moments autour de trois axes Ax, Ay, Az, et deux équations de projections $\Sigma P_x = 0$, $\Sigma P_y = 0$. La sixième équation $\Sigma P_z + Q = 0$ détermine Q et exige que sa valeur ne soit pas négative, si le point A du corps solide peut se détacher de la surface fixe. Ainsi, en outre de cinq équations indiquées, les forces Q sont assujetties à la condition $\Sigma P_i' \leq 0$.

4° Si le corps ne peut que tourner autour d'un axe Oz sans glisser longitudinalement, on admet que les appuis n'exercent que des forces Q, les unes perpendiculaires passant par l'axe, les autres parallèles à cet axe; il ne reste qu'une équation à vérifier entre les forces P, savoir $\Sigma M_z P = 0$. Les cinq autres équations d'équilibre déterminent deux équivalentes aux réactions Q. Ce cas comprend celui du *levier*, la première machine simple dont la théorie ait été connue. L'importance du rôle que joue une force, dans l'équilibre du levier le plus simple, se mesurant par le produit de cette force multipliée par sa distance au point d'appui, c'est de là que ce produit a reçu le nom latin de *momentum*, traduit par *moment*.

5° Si le corps invariable ne peut que prendre une translation parallèle à un axe Oz, on suppose que les appuis n'exercent que des forces situées dans des plans perpendiculaires à l'axe; il ne reste à vérifier pour les forces P que l'équation de projections rectangulaires $\Sigma P_z = 0$.

101. Deuxième genre. Plusieurs corps solides mobiles en contact entre eux et avec des appuis fixes. — Un système matériel peut être composé de plusieurs corps considérés comme invariables, chacun en particulier, et unis entre eux, soit en des points de contact qui permettent le roulement ou le glissement relatif d'une partie sur l'autre, soit en des points faisant fonction d'articulations. Si l'on considère séparément l'un des corps du système en équilibre, on voit qu'il est lui-même en équilibre sous l'action des forces P, indépendantes de la liaison, qui lui sont appliquées, et sous l'action simultanée des forces Q, réactions des corps voisins, soit que ceux-ci soient des appuis immobiles, soit qu'ils fassent partie du système susceptible de mouvement et actuellement en équilibre. Par conséquent, l'ensemble de ces forces P et Q satisfait à six équations distinctes, qu'on peut écrire en choisissant à volonté les axes de projections et de moments. Considérant ensuite un autre corps du système, on en peut dire autant que du premier; son équilibre donne six nouvelles équations entre les forces P' qui lui appartiennent et les forces Q' dues aux liaisons ; ainsi de suite pour toutes les parties du système. Cela posé, le principe général de la réaction égale à l'action établit que parmi les forces Q, Q', Q'',... dues aux liaisons, celles qui se rapportent aux actions réciproques de deux corps du système sont deux à deux égales et opposées, ce qui permet l'élimination immédiate de la moitié de ces forces inconnues qui sont intérieures relativement à l'ensemble du système.

Pour achever l'élimination des forces dues aux liaisons, les géomètres supposent que les liaisons sont sans frottement, c'est-à-dire que les forces Q sont perpendiculaires aux surfaces en contact, ou passant par les points d'articulations. La vérification de l'équilibre d'un système, dans une position déterminée, n'est plus alors qu'une question d'élimination des forces dues aux liaisons, et entrant au premier degré dans les équations d'équilibre.

102. TROISIÈME GENRE. Corps invariables liés entre eux par des fils flexibles. — Un système matériel peut être composé de corps invariables liés entre eux par des cordes ou fils flexibles. On peut souvent, sans s'écarter notablement de l'exactitude, supposer ces fils inextensibles et négliger les forces qui s'exercent sur leurs points, autres que leurs extrémités ou points d'attache avec les solides qu'ils unissent. Dès lors, l'équilibre exige que les deux forces exercées par ces corps aux deux extrémités d'un même fil soient égales, opposées et répulsives, et que, par conséquent, les forces exercées par le fil sur les deux corps qu'il unit soient égales, opposées et attractives. Cela étant, on peut procéder dans la recherche des conditions d'équilibre d'un tel système sous l'action de forces autres que les tensions des fils, comme dans le cas du numéro précédent.

103. Remarque sur l'inexactitude des hypothèses précédemment indiquées. — L'hypothèse d'après laquelle deux corps solides qui se touchent ont leurs actions mutuelles assujetties à une direction déterminée, suivant la normale commune aux deux surfaces en contact, est rarement réalisée et au contraire souvent démentie par les faits. Citons l'exemple très-simple d'un corps pesant posé sur un plan : l'observation la plus vulgaire nous apprend qu'il peut y rester en équilibre, quoique le plan soit incliné à l'horizon, sous un angle variable jusqu'à une certaine limite qui dépend de la nature des corps plus ou moins compressibles en contact, du poli et de l'onctuosité de leurs surfaces. Ce phénomène se rapporte au frottement, dont les lois seront exposées au chapitre IV, et nous nous bornons à dire ici que, par cette cause, les règles théoriques données aux trois articles précédents, et bonnes pour des corps qui seraient terminés par des surfaces invariables et continues comme la géométrie les conçoit, pourraient, en certains cas, conduire à des résultats très-peu conformes à l'expérience faite sur des corps réels. On verra bientôt (121 et suiv.) comment ces règles doivent être modifiées.

MÉTHODE DU TRAVAIL VIRTUEL.

104. Objet de ce paragraphe. — Nous venons de traiter l'é-
quilibre d'un système matériel comme un cas particulier de son
mouvement, et nous nous sommes servis des théorèmes relatifs
à ce mouvement, que nous avions déduits des propositions
élémentaires de la Dynamique d'un point matériel. La Statique
se trouve ainsi réduite à quelques pages où sont tracées les
règles qui suffisent à tous les besoins des applications utiles
de cette partie de la mécanique. Mais nous ne croyons pas devoir passer sous silence un ingénieux aspect sous lequel, dès le
dix-septième siècle, les plus grands géomètres, GALILÉE, DES-
CARTES, MERSENNE, ont considéré l'équilibre, et qui, généralisé
par VARIGNON, J. BERNOUILLI et surtout LAGRANGE, a donné naissance à une règle célèbre qu'ils ont nommée le *principe des
vitesses virtuelles*. C'est une formule ou condition générale qui
comprend implicitement, comme on va le voir, dans un seul
énoncé toutes les conditions particulières de l'équilibre de tout
système suffisamment défini, lesquelles peuvent s'en déduire
par des considérations de géométrie ou de calcul.

Nous obtiendrons et nous démontrerons cette condition générale en nous appuyant sur la composition des forces appliquées à un point (l'une des principales proportions de la Dynamique d'un point matériel), sur les propriétés purement
géométriques du travail des forces, et sur le principe de la
réaction égale et contraire à toute action, sans faire intervenir
la notion de la masse, qui n'appartient essentiellement qu'à la
théorie des corps en mouvement.

105. Théorème général du travail virtuel. — Un système matériel plus ou moins susceptible de déformation étant en équilibre, c'est-à-dire en repos ou en translation rectiligne et uniforme, sous l'action de certaines forces, un de ses points pris à volonté que nous désignerons par a' subit des forces, les unes extérieures F', les autres intérieures f', dont la résultante est nulle, ce qui est exprimé par l'équation

$$\Sigma F'_{x'} + \Sigma f'_{x'} = 0, \qquad [A]$$

l'axe de projection $O'x'$ étant quelconque. Réciproquement il suffit que cette équation se vérifie pour trois axes non parallèles à un même plan, pour que la résultante des forces F' et f' soit nulle, et que, en d'autres termes, le point a' soit en équilibre.

Pour exprimer que toutes les équations analogues ont lieu séparément pour tous les éléments a', a'', a''',... du système, il suffit de faire leur somme, en multipliant chacune par un coefficient indéterminé, c'est-à-dire susceptible d'autant de valeurs qu'on voudrait lui en attribuer. Ainsi on a :

$$\lambda'(\Sigma F'_{x'} + \Sigma f'_{x'}) + \lambda''(\Sigma F'_{x''} + \Sigma f'_{x''}) + \lambda'''(\Sigma F'''_{x'''} + \Sigma f'''_{x'''})... = 0,$$

en notant que, pour chaque point du système, l'axe de projection et le coefficient sont arbitraires, variables et indépendants de ce qu'ils sont pour les autres points.

Pour abréger l'écriture de cette formule d'équilibre, on peut la remplacer par la suivante, pourvu qu'on attribue à celle-ci la même signification :

$$\Sigma \lambda (\Sigma F_x + \Sigma f_x) = 0. \qquad [B]$$

Cette condition générale, dont la nature abstraite semble la rendre d'une application difficile, prend, au moyen de la con—

sidération du travail des forces, une forme élégante, pour ainsi
dire tangible, et propre à la résolution des questions d'équilibre. Imaginons que, sans égard à la liaison du point a', soit
avec les autres éléments du système, soit avec les corps extérieurs, nous lui fassions par la pensée décrire un chemin infiniment petit $\delta s'$. Ce chemin complétement arbitraire est ce que
nous appelons un déplacement *virtuel*, c'est-à-dire hypothétique, idéal et simplement possible. Supposons, en outre, que
les forces F' et f' (qui, par hypothèse, agissent réellement sur
le point a') l'accompagnent toutes dans ce mouvement. Leur
travail total sera nul, comme l'est leur résultante ; et c'est ce
qui s'exprime par l'équation

$$\Sigma F' \delta s' \cos (F', \delta s') + \Sigma f' \delta s' \cos (f', \delta s') = 0,$$

formule qui, au fond, a la même signification que l'équation [A]
écrite ci-dessus, dont elle ne diffère que par le facteur $\delta s'$ commun à tous ses termes.

Ajoutons toutes les équations pareilles à celles-là, obtenues
en attribuant à chaque point du système un déplacement infiniment petit quelconque, indépendant. Nous obtenons ainsi
l'équation dite du *travail virtuel*, ayant en réalité la même signification que l'équation [B] précédente, mais dont l'interprétation se présente d'une manière plus nette à l'esprit :

$$\sum F \delta s \cos (F, \delta s) + \sum f \delta s \cos (f, \delta s) = 0, \qquad [C]$$

formule dans laquelle la première somme a autant de termes
qu'il y a de forces extérieures F faisant un travail par suite
des déplacements attribués à leurs points d'application ; la seconde somme a un nombre pair de termes égal au nombre des
forces intérieures mutuelles entre des points qui sont supposés
se rapprocher ou s'éloigner ; et les déplacements δs peuvent
avoir autant de directions arbitraires qu'il y a de points dans

le système, ces déplacements infiniment petits ayant d'ailleurs entre eux des rapports également arbitraires.

Cette équation, qui renferme implicitement, aussi bien que l'équation [B], les conditions nécessaires et suffisantes de l'équilibre, s'énonce en ces termes :

THÉORÈME. *Pour qu'un système matériel soit en équilibre, il faut et il suffit que la somme algébrique des travaux virtuels des forces extérieures et des forces intérieures soit nulle, quels que soient les déplacements attribués aux divers points de ce système.*

Avant l'adoption de la signification scientifique du mot *travail*, la quantité que nous appelons *travail virtuel* s'appelait *moment virtuel* ; les déplacements virtuels s'appelaient *vitesses virtuelles*, parce que les déplacements supposés simultanés sont proportionnels aux vitesses avec lesquelles ils s'accompliraient. Le théorème précédent était nommé *principe des vitesses virtuelles* à cause de sa fécondité en utiles déductions, et peut-être aussi parce qu'on le considérait comme une sorte d'axiome confirmé seulement par l'accord de ses principales conséquences avec des vérités reconnues par une autre voie. C'est ainsi que nous disons que la Dynamique est fondée sur trois principes, savoir : l'inertie de la matière, la composition des effets des forces simultanées, l'égalité de l'action et de la réaction contraire.

106. Comment on emploie le théorème du travail virtuel. — L'équation générale [C] dont les termes sont indéterminés, peut servir à obtenir autant d'équations déterminées que l'on voudra, entre les forces qui agissent sur le système matériel, auquel il suffit d'attribuer successivement divers déplacements virtuels. Chacun des termes de cette équation est infiniment petit ; mais si on les divise tous par l'un des déplacements virtuels $\delta s'$, $\delta s''$, $\delta s'''$,... il ne restera plus que des quantités finies, savoir : des forces, les cosinus de leurs angles avec les tangentes aux arcs $\delta s'$, $\delta s''$,... enfin les rapports de ces divers arcs élémentaires à l'un d'eux. Si l'on veut que certaines forces extérieures ne paraissent pas dans l'équation, on choisit le mouvement virtuel du système de manière que leurs points d'application restent immobiles ou se déplacent perpendiculairement aux directions de ces forces. Si l'on veut avoir entre les forces extérieures des équations indépendantes des forces intérieures, on choisit les déplacements virtuels qui ne donnent lieu qu'à une somme nulle de travaux virtuels des forces intérieures : c'est ce que nous allons faire.

107. Équations d'équilibre entre les forces extérieures seules, obtenues par la considération du travail virtuel de ces forces. — À cet effet, supposons, premièrement, que le système ait un mouvement virtuel de translation parallèle à un axe Ox. L'équation [C] du travail virtuel, attendu que le travail total des forces intérieures est nul (18) et que δs se remplace par δx commun à tous les termes, devient

$$\delta x \, \Sigma F_x = 0 \quad \text{et par suite} \quad \Sigma F_x = 0 \, .$$

Secondement, choisissons les déplacements δs tels qu'ils auraient lieu si le système tournait simplement comme un corps solide autour d'un axe Ox. Dans cette hypothèse, soit $\dfrac{\delta s}{r}$ le déplacement angulaire du système. Le travail virtuel d'une force quelconque F est (71, Rem.) alors $\dfrac{\delta s}{r} \, \mathfrak{M}_x F$. Le facteur $\dfrac{\delta s}{r}$ est commun à tous les termes de l'équation du travail virtuel, laquelle se réduit à

$$\Sigma \mathfrak{M}_x F = 0 \, .$$

De pareilles équations, posées pour trois axes concourants non situés dans un même plan, fournissent six conditions distinctes auxquelles doivent satisfaire les forces de tout système en équilibre, qu'il soit ou ne soit pas susceptible de déformation.

108. Les six conditions d'équilibre toujours nécessaires sont suffisantes si le système est solide. — Il nous reste à voir que si le corps est parfaitement solide, les six équations dont nous venons de parler sont les conditions suffisantes de l'équilibre ; et pour cela nous établirons la proposition préliminaire que voici :

Lorsque les six équations déduites de trois translations et de trois rotations virtuelles sont vérifiées, la somme des travaux des forces appliquées au système est nécessairement nulle pour tout mouvement virtuel compatible avec la solidification hypothétique de ce système. C'est ce qui se démontre de plusieurs manières et notamment par la théorie de la composition des mouvements établie en Cinématique.

On sait (I, 25) que lorsque la vitesse d'un point A se décompose en plusieurs autres, le chemin élémentaire AM décrit par ce point est la droite résultante des chemins simultanés AM', AM'', AM''',... dus aux vitesses composantes ; de sorte que si par A on mène une droite Ax de direction quelconque, on a

$$AM \cos (AM, x) = AM' \cos (AM', x) + AM'' \cos (AM'', x) + \dots$$

À cette décomposition du chemin élémentaire répond une décomposition analogue du travail. Supposons, en effet, que la direction Ax soit celle d'une force F agissant sur le point A et l'accompagnant dans son déplacement, et multiplions tous les termes de l'équation par F ; nous avons

$$F \cdot AM \cos(AM, F) = F \cdot AM' \cos(AM', F) + F \cdot AM'' \cos(AM'', F) + \dots$$

c'est-à-dire que *le travail élémentaire absolu d'une force est égal à la somme de ses travaux élémentaires dus à la même force et aux déplacements composants du déplacement effectif du point d'application.*

Cela posé, attendu que tout déplacement infiniment petit d'un système solide peut (71) se décomposer en trois translations parallèles à trois axes concourants non situés dans un même plan et en trois rotations autour des mêmes axes, une décomposition semblable est applicable au travail des forces qui agissent sur ce système. Or, si les six équations mentionnées à la fin de l'article précédent (107) et au commencement de celui-ci se vérifient, elles indiquent que les travaux dus à des translations suivant les trois axes et à des rotations autour des mêmes axes, ont leurs sommes séparément nulles. Donc il en est de même de la somme des travaux des mêmes forces, pour un mouvement virtuel quelconque compatible avec la solidification du système.

De ce qui précède on conclut aisément que *lorsque les six équations dont il s'agit, savoir, trois équations de projections et trois équations de moments, se vérifient pour l'ensemble des forces F, le système est nécessairement en équilibre, en ce sens que s'il est en repos il y persiste.* En effet, si des points du système matériel d'abord en repos devaient prendre un certain mouvement, il suffirait pour les en empêcher de leur opposer des obstacles et, par conséquent, des forces additionnelles F_1 dirigées en sens contraire de ce mouvement. Cela fait et l'équilibre étant établi, si l'on considérait un mouvement virtuel qui fût précisément celui que les forces F_1 empêcheraient de se produire effectivement, le travail élémentaire total des forces F et F_1 serait nul (107), puisque celui des forces intérieures l'est séparément à cause de l'invariabilité du système. Or, tous les travaux des forces F_1 étant négatifs, il faudrait que la somme des travaux des forces F fût positive, ce qui est incompatible, comme on vient de le voir, avec les six équations supposées. L'hypothèse d'un mouvement naissant sous l'action des forces F est donc inadmissible.

109. Remarque sur l'imperfection de la théorie précé-

dente. — Le théorème ainsi obtenu sans recourir ni aux équations différentielles du mouvement d'un corps solide (62), ni au *postulatum* du transport facultatif d'une force, d'un point à un autre de sa direction, est moins étendu que le théorème du numéro 96, en ce que celui-ci s'applique non-seulement à un corps en repos, mais encore à un corps solide en mouvement, auquel cas ce corps, sous l'action de forces qui satisfont aux conditions d'équilibre, continue de se mouvoir comme si ces forces n'existaient pas, c'est-à-dire que le centre de gravité se meut uniformément en ligne droite, et que de plus le solide tourne suivant la loi démontrée au numéro 86. Si l'on ne s'appuyait que sur la considération du travail, tout ce qu'on pourrait conclure de ce que les forces appliquées à un corps solide en mouvement satisferaient continuellement aux équations d'équilibre, ce serait seulement que la puissance vive totale de ce corps resterait constante, comme si les forces extérieures n'existaient pas.

EMPLOI DE LA MÉTHODE DU TRAVAIL VIRTUEL DANS LES QUESTIONS D'ÉQUILIBRE
DES SYSTÈMES A LIAISONS.

110. **Application de cette méthode aux hypothèses du paragraphe 2, et notamment aux systèmes à liaison complète.** — Lorsqu'on adopte pour un système en équilibre les hypothèses indiquées aux numéros 100, 101 et 102, savoir, que les corps en contact ont leurs actions mutuelles dirigées suivant leurs normales communes, et que certains points du système sont liés entre eux ou à des points fixes par des fils inextensibles, les questions d'équilibre peuvent quelquefois être résolues avec simplicité par la considération des travaux virtuels, qui n'a même été d'abord imaginée que pour ce cas.

Si par la pensée on fait subir au système en équilibre un ou plusieurs mouvements virtuels, dans lesquels les corps solides en contact glissent ou roulent les uns sur les autres sans se séparer, et les points liés par des fils conservent entre eux leurs distances, dès lors la somme des travaux virtuels dus aux forces Q qui naissent des liaisons (réactions des appuis fixes, pressions mutuelles aux contacts intérieurs, tensions ou pressions des fils) est séparément nulle. Il en est donc de même de la somme des travaux des autres forces, P, indépendantes des liaisons, et entre lesquelles on obtient par conséquent, pour chaque mouvement distinct, une relation nécessaire.

Réciproquement, lorsque le système est assujetti à ne pouvoir prendre d'autres mouvements que ceux dont nous venons de parler, si, pour chacun de ses mouvements physiquement possibles, le travail virtuel total des forces P (autres que les forces Q de liaison) est démontré nul, le système est nécessairement en équilibre, c'est-à-dire qu'étant en repos, il ne pourra pas se mettre en mouvement effectif. Car, en admettant que, sous l'action des forces P, un des mouvements possibles dût se produire, on l'empêcherait et on établirait l'équilibre en introduisant dans le système de nouvelles forces P, opposées à ce mouvement, forces dont le travail virtuel serait négatif; il faudrait donc que le travail des forces P fût positif, tandis qu'il est nul.

L'application de ces considérations est surtout très-simple lorsque le système est tellement assujetti, que le déplacement de l'un de ses points ne peut se faire que sur une courbe donnée et entraîne un mouvement analogue, c'est-à-dire sur une courbe donnée, pour chacun des autres points du système. Telles sont la plupart des machines à engrenages, à vis et écrous, à manivelles, bielles et balancier ou tiges guidées. Ce sont ce qu'on appelle en général des systèmes *à liaison complète*, et leur équilibre, dans la supposition que les forces mutuelles de leurs diverses parties solides entre elles ou avec leurs appuis sont normales à leurs surfaces de contact, se réduit à une équation entre les forces extérieures, qu'on trouve en appliquant le théorème du travail virtuel à l'un des deux mouvements seuls *physiquement* possibles du système, l'un dans un sens, l'autre dans le sens opposé.

Lorsque, au contraire, le système est susceptible de plusieurs genres de mouvement physiquement possibles, on obtient plusieurs équations distinctes auxquelles doivent satisfaire les forces extérieures P indépendamment des forces Q de liaison.

On peut ensuite trouver ces dernières forces, soit par les conditions d'équilibre de chaque corps distinct du système, soit en considérant les mouvements virtuels, géométriquement sinon physiquement possibles, qui attribuent un travail à ces forces Q.

Nous laissons au lecteur à retrouver par ces moyens les équations d'équilibre d'un corps solide reposant sur un ou plusieurs appuis, obtenues au n° 100 par des considérations plus directes et par conséquent préférables. Mais nous verrons dans la deuxième Section des exemples de systèmes articulés dont les conditions d'équilibre se trouvent par le théorème du travail virtuel.

111. Cas d'une somme négative des travaux virtuels des forces indépendantes des liaisons. — Nous venons de supposer que les diverses parties du système sont obligatoirement liées entre elles et avec les corps extérieurs, de manière qu'elles ne peuvent ni se détacher de leurs appuis, ni cesser de se toucher, ni se rapprocher, si elles sont unies par des fils. Mais il peut en être autrement : un système à liaisons quelconques étant en équilibre, si, parmi les mouvements virtuels, on en choisit un, dans lequel certains points se détachent de leurs appuis dans des directions faisant des angles aigus ou nuls avec les réactions de ceux-ci, si des parties du système qui sont en contact dans l'état d'équilibre considéré sont supposées se séparer virtuellement, si enfin des fils flexibles et, par conséquent, tendus sont supposés se détendre par l'effet du mouvement virtuel, dans tous ces cas la somme des travaux de toutes les forces P indépendantes des liaisons est nécessairement négative, parce que, dans l'hypothèse qui vient d'être énoncée, le travail virtuel des forces de liaison est positif. Pour le bien comprendre, il faut se reporter à l'article 105, où nous avons dit comment il faut entendre le travail virtuel; on y verra que tout point du système subissant un déplacement, qui peut être purement idéal, est supposé accompagné par les forces qui dans l'état d'équilibre agissent sur ce point. Par conséquent, si un point en contact avec un appui solide s'en détache dans le mouvement qu'on imagine, la réaction Q de cet appui fait sur ce point un travail virtuel positif qui doit nécessairement entrer dans la somme de tous les travaux virtuels, tandis que cette réaction supposée normale aurait son travail nul si le point qui la reçoit glissait tangentiellement sur l'appui. La même explication s'étend aux forces mutuelles des parties qui, étant en contact, se pressant, se poussant mutuellement, sont supposées s'éloigner, et à celles des parties qui, liées par des fils tendus, sont supposées se rapprocher ; ces forces font alors des travaux virtuels positifs.

Réciproquement, lorsque, dans un mouvement virtuel où certains points se détachent de leurs appuis, cu se séparent, ou détendent les fils qui les joignent, le travail total des forces P indépendantes des liaisons est négatif, ce mouvement ne peut pas devenir effectif dans le système d'abord en repos ; car s'il devait avoir lieu, il ne serait pas dû aux appuis que le système quitte, ni aux pressions mutuelles des corps en contact qui se séparent, ni aux fils qui se détendent ; donc la suppression de ces appuis, de ces contacts et de ces fils laisserait subsister le mouvement qui naîtrait sous l'action des forces P. Mais alors on l'empêcherait par des forces P_1 dont le travail virtuel serait négatif, ainsi que celui des forces P, ce qui est impossible, comme contraire au théorème général du travail virtuel (105).

112. Équilibre stable ou instable d'un système sous l'action de la pesanteur et des réactions des appuis. — Supposé que, dans tout mouvement possible, le système ne se détache pas de ses appuis, et que le travail des forces de liaison soit nul, il faut et il suffit pour l'équilibre (110) que le travail virtuel total des forces dues à la pesanteur soit nul, que, par conséquent (20), la distance du centre de gravité à un plan fixe horizontal, comparée à ce qu'elle devient par un déplacement du système, soit ou invariable, ou à son maximum, ou à son minimum, ce qui peut donner lieu à quatre cas bien caractérisés et utiles à considérer, selon que, dans tout déplacement infiniment petit du système, le centre de gravité est assujetti, soit 1° à rester immobile, soit 2° à se mouvoir dans un plan horizontal, soit 3° à s'écarter de ce plan à une distance infiniment petite du second ordre en s'élevant, ou 4° en s'abaissant.

Dans les deux premiers cas l'équilibre est indifférent. Mis en repos dans une position voisine de celle que l'on considère, le système y resterait, puisque la condition suffisante pour l'équilibre serait encore remplie. Si on met le système en mouvement et qu'on l'abandonne alors à l'action de la pesanteur et des forces de liaison, la puissance vive totale restera constante (19) aussi longtemps que le centre de gravité ne sortira pas soit de l'immobilité, soit du plan horizontal.

Dans le troisième cas, l'équilibre est une *stabilité oscillante*, analogue à celle d'un pendule. L'ordonnée h du centre de gravité au-dessous d'un plan horizontal (fig. 14) est un maximum, relativement à toutes les ordonnées que ce point peut acquérir par les déplacements du système, restreints dans certaines limites. Soit z' une ordonnée moindre que h, à laquelle il ne puisse parvenir qu'en s'élevant toujours à partir de la position d'équilibre considérée. Déplaçons le système en amenant le centre de gravité à l'ordonnée z_0 comprise en grandeur entre h et z'; et de plus imprimons aux divers points du système des vitesses désignées en général par v_0, finies, mais assez petites pour que, P étant le poids total du système, on ait

$$\Sigma \frac{1}{2} m v_0^2 < P(z_0 - z'),$$

c'est-à-dire la puissance vive moindre que le travail résistant que la pesanteur exercerait sur le système si son centre de gravité s'élevait de l'ordonnée z_0 à l'ordonnée z'. Il s'ensuit que cette élévation ne pourra pas avoir lieu. En effet, à un instant suivant quelconque, soit z l'ordonnée variable du centre de gravité; la puissance vive également variable du système devient (19 et 20)

$$\Sigma \frac{1}{2} m v^2 = \Sigma \frac{1}{2} m v_0^2 + P (z - z_0) ;$$

on a donc, d'après l'inégalité ci-dessus posée,

$$\Sigma \frac{1}{2} m v^2 < P (z - z') .$$

Or $\Sigma \frac{1}{2} m v^2$ ne peut être que positive ou nulle; donc

$$P (z - z') > 0, \quad \text{donc} \quad z > z' .$$

Ainsi, dans toutes les oscillations que le centre de gravité pourra faire, son ordonnée ne s'écartera jamais de la valeur h qu'aussi peu qu'on voudra, pourvu qu'on ait choisi l'ordonnée z_0 assez peu différente de h, et les vitesses v_0 assez petites.

Dans le quatrième cas, l'équilibre est instable. h étant un minimum et z_0 une ordonnée plus grande, si on amène le centre de gravité à cette dernière, même sans imprimer aucune puissance vive au système, celui-ci ne pouvant rester en repos puisque la condition d'équilibre n'est plus remplie, on aura à un instant quelconque

$$\Sigma \frac{1}{2} m v^2 = P (z - z_0) > 0 ,$$

et par conséquent $z > z_0$, c'est-à-dire que l'ordonnée variable z du centre de gravité s'écartera de la valeur h sans limite assignable en général.

113. Idée de la théorie analytique des liaisons expliquée par un exemple. — Je vais essayer de donner ici un aperçu de la méthode générale enseignée par LAGRANGE dans sa *Mécanique analytique* pour soumettre au calcul les questions relatives à l'équilibre des systèmes assujettis à des liaisons quelconques.

Pour faire plus facilement comprendre cette méthode, je l'applique d'abord à un exemple particulier.

M', M'', M''', M^{IV}, sont quatre points mobiles, mais astreints aux conditions données suivantes, qui en forment un système dont il s'agit de trouver les équations d'équilibre.

Le point M' (fig. 15) ne peut se mouvoir qu'en restant à une distance invariable l' du point fixe A.

Le point M'' ne se meut que sous la condition que la somme l'' de ses distances aux points M' et M''' reste constante.

Le point M''' est assujetti à se mouvoir sur une courbe fixe BC.

Enfin le point M^{IV} ne peut se déplacer que sur une surface fixe DE, et de plus il doit rester à une distance invariable du point mobile M'''.

Les quatre points sont sollicités par certaines forces P', P'', P''', P^{IV}, indépendantes des moyens matériels quelconques, appuis, obstacles, liens, etc., employés pour réaliser les conditions d'assujettissement ou de liaison qui viennent d'être énoncées ; mais on suppose que les diverses parties du système ne subissent, de la part de ces obstacles ou liens, aucune résistance à prendre un quelconque des mouvements compatibles avec les mêmes conditions.

Pour fixer les idées à cet égard, supposons (tout en reconnaissant l'impossibilité de réaliser physiquement et complétement nos hypothèses) : que le point M' soit lié au point fixe A par une tringle rectiligne AM′ dont la longueur soit l', et qui étant matérielle, inextensible, rigide, soit néanmoins sans pesanteur et articulée sans frottement en A ; que du point M' au point M'' il y ait un fil sans pesanteur dont la longueur invariable soit l', et qui traverse un anneau représentant le point M'', anneau dans lequel le fil $M'M''M'''$ toujours tendu peut glisser sans frottement; que le point M''' soit comme une petite boule glissant sans frottement dans un canal entr'ouvert par une rainure BC où peuvent passer le fil $M'''M''M'$ et un autre lien allant de M''' à M^{iv}. Quant à l'extrémité M^{iv}, qui doit pouvoir se déplacer librement sur une surface déterminée, si celle-ci était une sphère, il suffirait de lier ce point à un centre fixe par un fil inextensible et au besoin rigide; mais, en général, on peut se représenter le point M^{iv} comme une petite sphère appuyée sur la surface donnée, et située à l'un des bouts d'une tringle rigide, ayant la longueur l' et dont l'autre extrémité est articulée au point M'''.

Quoi qu'il en soit des moyens d'exécution, les conditions données de liaison peuvent s'exprimer par des équations. Prenons trois axes de comparaison rectangulaires Ox, Oy, Oz. Soient x_1, y_1, z_1, les coordonnées invariables du point A; x', y', z', les coordonnées variables du point M'; x'', y'', z'', celles du point M''; x''', y''', z''' et x^{iv}, y^{iv}, z^{iv}, celles des points M''' et M^{iv}. Elles satisfont aux équations de liaisons que voici, et que nous désignerons en abrégé par $L'=0$, $L''=0$, etc.

$$\sqrt{(x'-x_1)^2+(y'-y_1)^2+(z'-z_1)^2}-l'=0,\ \dots\ L'=0,$$

$$\sqrt{(x'-x'')^2+(y'-y'')^2+(z'-z'')^2}$$
$$+\sqrt{(x''-x''')^2+(y''-y''')^2+(z''-z''')^2}-l''=0,\ \dots\ L''=0,$$

$$\sqrt{(x'''-x^{iv})^2+(y'''-y^{iv})^2+(z'''-z^{iv})^2}-l'''=0,\ \dots\ L'''=0,$$

$$\text{Équations de la courbe BC} \begin{cases} \mathcal{F}(x''',y''',z''')=0,\ \dots\ L^{iv}=0, \\ \mathcal{F}_1(x''',y''',z''')=0,\ \dots\ L^{v}=0, \end{cases}$$

$$\text{Équation de la surface DE}\quad \mathcal{F}_2(x^{iv},y^{iv},z^{iv})=0,\ \dots\ L^{vi}=0.$$

Pour rapporter les forces aux mêmes axes, remplaçons P',

P', P'', P''', par leurs composantes parallèles à ces axes, et d'ailleurs positives ou négatives, savoir :

$$X', Y', Z'; \quad X'', Y'', Z''; \quad X''', Y''', Z'''; \quad X^{\text{iv}}, Y^{\text{iv}}, Z^{\text{iv}}.$$

Cela posé, imaginons dans le système un déplacement virtuel en vertu duquel les coordonnées des quatre points désignés deviennent

$$x'+\delta x', \quad y'+\delta y', \quad z'+\delta z', \quad x''+\delta x'', \quad y''+\delta y'',$$

et ainsi de suite.

Nous admettons que le point A restant fixe et les quatre points désignés continuant de satisfaire aux six conditions qui viennent d'être formulées, le travail des réactions des appuis est nul, parce que l'articulation en A est libre, sans frottement, et que les réactions de la courbe BC et de la surface DE leur sont normales ; et nous admettons qu'il en est de même du travail des forces intérieures au système, parce que les fils ou tringles sont de longueurs invariables, et parce que l'anneau M'' glisse sans frottement sur la corde $M'M''M'''$.

En conséquence, l'équation du travail virtuel se réduit à douze termes, savoir :

$$\left.\begin{aligned}
&X'\delta x' + Y'\,\delta y' + Z'\,\delta z' \\
+\;&X''\delta x'' + Y''\delta y'' + Z''\delta z'' \\
+\;&X'''\delta x''' + Y'''\delta y''' + Z'''\delta z''' \\
+\;&X^{\text{iv}}\delta x^{\text{iv}} + Y^{\text{iv}}\delta y^{\text{iv}} + Z^{\text{iv}}\delta z^{\text{iv}}
\end{aligned}\right\} = 0, \text{ ou } \Sigma(X\delta x + Y\delta y + Z\delta z) = 0 \;[a]$$

Si les douze variations $\delta x'$, $\delta y'$,... étaient absolument indépendantes, cette équation générale exigerait qu'on eût séparément douze équations d'équilibre

$$X'=0, \quad Y'=0, \quad Z'=0, \quad X''=0,...$$

Mais il n'en est pas ainsi. Les nouvelles coordonnées $x'+\delta x'$,

$y' + \delta y'$, $z' + \delta z'$ doivent satisfaire à la première équation de liaison, $L' = 0$, d'où il suit qu'on a, en différentiant cette équation,

$$\frac{dL'}{dx'} \delta x' + \frac{dL'}{dy'} \delta y' + \frac{dL'}{dz'} \delta z' = 0. \qquad [b]$$

De même les neuf coordonnées nouvelles des points M', M'', M''', savoir : $x' + \delta x'$, $y' + \delta y'$, $z' + \delta z'$, $x'' + \delta x''$,… $x''' + \delta x'''$… doivent satisfaire à l'équation de liaison $L'' = 0$; on a donc

$$\frac{dL''}{dx'} \delta x' + \frac{dL''}{dy'} \delta y' + \frac{dL''}{dz'} \delta z'$$

$$+ \frac{dL''}{dx''} \delta x'' + \frac{dL''}{dy''} \delta y'' + \frac{dL''}{dz''} \delta z''$$

$$+ \frac{dL''}{dx'''} \delta x''' + \frac{dL''}{dy'''} \delta y''' + \frac{dL''}{dz'''} \delta z''' = 0. \qquad [c]$$

De même les six nouvelles coordonnées des points M''' et M^{IV} doivent satisfaire à l'équation de liaison $L''' = 0$, d'où suit la relation

$$\frac{dL'''}{dx'''} \delta x''' + \frac{dL'''}{dy'''} \delta y''' + \frac{dL'''}{dz'''} \delta z''' + \frac{dL'''}{dx^{IV}} \delta x^{IV} + \frac{dL'''}{dy^{IV}} \delta y^{IV} + \frac{dL'''}{dz^{IV}} \delta z^{IV} = 0. \quad [d]$$

De même enfin, les nouvelles coordonnées de M''' satisfont aux équations $L^{IV} = 0$ et $L^{V} = 0$, et les coordonnées $x^{IV} + \delta x^{IV}$, $y^{IV} + \delta y^{IV}$, $z^{IV} + \delta z^{IV}$ satisfont à l'équation $L^{VI} = 0$. On a par conséquent

$$\frac{dL^{IV}}{dx'''} \delta x''' + \frac{dL^{IV}}{dy'''} \delta y''' + \frac{dL^{IV}}{dz'''} \delta z''' = 0, \qquad [e]$$

$$\frac{dL^{V}}{dx'''} \delta x''' + \frac{dL^{V}}{dy'''} \delta y''' + \frac{dL^{V}}{dz'''} \delta z''' = 0, \qquad [f]$$

$$\frac{dL^{VI}}{dx^{IV}} \delta x^{IV} + \frac{dL^{VI}}{dy^{IV}} \delta y^{IV} + \frac{dL^{VI}}{dz^{IV}} \delta z^{IV} = 0. \qquad [g]$$

Les sept équations de [a] à [g] contenant les douze variations virtuelles $\delta x'$, $\delta y'$... δz^{iv} au premier degré, permettent d'en éliminer six, et, par conséquent, d'obtenir une équation de la forme suivante, où l'élimination n'a laissé subsister que six variations, choisies à volonté, par exemple celles des coordonnées des points M' et M'' :

$$A\delta x' + B\delta y' + C\delta z' + D\delta x'' + E\delta y'' + F\delta z'' = 0 ;$$

Or, celle-ci doit se vérifier, indépendamment des rapports des variations qui y entrent, car les rapports de onze des variations à la douzième étant seulement assujettis aux six équations [b] à [g] (déduites des conditions de liaison), on peut choisir cinq de ces rapports arbitrairement et calculer les six autres ; d'où l'on conclut que, pour que l'équation du travail virtuel [a] soit vérifiée dans toutes les hypothèses de déplacements compatibles avec les liaisons, il faut et il suffit que les forces et les coordonnées des points indiqués satisfassent aux six équations, dites équations d'équilibre,

$$A = 0, \quad B = 0, \quad C = 0, \quad D = 0, \quad E = 0, \quad F = 0,$$

étant bien entendu que les mêmes coordonnées doivent toujours satisfaire aux six équations de liaison, de $L' = 0$ à $L^{\text{vi}} = 0$.

REMARQUES. I. Si les douze composantes des forces extérieures et indépendantes des liaisons, c'est-à-dire les forces X', Y', Z', X'',... Z^{iv} étaient données (grandeurs et signes), les six équations d'équilibre $A = 0$, $B = 0$,... $F = 0$, et les six équations de liaison $L' = 0$, $L'' = 0$,... $L^{\text{vi}} = 0$, contiendraient implicitement la détermination des douze coordonnées des points principaux du système, M', M'', M''', M^{iv}.

II. Ces points variables, dont la détermination est nécessaire pour qu'on puisse en conclure celle de tout le système, ont et devaient avoir leurs coordonnées exprimées dans les équations de liaison $L'=0$, $L''=0$, etc. Mais ces points ne sont pas tous nécessairement des points d'application des forces faisant un travail virtuel. Ainsi, dans le système que nous venons de prendre pour exemple, la force P''' appliquée en M''' pourrait être nulle. L'équation [a] du travail virtuel n'aurait alors que neuf termes; mais néanmoins il y aurait encore douze variations désignées par la notation δ dans les six équations de [b] à [g], qui, combinées avec l'équation [a], donneraient six équations d'équilibre.

114. Généralisation de la théorie précédente. — Dans cette théorie on conçoit un système composé, comme une machine quelconque, de parties mobiles, dans lesquelles se trouvent un certain nombre n de points M', M'', M''',... $M^{(n)}$, dont les positions actuelles dans l'espace suffisent pour déterminer la situation de tout le système. Ces points susceptibles de déplacement sont assujettis entre eux et à des appuis fixes, de manière que leurs coordonnées variables, relatives à trois axes, satisfont nécessairement à certaines équations dites de liaison

$$L'=0, \quad L''=0, \quad L'''=0 ,... L^{(k)}=0, \qquad [L]$$

dont le nombre est k; de sorte que si l'on se donnait $3n-k$ coordonnées possibles parmi celles des n points, les k autres s'ensuivraient et seraient également déterminées.

En outre de ces conditions géométriques, et quant aux conditions dynamiques, les points mobiles M', M'',... M, ou seulement quelques-uns d'entre eux, sont soumis à certaines forces qui peuvent être données ou en partie inconnues, et qui sont autres que les réactions des appuis et les forces intérieures dues aux liens du système; et il est *supposé* que si l'on imagine un quelconque des mouvements virtuels compatibles avec les équations de liaison [L], les réactions des appuis et les forces intérieures dues aux liaisons ont la somme de leurs travaux nulle, ce qui a lieu si les liaisons consistent, comme dans l'exemple du numéro précédent, en surfaces ou courbes fixes dont les réactions sont normales, en tringles articulées sans frottement, en fils inextensibles passant sans roideur dans des anneaux ou des poulies sans frottement.

Cela posé, on demande les conditions d'équilibre du système, c'est-à-dire les relations nécessaires et suffisantes pour cet équilibre, entre les coordonnées et les forces mentionnées.

Pour cela x', y', z', x'', y'', z'',... étant les $3n$ coordonnées des points constitutifs du système, et X', Y', Z', X'', Y'', Z''... les composantes des forces qui sollicitent ces points, et qui sont autres que les réactions des appuis et les forces dues aux liaisons, on a d'abord l'équation générale du travail virtuel

$$X'\delta x' + Y'\delta y' + Z'\delta z' + X''\delta x'' + Y''\delta y'' + Z''\delta z'' + \ldots = 0 \quad [\text{T}]$$

puis k autres équations exprimant que les nouvelles coordonnées $x'+\delta x'$, $y'+\delta y'$, $z'+\delta z'$, $x''+\delta x''$,... satisfont aux équations de liaison [L], savoir :

$$\left.\begin{aligned}
\frac{dL'}{dx'}\delta x' + \frac{dL'}{dy'}\delta y' + \frac{dL'}{dz'}\delta z' + \frac{dL'}{dx''}\delta x'' + \ldots &= 0 \\[2ex]
\frac{dL''}{dx'}\delta x' + \frac{dL''}{dy'}\delta y' + \frac{dL''}{dz'}\delta z' + \frac{dL''}{dx''}\delta x'' + \ldots &= 0 \\[1ex]
\cdots\cdots\cdots\cdots\cdots\cdots\cdots\cdots\cdots\cdots\cdots & \\[1ex]
\frac{dL^{(k)}}{dx'}\delta x' + \frac{dL^{(k)}}{dy'}\delta y' + \frac{dL^{(k)}}{dz'}\delta z' + \frac{dL^{(k)}}{dx''}\delta x'' + \ldots &= 0
\end{aligned}\right\} \quad [\text{V}]$$

L'équation [T] et les k équations [V] contenant les variations virtuelles $\delta x'$, $\delta y'$, $\delta z'$, $\delta x''$,... au premier degré, il sera toujours possible d'éliminer k de ces variations, et d'obtenir une nouvelle équation qui renfermera les autres, aussi au premier degré; et comme cette dernière devra être satisfaite, quelles que soient ces variations restantes, leurs coefficients, égalés séparément à zéro, fourniront autant d'équations qui seront, entre les forces et les coordonnées du système, les conditions nécessaires et suffisantes de l'équilibre, eu égard aux conditions de liaison [L].

Remarque. Cette méthode pour mettre en équations l'équilibre d'un système variable, est sans doute très-remarquable par sa grande généralité, mais cette généralité même fait qu'elle ne s'appliquerait qu'avec une complication fâcheuse aux questions simples qui se présentent dans la pratique. Nous ne devons pas d'ailleurs dissimuler qu'étant fondée sur l'hypothèse de l'absence du frottement, la théorie analytique de l'équilibre des systèmes ne serait, dans bien des cas, qu'une pure abstraction, imposant comme nécessaires à cet équilibre des conditions que la réalité des choses n'exige pas. On comprendra mieux la portée de cette objection, après la lecture du chapitre IV ci-après.

EMPLOI DE LA MÉTHODE DU TRAVAIL VIRTUEL DANS LES QUESTIONS
DE MOUVEMENT DES SYSTÈMES MATÉRIELS.

115. Relations tirées de l'égalité de travail des forces totales et des forces réelles. — La considération des forces totales mentionnées aux numéros 5, 15 et 66, permet d'appliquer aux systèmes en mouvement la méthode du travail virtuel, à l'aide de faciles modifications apportées à la théorie qui vient d'être exposée pour le cas particulier de l'équilibre.

Conservons toutes les notations du numéro précédent, en considérant un système de n points dont les coordonnées sont assujetties aux k équations de liaison [L].

Le point n' dont les coordonnées sont x', y' et z', est soumis à deux catégories de forces : les unes dont les sommes de composantes parallèles aux axes sont comme précédemment X', Y', Z', et peuvent être supposées connues, s'il s'agit, par exemple, de déterminer le mouvement du système sous l'action de forces données ; les autres, dues aux réactions des appuis et aux autres liens, peuvent être réduites comme les premières à trois composantes rectangulaires que nous désignons par f'_x, f'_y, f'_z. Ces forces ne sont plus, comme dans le cas précédent, en équilibre : elles ont une résultante appelée la force totale actuelle pour le point a'. Nous savons que les trois composantes de cette force, parallèles aux axes, sont exprimées, quant à leurs grandeurs et à leurs sens, par $m' \dfrac{d^2x'}{dt^2}$, $m' \dfrac{d^2y'}{dt^2}$ et $m' \dfrac{d^2z'}{dt^2}$; mais pour ne pas laisser oublier qu'il s'agit ici d'une force, nous la désignons par une seule lettre γ', et ses composantes sont γ'_x, γ'_y, γ'_z.

Cela posé, exprimons que la force γ' est la résultante de X', Y', Z', f'_x, f'_y et f'_z, en nous servant de l'artifice du travail virtuel, et à cet effet non-seulement faisons abstraction du mouvement du système, mais à ce mouvement réel substituons-en un qui pourra être tout différent, pourvu qu'il soit compatible avec les conditions de liaison (L). Dans cette conception le point a' subit un déplacement *virtuel* $\partial s'$ dont les projections sur les axes sont $\partial x'$, $\partial y'$ et $\partial z'$, et toutes les forces mentionnées ci-dessus accompagnant le point dans ce déplacement, le travail des forces réelles est égal à celui de la force totale. On a donc

$$(X'+f'_x)\partial x'+(Y'+f'_y)\partial y'+(Z'+f'_z)\partial z'=\gamma'_x\partial x'+\gamma'_y\partial y'+\gamma'_z\partial z'$$

ou, si l'on veut,

$$(X'+f'_x-\gamma'_x)\partial x'+(Y'+f'_y-\gamma'_y)\partial y'+(Z'+f'_z-\gamma'_z)\partial z'=0.$$

Maintenant, imaginons que nous ayons fait pour tous les autres points du système ce que nous venons de faire pour le point a', et ajoutons toutes les équations ainsi obtenues. La somme totale des travaux des forces f est nulle, aussi bien et par les mêmes raisons que dans la théorie du numéro précédent, et l'on a en définitive l'équation de travaux virtuels

$$
\left.
\begin{aligned}
&(X' - \varphi'_x)\,\delta x' + (Y' - \varphi'_y)\,\delta y' + (Z' - \varphi'_z)\,\delta z' \\
&+ (X'' - \varphi''_x)\,\delta x'' + (Y'' - \varphi''_y)\,\delta y'' + (Z'' - \varphi''_z)\,\delta z'' \\
&+ \dots \dots \dots \dots \dots \dots \dots \dots \dots \dots
\end{aligned}
\right\} = 0,
$$

ou, en mettant pour les composantes des forces totales leurs expressions connues et ci-dessus rappelées,

$$
\left.
\begin{aligned}
&\left(X' - m'\frac{d^2x'}{dt^2}\right)\delta x' + \left(Y' - m'\frac{d^2y'}{dt^2}\right)\delta y' + \left(Z' - m'\frac{d^2z'}{dt^2}\right)\delta z' \\
&+ \left(X'' - m''\frac{d^2x''}{dt^2}\right)\delta x'' + \left(Y'' - m''\frac{d^2y''}{dt^2}\right)\delta y'' + \left(Z'' - m''\frac{d^2z''}{dt^2}\right)\delta z'' \\
&+ \dots \dots \dots \dots \dots \dots \dots \dots \dots \dots
\end{aligned}
\right\} = 0\ [\mathrm{T_1}]
$$

Cette équation des travaux virtuels renferme $3\,n$ variations désignées par la notation δ, lesquelles, comme on l'a vu au numéro précédent, doivent satisfaire aux k équations [V] obtenues par la différentiation des équations de liaison [L].

Ici, comme au numéro précédent, l'équation [T$_1$] et les k équations [V] contenant les $3\,n$ variations virtuelles $\delta x'$, $\delta y'$, $\delta z'$, $\delta x''$,... au premier degré, il sera toujours possible d'éliminer k de ces variations et d'obtenir une nouvelle équation qui renferme les autres, aussi au premier degré ; et comme cette dernière devra être satisfaite, quelles que soient ces variations restantes, leurs coefficients égalés séparément à zéro fourniront autant d'équations qui, jointes aux équations [L], détermineront les lois des variations réelles des coordonnées de tous les points du système. Le problème se trouvera ramené à l'intégration d'équations différentielles.

EMPLOI DE LA STATIQUE DANS LES QUESTIONS DE MOUVEMENT.

116. Objet de ce paragraphe. — Voici encore une théorie qui, bien qu'elle ne soit pas nécessaire pour la résolution des problèmes auxquels elle s'applique, doit néanmoins être mentionnée ici, à cause de l'extrême importance qu'y ont attachée les géomètres du dix-huitième siècle, et qu'y attachent encore la plupart des auteurs de traités de mécanique. Cette théorie, qu'on désigne sous la dénomination de *principe de d'Alembert*, n'a ni pour but ni pour résultat de découvrir, entre les forces et les mouvements des corps, d'autres relations que celles que nous avons vues se déduire naturellement et clairement des trois lois fondamentales de la science ; elle ne sert pas à trouver de nouvelles équations propres à réduire les problèmes de la Dynamique. Tout ce qu'elle fait, c'est d'énoncer en d'autres termes ces mêmes relations et d'interpréter en un autre langage les équations qui les expriment, et pour cela elle introduit artificiellement, dans l'étude des phénomènes de mouvement varié, des notions d'équilibre qui ne sont d'aucune nécessité, mais qui pourtant s'expliquent, comme on va le voir.

117. Équilibre fictif des forces réelles et des forces opposées aux forces totales. — Chaque point a d'un système matériel en mouvement est sous l'action de forces réelles, soit extérieures F, soit intérieures f, ayant une résultante unique dont l'existence est une pure conception de notre esprit, et que nous appelons la force totale actuelle, désignée par φ. Répétons ici, et peut-être surabondamment, que, d'après la Dynamique

d'un point matériel, les relations de cette force avec les modifications de mouvement du point dont nous parlons, peuvent
être exprimées de deux manières :

1° Les projections ou composantes de la force totale φ suivant trois axes coordonnés, satisfont aux trois équations

$$\gamma_x = m\,\frac{dv_x}{dt} \quad \text{ou} \quad m\,\frac{d^2x}{dt^2},$$

$$\gamma_y = m\,\frac{dv_y}{dt} \quad \text{ou} \quad m\,\frac{d^2y}{dt^2},$$

$$\gamma_z = m\,\frac{dv_z}{dt} \quad \text{ou} \quad m\,\frac{d^2z}{dt^2},$$

2° La même force φ, étant nécessairement dirigée dans le plan
osculateur de la trajectoire, peut s'y décomposer en deux forces
rectangulaires, l'une tangentielle ψ dans le sens de l'accroissement positif de la vitesse, l'autre centripète χ dirigée vers le
centre de courbure de la trajectoire ; et l'on a

$$\psi = m\,\frac{dv}{dt} \quad \text{et} \quad \chi = m\,\frac{v^2}{\rho}.$$

Cela étant rappelé, concevons qu'en conservant les forces F,
sans rien changer, ni aux vitesses acquises, ni à l'état moléculaire du système, ni, par conséquent, aux forces f, nous appli-
quions continuellement à chaque point a deux forces égales et
opposées, φ et $-\varphi$, dont la première est la force totale appartenant à ce point : rien évidemment ne sera changé au mouvement du système. Dans cette supposition, attendu que chaque
point a se meut comme s'il n'était sollicité que par la force
totale φ, les autres qui y sont, soit réellement, soit fictivement
appliquées, savoir, les forces F et f en nombre quelconque et
la force $-\varphi$, se font donc mutuellement équilibre ; par conséquent, cette considération s'étendant à tous les points du sys-

tème, l'ensemble de toutes forces réelles, tant extérieures qu'intérieures, et de toutes les forces fictives opposées aux forces totales, est tel à chaque instant, que, si, à cet instant, les vitesses acquises du système étaient anéanties, il resterait en repos sous l'action de ces trois espèces de forces.

118. Forces d'inertie et principe de d'Alembert. — Les forces —φ, que nous venons de considérer comme une pure conception de l'esprit, sont appelées *forces d'inertie* par plusieurs auteurs (*), *pour qui elles sont des forces réelles*, ou au moins des résultantes de forces réelles. Pour comprendre sous quel aspect cette opinion peut être soutenue, il faut remarquer qu'un point matériel a, soumis à des forces dont la résultante est φ, reçoit ces forces d'autres points matériels qui en sont plus ou moins distants, et qu'il ne peut les recevoir sans réagir sur ces points avec des forces égales et opposées. Ces réactions que nous éprouvons quand nous agissons sur les corps que nous touchons, constatent pour nous l'inertie de la matière. Toutes les réactions ainsi exercées non sur le point a consi-

(*) L'expression de *force d'inertie* ne se trouve ni dans le Traité de Mécanique de Poisson, ni dans le Mémoire de Poinsot, intitulé Théorie générale de l'équilibre et du mouvement des systèmes, ni dans l'Exposition du système du monde de Laplace. M. Poncelet, et à son exemple M. A. Morin, l'ont employée dans leur enseignement comme empruntée à Newton et répondant à une notion essentielle. M. Duhamel l'adopte dans son Cours de Mécanique (édition de 1853), sans une approbation bien absolue, car après avoir signalé les faux raisonnements qu'on fait quelquefois, relativement à la force centrifuge, qui n'est qu'une composante de la force d'inertie, il ajoute : « On ferait peut-être mieux de supprimer cette dénomination, qui « obscurcit quelquefois les choses, et d'employer le mot *réaction*, qui rap- « pelle toujours à quel point la force et ses composantes sont appliquées. » Enfin, Euler (Lettres à une princesse d'Allemagne, 8 novembre 1760) considère bien l'inertie comme une quantité; mais pour lui, la mesure de l'inertie est la même que la mesure de la masse; c'est donc tout autre chose que la force d'inertie de Newton.

déré, mais par ce point **a**, ont leurs directions passant en ce point, et, bien qu'elles aient des points d'application distincts, on peut théoriquement dire qu'elles ont une résultante qui est évidemment $-\varphi$. C'est cette résultante qu'on appelle *force d'inertie*, et l'équilibre fictif que nous avons considéré à la fin de l'article précédent peut s'énoncer en ces termes :

Dans le mouvement d'un système matériel quelconque, il y a constamment équilibre entre les forces extérieures agissant sur le système, les actions moléculaires intérieures, et les forces d'inertie qui correspondent au mouvement varié et curviligne des divers éléments du système.

Cette remarque évidente constitue au fond ce qu'on appelle le *principe général de Dynamique de* D'ALEMBERT. Pour en faire usage, il faut se rappeler (sans quoi l'énoncé précédent ne serait qu'une identité, puisqu'il signifierait seulement qu'il y a équilibre entre des composantes et la force opposée à leur résultante) que, dans l'espace, la force d'inertie spéciale à un point en mouvement dont la masse est m a, pour composantes parallèles à trois axes, les forces dont les valeurs sont $-m\dfrac{dv_x}{dt}$,

$-m\dfrac{dv_y}{dt}$ et $-m\dfrac{dv_y}{dt}$, ou $-m\dfrac{d^2x}{dt^2}$, $-m\dfrac{d^2y}{dt^2}$ et $-m\dfrac{d^2z}{dt^2}$,

et que dans le plan de la trajectoire du mobile elle se décompose en $-m\dfrac{dv}{dt}$ opposée à la force totale tangentielle, et

$-m\dfrac{v^2}{\rho}$, force centrifuge opposée à la force centripète (*).

(*) LAPLACE, qui explique le principe de d'Alembert sans employer les mots *force d'inertie*, adopte néanmoins la notion de la force centrifuge. On lit dans l'Exposition du système du monde (liv. III, chap. II) :

« Nous avons dans le mouvement circulaire l'exemple d'une force agis-
« sant d'une manière continue. Le mouvement de la matière abandonnée à
« elle-même étant uniforme et rectiligne, il est clair qu'un corps mû sur
« une circonférence tend sans cesse à s'éloigner du centre par la tangente.

119. Interprétation des formules de la Dynamique sous le point de vue des forces d'inertie.

L'équation de projection [3 *bis*] du numéro 5, exprime que

La somme algébrique des projections des forces extérieures et des forces d'inertie sur un axe quelconque est nulle.

Les équations de moments [7] du numéro 14 expriment que

La somme algébrique des moments des forces extérieures et des forces d'inertie autour d'un axe quelconque est nulle.

Dans le cas du mouvement d'un corps solide autour d'un axe fixe, la somme des moments des forces d'inertie autour de cet axe se réduit à celle des moments des forces d'inertie tangen-

« L'effort qu'il fait pour cela se nomme *force* centrifuge; et l'on nomme « *force centrale* ou *centripète* toute force dirigée vers un centre. Dans le « mouvement circulaire la force centrale est égale et directement contraire « à la force centrifuge; elle tend sans cesse à rapprocher le corps du centre « de la circonférence. »

Cette doctrine, qui était aussi celle de Newton, présentait la notion de la force centrifuge comme antérieure à celle de la force centripète; pour parler plus généralement, disons qu'elle mettait l'idée de la force d'inertie avant celle de la force totale nécessaire pour produire les modifications actuelles d'un mouvement déterminé. Certes, elle n'a pas égaré les grands génies que nous venons de citer; mais les termes dans lesquels elle était énoncée ont pu donner lieu à une fausse interprétation et faire croire à quelques personnes que la force centrifuge agissait réellement sur le corps en mouvement curviligne.

Une telle erreur ne paraît pas possible quand on procède dans l'ordre indiqué aux numéros 117 et 118. Si le corps qui se meut sur une circonférence était à un instant quelconque abandonné à lui-même, il s'échapperait dès cet instant suivant la tangente, parce que ce serait la direction actuelle de sa vitesse, et il s'éloignerait par conséquent du centre, sans faire pour cela aucun effort. Pour le retenir sur la circonférence, une force centripète agissant sur lui est nécessaire, et nous savons calculer son intensité. Mais un corps ne peut recevoir une ou plusieurs forces sans agir réciproquement sur les autres corps qui les lui impriment : de là, la force centrifuge qui est, si l'on veut, l'*effort* ou la résultante des efforts que le mobile considéré fait, non sur lui-même, mais sur les corps qui le retiennent à la circonférence décrite.

tielles, savoir : $-\Sigma m \dfrac{dv}{dt}\cdot r$, où l'on désigne par r la distance de l'élément m à l'axe. En remplaçant dv par rdw, et en remarquant que $\dfrac{dw}{dt}$ est, à l'instant dont il s'agit, un facteur commun à tous les termes de la somme, on obtient pour celle-ci l'expression

$$- \frac{dw}{dt}\, \Sigma mr^2,$$

d'où l'on conclut que Σmr^2 est, en valeur absolue, égale à la *somme des moments des forces d'inertie*, quand l'accélération angulaire du solide est égale à l'unité. C'est de là que vient le nom abrégé de *moment d'inertie* qu'on lui donne.

L'équation du travail virtuel $[T_1]$ du numéro 115 exprime que, moyennant les hypothèses expliquées au numéro 114,

Dans un système en mouvement, pour tout déplacement virtuel compatible avec les liaisons, la somme algébrique des travaux virtuels des forces autres que celles des liaisons et des forces d'inertie est nulle.

§ 5.

DE L'ÉQUILIBRE RELATIVEMENT A UN SYSTÈME DE COMPARAISON EN MOUVEMENT.

120. Les forces fictives réduites, dans le cas d'équilibre relatif, aux forces d'entraînement prises négativement ou aux forces d'inertie dues au mouvement absolu.—Les observations faites au numéro 50 pour le cas de mouvement relatif s'appliquent au cas de repos relatif, avec cette simplification, que toutes les forces fictives composées, étant de la forme $-2\,m v_r w \sin(v_r, w)$, sont nulles par leur facteur v_r vitesse relative. Il ne reste donc pour assimiler le repos relatif à l'équilibre absolu qu'à joindre aux forces réellement agissantes les forces $-F_e$, contraires aux forces d'entraînement. Or, puisque le système matériel est en repos relativement au système de comparaison, son mouvement d'entraînement n'est autre que son mouvement absolu; les forces d'entraînement F_e sont précisément les forces totales φ correspondantes à ce mouvement, et les forces $-F_e$ en sont les forces d'inertie.

On verra dans la deuxième section des applications de cette règle fort simple, qui, pour être établie, n'exige nullement la connaissance de la théorie complète des forces apparentes dans les mouvements relatifs.

CHAPITRE IV.

DU FROTTEMENT DES CORPS SOLIDES, DE LA RÉSISTANCE A LEUR ROULEMENT ET DE LA ROIDEUR DES CORDES.

§ 1.

DU FROTTEMENT DE SIMPLE GLISSEMENT.

121. Généralités sur ce sujet. — S'il existait des corps parfaitement durs et terminés par des surfaces continues, telles que la géométrie les conçoit, lorsque deux de ces corps se toucheraient, leurs actions mutuelles en leurs points de contact seraient nécessairement dirigées suivant les normales communes en ces points, et l'on en conclurait qu'un corps reposant sur un autre fixe, par une surface plane, ne pourrait être en équilibre sous l'action de certaines forces dues à d'autres corps, à moins que ces forces n'eussent une résultante perpendiculaire au plan de contact.

L'expérience prouve que cette condition n'est pas nécessaire lorsque dans la pratique nous considérons deux corps terminés par des surfaces que nous disons planes, quoiqu'elles soient formées d'une multitude d'aspérités, et que nous les supposons en contact, quoique les molécules respectives de ces deux corps, les plus voisines, aient sans doute entre elles des intervalles analogues à ceux qui séparent les molécules d'un même corps. Le premier corps n'étant, par exemple, soumis, hors du contact, qu'à la seule pesanteur, le plan par lequel il nous parait s'appuyer sur un autre corps fixe, peut toujours être sensiblement incliné à l'horizon sans que l'équilibre soit rompu, pourvu que l'inclinaison ne soit pas trop grande ; d'où il suit que le corps inférieur exerce alors, sur le supérieur, des forces dont la résultante est oblique à la surface apparente de contact ; car elle est verticale, et fait, par conséquent, avec la normale à cette surface, un angle égal à celui que cette même surface fait avec l'horizon.

On arrive à la même conséquence en observant qu'un corps pesant posé sur un autre dont la surface est plane et horizontale, n'y glisse pas, quoique sollicité par une force parallèle au plan, pourvu que le rapport de celle-ci au poids du corps n'excède pas une certaine limite. La résultante des réactions du corps inférieur est alors oblique, comme celle des forces qui agissent hors du contact ; tandis que si la force qui tend à entrainer le corps horizontalement n'existait pas, la résultante des réactions de l'appui sur le corps en repos serait verticale, comme le poids de ce corps.

Ces phénomènes s'expliquent par une déformation de chacun des deux corps aux environs du contact, déformation souvent imperceptible, mais très-réelle et variable suivant les intensités et les directions des forces mutuelles.

Des faits analogues ont lieu pendant le mouvement d'un corps qui glisse sur un autre. Abandonné à la pesanteur sur un plan suffisamment incliné, il prend une vitesse toujours moindre que la vitesse due à la hauteur de sa descente. Posé sur un plan horizontal et sollicité en outre de son poids par une force horizontale suffisante, il prend dans la direction de cette dernière une accélération moindre que celle qui, eu égard à sa masse, devrait lui être imprimée par cette force. En appliquant dans les deux cas au corps mobile le théorème du mouvement du centre de gravité, on voit que le corps fixe exerce sur le corps mobile des réactions obliques dont les composantes parallèles au plan fixe sont opposées au sens du mouvement.

122. Définition du frottement de glissement. — Lorsque deux corps se touchent, la réaction que l'un d'eux reçoit de l'autre dans l'étendue d'un élément du contact, étant décomposée en deux forces, l'une normale et l'autre parallèle à cet élément superficiel, la composante parallèle (qui dans un cas particulier peut être nulle) s'appelle le *frottement de glissement*, et l'autre la *pression normale* du second corps sur le premier dans l'étendue considérée.

123. Lois du frottement de glissement. — Ces lois sont entièrement expérimentales. De nombreuses observations dues à Coulomb et à M. A. Morin ont fait connaître :

1° Que lorsque deux corps glissent l'un sur l'autre, chacun d'eux reçoit de l'autre en chaque élément de contact un frottement, c'est-à-dire une réaction tangentielle dont le sens est opposé à celui du mouvement du corps qui subit cette réaction, relativement au second.

2° Que le frottement est proportionnel à la pression normale et indépendant de l'étendue des surfaces en contact, quand la nature des corps ne change pas et que rien n'altère ni leur poli ni leurs enduits, ce qui exige que la pression par unité de surface ne soit pas assez grande pour produire l'écrasement de l'un des corps, ni même pour expulser les enduits.

3° Que le frottement est indépendant de l'intensité de la vitesse relative des corps en contact, au moins dans les cas ordinaires de la pratique.

4° Que néanmoins entre deux corps qui ont été longtemps en contact et en repos, lorsque le mouvement n'est que sur le point de naître, c'est-à-dire lorsqu'une très-petite force additionnelle suffirait pour produire le mouvement, le frottement est quelquefois plus considérable que lorsque le mouvement est acquis soit par translation, soit par simple ébranlement. Cette différence du frottement au départ et du frottement pendant le mouvement, a lieu pour les corps sensiblement compressibles comme les bois, et pour les corps durs dont les enduits ont été expulsés par une pression suffisamment prolongée en repos.

124. Coefficient et angle de frottement. — Ces lois étant admises, il en résulte qu'en appelant :

R la réaction oblique totale qu'un élément de la surface de contact, pris sur l'un des corps, reçoit de l'autre corps, à l'instant où le glissement existe ou est sur le point d'avoir lieu ;

N, la pression normale dans l'étendue de cet élément, composante ou projection rectangulaire de R sur la normale ;

F, le frottement correspondant au même élément, composante ou projection tangentielle de R ;

f, un nombre appelé *coefficient de frottement*, qui dépend de la nature et de l'état de poli ou d'onctuosité des corps en contact, et qui ne prend d'ailleurs que deux valeurs, suivant que le mouvement est acquis ou seulement sur le point de naître ;

α, l'angle de R avec N, appelé *angle de frottement*, on a les relations

$$\frac{F}{N} = f = \text{tang } \alpha, \quad \text{et} \quad \frac{F}{R} = \sin \alpha = \frac{f}{\sqrt{1 + f^2}}.$$

Ainsi, dire que le coefficient f est constant, revient à dire que la réaction totale R, pendant le glissement effectif, ou quand il est sur le point de naître, fait avec la normale un angle constant α, dont la tangente trigonométrique est f, quelle que soit cette force R.

125. Valeurs expérimentales du coefficient de frottement. — Des tableaux publiés par plusieurs auteurs, et notamment par M. le général A. Morin, donnent les valeurs de f, dans les diverses circonstances de la pratique. En voici l'abrégé :

I. *Coefficients du frottement des surfaces planes lorsqu'elles ont été quelque temps en contact.*

Chêne sur chêne.	Fibres parallèles.......	Surfaces sans enduit............	0,62
		» frottées de savon sec....	0,11
	Fibres perpendiculaires.	» sans enduit............	0,51
		» mouillées d'eau........	0,71
	Bois debout sur bois à plat, surfaces sans enduit..........		0,43
Fer sur chêne.	Fibres parallèles au mouvement.	Surfaces sans enduit...........	0,62
		» mouillées d'eau.......	0,65

Fonte sur fonte, surfaces un peu onctueuses........................ 0,16

Fer sur fonte, surfaces un peu onctueuses........................ 0,19

Chêne, orme, charme, fer, fonte, bronze, glissant deux à deux l'un sur l'autre...........	Surfaces onctueuses par l'huile ou le saindoux.............. 0,15

Pierres calcaires l'une sur l'autre.............................. 0,75

II. *Coefficients du frottement des surfaces planes en mouvement.*

Chêne sur chêne.	Fibres parallèles.......	Surfaces sans enduit...........	0,48
		» frottées de savon sec....	0,16
	Fibres perpendiculaires.	» sans enduit...........	0,34
		» mouillées d'eau........	0,25

Bois debout sur bois à plat sans enduit........................ 0,19

Frêne, sapin, hêtre, poirier sauvage, sorbier sur chêne, fibres parallèles sans enduit.................................... 0,36 à 0,40

Fer sur chêne, fibres parallèles au mouvement..........	Surfaces sans enduit...........		0,62
	» mouillées d'eau.......		0,26
	» frottées de savon sec....		0,21

Fer sur fonte et sur bronze, surfaces un peu onctueuses............ 0,18

Fonte sur bronze, surfaces un peu onctueuses.................... 0,15

Chêne, orme, charme, fonte, fer, acier, bronze, l'un sur l'autre ou sur eux-mêmes.........	Enduit ord., suif, saindoux, 0,07 à 0,08
	» sans cesse renouvelé, 0,04 à 0,05
	Surfaces légèrement onctueuses.. 0,15

III. *Coefficients du frottement des tourillons sur les coussinets.*

	Graissage ordin.	Continu.
Fer sur fonte ou sur bronze, graissage d'huile d'olive, de saindoux ou de suif...........	0,07 à 0,08	0,04 à 0,05
Fonte sur fonte ou sur bronze, surf. onctueuses.	0,14 à 0,16	»
Fer sur bronze, surfaces très-peu onctueuses et commençant à se roder...................	0,25	»

126. Remarque sur le frottement dans le cas de repos. — Les coefficients consignés dans ces tableaux supposent que le glissement existe ou est sur le point de naitre. Il est bien entendu que si les deux corps en contact ne glissent pas et ne sont pas sur le point de glisser l'un sur l'autre, leur frottement peut avoir tous les degrés d'intensité depuis zéro jusqu'à la valeur correspondante au mouvement naissant.

127. Travail dû au frottement. — Si l'un des deux corps qui se frottent mutuellement est immobile, le travail élémentaire du frottement F ou fN que reçoit un élément superficiel du corps mobile pendant un déplacement tangentiel ds est négatif, résistant, et a pour valeur absolue Fds. Les choses se passent à cet égard comme si les éléments qui se séparent après avoir été en contact étaient reliés l'un à l'autre par un ressort qui résistât à leur écartement.

Si les deux corps sont mobiles, deux éléments superficiels entre lesquels s'exerce une pression mutuelle dont la composante normale est N, subissant chacun un frottement F égal à fN en sens contraire de son mouvement relativement à l'autre, si ces deux éléments, d'abord en contact, sont ensuite à la distance ds l'un de l'autre, la somme des deux travaux élémentaires subis respectivement par les deux corps ne dépendant que de leur mouvement relatif, est encore Fds, négative; mais l'un des travaux dont cette somme se compose est positif, si les deux corps marchent dans le même sens. Le frottement n'est donc pas toujours une résistance.

§ 2.

DE LA RÉSISTANCE AU ROULEMENT.

**128. Expérience qui constate cette résistance. Consé-
quence qui s'en déduit.** — Un corps terminé par une surface
courbe et appuyé sur un autre avec lequel il est supposé n'avoir
qu'un point ou une arête de contact, étant sollicité par des
forces qui ont une résultante unique, ne pourrait être en
équilibre, s'il n'y avait point de déformation de ces corps, à
moins que la résultante ne passât par le point ou l'arête de
contact. L'expérience apprend qu'il n'en est pas ainsi.

Soient, par exemple, deux cylindres AB, AB (fig. 16), fixés
sur un arbre CC, lequel porte dans l'intervalle une poulie D,
où s'enroule une ficelle très-mince et flexible. Le centre de
gravité commun des rouleaux, de l'arbre et de la poulie, est dans
l'axe de figure du système qui repose sur deux poutrelles horizontales E, E. Les choses étant ainsi disposées, on constate
que si la ficelle verticale est chargée d'un poids Q qui tend à
faire rouler les cylindres, ce poids, qu'on augmente successivement, atteint une certaine valeur à l'instant où l'équilibre est sur
le point d'être rompu, et ce même poids est nécessaire pour
maintenir uniforme le mouvement de roulement qu'on a commencé à imprimer au système.

De ce fait expérimental résulte une conséquence théorique :
dans l'un et l'autre des deux cas indiqués, les forces qui agissent sur le système sont en équilibre ; elles se réduisent : 1° au
poids P des rouleaux, de l'arbre et de la poulie, appliqué en un
point de l'axe CC ; 2° au poids Q, dont la distance à l'axe est
le rayon q de la poulie ; 3° à la réaction totale N des appuis,

laquelle est nécessairement égale à la résultante $P + Q$ des deux autres et verticale comme elles. Mais cette double condition ne suffit pas pour l'équilibre : il faut encore une équation de moments ; et pour cela il est nécessaire que la réaction N passe en un point A' dont la distance AA' ou δ en avant du diamètre vertical AC est déterminée par l'équation

$$N\delta = Qq \quad \text{ou} \quad \delta = \frac{Qq}{P+Q}.$$

Or, cette situation du point A' qu'on peut appeler le centre de la réaction des appuis, est évidemment due à ce que les deux corps, se comprimant mutuellement, se touchent non plus suivant une arête, mais suivant une bande dont A' est un point intérieur.

Les choses se passent d'une manière analogue, lorsque la ficelle et la force Q sont horizontales (fig. 17) à une distance h du plan AA'. La réaction totale R des appuis est alors oblique comme la résultante des forces P et Q ; elle se décompose en une force horizontale F égale à Q, et une force verticale N égale à P, la première passant en A ou extrêmement près de ce point, la seconde passant en A' dont la distance AA', que nous allons encore désigner par δ, est déterminée par l'équation de moments autour de A

$$N\delta = Qh \quad \text{ou} \quad \delta = \frac{Qh}{P},$$

analogue à la précédente et expliquée de la même manière.

Ces considérations fort simples donnent une notion claire de ce qu'on désigne improprement sous le nom de *frottement de seconde espèce* ou de *frottement de roulement*. Le fait dont il s'agit, et qu'il convient d'appeler *résistance au roulement*, consiste en ce que, lorsqu'un corps roule ou est sur le point de rouler sur un autre, les composantes normales des réactions de ce dernier ont une résultante qui passe à une petite distance δ en avant de la normale au point de contact supposé géométrique, du côté du mouvement existant, ou du mouvement sur le point de naître.

On verra, dans les applications, combien l'emploi de cette distance δ rend facile l'établissement des équations relatives au roulement d'un cylindre ou d'une sphère sur un plan.

129. Détermination expérimentale de la distance δ. — Si l'on applique la formule $(P+Q)\delta = Qq$ à des expériences de Coulomb, on trouve pour δ de très-petites valeurs, savoir : $0^m,00048$ et $0^m,0008$, suivant que les cylindres, dont le diamètre était de $0^m,162$, étaient en bois de gaïac ou en orme, roulant sur du chêne.

Quant à la loi qui lie les quantités Q et δ aux diverses données de la question, les expérimentateurs sont d'accord sur ce point que, si, sans rien changer aux rouleaux ni au sol d'appui supposé dur et uni, on fait varier le poids P et la vitesse, le quotient $\dfrac{Qq}{P+Q}$ ou $\dfrac{Qh}{P}$ du moment Qq ou Qh divisé par la charge $P+Q$ ou P a toujours la même valeur; la distance δ reste donc constante sous ces conditions.

Mais si, en conservant la nature des corps en contact, on fait varier le diamètre des rouleaux, les opinions se divisent. D'après Coulomb, qui, à la vérité, n'a fait à ce sujet qu'un petit nombre d'expériences, dont les résultats n'ont pas été mesurés avec une grande précision, le moment Qq ou Qh resterait proportionnel à la pression $P+Q$ ou P, suivant les deux cas indiqués à l'article précédent; par conséquent la distance δ resterait indépendante du diamètre. Or, on voit bien que cette loi ne peut être admise avec une entière généralité, puisque δ doit évidemment être toujours beaucoup plus petit que le rayon de cylindre.

M. Dupuit, aujourd'hui inspecteur général des ponts et chaussées, dans un ouvrage sur le tirage des voitures publié en 1837, a donné les résultats d'expériences d'où l'on devrait conclure que la distance δ, quand les substances en contact restent les mêmes, à surfaces dures et unies, serait proportionnelle à la racine quarrée du rayon r du cylindre; qu'ainsi, dans le cas de la première expérience du numéro 128, on pourrait poser, en désignant par a un facteur constant,

$$\delta = a\sqrt{r} = \frac{Qq}{P+Q}.$$

D'après lui, le mètre étant pris pour unité, on aurait

	VALEURS DE δ
Pour le bois roulant sur le bois...............	$0{,}0011\sqrt{r}$
Pour le fer roulant sur le bois humide...	$0{,}0010\sqrt{r}$
Pour le fer roulant sur le fer................	$0{,}0007\sqrt{r}$
Pour les roues sur les chaussées en empierre-ment...................................	$0{,}03\sqrt{r}$

Mais M. A. Morin, après de nouvelles expériences, a contesté l'exactitude de cette loi, et soutenu que celle de Coulomb était plus approchée de la vérité dans les cas ordinaires de la pratique où les rayons des cylindres ne sont pas très-petits. Il a trouvé d'ailleurs que la résistance au roulement (et par conséquent la distance δ), augmente quand, la nature du sol et celle des rouleaux restant les mêmes, la longueur de l'arête du contact géométrique diminue.

§ 3.

DE LA RAIDEUR ET DU FROTTEMENT DES CORDES.

130. Expérience constatant la raideur d'une corde. — Lorsque sur une poulie mobile autour de son axe C (fig. 18), ou sur un cylindre roulant, passe une corde sollicitée à ses extrémités par les forces P et Q, l'expérience prouve que, soit pendant le mouvement uniforme, soit à l'instant où le mouvement est sur le point de naître, si la corde n'est pas très-mince et flexible, la force mouvante Q est plus grande que la résistance P d'une quantité qui excède l'augmentation due au frottement de l'essieu de la poulie sur ses appuis, ou à la résistance au roulement du cylindre.

Cet excès est un effet de la raideur de la corde et s'explique soit par la figure que la corde affecte, et de laquelle il résulte que le bras de levier de la résistance Q est plus grand que celui de la force mouvante P, soit par le travail résistant à vaincre pour ployer la corde.

131. Loi de ce phénomène. — Coulomb a conclu de plusieurs expériences que, abstraction faite du frottement de l'essieu de la poulie, l'excès $Q - P$ peut être représenté par la formule

$$Q - P = \frac{A + BP}{D},$$

D étant le diamètre de la poulie augmenté de celui de la corde, A et B étant des quantités indépendantes de P et de D, mais variables avec le diamètre de la corde, sa nature blanche ou goudronnée, sa sécheresse ou son humidité, son état de vétusté.

Le tableau suivant, calculé par NAVIER, donne, pour certaines cordes expérimentées par Coulomb, les valeurs de *A* et de *B* qui conviennent quand l'unité de force est le kilogramme, et l'unité linéaire, le mètre. Ces cordes étaient formées de trois *torons* composés eux-mêmes d'un certain nombre de *fils de caret*.

INDICATION DES CORDES.		Diamètre.	POIDS par mètre de longueur.	VALEURS DE	
				A	B
		m.	kg.		.
Cordes blanches de.....	30 fils	0,020	0,283	0,222	0,0097
	15 »	0,011	0,115	0,061	0,0055
	6 »	0,009	0,052	0,011	0,0024
Cordes goudronnées de.	30 »	0,024	0,333	0,350	0,0126
	15 »	0,017	0,163	0,106	0,0061
	6 »	0,010	0,869	0,021	0,0026

On voit par ce tableau que les quantités *A* et *B* ne varient pas suivant une même loi avec la grosseur de la corde : *A* est à peu près proportionnel à la quatrième puissance, et *B* à la seconde du diamètre. Les expériences rapportées par Coulomb ne sont pas suffisantes pour permettre de tenir compte, dans la formule, de l'influence de l'état de la corde plus ou moins usée. Ce qui est certain, c'est que la raideur diminue à mesure que la corde s'use.

Il est évident qu'il importe de réduire autant que possible le diamètre des cordes, eu égard aux tensions qu'elles doivent subir. La résistance moyenne des cordes à la rupture est de 5 à 6 kilogrammes par millimètre quarré de la section ; mais on ne doit pas leur faire subir en pratique plus de la moitié de cette tension. '

132. Comment la raideur s'introduit dans les équations du mouvement des cordes sur les poulies. — Pour cela on remarque que de la formule de Coulomb il résulte que, si r et r' désignent les distances du centre de la poulie aux axes des deux parties rectilignes de la corde, l'équation de moments $Qr = Pr'$ donne

$$Pr' = Pr + \frac{1}{2}\,(A + BP),$$

attendu que, la partie de la corde qui se déroule se dirigeant presque immédiatement suivant la tangente à la poulie, la distance r diffère très-peu de $\frac{1}{2}\,D$.

Ainsi, *l'effet de la raideur est d'augmenter de* $\frac{1}{2}(A+BP)$ *le moment de la résistance* P, *moment qui serait* Pr *si la raideur n'existait pas.*

Nous donnerons dans la seconde Section des exemples de l'application de cette théorie.

133. Frottement d'une corde flexible ou d'une courroie sur un cylindre. — Faisant abstraction de la raideur, considérons la corde comme composée d'éléments solides qui glissent sur le cylindre, et qui sont unis entre eux par des portions infiniment petites d'un fil parfaitement flexible. Soit A (fig. 19), un de ces éléments ; soient M et M′ les milieux des deux cordons adjacents, T la tension en M, $T + dT$ la tension en M′, le mouvement ayant lieu dans le sens MM′. Soit $d\beta$ l'angle des deux normales au cylindre, en M et M′. Désignant par N et fN les composantes, normale et tangentielle, de la réaction du cylindre sur l'élément A, on a, pour l'équilibre, les deux équations de projections

$$fN - dT\cos\frac{d\beta}{2} = 0 \quad \text{et} \quad N - (2T + dT)\sin\frac{d\beta}{2} = 0,$$

qui, attendu que $\cos\dfrac{d\beta}{2}$ égal à $1 - 2\sin^2\dfrac{d\beta}{4}$ se réduit à 1,

$2T + dT$ à $2T$, et $\sin\dfrac{d\beta}{2}$ à $\dfrac{d\beta}{2}$, deviennent simplement

$$fN - dT = 0 \quad \text{et} \quad N - Td\beta = 0, \quad \text{d'où} \quad \frac{dT}{T} = fd\beta.$$

En intégrant depuis le point où la tension est égale à la résistance P, jusqu'à celui où elle est égale à la force mouvante Q, β exprimant l'angle compris entre les normales extrêmes de l'arc embrassé par la corde, quel que soit le rayon constant ou variable du cylindre, on a

$$\log \frac{Q}{P} = f\beta \log e \quad \text{ou} \quad Q = Pe^{f\beta}.$$

e étant le nombro 2,7182818, dont le logarithme vulgaire est 0,4342945. (*Géométrie analytique et Calcul infinitésimal*, p. 186.)

L'angle β, dans le calcul précédent, est supposé exprimé par le rapport de l'arc qui le mesure au rayon. Si, dans une application, il est donné par un nombre de degrés n, on sait qu'il faut faire, dans la formule, $\beta = \dfrac{n\pi}{180}$.

134. Valeurs expérimentales du frottement des courroies. — D'après les expériences de M. A. Morin, le coefficient f, indépendant de la largeur des courroies, a les valeurs suivantes :

0,17	courroies ordinaires	} sur poulies	0,28	courroies ordinaires	} sur poulies
0,50	» neuves	} en bois.	0,38	» humides	} en fonte.

Suivant le même auteur, on peut faire supporter sans risque à une courroie une tension de $0^{ks},25$ par millimètre quarré de section.

EXEMPLE :

$$\beta = \pi, \quad f = 0,28;$$

$$\log \frac{Q}{P} = 0,88 \cdot 0,4343 = 0,38218;$$

$$Q = 2,41\,P.$$

Une expérience sur des cordes sèches enroulées sur un cylindre en bois dur m'a donné $f = 0,13$; par conséquent

$$e^{\pi f} = 1,50, \quad e^{2\pi f} = 2,26, \quad e^{3\pi f} = 3,40,$$

$$e^{4\pi f} = 5,11, \quad e^{5\pi f} = 7,70, \quad e^{6\pi f} = 11,55.$$

DEUXIÈME SECTION

APPLICATIONS. PROBLÈMES ET EXERCICES DIVERS.

CHAPITRE I.

APPLICATIONS DE LA DYNAMIQUE DES SYSTÈMES QUELCONQUES.

---

135. Des effets de la poudre sur les projectiles et sur les bouches à feu. — Soient :

p le poids d'un boulet,

P celui du canon et de son affût,

p' le poids de la poudre et, par conséquent, des gaz qu'elle produit.

Les pressions exercées par ces gaz sont tellement grandes, comparativement aux poids, qu'on peut, pendant le mouvement sensiblement horizontal du projectile dans le canon, négliger ces poids, ainsi que les réactions verticales et horizontales du sol sur l'affût qui est supposé n'y être assujetti que par le frottement. Dès lors, si nous faisons également abstraction de la résistance de l'air ambiant, en appelant :

v la vitesse du boulet au sortir du canon,

V la vitesse que l'affût possède au même instant, en sens contraire,

v' la vitesse moyenne ou du centre de gravité du gaz à cet instant,

nous avons (n° 4, équat. [2]) :

$$pv + p'v' - PV = 0.$$

Toutes les molécules du gaz n'ont pas, à l'instant considéré, une même vitesse. Si elles étaient toutes restées dans l'intérieur du canon, on pourrait admettre, avec une exactitude suffisante, que v' est la moitié de v. Mais le jeu appelé *vent du boulet* laisse échapper une partie du gaz qui prend ainsi une vitesse plus grande. Il est donc certain que par cette cause le le produit PV est plus grand que $\left(p + \dfrac{p'}{2}\right) v$. Il s'augmente encore en réalité, mais dans un faible rapport, par la résistance de l'air au mouvement très-rapide du boulet.

Exemple applicable à un boulet de 12^{kg} : $p' = \dfrac{1}{3} p$; $P = 320 p$; $v = 500^m$ environ. La vitesse du recul V, à l'instant de l'explosion, est donc un peu plus grande que $\dfrac{7}{6} \dfrac{500}{320}$ ou $1^m,82$; mais elle peut être bientôt anéantie par le frottement de l'affût sur le sol.

Le travail reçu par le boulet est

$$\frac{pv^2}{2g} = \frac{12(500)^2}{2g} = 153930^{kg \cdot m.},$$

et le parcours dans le canon étant à peu près de $2^m,75$, il en résulte un effort moyen de $55\,970^{kg}$. La surface d'un grand cercle d'un boulet en fonte de 12^{kg} étant à peu près de 170^{cmq}, l'effort moyen par centimètre quarré est donc de 329^{kg} ou 318 atmosphères, quantité à laquelle la pression moyenne des

gaz de la poudre est un peu supérieure, puisqu'elle est en partie
combattue par le frottement et par la résistance de l'air atmosphérique.

Les considérations et les calculs approximatifs qui précèdent
s'appliquent à l'ascension des fusées.

156. Généralités sur le choc des corps. — Les corps solides, tels que la nature nous les présente, ne possèdent ni la
continuité, ni l'invariabilité de figure que suppose la géométrie.
Un corps physiquement solide est réellement composé d'éléments matériels distincts, entre lesquels s'exercent des forces
mutuelles, qui, variant considérablement d'intensité par suite
de très-faibles variations de leurs distances respectives, s'op-
posent jusqu'à certaines limites à la rupture du système, et ne
permettent même que des déformations souvent insensibles sous
l'action de forces extérieures qui tendent à imprimer à ses
parties des mouvements divers.

Imaginons que deux corps solides se meuvent séparément, en
vertu de leurs vitesses acquises, et sous l'action de forces telles
que la pesanteur, la pression des fluides environnants, ou l'effort
d'un moteur animé. Tant que ces corps ne sont pas très-rap-
prochés l'un de l'autre, leur attraction ou leur répulsion mutuelle est très-faible; supposons qu'on la néglige. Dans cette
hypothèse, il peut arriver qu'en vertu des causes de mouvement propres à chaque corps, deux points matériels différents,
pris sur l'un et sur l'autre, tendent à passer en même temps en
un même lieu avec des vitesses différentes en intensité ou en
direction, ou tout à la fois en intensité et en direction. Or, cela
est impossible; on dit ordinairement que l'impénétrabilité de la
matière s'y oppose, et que, par conséquent, les vitesses des
deux points considérés sont brusquement modifiées, dès que
les deux points arrivent au contact. Mais on a une idée plus
complète de ce fait, lorsque l'on considère que les deux points
en question, dès qu'ils sont très-voisins, exercent entre eux des

actions mutuelles qui, par suite du rapprochement de ces points, finissent toujours par devenir répulsives, et par acquérir l'intensité nécessaire pour satisfaire à la loi de l'impénétrabilité. Le phénomène dont nous venons de parler constitue ce qu'on appelle le choc ou la collision de deux corps solides.

137. Toutes les forces, même dans le choc, s'exercent à distance. — La notion des forces qui se manifestent dans le choc des corps nous est très-familière : elle nous est acquise par l'expérience de tous les instants, ces forces étant analogues aux pressions nées de notre contact avec les corps qui nous environnent. Au contraire, il a fallu des observations délicates et un admirable génie pour arriver à généraliser le principe de l'attraction mutuelle des corps, et, lorsque la gravitation universelle a été incontestablement établie comme un fait, il a dû s'élever parmi les philosophes la question de savoir comment cette force pouvait se produire. Les uns ont dit que la nature de cette attraction nous était entièrement inconnue ; d'autres, pensant qu'il ne peut y avoir de forces que celles qui s'exercent entre des corps en contact, ont imaginé que l'attraction était produite par la pression de l'éther, matière subtile qui remplissait tout l'espace. La discussion de ces diverses opinions n'a amené à aucun résultat utile. Pour nous, l'attraction et la répulsion de la matière pondérable sont des forces qui toutes deux s'exercent à distance, attendu que, lorsque nous disons que deux corps se touchent, nous n'entendons pas qu'il y ait entre eux un contact géométrique rendant impossible tout rapprochement ultérieur ; mais nous voulons dire qu'ils sont assez près l'un de l'autre pour que leur répulsion mutuelle devienne sensible, et modifie le mouvement de ces corps.

Quant au principe en vertu duquel ces forces existent, il n'est guère mieux connu pour la répulsion que pour l'attraction, et il est d'ailleurs indifférent dans l'étude de la Mécanique et dans ses applications. Ce qui importe, c'est la connaissance des

lois de ces forces ; et la première de ces lois, celle de l'égalité
de toute action et de la réaction opposée, permet déjà de tirer
des conséquences utiles, notamment dans la question du choc
des corps.

**138. Mouvement du centre de gravité commun de deux
corps.** — Cette loi de la réaction égale à l'action a conduit au
théorème général du mouvement du centre de gravité d'un
système matériel quelconque (10). Il en résulte que, pendant
le choc ou, en général, pendant l'action mutuelle de deux
corps, le mouvement du centre de gravité du système de ces
deux corps ne dépend que des forces extérieures agissant sur
ce système. Si, par exemple, ces forces sont nulles, ce qui revient à supposer les deux corps libres dans l'espace, et à négliger l'effet de la pesanteur pendant la très-courte durée du choc,
le mouvement du centre de gravité du système sera rectiligne
et uniforme pendant tout cet intervalle de temps.

Soient M et M' les masses des deux corps distincts, v et v'
les vitesses de leurs centres de gravité à un même instant,
avant, pendant ou après le choc; u la vitesse constante du
centre de gravité du système des deux corps. On a, en projetant les vitesses sur trois axes, les trois équations

$$(M + M')\, u_x = M v_x + M' v'_x\,,$$

$$(M + M')\, u_y = M v_y + M' v'_y\,,$$

$$(M + M')\, u_z = M v_z + M' v'_z\,;$$

d'où l'on tirera u_x, u_y, u_z, et par conséquent u et ses angles
avec les axes, dès que l'on connaîtra les intensités et les directions des vitesses v et v', à un même instant, vitesses qui varient avec le temps, en vertu des actions mutuelles pendant le
choc, tandis que u reste constante.

Ces trois équations expriment que si, par un point de l'espace,
on imagine deux droites représentant, pour l'intensité et la di-

rection, les quantités Mv et $M'v'$, la diagonale du parallélogramme construit sur ces deux droites représentera de la même manière la quantité de mouvement $(M+M')u$, constante depuis le commencement jusqu'à la fin du choc. On voit aussi que le centre de gravité de l'ensemble se meut dans un plan parallèle aux deux vitesses des centres de gravité des deux corps distincts avant le choc.

Il peut arriver que les deux corps restent unis après le choc; leur action mutuelle est alors dite non élastique, et c'est à ce cas que s'appliquent le plus ordinairement les formules précédentes et la construction géométrique correspondante. Mais si après le choc les corps se séparent, les mêmes équations et la même construction appartiennent encore au mouvement uniforme du centre de gravité du système des deux corps, point qui, à chaque instant, divise en parties inversement proportionnelles aux deux masses M et M' la droite joignant les deux centres de gravité individuels des deux corps. Seulement, dans ce second cas, le mouvement propre à chaque corps, qu'il peut être important de déterminer, reste inconnu tant qu'on ignore les lois des actions mutuelles exercées pendant le choc.

139. Choc direct de deux corps. — Faisons une application des généralités précédentes au cas le plus simple, celui où les centres de gravité des deux corps avant le choc se meuvent sur la même ligne droite. Le centre de gravité de l'ensemble restera alors sur cette ligne, en y conservant le même mouvement malgré le choc. Supposons, en outre, que les deux corps soient symétriques par rapport à l'axe qui contient leurs centres de gravité, et n'aient chacun qu'un mouvement de translation. Alors, si l'on désigne par v_0 et v'_0 les vitesses de ces deux centres avant le choc, v_0 sera à cet instant la vitesse de tous les points du premier corps, v'_0 celle de tous les points du second. Dès que le choc, c'est-à-dire l'action mutuelle des deux corps animés de vitesses différentes, commencera, le corps M

sera sollicité par des forces dues au corps M', et dont la résultante F sera, à cause de la symétrie, dirigée suivant la droite qui passe par les deux centres de gravité ; réciproquement, le corps M' recevra du premier des forces ayant leur résultante F' égale et contraire à la première. De là, le changement de forme et les vibrations que devra éprouver chaque corps, suivant sa nature et suivant la distribution de sa masse.

Quoi qu'il en soit, si l'on conserve à v et v' leurs significations précédentes (138), ces vitesses qui, pendant le choc, ne seront plus respectivement communes à tous les points des corps M et M', satisferont néanmoins (attendu que l'impulsion des forces extérieures pendant la durée du choc est supposée pouvoir être négligée) à la relation

$$Mv + M'v' = Mv_0 + M'v'_0;$$

il arrivera toujours un instant où les deux centres de gravité auront la même vitesse u, celle du centre de gravité commun de l'ensemble des deux corps, donnée par l'équation

$$(M+M')\,u = Mv_0 + M'v'_0;$$

et dans l'hypothèse de vibrations très-petites, cette vitesse u paraîtra commune à toutes les parties des deux corps.

Cela posé, si l'action mutuelle des deux corps est non élastique, son intensité devient nulle dès cet instant. Le choc est alors terminé, et les deux corps unis conservent la vitesse u, tant qu'elle n'est pas modifiée par des forces extérieures.

La dernière équation convient à tous les cas particuliers, soit que les deux corps aillent dans le même sens (les vitesses sont alors de même signe), soit qu'ils aillent à la rencontre l'un de l'autre (les vitesses v_0 et v'_0 sont alors de signes contraires, et le sens de la vitesse commune u est déterminé par son signe qui est celui de la plus grande des deux quantités de mouvement); soit encore que l'une des masses soit en repos avant le choc (il suffit alors de faire nulle la vitesse correspondante); soit enfin que la vitesse commune u doive être nulle (ce qui a lieu quand les quantités de mouvement Mv_0 et $M'v'_0$ sont égales et de signes contraires.

140. Durée du choc et intensité moyenne des forces au contact. — La durée du choc de deux corps doit dépendre de leur vitesse relative et de leur dureté ; pour la déterminer par le calcul, il faudrait connaître la loi suivant laquelle varient les forces égales qui agissent au contact. On aura une approximation de cette durée en supposant les forces mutuelles F et F' constantes. En réalité, ces forces, toujours égales et opposées, sont nulles à l'instant où le choc va commencer ; elles arrivent rapidement à leur maximum d'intensité, puis redeviennent bientôt nulles ou presque nulles. Nous les remplaçons ici par une valeur moyenne. Soient

x le chemin que décrit le centre de gravité du corps M depuis le commencement du choc jusqu'à l'instant où les centres de gravité de deux corps sont supposés avoir la vitesse commune u ;

x' la quantité analogue pour le second corps ;

t le temps écoulé entre les deux instants désignés.

En appliquant le théorème du mouvement du centre de gravité (10), on aura

$$x = v_0 t - \frac{1}{2}\frac{F}{M}t^2, \quad \text{et} \quad x' = v'_0 t + \frac{1}{2}\frac{F}{M'}t^2, \qquad [35]$$

Dans ces deux équations, les quantités x et x' sont, comme v_0 et v'_0, des quantités algébriques, c'est-à-dire positives ou négatives, selon leur sens sur la droite des centres de gravité. $x - x'$ sera la quantité dont les deux centres de gravité se seront rapprochés, et en la désignant par δ on aura

$$\delta = (v_0 - v'_0)t - \frac{1}{2}Ft^2\frac{M + M'}{MM'}. \qquad [36]$$

Maintenant il faut écrire que le temps t correspond à l'instant où les deux centres de gravité ont la même vitesse. A cet effet, par le même théorème, on aura les deux équations suivantes, qui ne sont d'ailleurs que les dérivées des équations [35],

$$Mu - Mv_0 = - Ft \quad \text{et} \quad M'u - M'v'_0 = Ft,$$

d'où éliminant u on tire

$$Ft(M + M') = MM'(v_0 - v'_0). \tag{37}$$

De [36] et [37], en éliminant d'abord F et en appelant P et P' les poids des deux corps dont les masses sont M et M', on conclut

$$t = \frac{2\delta}{v_0 - v'_0} \quad \text{et} \quad F = \frac{PP'}{P + P'} \frac{(v_0 - v'_0)^2}{2g} \frac{1}{\delta}. \tag{38}$$

EXEMPLE. Supposons : 1° que la vitesse relative $v_0 - v'_0$ des deux corps soit due à un mètre de hauteur; 2° que le rapport $\frac{P}{P'}$ soit égal à 9 ; 3° que la distance δ dont les centres de gravité se rapprochent pendant le choc soit de $0^m,001$.

On trouve d'après ces données

$$v_0 - v'_0 = \sqrt{2g} = 4,43 ; \quad t = 0^s,00045 ; \quad F = 100\,P = 900\,P'.$$

Bien que la théorie précédente, qui suppose la force F constante, ne soit pas exacte, elle fait comprendre l'influence de la dureté (de laquelle dépend la quantité δ) sur l'intensité de l'action mutuelle et sur la rapidité du choc.

141. Perte de puissance vive dans le choc direct de deux corps non élastiques. — Cas où l'une des vitesses est nulle. — Il est d'un grand intérêt, dans la mécanique industrielle de comparer la puissance vive de deux corps immédiatement avant et après le choc. Si les corps restent unis après s'être mutuellement comprimés, et si, négligeant les vibrations qui peuvent subsister dans les deux corps, on les considère comme ayant, à la fin du choc, une vitesse commune dans tous leurs éléments, on voit facilement :

1° Qu'il y a diminution au moins apparente de leur somme de puissance vive, car, pendant la compression qu'ont subie les deux corps jusqu'au moment où leurs vitesses sont devenues égales, le rapprochement des molécules voisines du contact a eu lieu malgré la répulsion que ce rapprochement même fait naître, d'où est résulté un travail négatif;

2° On voit également sans calcul que le travail dû aux forces moléculaires, et, par conséquent, la variation de puissance vive qui lui est numériquement égale, ne dépendant que du mouvement relatif des deux corps, ne change pas si, par la pensée, on imprime aux deux corps, avant le choc, une vitesse commune, que l'on compose avec les vitesses préexistantes.

Il suit de la dernière observation que le calcul de la diminution de puissance vive de deux corps qui se choquent peut toujours se ramener au cas où l'un des corps serait en repos avant le choc. Nous ferons donc $v'_0 = 0$ dans les hypothèses du numéro 139. La puissance vive du système des deux corps avant le choc sera $\dfrac{1}{2} M v_0^2$.

Si l'on suppose qu'à la fin du choc tous les éléments des deux corps aient une vitesse commune, qui sera, par conséquent, la vitesse u du centre de gravité, la puissance vive sera alors

$$\frac{1}{2} (M + M') u^2,$$

qui à cause de $u = \dfrac{M v_0}{M + M'}$ (139) deviendra

$$\frac{1}{2} \frac{M^2 v_0^2}{M + M'}.$$

Donc, la différence ou perte de puissance vive sera

$$\frac{1}{2} M v_0^2 \left(1 - \frac{M}{M+M'}\right) \quad \text{ou} \quad \frac{1}{2} \frac{MM'v_0^2}{M+M'}.$$

142. Application au battage des pilots. — Un mouton dont la masse est M et le poids P ou Mg, tombe d'une hauteur h sur la tête d'un pilot ; sa puissance vive avant le choc est donc $Ph = \frac{1}{2} Mv^2$. Après un choc de très-courte durée, le pilot, dont la masse est M' et le poids P', prend, ainsi que le mouton, une vitesse qui diffère peu de la vitesse u ci-dessus calculée, si la résistance du terrain est petite comparativement à la force qui se développe au contact du mouton et du pilot pendant le choc.

La puissance vive qui reste à l'ensemble est donc à la fin du choc, dans cette hypothèse, à peu près

$$\frac{1}{2} \frac{M^2 v^2}{M+M'} \quad \text{ou} \quad Ph \frac{1}{1 + \dfrac{P'}{P}}.$$

Cette expression fait abstraction des vibrations du pilot ; mais ces vibrations ne contribuent pas à l'enfoncement qu'on veut produire, et qui est sensiblement proportionnel à la puissance vive du pilot et du mouton fictivement condensés en leur centre de gravité commun. Par conséquent, le travail Ph, dépensé pour l'élévation du mouton, restant le même, ainsi que le poids P' du pilot, on obtiendra un plus grand effet à mesure que P croîtra, ce qui suppose que h décroît dans le même rapport.

La diminution de puissance vive due au choc et égale à $Ph \dfrac{P'}{P+P'}$, n'est pas seulement un inconvénient comme perte d'une partie de l'effet utile du mouton, elle représente le travail moléculaire qui accompagne la déformation des pièces en collision, déformation qui peut aller jusqu'à la rupture (*). Cette quantité décroît quand P augmente, le produit Ph restant constant. Il est donc avantageux, par un double motif, de faire usage de moutons d'un grand poids en modérant la hauteur de leur chute. On peut vérifier qu'il est plus facile d'enfoncer un clou, sans le courber, en le frappant à petits coups d'un assez gros marteau, qu'en le frappant à grands coups d'un marteau trop petit.

143. Cas où aucune des vitesses avant le choc n'est nulle. — Si aucune des vitesses v_0 et v'_0 n'est nulle, on peut, sans changer le mouvement relatif des deux corps, réduire par la pensée l'un d'eux au repos, en retranchant des deux vitesses une même quantité v'_0. Le corps de masse M n'a plus alors que la vitesse $v_0 - v'_0$; le corps de masse M' est réduit au repos initial, et l'on rentre dans le cas précédent. La perte de puissance vive, numériquement égale au travail négatif dû aux actions moléculaires pendant le choc jusqu'au moment où la vitesse est devenue commune aux deux corps, s'obtient donc en substituant $v_0 - v'_0$ à v_0, dans la dernière expression du numéro 141. Elle est

$$\frac{1}{2}\, \frac{MM'(v_0 - v'_0)^2}{M + M'}.$$

Il serait aisé de vérifier ce résultat, en comparant la puissance vive avant le choc $\frac{1}{2} M v_0^2 + \frac{1}{2} M' v'^2_0$ avec $\frac{1}{2}(M + M')\, u^2$

(*) Je me souviens qu'en 1811, étant à Bordeaux, j'ai entendu dire que des pilots enfoncés dans le lit de la Dordogne avec un lourd mouton tombant d'une hauteur inusitée avaient paru prendre un grand enfoncement, mais que, quelque temps après, plusieurs de ces pilots, ayant été arrachés, avaient été trouvés rompus, de sorte que leur partie supérieure avait seule subi l'abaissement observé, en glissant à côté de la partie inférieure arrêtée dans sa descente.

qui est celle des deux corps à l'instant de la plus grande compression; en mettant pour u sa valeur $\dfrac{M v_0 + M' v'_0}{M + M'}$, on trouverait, pour différence, la quantité écrite ci-dessus.

On remarquera que cette quantité, d'après la dernière formule [38] du numéro 140, est égale au produit $F\zeta$, qui doit en effet exprimer le travail des forces mutuelles F et F'.

144. Théorème de Carnot. — La même considération du mouvement relatif conduit, comme on va le voir, à une autre conséquence. Quelle que soit la vitesse u supposée commune, à l'instant de la plus grande compression, on peut, sans changer la diminution de puissance vive subie par les deux corps depuis le commencement du choc, substituer aux vitesses v_0 et v'_0 les vitesses $v_0 - u$ et $v'_0 - u$ dont l'une sera positive et l'autre négative. Or, dans cette supposition des vitesses initiales, la vitesse commune au moment de la plus grande compression sera nulle, puisqu'elle sera $u - u$; donc la perte de puissance vive sera égale à la puissance vive totale avant le choc, savoir :

$$\frac{1}{2} M (v_0 - u)^2 + \frac{1}{2} M' (u - v'_0)^2 ;$$

c'est-à-dire que *la perte de puissance vive depuis l'instant initial du choc jusqu'à l'instant où les centres de gravité des deux corps ont une même vitesse, abstraction faite des vibrations qui peuvent résulter du choc même, est égale à la somme des puissances vives que posséderaient les deux corps, si chacun d'eux était animé de la vitesse qu'il a perdue ou gagnée dans le choc.*

Tel est le théorème de Carnot, qui se démontrait ordinairement par des combinaisons algébriques, et qui peut se vérifier par ce moyen, en substituant pour u sa valeur en v_0 et v'_0. Cette proposition presque évidente n'a pas d'ailleurs, ce nous semble, l'importance qu'on lui a attribuée.

145. Choc des corps élastiques. — Cas hypothétique. —
Il arrive souvent que deux corps, après s'être choqués directement, se séparent en vertu des forces mutuelles répulsives qui
subsistent à l'endroit du contact, à l'instant où la vitesse des
deux centres de gravité est devenue commune.

Dans la théorie du choc des corps, on admet l'existence d'une
élasticité parfaite, qui consiste en ce que deux molécules quelconques qui ont été rapprochées ou éloignées tendent à reprendre leur première distance, et en ce que leur action mutuelle pendant le retour à cette distance primitive repasse par
les mêmes degrés d'intensité qu'elle a eus dans la période de
déformation croissante. Cette propriété paraît, en effet, appar-
tenir à tous les corps solides auxquels on ne fait subir qu'un
dérangement assez petit, et dont la limite varie suivant la nature
des corps. Mais souvent on admet en outre que le choc de deux
corps élastiques peut quelquefois s'accomplir de manière qu'à
l'instant même où ils se séparent, ils aient repris leur figure primitive et le repos relatif de leurs molécules entre elles. Dans
cette hypothèse toujours plus ou moins éloignée de la réalité,
parce qu'elle néglige les vibrations toujours subsistantes à
l'instant de la séparation, le travail moléculaire total, depuis le
commencement jusqu'à la fin du choc, serait nul, puisque pour
chaque groupe de deux forces intérieures f quelconques, la
somme de travaux $\int f \, dt$ se réduirait à zéro.

Reprenant dans cette même hypothèse la question du choc
direct du numéro 139, si l'on désigne par V la vitesse du corps
de masse M après la séparation qui termine le choc, par V' la
vitesse du corps de masse M' au même instant, on aura, les
sommes de travail des forces tant extérieures qu'intérieures
étant nulles,

$$\frac{1}{2} M V^2 + \frac{1}{2} M' V'^2 - \frac{1}{2} M v_0^2 - \frac{1}{2} M' v_0'^2 = 0,$$

et cette équation combinée avec la suivante, conséquence du théorème de la quantité de mouvement

$$MV + M'V' - Mv_0 - M'v' = 0$$

permet de déterminer V et V'. Ces équations donnent

$$M'(V'^2 - v_0'^2) = M(v_0^2 - V^2) \quad \text{et} \quad M'(V' - v_0') = M(v_0 - V), \quad [39]$$

d'où $\quad V' + v_0' = v_0 + V \quad$ ou bien $\quad V' - V = v_0 - v_0', \quad [40]$

c'est-à-dire que *la vitesse relative n'a changé que de signe, de sorte que deux corps qui s'approchaient l'un de l'autre avec la vitesse relative* $v_0 - v_0'$, *s'éloignent après le choc avec la vitesse relative égale* $V' - V$.

Cela posé, les équations [39] et [40] étant du premier degré, donneront très-aisément les vitesses V et V'. En éliminant V on a

$$(M + M')\, V' = 2Mv_0 + M'v_0' - Mv_0'$$

qu'on peut écrire comme il suit

$$M + M')\, V' = 2(Mv_0 + M'v_0') - (M + M')\, v_0' = 2(M + M')\, u - (M + M')\, v_0',$$

ou simplement

$$V' = 2u - v_0';$$

ce qui combiné avec $V' - V = v_0 - v_0'$ donne $V = 2u - v_0'$.

On en conclut que *les vitesses* V *et* V' *après le choc excèdent la vitesse* u *du centre de gravité ou sont excédées par elle, autant que cette vitesse* u *est supérieure ou inférieure aux vitesses* v_0 *et* v_0' *avant le choc.*

Dans le cas particulier où les masses M et M' des deux corps élastiques sont égales, on a $2u = v + v'$, $V = v'$ et $V' = v$, c'est-à-dire qu'il y a échange de vitesses. Si l'un des corps est en repos avant le choc, l'autre demeurera en repos après le choc, et le premier prendra la vitesse primitive du second.

146. Circonstances diverses du choc des corps élastiques.
— Deux billes d'ivoire ou de caoutchouc réalisent jusqu'à un certain point les hypothèses du numéro précédent, et les résultats de l'expérience de leur choc mutuel sont assez d'accord avec les formules déduites de ces hypothèses. Mais il importe de remarquer que la figure des corps qui se choquent a une influence considérable sur le phénomène. Si l'on fait tomber une balle de caoutchouc sur une table de marbre, elle rejaillit à peu près aux deux tiers de la hauteur de la chute ; mais si l'on fait l'expérience avec un disque de la même matière, que l'on fasse tomber à plat, le rejaillissement est presque nul. Ce n'est cependant pas que le corps tombant ait cessé d'être presque parfaitement élastique ; mais l'explication de ce fait est dans les vibrations, qui, lors du dernier cas, se propagent à l'intérieur, tandis que, lorsque les corps qui se choquent sont sphériques, ou au moins quand l'un, et le moins dur des deux, a cette figure, les vibrations n'ont une grande intensité qu'aux environs du point de contact.

CHAPITRE II.

RÉACTIONS DES APPUIS D'UN CORPS SOLIDE TOURNANT.

147. Corps tournant autour d'un axe vertical sous l'action de la pesanteur et de forces réductibles à un couple horizontal. — Nous appliquons ici la théorie exposée au numéro 68. L'axe de rotation Oz est vertical et dirigé de haut en bas; nous faisons passer le plan zOx par le centre de gravité, et nous supposons de plus que l'origine O soit en l'un des points d'appui, A. En appelant P le poids du corps, il faut dans les cinq premières équations [21] faire $\Sigma P_x = 0$, $\Sigma P_y = 0$, $\Sigma P_z = Mg = P$, $\Sigma \mathfrak{M}_x P = 0$, $\Sigma \mathfrak{M}_y P = -Pa$, et $\zeta = 0$, ce qui donne, pour calculer les cinq forces X, Y, X', Y' et Z,

$$X + X' + w^2 Ma = 0, \quad Y + Y' - \frac{dw}{dt} Ma = 0, \quad Mg + Z = 0,$$

$$Y'\zeta + w^2 S_x - \frac{dw}{dt} S_y = 0, \quad -Pa + X'\zeta + w^2 S_y + \frac{dw}{dt} S_x = 0.$$

148. Stabilité d'une meule horizontale de moulin à blé. — La meule mobile repose, par un point situé au-dessus de son centre de gravité, sur la pointe émoussée d'un arbre tournant, qui lui communique son mouvement au moyen d'une double fourche nommée anille; celle-ci, en l'obligeant de tourner comme l'arbre, lui permet néanmoins d'osciller tant soit peu relativement à cet arbre. Cela étant, il est nécessaire pour le bon service de la meule que sa face inférieure tourne simplement et, par conséquent, sans oscillation autour de la verticale passant par son point de suspension, même dans le cas où l'axe de rotation de l'arbre moteur, terminé par ce même point de suspension, ne serait pas lui-même exactement vertical. La meule est donc, comme au numéro précédent, un corps qui tourne autour d'un axe géométrique fixe; mais la condition spéciale à ce corps, c'est qu'il n'a qu'un point d'appui A, ce qu'on exprimera dans les équations précédentes en écrivant qu'au second point A' les réactions X' et Y' sont nulles, quelles que soient les valeurs de w et de $\dfrac{dw}{dt}$. Il faut pour cela qu'on ait séparément dans la cinquième équation, $a=0$, $S_x=0$ et $S_y=0$; qu'ainsi le centre de gravité soit sur l'axe de rotation de la meule, et que celui-ci soit axe principal d'inertie; moyennant quoi X et Y sont nulles comme X' et Y' en vertu des deux premières des cinq équations qui terminent le numéro précédent.

Cette théorie explique comment une meule, ainsi suspendue par un point, peut avoir sa base horizontale dans l'état de repos, et perdre cette situation quand elle tourne. Les deux formules $S_x=0$ et $S_y=0$, ou $\Sigma myz=0$ et $\Sigma mxz=0$, indiquent le moyen de corriger ce défaut en introduisant, dans quatre trous verticaux, des masses de métal et de bois dont on règle expérimentalement la position. Dans un trou supposé dans le plan xOz, on met le métal au-dessus du bois, et dans le trou diamétralement opposé on fait l'inverse, ce qui fait évidemment varier la quantité Σmyz qu'on finit par rendre nulle après quelque tâtonnement.

149. Centre de percussion. — On suppose qu'un corps, libre de tourner autour d'un axe Oz, commence sans vitesse initiale à être sollicité par des forces ayant une résultante unique P; on demande sous quelles conditions les pressions sur les appuis sont actuellement nulles.

L'application à cette question de la théorie du numéro 70 est immédiate. Il faut que la force P, qui produit à l'instant même une accélération $\dfrac{d\omega}{dt}$, soit équivalente aux seules forces totales, ou, ce qui revient au même, fasse équilibre aux seules forces d'inertie. Celles-ci ont donc une résultante unique; donc, 1° la force P doit (70 et 76), comme cette résultante, être située dans un plan qui est perpendiculaire à l'axe de rotation, et qui le rencontre en un point où il faut que cet axe soit axe principal d'inertie; 2° puisqu'à l'instant dont il s'agit, la vitesse angulaire ω est nulle, on a $\Phi_x = 0$, par conséquent $P_x = 0$, c'est-à-dire que la force P doit être perpendiculaire au plan contenant l'axe de rotation et le centre de gravité du corps tournant; 3° la distance de la force P à l'axe de rotation doit être égale à $\dfrac{\Sigma mr^2}{Ma}$.

Le point où la force P doit rencontrer perpendiculairement le plan qui contient le centre de gravité et l'axe de rotation s'appelle *centre de percussion* correspondant à cet axe.

EXEMPLE. Si le corps est un parallélipipède rectangle homogène, et que l'axe de rotation soit une de ses arêtes, le centre de percussion en est à la distance $\dfrac{2}{3}L$, la distance de l'axe à l'arête qui lui est diagonalement opposée étant L.

PENDULE COMPOSÉ.

150. Longueur du pendule simple correspondant. — Le pendule composé est un corps solide, libre de se mouvoir autour d'un axe fixe horizontal, et soumis hors de cet axe à la seule action de la pesanteur, par conséquent sans frottement, hypothèse qu'on réalise au moyen de couteaux reposant sur des coussinets fixes. Soient O (fig. 20) l'axe de suspension, G le centre de gravité à un instant quelconque; m et mg la masse et le poids d'un élément du corps, x sa distance au plan vertical Oy, $\Sigma m = M$, $OG = a$, l'angle variable $GOy = z$; on a (68)

$$\frac{dw}{dt} = \frac{\Sigma mgx}{\Sigma mr^2} = \frac{Mga \sin z}{\Sigma mr^2}.$$

S'il s'agissait d'un pendule simple dont la longueur fût l et l'écartement angulaire le même z, la même formule donnerait, réduction faite,

$$\frac{dw}{dt} = \frac{g \sin z}{l}.$$

Donc pour que la droite OG du pendule composé oscille comme un pendule simple, il faut et il suffit que la longueur l de celui-ci satisfasse à l'équation

$$l = \frac{\Sigma mr^2}{Ma}. \qquad [41]$$

c'est-à-dire que la longueur du pendule simple, dont les oscillations sont les mêmes que celles d'un pendule composé, est égale au moment d'inertie de ce dernier autour de l'axe de suspension, divisé par le moment de la masse de ce corps relativement au plan AOA' perpendiculaire à OG.

151. Durée des petites oscillations du pendule composé. — La durée T des petites oscillations du pendule composé est donc (II, 104)

$$T = \pi \sqrt{\frac{l}{g}} = \pi \sqrt{\frac{\Sigma mr^2}{Mga}}. \qquad [42]$$

Remarque. On conclut de cette formule un moyen expérimental de déterminer le moment d'inertie d'un corps solide relativement à un axe autour duquel on peut le faire osciller sans frottement sensible. On observe la durée T de ses petites oscillations ; on détermine le poids Mg par une pesée ; on mesure la distance a, en posant le corps en équilibre sur un couteau horizontal, et l'on calcule Σmr^2 par la formule ci-après, qu'on déduit de la précédente :

$$\Sigma mr^2 = \frac{MgaT^2}{\pi^2}.$$

152. Centre d'oscillation. — Si dans le plan en OG on conçoit une horizontale O′ dont la distance à l'axe de suspension O soit égale à l, le mouvement des points situés sur cette droite n'est ni accéléré, ni retardé par leur liaison avec les autres points matériels du corps. On appelle *centre d'oscillation* le point de la droite O′ situé sur la même perpendiculaire à l'axe O que le centre de gravité : ce point oscille comme si toute la masse y était concentrée. La formule [41], rapprochée de ce qui a été trouvé au numéro 149, démontre que les centres d'oscillation et de percussion relatifs à un même axe de suspension sont sur une même droite parallèle à cet axe, et se confondent si celui-ci est axe principal d'inertie au point où il est rencontré par la perpendiculaire menée par le centre de gravité.

153. Réciprocité des deux centres de suspension et d'oscillation. — k et k_1 désignant les rayons de giration du pendule par rapport aux axes projetés en O et en G, on a (72)

$$\Sigma mr^2 = Mk^2 = Ma^2 + Mk_1^2, \quad l = a + \frac{k_1^2}{a}, \quad GO' = \frac{k_1^2}{a},$$

donc

$$GO \cdot GO' = k_1^2.$$

Ce dernier produit ne varie donc qu'avec le rayon de giration k_1 par rapport à l'axe projeté en G.

Conséquences : 1° Le centre d'oscillation est toujours au-dessous du centre de gravité.

2° Si l'on remplace l'axe de suspension par un autre qui lui soit parallèle et à la même distance a du centre de gravité, les longueurs GO' et l restent les mêmes.

3° Si l'on transporte l'axe de suspension en O' parallèlement à sa première direction, de sorte que a doit alors être remplacé par $\dfrac{k_1^2}{a}$, la nouvelle distance du centre d'oscillation au centre de gravité devient égale à a; la longueur l reste $\dfrac{k_1^2}{a} + a$, la même qu'auparavant, et par conséquent la durée T des oscillations ne change pas. C'est ce qu'on exprime en disant que *les centres d'oscillation et de suspension sont échangeables ou réciproques.*

4° Puisque, pour toutes les suspensions parallèles, la longueur l est la somme de deux longueurs dont le produit est constamment k_1^2, le minimum de l considérée comme fonction de a (minimum auquel correspond la plus courte durée des oscillations du même corps) a lieu pour $a = k_1$, et par conséquent $l = 2 k_1$. D'ailleurs l et T croissent indéfiniment à mesure que a s'éloigne de k_1 vers zéro ou l'infini.

5° La formule [42] peut être remplacée par celle-ci où la masse des corps n'entre plus explicitement, mais où le rayon de giration k_1 dépend de la loi de la distribution de cette masse :

$$T = \pi \sqrt{\frac{1}{g}\left(a + \frac{k_1^2}{a}\right)} . \qquad [43]$$

134. Procédé expérimental pour déterminer l'accélération g due à la pesanteur. — Supposons qu'on adapte à un même corps deux couteaux fixes parallèles, A et A' (fig. 21), dans un plan contenant le centre de gravité G ; on pourra me-

surer très-exactement les distances $AG = a$ et $A'G = a'$. Cela
étant, si l'on fait successivement osciller ce pendule autour de
A et de A' dans un même lieu, en appelant T et T' les durées
observées des oscillations dans ces deux cas, et en désignant
par k_1 le rayon de giration inconnu du solide autour de l'axe
projeté en G, on aura les deux équations

$$T = \pi \sqrt{\frac{1}{g}\left(\frac{k_1^2}{a} + a\right)} \quad \text{et} \quad T' = \pi \sqrt{\frac{1}{g}\left(\frac{k_1^2}{a'} + a'\right)},$$

d'où, en éliminant k_1^2, on conclura

$$g = \pi^2 \frac{a^2 - a'^2}{a T^2 - a' T'^2},$$

formule qui servira à déterminer g pour le lieu de l'expérience,
pourvu que a' diffère de a. Il faudra donc que les couteaux
A et A' aient été établis à des distances inégales du centre de
gravité G. Dans le cas particulier où les durées T et T' se
trouveraient égales, on aurait

$$g = \pi^2 \frac{a + a'}{T^2} \quad \text{ou} \quad T = \pi \sqrt{\frac{a + a'}{g}},$$

ce qui doit être, puisque chacun des axes A et A' passerait au
centre d'oscillation correspondant à l'autre considéré comme
axe de suspension.

155. De l'influence de l'air sur les oscillations du pendule.
— La théorie précédente ne tient pas compte de l'influence de
l'air, laquelle s'exerce de deux manières. 1° Un corps plongé
dans un fluide pesant en reçoit une sous-pression appelée improprement perte de poids, égale, si le corps et le fluide sont
en repos, au poids du fluide déplacé ; 2° un corps en mouvement dans un fluide, comme l'air, éprouve une résistance qui

croît avec la vitesse. L'expérience prouve que cette dernière résistance pour un pendule dans l'air, n'altère pas sensiblement la durée des petites oscillations, puisque celles-ci restent isochrones pendant que la vitesse et, par conséquent, l'amplitude décroissent. Pour avoir égard à la première cause, en supposant le pendule composé homogène, ainsi que le fluide ambiant, en désignant par $M'g$ le poids du fluide déplacé, il faudrait dans la formule $\dfrac{d\omega}{dt} = \dfrac{Mga \sin z}{\Sigma mr^2}$ remplacer la force Mg par $(M - M')g$ et en conclure la durée des oscillations

$$T = \pi \sqrt{\frac{\Sigma mr^2}{(M - M')\,ga}} ,$$

ou bien, en appelant b le rapport du poids du fluide déplacé à celui du pendule,

$$T = \pi \sqrt{\frac{1}{(1 - b)\,g}\left(a + \frac{k_1^2}{a}\right)} .$$

156. Pression du pendule sur ses appuis. — On le suppose symétrique par rapport au plan mené par le centre de gravité G perpendiculairement à l'axe de rotation O. La pression est alors située dans ce plan, égale et opposée à la résultante des forces $X + X'$ et $Y + Y'$ données par les deux premières équations [21] du numéro 68. Cette pression est donc, à l'instant où le pendule est descendant dans la position indiquée par la figure 20, la résultante du poids Mg, de la force centrifuge $Ma\omega^2$ suivant OG et de la force d'inertie tangentielle $-Ma\dfrac{d\omega}{dt}$ suivant OA.

Ces dernière quantités variables s'expriment en fonctions de l'angle z, de la hauteur h dont est descendu le centre de gravité depuis sa position extrême, et de la longueur l du pendule simple correspondant au pendule composé dont il s'agit.

D'abord on a l'équation du travail $\frac{1}{2} w^2 \Sigma m r^2 = M g h$ et

$$l = \frac{\Sigma m r^2}{M a} \quad \text{d'où} \quad M a w^2 = 2 M g \frac{h}{l} .$$

On a ensuite $\frac{dw}{dt} = \frac{g \sin z}{l}$ (150), d'où $M a \frac{dw}{dt} = M g \frac{a \sin z}{l}$.

Enfin, le poids vertical Mg se décompose en $Mg \cos z$ suivant OG, et $Mg \sin z$ suivant OA'.

La pression cherchée est donc la résultante de deux forces rectangulaires, l'une suivant OG, égale à $Mg \left(2 \frac{h}{l} + \cos z \right)$,

l'autre suivant OA' égale à $Mg \sin z \left(1 - \frac{a}{l} \right)$.

157. Métronome de Maelzel. — Une tige prismatique mince AB (fig. 22) oscille autour d'un axe horizontal O. A l'extrémité inférieure A est fixée une lentille. Un autre corps C moins lourd prend, à la volonté de l'expérimentateur, diverses positions sur la partie supérieure de la tige, et s'y fixe par un ressort. A mesure que le curseur C s'élève, le centre de gravité s'élève aussi ; le produit $a \Sigma m$ diminue, le moment d'inertie augmente ; la longueur l ou $\frac{\Sigma m r^2}{a \Sigma m}$ croît *à fortiori*.

Soit M la masse de la tige seule ; le quarré de son rayon de giration autour de O est (82, 1°)

$$\left(\frac{1}{3} b^3 + \frac{1}{3} h^3 \right) \frac{1}{b + h} = \frac{1}{3} (b^2 - bh + h^2) , \quad \text{soit} \quad k^2 .$$

Appelons $n'M$ la masse de la lentille, r son rayon, $n'MK'^2$ son moment d'inertie par rapport à O, $n''M$ la masse du curseur, x la distance variable de son centre de gravité à l'axe O. Son moment d'inertie autour de cet axe diffère peu de $n''Mx^2$.

On a donc très-approximativement

$$l = \frac{\Sigma m r^2}{a \Sigma m} = \frac{n' k'^2 + k^2 + n'' x^2}{n (h + r) - \frac{1}{2} (b - h) n'' x} \cdot$$

Pour chaque valeur de l, le nombre d'oscillations par minute est donné par la formule

$$N = \frac{60}{T} = \frac{60}{\pi} \sqrt{\frac{g}{l}} = \frac{59,81}{\sqrt{l}} \cdot$$

BALANCE DE TORSION.

158. Proportionnalité de l'angle et du couple de torsion. — Une tige métallique, cylindrique et verticale, étant encastrée dans un support fixe à son extrémité supérieure, et portant à l'autre bout soit une poulie, soit une barre horizontale rigide dont le centre de gravité est sur la direction de l'axe de la tige, si l'on veut tordre cette tige d'une certaine quantité et maintenir ensuite l'équilibre, en conservant la verticalité, il faut nécessairement appliquer à la poulie ou à la barre des forces horizontales qui équivalent à un couple, et l'expérience apprend que le moment de ce couple est proportionnel à l'angle de torsion de la tige, c'est-à-dire à l'angle dont le corps solide inférieur a tourné à partir de la position qu'il avait d'abord, étant en repos, sous la seule action de la pesanteur et de la résistance verticale de la tige. Dans l'état de torsion, l'équilibre du corps inférieur considéré isolément exige évidemment qu'il reçoive, du bout de la tige avec lequel il est en contact, des forces équivalentes à un couple égal et contraire au premier.

La loi de la proportionnalité du couple tordant à l'angle de torsion se constate par des expériences directes et faciles, lorsque la tige est d'un assez fort diamètre. Mais, lorsqu'il s'agit d'un fil très-fin, on vérifie cette loi, comme l'a fait le célèbre physicien Coulomb, par la méthode des oscillations de l'appareil appelé balance de torsion.

159. Oscillations de la balance de torsion. — Le corps suspendu, ayant été dérangé, par torsion du fil, de sa position d'équilibre naturel, et étant ensuite abandonné sans vitesse initiale à la pesanteur et à l'action du fil qui tend à se détordre, on admet que, pendant le mouvement de rotation du corps inférieur, le fil, ne prenant que des vitesses extrêmement petites, agit sur ce corps, à chaque instant, de la même manière que s'il était maintenu en repos dans son état de torsion, c'est-à-dire qu'il agit suivant la loi ci-dessus exprimée en exerçant sur le corps tournant des forces équivalentes à un couple proportionnel à l'angle actuel de torsion, et en sens contraire de la torsion.

Il est facile, comme on va le voir, de conclure de cette hypothèse quel sera le mouvement évidemment oscillatoire du corps suspendu.

Ce corps étant supposé symétrique par rapport à un plan passant par l'axe vertical du fil, soit z l'angle variable de ce plan avec sa position d'équilibre naturel. $\dfrac{dz}{dt}$ est la vitesse angulaire désignée par w. Pour appliquer la formule de l'accélération angulaire (68), il suffit d'y introduire le moment du couple qui représente l'action du fil sur le corps oscillant. On a :

$$\frac{dw}{dt} = -\frac{cz}{I},$$

équation dans laquelle I est le moment d'inertie du corps autour de l'axe du fil, et c est le moment du couple résultant des actions du fil sur ce corps, quand l'angle z est 1, correspondant $\dfrac{180}{\pi}$ degrés. La valeur de la constante c dépend d'ailleurs du métal, du diamètre et de la longueur du fil (*).

En éliminant dt au moyen de la relation $w = \dfrac{dz}{dt}$, on obtient

$$w\,dw = -\frac{c\,z\,dz}{I} \quad \text{d'où} \quad w^2 = \frac{c}{I}(z_0^2 - z^2),$$

z_0 étant l'écartement initial pour lequel la vitesse angulaire est nulle. Par conséquent, w étant remplacé par $\dfrac{dz}{dt}$,

$$dt = -\sqrt{\frac{I}{c}}\,\frac{dz}{\sqrt{z_0^2 - z^2}}$$

d'où

$$t = \sqrt{\frac{I}{c}}\,\operatorname{arc}\left(\cos = \frac{z}{z_0}\right) + C.$$

(*) Suivant les lois de la torsion d'un prisme (dont on peut voir l'exposition dans notre traité intitulé THÉORIE DE LA RÉSISTANCE... DES SOLIDES, pages 14 à 17), en appelant :

Pp le moment du couple de torsion,

θ l'angle de la torsion par unité de longueur du prisme,

I_0 le moment d'inertie polaire de sa section transversale autour de son centre de gravité,

G un coefficient de glissement qui dépend de la nature du prisme, on a

$$Pp = G\theta I_0.$$

S'il est question d'un cylindre dont le rayon est ρ, on a $I_0 = \frac{1}{2}\pi\rho^4$; et si l'on désigne par L la longueur de ce cylindre et par α l'angle total de sa torsion, d'où résulte $\theta = \dfrac{z}{L}$, la formule précédente devient

$$Pp = \frac{G\pi\rho^4}{2L}\,z = c\,z,$$

la constante c pour un cylindre spécial étant $\dfrac{G\pi\rho^4}{2L}$.

Le coefficient G pour le fer est à peu près $6^{k}.10^9$.

On met le signe — dans l'avant-dernière équation, parce que dans la première oscillation qu'on a en vue, si z_0 est positif, la vitesse $\dfrac{dz}{dt}$ est négative. En intégrant de z_0 à $-z_0$, on trouve pour la durée de l'oscillation entière

$$ T = \pi \sqrt{\dfrac{I}{c}} . $$

formule analogue à celle des petites oscillations du pendule, avec cette double différence : 1° que la durée T est indépendante de l'amplitude des oscillations, qui peuvent être aussi grandes qu'on veut, sauf la faible influence de la résistance de l'air ; 2° que cette durée est aussi (contrairement à ce qui a lieu pour le pendule), indépendante du lieu de l'observation, pourvu que le fil et le corps suspendu ne soient point changés, et aient toujours même température, et, par suite, même élasticité et mêmes dimensions.

L'expérience qui constate que les oscillations de l'appareil dont il s'agit sont isochrones, quelle que soit leur amplitude, confirme la proportionnalité du couple et de l'angle de torsion.

160. Détermination expérimentale du moment de torsion d'un fil donné. — Pour obtenir la valeur du coefficient c propre au fil faisant partie de l'appareil qui vient d'être décrit, il suffit, d'après la dernière formule, de déterminer le moment d'inertie I du solide qui y est suspendu, et d'observer la durée T de ses oscillations.

Le moment d'inertie I peut être trouvé par le calcul, si l'on connaît exactement les dimensions du corps suspendu et la répartition de sa masse ; ou bien on l'obtient par la méthode expérimentale indiquée à l'article 152, en tenant compte si l'on veut, pour plus d'exactitude, de l'influence de la sous-pression de l'air, suivant la remarque de l'article 155. Pour cela, avant d'attacher ce corps au fil de suspension, on en forme un pendule composé qu'on fait osciller autour de l'arête d'un couteau implanté dans ce solide, parallèlement à la direction qui doit être verticale dans la balance de torsion. En appelant T' la durée des oscillations de ce pendule, M sa masse, M' la masse de l'air qu'il déplace, λ la distance de son centre de gravité à l'arête du couteau, on a (155)

$$T = \pi \sqrt{\frac{I + M\lambda^2}{g\lambda\,(M - M')}},$$

d'où

$$I = Mg\lambda \left(\frac{T'^2}{\pi^2}\left(1 - \frac{M'}{M}\right) - \frac{\lambda}{g}\right).$$

T et I étant ainsi connus, on en conclura

$$c = \frac{\pi^2 I}{T^2}.$$

Les traités de physique enseignent l'usage que Coulomb a fait de la balance de torsion pour mesurer les attractions et répulsions électriques, et décrivent comment Cavendisch s'en est servi pour constater et évaluer l'attraction mutuelle de deux corps métalliques, et en conclure la densité moyenne du globe terrestre. L'application du calcul à cette belle expérience suppose la connaissance des théorèmes que nous allons démontrer.

ATTRACTION MUTUELLE DE DEUX SPHÈRES FORMÉES DE COUCHES HOMOGÈNES.

161. Attraction mutuelle d'une couche sphérique homogène et d'un point matériel. — Considérons d'abord l'action mutuelle d'une couche sphérique homogène dont le centre est O (fig. 23), et d'un point matériel situé en A, hors de cette couche. La détermination de cette force se déduit de la propriété générale de la résultante de plusieurs forces concourantes, et de la loi de la gravitation universelle de la matière, en raison directe des masses et en raison inverse du quarré des distances.

Soient i l'épaisseur très-petite de la couche sphérique,

r son rayon OM,

μ sa masse sous l'unité de volume,

$M = 4\pi r^2 i \mu$ sa masse totale,

ω l'aire d'une très-petite portion de la couche profilée en MM',

z sa distance AM au point A,

x la projection AP de AM sur AO,

dx, par conséquent, la projection PP' de MM' sur AO,

m la masse du point matériel situé en A,

a la distance AO,

γ l'attraction qu'exerceraient l'un sur l'autre deux points matériels ayant l'unité de masse et situés à un mètre de distance mutuelle.

La force attractive mutuelle entre l'élément A, dont la masse est m, et l'élément MM' dont la masse est $\mu \omega i$, est donc exprimée par

$$\frac{\gamma m \mu \omega i}{z^2}.$$

La résultante de toutes les forces pareilles qu'exerce sur le point matériel A la zone entière comprise dans la couche sphérique entre les deux plans MM_1 et $M'M'_1$ perpendiculaires à AO, étant évidemment dirigée suivant AO, est égale à la somme des projections sur cet axe des forces élémentaires. La projection sur AO de $\dfrac{\gamma m \mu \omega i}{z^2}$ est $\dfrac{\gamma m \mu \omega i x}{z^2 . z}$.

La somme des valeurs de cette quantité pour tous les éléments ω qui forment la zone décrite par l'arc infiniment petit MM', est l'attraction de la zone sur le point A, et s'obtient (puisque tous ces éléments ω ont le même x et le même z) en mettant pour ω la surface de cette zone, savoir $2\pi r dx$, sa hauteur PP' étant dx. Cette attraction est donc

$$2\gamma m\mu.\pi r \frac{x}{z^3} dx \quad \text{ou} \quad \frac{\gamma m.M}{2r}\cdot\frac{xdx}{z^3}.$$

L'intégration de cette expression va donner l'attraction entière exercée par la couche sphérique sur le point A, et réciproquement la résultante des actions du point A sur la couche sphérique. Les variables x et z étant l'une fonction de l'autre, il faut en éliminer une. Or, on a $r^2=a^2+z^2-2ax$, d'où

$$x = \frac{z^2 + a^2 - r^2}{2a} \quad \text{et} \quad dx = \frac{zdz}{a}.$$

L'expression ci-dessus de l'attraction de la zone MM', devient donc

$$\frac{\gamma m.M}{4ra^2} \left(dz + (a^2 - r^2) \frac{dz}{z^2} \right),$$

dont l'intégrale indéfinie est

$$\frac{\gamma m.M}{4ra^2} \left(z - \frac{a^2 - r^2}{z} \right) + C.$$

Si le point A est extérieur, comme dans la figure 23, l'intégrale définie doit être prise entre les limites $z_0 = a - r$ et $Z = a + r$. Elle est donc

$$\frac{\gamma m.M}{4ra^2} \left(a + r - \frac{a^2 - r^2}{a + r} - (a - r) + \frac{a^2 - r^2}{a - r} \right),$$

se réduisant à $\dfrac{\gamma m.M}{a^2}$: c'est la force cherchée, et l'on voit que *l'attraction mutuelle de la couche sphérique homogène et du point matériel extérieur A est la même que si toute la matière de la couche était réunie au centre O.*

162. Attraction mutuelle entre un corps composé de couches sphériques homogènes et un point matériel extérieur. — Il résulte évidemment de ce qui précède que cette attraction est la même que si toute la matière du corps sphérique était réunie au centre.

163. Cas d'un point intérieur entouré d'une couche sphérique homogène. — Si le point A était intérieur, l'analyse précédente (159) s'appliquerait encore, sauf les limites de l'intégrale qui seraient $r - a$ et $r + a$: cette intégrale serait donc

$$\frac{\gamma m.M}{4ra^2}\left(r + a + \frac{r^2 - a^2}{r + a} - (r - a) - \frac{r^2 - a^2}{r - a}\right),$$

se réduisant à zéro. Ainsi, le point matériel intérieur est en équilibre sous l'action des forces diverses que la couche enveloppante exerce sur lui dans toutes les directions.

164. Point situé à l'intérieur d'un corps composé de couches homogènes. — L'action mutuelle de ce point et du corps sphérique se réduit à celle du même point et de la matière enveloppée par la surface sphérique qui passe par le point intérieur; car le point devient extérieur par rapport à cette sphère, tandis que l'action de toutes les couches qui l'enveloppent est nulle.

Remarque. Si la terre était sphérique et homogène, son attraction, sur un point intérieur, serait directement proportionnelle à la distance a de ce point au centre, tandis que son attraction sur un point extérieur est réciproquement proportionnelle au quarré de cette distance. En effet, dans le cas du point intérieur, il faudrait, dans la formule $\dfrac{\varphi\, m M}{a^2}$, faire M variable avec a proportionnelle à son cube, tandis que lorsque le point est extérieur, la masse M est constante.

165. Attraction mutuelle de deux corps composés de couches sphériques homogènes. — Soient deux sphères situées extérieurement l'une à l'autre et composées de couches homogènes ; soient M et M' leurs masses totales, O et O' leurs centres dont la distance est a.

L'action de toute la première sphère sur chaque point matériel de la seconde est la même que si la masse M était réunie en son centre O ; l'action totale de la première sphère sur la seconde est donc égale à celle qu'exercerait sur celle-ci un point situé en O et ayant la masse M. Mais, dans ce cas, cette action résultante est (160) exprimée par $\dfrac{\varphi\, M M'}{a^2}$, comme si la masse M' de la seconde sphère était aussi réunie en son centre O'. Donc

THÉORÈME. *Deux corps composés de couches sphériques homogènes, dont tous les points matériels s'attirent en raison directe de leurs masses et en raison inverse du quarré de leur distance, exercent l'un sur l'autre des forces dont la résultante est la même que si la matière que chaque corps contient était réunie en son centre.*

EMPLOI DE LA BALANCE DE TORSION POUR MESURER L'ATTRACTION MUTUELLE DE DEUX SPHÈRES MÉTALLIQUES, ET LA DENSITÉ MOYENNE DE LA TERRE.

166. Détermination expérimentale de l'attraction de deux sphères rapportée à l'unité de poids du lieu de l'expérience. — On a quatre sphères métalliques, deux grosses et deux petites, parfaitement égales deux à deux. Une barre horizontale en bois léger, d'une forme semblable à celle du fléau d'une balance ordinaire, est attachée en son milieu qui est aussi son centre de gravité, à un fil métallique dont l'extrémité supérieure est encastrée dans un support immobile. Aux deux bouts et au-dessous du fléau sont fixées les deux petites sphères métalliques égales, dont les centres sont de niveau et à égales distances de la direction du fil de suspension. Le fléau est aminci vers ses extrémités et réduit aux dimensions nécessaires pour supporter le poids des deux sphères; le fil est long et aussi fin qu'il est possible, sous la condition de résister à la double charge des sphères et du fléau.

Avant d'adapter le fléau muni des deux petites sphères au fil de suspension, on a déterminé son moment d'inertie I (160); et après l'avoir mis en place, on le fait osciller horizontalement en écartant toutes causes de perturbation de son mouvement. On observe la durée T de ses oscillations, lesquelles sont très-lentes à cause de la finesse et de la longueur du fil. (Cavendish dans ses expériences a employé successivement deux fils dont le plus fin faisait une oscillation en 14 minutes.) De là on conclut (160) la quantité c coefficient de l'expression cz du moment du couple de torsion.

Cela fait, on connaît l'instrument dont on doit faire usage, et l'on met en action les deux grosses sphères sur les deux petites. A cet effet, au-dessous et à l'aplomb du fil de suspension, on a disposé un pivot à axe bien vertical, sur lequel tourne une barre, second fléau horizontal, plus fort que le premier et portant à ses deux extrémités les deux grosses sphères S'', S'' (fig. 24) dont les centres sont assujettis à rester dans le même plan horizontal qui contient les centres des petites sphères S' S'.

On fait tourner le système des deux grosses boules jusqu'à ce qu'elles viennent toucher les deux petites; on fait alors rétrograder les deux grosses sphères, et l'on voit que les deux petites les suivent et même les pressent, en vertu des deux attractions mutuelles formant un couple supérieur à celui de la torsion du fil. Mais si l'on continue de faire rétrograder les grosses sphères, ces attractions sont bientôt combattues par le couple de torsion, et, de part et d'autre, les deux groupes de sphères se séparent. Le système des deux petites se trouve alors en équilibre sous l'action du couple de torsion exercé par le fil, et des deux attractions égales exercées par les deux grosses sphères.

Formulons cet équilibre. En supposant que les quatre centres des sphères soient à une même distance de l'axe vertical du fil de suspension, désignons par

l cette distance $S'O$ ou $S''O$, (fig. 24),

z l'angle de torsion du système des deux petites sphères, c'est-à-dire l'angle AOS' que la droite joignant les deux centres S', S', fait avec sa position naturelle, sans torsion, AA ;

β l'angle $S'OS''$ que la droite $S''S''$ joignant les centres des deux grosses sphères fait avec la droite $S'S'$;

Φ l'attraction mutuelle cherchée de chaque groupe de deux sphères voisines S' et S''.

La somme des moments des deux forces Φ autour de O est $2l\cos\frac{1}{2}\beta \cdot \Phi$ et, par conséquent, pour l'équilibre dont il s'agit, on a l'équation

$$2l\cos\frac{1}{2}\beta \cdot \Phi = cz,$$

en négligeant les moments comparativement faibles des attractions dues aux sphères éloignées et à leurs supports en bois.

Or, c est connu d'après ce qui précède, et il en est de même de la distance l et des angles z et β qu'on peut observer. Donc la force Φ se trouve déterminée expérimentalement, et exprimée en unité de poids du lieu de l'observation.

Cette force Φ est celle des deux masses connues M' et M'' des deux sphères S' et S'' supposées condensées en deux centres dont la distance est $2l\sin\frac{1}{2}\beta$. Désignons cette distance par a et conservons à φ la signification adoptée aux numéros 161 et suivants. Nous avons donc

$$\Phi = \frac{\varphi M'M''}{a^2},$$

d'où, Φ étant connu, on conclura φ attraction correspondante à deux unités de masse situées à l'unité de distance.

REMARQUE. Comme dans une balance proprement dite, à poids, si elle est très-sensible, le fléau se met difficilement en repos absolu, et, au contraire, s'écarte alternativement des deux côtés de sa position moyenne par de lentes oscillations ; de même, quand on exécute l'expérience ci-dessus indiquée, la droite S'S' oscille très-lentement, au lieu de se fixer dans sa position d'équilibre, qu'on détermine en prenant la moyenne de deux situations extrêmes consécutives.

167. Densité moyenne de la terre. — En supposant, ce qui n'est pas rigoureusement exact, que le globe terrestre soit une sphère formée de couches sphériques homogènes, on obtient sa densité moyenne comme une conséquence de la détermination précédente de l'attraction de deux sphères métalliques. Soient

r, V, k, le rayon de la terre, son volume, et sa densité moyenne comparée à celle de l'eau ;

r', V', k', r'', V'', k'', les quantités analogues pour deux sphères métalliques S', S'' ;

Φ l'attraction mutuelle des deux sphères S' et S'', déterminée, comme on vient de le voir, pour la distance connue a, au moyen de la balance de torsion ;

Φ' l'attraction, vers le centre de la terre, de la sphère S' située à la surface du globe ;

F l'attraction vers la terre d'un litre d'eau situé à la surface.

En comparant les attractions Φ et Φ' d'une même sphère S' vers la sphère S'' et vers la terre dont les masses sont dans le rapport $k''V''$ à kV, on a

$$\frac{\Phi}{\Phi'} = \frac{k''V''}{kV} \cdot \frac{r^2}{a^2} \; ;$$

en comparant les attractions Φ' et F de la sphère S' et d'un litre d'eau, l'une et l'autre vers la terre, on a, la distance étant la même,

$$\frac{\Phi'}{F} = \frac{k'V'}{0,001} \cdot$$

De là

$$\frac{\Phi}{F} = \frac{k'V'k''V''}{0,001\,kV} \frac{r^2}{a^2} = \frac{4\pi}{3} \frac{k'k''r'^3r''^3}{0,001\,kra^2} \cdot$$

On sait (II, 81) que l'attraction F diffère un peu du poids d'un litre d'eau par suite de l'influence de la rotation de la terre sur la pesanteur, et l'on peut voir au lieu indiqué de notre *Traité de la dynamique du point matériel* que si m est la masse d'un corps situé à la surface de la terre et A son attraction normale à cette surface, on a $A = 9,814\,m$. Par conséquent, si m est en particulier la masse d'un litre d'eau, F étant l'attraction de cette même quantité de matière, il en résulte $F = 9,814\,m$. Cela étant, si l'on désigne par p le poids d'un litre d'eau en un lieu où l'accélération due à la pesanteur est g, comme on a toujours

$$m = \frac{p}{g}, \quad \text{on en conclut,} \quad \frac{F}{p} = \frac{9,814}{g} \cdot$$

Dans notre système d'unités en mécanique, p devient un kilogramme lorsque g est égal à 9,809. Ainsi

$$F = \frac{9,814}{9,809}\,1^{\text{kg}} \quad \text{et} \quad \Phi = 1^{\text{kg}} \cdot \frac{9,814}{9,809} \cdot \frac{4\pi}{3} \frac{k'k''r'^3r''^3}{0,001\,kra^2} \cdot$$

Telle est, en son rapport à notre kilogramme, l'expression de l'attraction mutuelle de deux sphères dont les rayons sont r' et r'', les densités comparées à celle de l'eau k' et k'', et la distance des centres a, en fonction du rayon r de la terre et de sa densité moyenne k. Celle-ci peut donc être calculée, si, à l'aide de la balance de torsion, et comme nous l'avons expliqué, on mesure, en son rapport à l'unité de poids du lieu de l'observation, la force attractive Φ des deux sphères de masses connues. C'est ainsi qu'en répétant les expériences de Cavendish, on a trouvé pour k la valeur moyenne 5,67. On voit qu'on a pu, sans inconvénient, remplacer F par l'unité, qui n'en diffère que de 0,0005.

REMARQUE. Pour que la balance de torsion soit très-sensible, c'est-à-dire pour que l'angle de torsion z soit bien appréciable pour une force Φ déterminée, il faut que le fil de suspension soit très-fin, l'angle z étant réciproque à la quatrième puissance du diamètre de ce fil. D'une autre part, la section du fil doit être à peu près proportionnelle au poids des sphères S' attachées au fléau. C'est pour cela que dans l'expérience de Cavendish ces sphères étaient petites, tandis que les deux autres, S'' non suspendues, étaient grosses, afin de donner une valeur suffisante à l'attraction Φ.

168. Évaluation numérique de l'attraction mutuelle de deux corps donnés. — Soient

φ l'attraction mutuelle de deux sphères homogènes, dont les centres sont à 1 mètre de distance, et dont les masses équivalent chacune à celle d'un litre d'eau ;

p l'attraction vers la terre d'un litre d'eau, force très-peu différente d'un kilogramme (167) ;

r rayon de la terre en mètres ; $2\pi r$ sa circonférence égale à $4 \cdot 10^7$ environ ;

$5670 \cdot \frac{1}{3} \pi r^3$ le rapport de la masse de la terre à celle d'un litre d'eau.

Les deux attractions φ et p d'un même corps (un litre d'eau) pour les deux autres corps, savoir : un second litre d'eau à la distance de 1 mètre, et la terre à la distance r, sont proportionnelles aux masses de ces derniers et réciproques aux quarrés des distances. Ainsi l'on a

$$\frac{\varphi}{p} = \frac{1}{5670.\,\frac{1}{3}\,\pi r^3}\, . \, r^2 = \frac{1}{1890.4\pi r} = 6,61.10^{-12}\, ;$$

c'est-à-dire que la force φ est à peu près égale à 6,6 fois la millionième partie d'un milligramme ou du poids d'un millimètre cube d'eau.

L'attraction mutuelle de deux sphères dont les poids en kilogrammes seraient P' et P'' et la distance des centres en mètres λ est donc exprimée par

$$6^{kg},6.10^{-12}\,\frac{P'P''}{\lambda^2}\, .$$

PENDULE BALISTIQUE.

169. Théorie et usage de cet appareil. — Il consiste en un récepteur en fonte B (fig. 25), fixé à un cadre de suspension en fer, pouvant osciller librement autour d'un axe horizontal O, qui forme l'arête d'un couteau. Le récepteur contient une matière compressible destinée à recevoir le choc et à amortir la grande vitesse d'un projectile qui y est lancé horizontalement dans un plan perpendiculaire à l'axe de suspension, et qui s'y enfonce sans le rompre. On connaît la masse M' du projectile, lequel est assez petit, relativement à sa distance à l'axe O, pour être considéré comme un point matériel. Il s'agit, d'après l'effet qu'il produit sur le pendule, d'évaluer sa vitesse V' dirigée suivant l'horizontale dont la distance b à l'axe O est donnée.

Appliquons le théorème des moments des quantités de mouvement (1) au système formé de l'ensemble du pendule et du projectile considérés à deux instants différents, savoir : 1° à l'instant initial de leur rencontre, où le pendule est en repos et le projectile animé de la vitesse V', et 2° à l'instant final du choc, où les deux corps se meuvent ensemble comme ne faisant qu'un système solide avec une vitesse angulaire w autour de O. Appelons I le moment d'inertie du pendule avant sa réunion au projectile; l'accroissement de la somme des moments des quantités de mouvement de l'ensemble des deux corps est, si l'on désigne par m un élément matériel du pendule, et r sa distance à l'axe O :

$$\Sigma mwr \cdot r + M'wb \cdot b - M'V'b, \quad \text{ou} \quad w(I + M'b^2) - M'V'b:$$

et attendu que, pendant la très-courte durée du phénomène, on peut négliger les impulsions des forces extérieures dues à la pesanteur et aux réactions de l'appui, forces dont les moments donnent d'ailleurs une somme presque nulle, on peut poser très-approximativement

$$w(I + M'b^2) - M'V'b = 0.$$

D'après cette équation, si la vitesse angulaire w qui a lieu à l'instant final du choc, était connue, on en conclurait V'. Or, cette vitesse angulaire w qui ne pourrait que très-difficilement être observée directement, peut très-aisément se déduire de l'amplitude de la première oscillation que fait le pendule immédiatement après le choc. En effet, à l'instant final du choc, la puissance vive des deux corps réunis (71) est $\frac{1}{2} w^2 (I + M'b^2)$, et à cet instant le centre de gravité du système se trouve encore très-peu écarté de la verticale passant par O. Mais dans la première oscillation, ce centre de gravité s'élève d'une hauteur H dépendante de l'amplitude; et si l'on désigne par P le poids des deux corps réunis, on a, d'après le théorème de l'effet du travail,

$$\frac{1}{2}\,w^2\,(I + M'b^2) = PH\,,$$

et par suite, en éliminant w de cette équation et de la précédente,

$$V' = \frac{1}{bM'}\sqrt{2PH\,(I + M'b^2)}\,.$$

Il reste à calculer H en fonction de l'amplitude de l'oscillation. Pour cela, appelons P'' le poids du pendule sans le projectile, a la distance de son centre de gravité à l'axe O, P' le poids $M'g$ du projectile, x la distance à l'axe O du centre de gravité des deux corps réunis, α l'angle avec la verticale de la droite joignant O à ce centre lors du plus grand écartement du pendule; on a

$$P = P' + P'', \quad x = \frac{P'b + P''a}{P}, \quad H = x(1 - \cos \alpha) = 2x\sin^2 \frac{1}{2}\,\alpha\,,$$

et la formule précédente devient

$$V' = \frac{2g \sin \frac{1}{2}\alpha}{bP'}\sqrt{(P'b + P''a)\,(I + M'b^2)}\,.$$

Les quantités a et I peuvent être déterminées expérimentalement et l'on observe l'angle α au moyen d'une aiguille qui, fixée au pendule, entraîne en montant un curseur léger, glissant à frottement sur un limbe gradué où il s'arrête quand le pendule redescend. Enfin, il importe que la direction de la vitesse V' du projectile passe, s'il est possible, par le centre de percussion du pendule; que, par conséquent, l'on ait $b = \dfrac{Ig}{P''a}$. Si cette condition est exactement remplie, le centre d'oscillation du pendule après sa réunion au projectile est à la même distance de l'axe qu'auparavant, car on a cette distance

$$l = \frac{g\,(I + M'b^2)}{P'b + P''a}\,,$$

se réduisant à b à cause de $Ig = P''ab$ et $M'g = P'$.

Dans ce cas particulier la formule de la vitesse V' est plus simplement

$$V' = \frac{2\sin\frac{1}{2}\,a\,(P''a + P'b)}{P'}\sqrt{\frac{g}{l}}\,.$$

ACTIONS MUTUELLES DES CORPS TOURNANTS EN MOUVEMENT VARIÉ.

170. Cas simple du système de deux corps. — Supposons que deux corps solides tournent l'un autour de l'axe A (fig. 26), l'autre autour de l'axe parallèle A'; ils sont liés soit par une courroie sans fin, soit par un engrenage dont les actions mutuelles sont aux distances R et R' des axes A et A'. En outre de ces tensions ou pressions et des réactions normales des appuis, les deux corps sont sollicités par des forces dont les résultantes sont : P, force mouvante, pour le premier, et P', force résistante. pour le second. On demande l'intensité de la pression mutuelle des dents de l'engrenage, abstraction faite de leur frottement, ou la différence de tension des deux brins de la courroie, abstraction faite de la roideur. Soit T cette force; soient I et I', w et w', les moments d'inertie et les vitesses angulaires des deux corps autour de leurs axes de rotation respectifs. En considérant séparément le mouvement de chaque corps tournant, et remarquant qu'au point de contact de l'engrenage, ou aux deux extrémités de chaque brin de courroie, agissent deux forces égales et opposées, l'une sur le corps A, l'autre sur le corps A', on a, pour déterminer les inconnues qui sont la force T et les accélérations angulaires $\dfrac{dw}{dt}$ et $\dfrac{dw'}{dt}$, les équations

$$\frac{dw}{dt} = \frac{Pp - TR}{I}, \qquad \frac{dw'}{dt} = \frac{TR' - P'p'}{I'},$$

et, attendu que les vitesses des circonférences dont les rayons sont R et R' sont égales, $Rw = R'w'$, d'où

$$R\frac{dw}{dt} = R'\frac{dw'}{dt}.$$

Ces équations du premier degré se simplifient en posant $I = MR^2$, $I' = M'R'^2$, $Pp = FR$ et $P'p' = F'R'$, c'est-à-dire que M et M' sont les masses qui, distribuées sur les circonférences de rayons R et R', auraient les moments d'inertie I et I', et que F et F' sont les forces tangentes à ces circonférences qui auraient les mêmes travaux que les forces P et P'. On a d'après cela

$$R\frac{dw}{dt} = \frac{F - T}{M} = R'\frac{dw'}{dt} = \frac{T - F'}{M'},$$

d'où

$$R\frac{dw}{dt} = \frac{R'dw'}{dt} = \frac{F - F'}{M + M'} \quad \text{et} \quad T = \frac{M'F + MF'}{M + M'},$$

formules faciles à énoncer en langage ordinaire.

Ces équations sont les mêmes que s'il s'agissait de deux corps en mouvement rectiligne soumis aux forces F et F' et se pressant mutuellement.

Dans le cas particulier où $F = F'$, l'action mutuelle T est égale à chacune de ces forces. Le mouvement est uniforme.

Si l'une des forces P et P', supposées d'abord en équilibre comme elles doivent l'être pour l'uniformité, vient à prendre un accroissement considérable, soit, par exemple, $F=F'+F_1$, il en résulte

$$T = F' + F_1 \; \frac{1}{1 + \dfrac{M'}{M}},$$

d'où l'on tire cette conséquence importante, que lorsque l'un des deux corps est assujetti à subir des efforts qui prennent momentanément des accroissements considérables, plus la masse fictive M de ce corps est grande par rapport à celle M' de l'autre corps, moins est sensible la variation de l'action mutuelle. On atteint ce but en montant sur l'arbre A ce qu'on appelle un volant, corps d'un grand moment d'inertie, ayant son centre de gravité dans l'axe de rotation. Par ce moyen, si la communication de mouvement des deux corps tournants se fait par engrenage, on peut donner aux dents moins d'épaisseur qu'il ne leur en faudrait pour résister aux variations de pression, ce qui diminue, comme on le verra plus loin (249), le travail nuisible du frottement ; si la communication du mouvement a lieu par courroie, le maximum de la différence T de tension des deux brins étant aussi petit qu'il est possible, on évite, soit la rupture, soit le glissement de la courroie, et l'on réduit l'effet nuisible du frottement des tourillons et de la roideur de la courroie; c'est encore ce qui sera expliqué plus loin (264).

171. Actions mutuelles d'un nombre quelconque de corps tournants. — La théorie qui précède peut s'étendre à un nombre quelconque de corps tournants ou treuils, en communication par courroies ou par engrenages. Soient A et A_1 (fig. 27), les axes de deux treuils consécutifs dont l'action mutuelle cherchée (supposée une pression T) s'exerce suivant la droite BC.

Le treuil A fait partie d'un ensemble de corps tournants situés du côté opposé à A, et dont nous désignerons les axes par. . . . . A, A', A'',...

Les vitesses angulaires à un même instant, par. . . . . w, $k'w$, $k''w$,...

Les moments d'inertie autour de leurs axes respectifs par. . . . I, I'', I'',...

Les puissances vives conséquemment par. . . . . $\frac{1}{2}w^2 I$, $\frac{1}{2}w^2 k'^2 I'$, $\frac{1}{2}w^2 k''^2 I''$,...

La somme de ces puissances vives est. . . . . $\frac{1}{2}w^2 (I + k'^2 I' + k''^2 I''...)$

Et peut, pour simplifier, être remplacée par. . . . . $\frac{1}{2}w^2 M R^2$,

la masse M pouvant être calculée d'après les moments d'inertie I, I', I'',... et d'après les rapports de vitesses k', k'',...

De même le treuil A_1 et tous ceux qui le précèdent ont une somme de puissances vives qui peut être exprimée par $\frac{1}{2}w_1^2 M_1 R_1^2$, ou par $\frac{1}{2}w^2 M_1 R^2$, à cause de la relation $w_1 R_1 = wR$.

Maintenant supposons que les forces qui sollicitent les treuils A, A', A'',...

Aient pour moments, autour des axes, les produits. . . . . Pp, $P'p'$, $P''p''$,...

Que par conséquent leurs travaux élémentaires pour un déplacement angulaire $d\alpha$ du treuil A soient exprimés par. . . . . $d\alpha Pp$, $d\alpha k' P'p'$, $d\alpha k'' P''p''$,...

Faisons leur somme $d\alpha(Pp + P'p' + P''p'' +...) = d\alpha FR$.

Pendant le même déplacement toutes les forces P_1, P_1', P_1''..., qui agissent sur le treuil A_1 et sur ceux qui le précèdent, ont une somme de travail

$$dz_1 F_1 R_1 \quad \text{ou} \quad dz F_1 R.$$

Cela posé, le théorème de l'effet du travail appliqué au système des treuils A, A', A'',... sous l'action des forces P, P', P'',... pendant le déplacement dz donne

$$F R dz - T R dz = d\left(\frac{1}{2} w^2 M R^2\right) = w M R^2 dw,$$

d'où, à cause de $dz = w dt$,

$$R \frac{dw}{dt} = \frac{F - T}{M}.$$

Le même théorème appliqué aux autres treuils donne

$$R \frac{dw}{dt} = \frac{F_1 + T}{M_1},$$

les forces F et F_1 étant supposées mouvantes, sauf à faire négative celle qui serait résistante. On en conclut la formule analogue à celle du numéro précédent

$$T = \frac{M_1 F - M F_1}{M + M_1}.$$

172. Cas où l'action mutuelle change de signe. — Lorsqu'il y a plus de deux treuils en communication, une des actions mutuelles que nous avons désignée par T, peut changer de sens ou de signe, sans que les forces P, P'',... cessent d'être les unes toujours mouvantes, les autres toujours résistantes. En voici un exemple très-simple : trois roues A, A', A'' (fig. 28), tournent dans le sens indiqué par les flèches. Les deux extrêmes engrènent avec l'intermédiaire; la force P mouvante, et les forces P' et P'' résistantes, sont tangentes aux mêmes circonférences que les pressions mutuelles; M, M', M'' sont les masses fictives transportées sur ces circonférences sans changer les moments d'inertie. v étant la vitesse commune des trois circonférences, on a, comme s'il s'agissait de trois corps en mouvement rectiligne,

$$\frac{dv}{dt} = \frac{P-T'}{M} = \frac{T'-T''-P'}{M'} = \frac{T''-P''}{M''} = \frac{P-P'-P''}{M+M'+M''};$$

d'où

$$T' = \frac{M(P'+P'') + (M'+M'')P}{M+M'+M''}$$

et

$$T'' = \frac{M''(P-P') + (M+M')P''}{M+M'+M''}.$$

Tant que P reste force mouvante, tandis que P' et P'' restent résistantes, la pression T' conserve son signe (la roue A mène ou pousse la roue A'); mais T'' peut en changer (la roue A' peut cesser de mener la roue A'' et être au contraire menée par elle). Cela arrive lorsqu'on a

$$(M+M')P'' < M''(P'-P) \quad \text{ou} \quad \frac{P'-P}{M+M'} > \frac{P''}{M''}.$$

C'est qu'en effet P est alors inférieure à P', et qu'en outre le ralentissement par seconde $\frac{P'-P}{M+M'}$ que l'ensemble des deux premiers treuils tend à prendre en vertu des forces P' et P, est plus grand que $\frac{P''}{M''}$, celui que prendrait le troisième en vertu de la seule résistance P''.

Les changements de sens des pressions mutuelles donnent lieu à des chocs et, par conséquent, à des pertes de travail qu'il importe d'éviter, comme on le peut, en réglant convenablement les moments d'inertie.

DES VOLANTS CONSIDÉRÉS COMME RÉGULATEURS DE LA VITESSE.

175. Généralités sur ce sujet. — On vient de voir de quelle utilité sont les volants convenablement placés, pour restreindre les limites entre lesquelles varient les actions mutuelles des diverses pièces tournantes d'une machine. Les volants rendent un genre de service plus étendu, en empêchant les trop grandes variations de vitesses dans les machines, variations qui nuisent en général à la transmission du travail, à cause des flexions et déformations alternatives des pièces, et nuisent en particulier tantôt à l'opération mécanique qu'il s'agit d'effectuer, comme dans les filatures mues par le travail variable de la vapeur, tantôt au mode d'action du moteur, comme lorsqu'une roue hydraulique ou des chevaux attelés à un manége mènent des machines à résistance variable, des laminoirs, des pilons, etc. En général, si un système matériel dont les éléments ont des vitesses qui croissent ou décroissent ensemble, possède une grande puissance vive, il peut recevoir dans un temps déterminé un travail moteur sensiblement différent du travail résistant, et ne subir qu'une variation peu sensible de vitesse, parce que cette petite variation suffit pour altérer la puissance vive d'une quantité égale à l'excès d'un travail sur l'autre. Par exemple, si l'on veut que, la machine recevant un excès de travail T, les vitesses ne croissent que de 1/100, la première valeur $\frac{1}{2}\Sigma mv^2$ de la puissance vive devant être remplacée par $(1,01)^2 \cdot \frac{1}{2}\Sigma mv^2$, la différence $0,0201 \cdot \frac{1}{2}\Sigma mv^2$ devra être égale à T, condition qu'il sera toujours possible de remplir en ajoutant aux pièces indispensables de la machine un volant qui donnera à $\frac{1}{2}\Sigma m v^2$ la valeur suffisante.

Nous allons donner d'abord quelques exemples simples de l'emploi et du calcul des volants, en adoptant pour simplifier ce calcul, à l'exemple de plusieurs auteurs, des hypothèses qui ne se réalisent pas exactement dans la pratique.

174. PREMIER EXEMPLE. Manivelle simple à simple effet. — Le treuil principal tournant continuellement autour de l'axe O (fig. 29), supposé horizontal pour fixer les idées, reçoit une force mouvante Q appliquée au bouton B d'une manivelle dont le rayon OB a la longueur b. On admet que cette force agit dans une direction constamment verticale, mais seulement en descendant, avec une intensité constante pendant toute la descente, tandis que des résistances constantes P, P',... agissent sans interruption sur le treuil principal et sur ceux auxquels il est lié, et peuvent, par conséquent, être remplacées, sans que le mouvement soit altéré, par une force F tangente à un cercle de rayon a pris à volonté. Cette hypothèse d'une force résistante constante suppose que les diverses pièces solides tournantes ont leurs centres de gravité sur leurs axes de rotation, sans quoi la pesanteur ferait un travail tantôt moteur, tantôt résistant. Cette condition s'exprime en disant que les pièces tournantes sont exactement centrées ; ainsi, par exemple, le poids de la manivelle est équilibré par celui d'un autre corps excentrique fixé sur le treuil principal. De l'intermittence et de la variation du moment de la force mouvante Q résulte la variation du mouvement de rotation ; il s'agit de résoudre les questions suivantes :

1° Quelle est la relation des forces F et Q pour que le mouvement du système une fois acquis reste périodiquement uniforme pour chaque tour de manivelle ?

2° Quelles sont les situations de la manivelle auxquelles corrospondent la plus petite et la plus grande vitesse angulaire de la machine ?

3' Sous quelles conditions la différence de ces vitesses extrêmes ne dépassera-t-elle pas une certaine fraction $\frac{1}{n}$ de leur valeur moyenne ?

Il est bien entendu qu'au commencement du mouvement du système la périodicité n'avait pas lieu, soit que la force Q fût plus grande, soit que les résistances P fussent plus petites que dans l'état supposé par l'énoncé, soit enfin que les divers treuils résistants n'aient été embrayés que successivement avec le treuil moteur.

1° La périodicité exige que pour chaque tour de manivelle on ait, en valeurs absolues, l'équation du travail

$$\varepsilon Q = \varepsilon F \quad \text{ou} \quad 2bQ = 2\pi aF. \qquad [1]$$

2° Tandis que le bouton de la manivelle remonte de A' en A, le système n'étant soumis qu'à des forces résistantes, l'accélération angulaire est négative (68), les vitesses diminuent. Quand le bouton dépasse le point culminant A, la diminution continue d'abord, parce que l'accélération angulaire reste encore négative, comme la somme algébrique des moments de Q et de F. La diminution cesse et la vitesse angulaire atteint son minimum, à l'instant où ces moments de sens contraires étant égaux, l'accélération angulaire est nulle. Soit en B' l'articulation de la manivelle à cet instant, et soit x' l'angle AOB'; on a l'équation de moments

$$Fa = Qb \sin x'. \qquad [2]$$

De [1] et de [2] on tire

$$\sin x' = \frac{1}{\pi}, \quad \text{d'où} \quad \log \sin x' = \overline{1},5028501 \quad \text{et} \quad x' = 18°33',4.$$

Une construction graphique donnerait le point B en faisant l'abscisse $OD = \dfrac{b}{\pi}$.

Le point B″ où le moment de Q, après avoir dépassé celui de F, lui redevient égal, est sur la même verticale que B′. Quand le bouton passe en ce point B″, la vitesse angulaire est à son maximum, puis elle diminue continuellement, l'accélération angulaire étant négative, pendant tout le parcours du grand arc B″A′AB′.

3° Soient w' et w'' les vitesses angulaires extrêmes. Soit W leur valeur moyenne arithmétique ; ainsi $\frac{1}{2}(w' + w'') = W$.

Il s'agit de satisfaire à la condition $w'' - w' \doteqdot \frac{1}{n} W$, et, par conséquent, à celle-ci :

$$\frac{1}{2}(w''^2 - w'^2) = \frac{1}{n} W^2.\qquad [3]$$

Or, cette expression de l'accroissement du quarré de la vitesse angulaire nous rappelant le théorème du numéro 71, si nous remplaçons par MR^2 tous les moments d'inertie des treuils du système, comme nous l'avons expliqué précédemment (171), nous aurons, en appliquant le théorème du travail au déplacement du bouton de B' en B'',

$$\frac{1}{2}(w''^2 - w'^2)\, MR^2 = 2Qb \cos x' - 2Fa\left(\frac{\pi}{2} - x'\right) ;$$

ou, à cause de [1] et [2],

$$\frac{1}{n} W^2 MR^2 = 2Qb\left(\cos x' - \frac{\frac{\pi}{2} - x'}{\pi}\right),$$

d'où, à l'aide des tables de sinus, et de l'expression ci-dessus de x' en degrés, on conclut

$$\frac{1}{n}W^2 MR^2 = 2 Qb \left(0,91799 - \frac{71°26',6}{180°}\right) = 0,5521 \cdot 2bQ . \quad [4]$$

La quantité MR^2 ainsi déterminée en fonction des données Qb, W et n, représente, comme on sait (171), la somme des moments d'inertie des corps tournants du système, multipliés chacun par le quarré du rapport de la vitesse angulaire du corps auquel il se rapporte, à celle du treuil principal porteur de la manivelle. Les masses indispensables des pièces tournantes exercent donc leur influence régulatrice de la vitesse ; mais elles sont ordinairement insuffisantes, et l'on complète la valeur nécessaire MR^2 par un volant disposé sur l'arbre du treuil principal.

On peut, comme l'a fait M. Poncelet, transformer ainsi la formule [4] : soit le moment d'inertie MR^2 représenté par celui d'un anneau dont le poids serait P et le rayon R ; soit V sa vitesse linéaire moyenne, soit N' le nombre de tours de la manivelle par minute ; et soit N le nombre de chevaux exprimant le travail indéfiniment prolongé de la force Q. On a d'abord

$$MV^2 R^2 = \frac{1}{g} P V^2; \quad \text{puis le travail par minute de } Q \text{ est exprimé}$$

à la fois par $2bQN'$ et par $60 \times 75 N$, d'où $2bQ = 4500 \dfrac{N}{N'}$,

et la formule [4] devient

$$PV^2 = 24300 \frac{nN}{N'} . \quad [5]$$

175. Deuxième exemple. Manivelle simple à double effet. — La force Q, d'intensité constante et toujours verticale, agit de haut en bas dans la demi-circonférence $AB'B''A'$ (fig. 29), et de bas en haut dans l'autre ; elle change donc brusquement de direction ; les deux points A et A', où le moment de la force mouvante Q est nul, s'appellent *points morts*.

1° La périodicité, dans ce cas, a lieu non-seulement par tour de la manivelle, mais par demi-tour, moyennant l'égalité de travaux

$$\pi a F = 2 b Q .$$

2° Les points B' et B'', B''' et B^{iv}, positions du bouton aux instants où la vitesse angulaire est au minimum et au maximum, et où l'accélération angulaire est nulle, se déterminent encore par l'équation de moments

$$Fa = Qb \sin x , \quad \text{d'où} \quad \sin x = \frac{2}{\pi} , \quad x' = 39°52',4 ; \quad x'' = 140°7',6.$$

3° En raisonnant comme dans l'exemple précédent, on trouve

$$MR^2 \frac{W'^2}{n} = 4 Q b \left(\frac{\cos x'}{2} - \frac{\frac{\pi}{2} - x'}{\pi} \right) = 0,1052.4 \, Qb ;$$

de sorte que le coefficient du travail par révolution est ici inférieur à 1/5 de ce qu'il était dans le cas précédent.

La transformation analogue à celle qui a donné la formule [5] donne

$$PV'^2 = 4645 \frac{nN}{N'} , \qquad [6]$$

176. Troisième exemple. **Manivelle à simple effet et à contre-poids.** — Dans cette disposition, la force mouvante Q n'agit qu'à simple effet, c'est-à-dire pendant le parcours de la demi-circonférence ABA' (fig. 30); mais on obtient la même loi de mouvement que pour la manivelle à double effet au moyen d'un corps K, dit contre-poids, dont le centre de gravité est hors de l'axe O à une distance r et dont le poids C satisfait à la relation

$$Cr = \frac{1}{2} Q b .$$

Si la force Q est verticale, le rayon r est dans le plan de l'axe de rotation O et du bras OB de la manivelle. Il en résulte que pendant la descente du bouton B la moitié du travail de Q est neutralisée par celui de C; mais dans la demi-révolution suivante, la force Q n'agissant plus et le corps R descendant, son poids C restitue la moitié du travail de Q. Si la force Q n'est pas verticale, on dispose toujours le rayon OB de manière qu'il soit vertical et commençant à monter, à l'instant où le bouton B est à l'origine de la demi-circonférence qu'il parcourt sous l'action de Q.

Dans tous les cas, le moment d'inertie du contre-poids, exprimé à peu près par $\dfrac{Cr^2}{g}$, est une partie intégrante du moment d'inertie total MR^2, de sorte que le corps excentrique R joue un double rôle, comme poids faisant alternativement travail résistant et travail moteur, et comme masse diminuant les variations de vitesses.

177. Remarques. 1° Si l'on se donne le travail Qb, la vitesse angulaire moyenne W et le coefficient de régularisation $\dfrac{1}{n}$, on peut calculer, en outre du moment d'inertie MR^2 et de l'angle x', la vitesse angulaire w qui correspond à une position donnée de la manivelle. D'abord des équations

$$\frac{1}{2}(w'' + w') = W \quad \text{et} \quad \frac{1}{2}(w'' - w) = \frac{W}{2n},$$

on tire

$$w'' = \left(1 + \frac{1}{2n}\right) W \quad \text{et} \quad w' = \left(1 - \frac{1}{2n}\right) W.$$

Puis, pour avoir la vitesse angulaire w correspondante à une position de la manivelle faisant un angle x avec la verticale OA, on pose, dans le cas de la manivelle à double effet, l'équation de l'effet du travail pendant le passage de l'angle x' à l'angle x,

$$\frac{1}{2}\,(w^2 - w'^2)\,MR^2 = Qb\,(\cos x' - \cos x) - Fa\,(x - x')$$

$$= Qb\left(\cos x' - \cos x - \frac{x - x'}{\frac{1}{2}\pi}\right) \qquad [1]$$

où tout est connu, excepté w.

2° D'après sa définition, la vitesse W est la moyenne arithmétique de la plus grande et de la plus petite vitesse angulaire ; dans la pratique, on admet qu'elle est égale à la vitesse angulaire d'un corps qui, tournant uniformément, ferait le même nombre de tours que la manivelle dans un temps donné. Ainsi le nombre de tours de la manivelle par minute étant N', on pose

$$W = \frac{2\pi N'}{60}\,.$$

Mais ce n'est là qu'une approximation suffisante pour les applications.

Si, en se donnant, comme nous venons de le dire, Qb, a et la moyenne arithmétique W des vitesses angulaires extrêmes, on voulait calculer plus exactement la durée d'une révolution de la manivelle, on remarquerait que, d'après l'équation [1] ci-dessus établie, la vitesse variable w est une fonction connue de l'angle x, et en même temps exprimée par $\dfrac{dx}{dt}$. On peut donc poser

$$\frac{dx}{dt} = \mathcal{F}(x) \quad \text{d'où} \quad dt = \frac{dx}{\mathcal{F}(x)}\,.$$

De là la possibilité de calculer, par une quadrature aussi approchée qu'on voudra, l'intégrale de cette différentielle depuis

$z=0$ jusqu'à $z=2\pi$, c'est-à-dire la durée T d'une révolution de la manivelle, et par suite la vraie vitesse moyenne $\dfrac{2\pi}{T}$.

3° Suivant la pratique des bons constructeurs, le coefficient $\dfrac{1}{n}$ pour les machines qui, comme les filatures, ont besoin d'une grande régularité, varie de $\dfrac{1}{32}$ à $\dfrac{1}{36}$. Quand cette régularité n'est pas nécessaire, on peut prendre $\dfrac{1}{n}$ plus grand, sauf l'inconvénient général des déformations alternatives qui résultent des variations de vitesse. Dans tous les cas w' devant être positive, il faut qu'on ait $1-\dfrac{1}{2n}>0$, $\dfrac{1}{n}<2$. A la limite $\dfrac{1}{n}=2$ correspondrait $w'=0$ et $w''=2W$.

4° Les formules [5] et [6] sont théoriquement applicables au cas où il y aurait plusieurs volants sur les divers treuils du système et même au cas où il n'y en aurait pas sur l'arbre de la manivelle, pourvu que par PV^2, qu'il vaudrait mieux remplacer par la notation ΣPV^2, on entende la somme des poids des éléments de la machine multipliés respectivement par les quarrés de leurs vitesses moyennes. Mais les considérations exposées précédemment (172), font comprendre qu'en pratique le principal volant doit faire corps avec l'arbre de la manivelle, sans quoi cet arbre tantôt mènerait le volant, et tantôt serait mené par lui, ce qui donnerait lieu à des chocs dans l'engrenage de communication.

178. Quatrième exemple. Manivelle à double effet avec contre-poids. — L'utilité du contre-poids pour la manivelle à simple effet fait naître la question de savoir si une disposition analogue ne serait pas avantageusement appliquée à une manivelle à double effet. Evidemment dans ce dernier cas le contre-poids ne pourrait être fixé à l'arbre de la manivelle; car, s'il venait en aide à la force mouvante lorsque le bouton de la manivelle serait à l'un des points morts A, A', il deviendrait résistant quand le bouton serait à l'autre de ces points. Mais la question reçoit une solution affirmative, au point de vue de la limitation de la vitesse, si l'on place le contre-poids sur un arbre horizontal lié à celui de la manivelle par un engrenage qui l'oblige à faire deux tours pendant que la manivelle en fait un, en fixant le contre-poids de manière que son rayon ou bras soit horizontal et en train de descendre aux instants où le bouton de la manivelle passe aux points morts.

L'étude de cette disposition qu'on se borne à indiquer ici montre : 1° que pendant un tour du contre-poids, ou un demi-tour de la manivelle, il y a pour la vitesse angulaire deux maximums et deux minimums; 2° que les deux maximums deviennent égaux ainsi que les deux minimums quand on fait le moment Cr du contre-poids égal à $0,219\,Qb$; 3° et que dans ce cas, le plus avantageux pour satisfaire à la condition de régularisation exprimée par l'équation $w'' - w' = \dfrac{w'' + w'}{2n}$, la formule [6] du deuxième exemple (175) est remplacée par celle-ci :

$$\Sigma P V^2 = 512 \frac{nN}{N'} \, ;$$

le coefficient numérique est donc environ neuf fois plus petit que dans le cas du numéro 175.

179. CINQUIÈME EXEMPLE. Deux manivelles à double effet sur un même arbre.— Deux forces égales Q, Q_1 (fig. 31), sont appliquées à deux manivelles fixées sur le même arbre, et dont les rayons OB, OB_1 sont à angle droit entre eux. Chacune de ces forces, toujours verticale et d'intensité constante, agit de haut en bas quand le bouton descend, et de bas en haut quand il remonte.

1° F conservant sa signification précédente, et T, désignant le travail moteur ou résistant par tour de l'arbre commun des manivelles, l'équation

$$2\pi Fa = 8b\,Q = T,$$

exprime que le mouvement est périodiquement uniforme, non-seulement pour chaque tour, mais pour chaque quart de tour.

2° Soit x, à un instant quelconque, l'angle d'une manivelle avec la verticale OA; le centre de gravité du système étant immobile, l'accélération angulaire du treuil des manivelles est donnée par l'équation

$$\frac{d\omega}{dt} = \frac{bQ \sin x + bQ \cos x - Fa}{MR^2}.$$

Par conséquent, si l'angle x répond à un minimum ou à un maximum de vitesse, on a

$$bQ \sin x + bQ \cos x - Fa = 0, \quad \text{d'où} \quad \sin x + \cos x = \frac{4}{\pi}.$$

La forme de cette équation conduit à faire $x = 45° - y$, d'où

$$\sin x = \frac{1}{2}\sqrt{2}\,(\cos y - \sin y)$$

$$\cos x = \frac{1}{2}\sqrt{2}\,(\cos y + \sin y).$$

par conséquent

$$\sin x + \cos x = \sqrt{2}\,\cos y = \frac{4}{\pi}.$$

On en conclut à l'aide des tables de logarithmes :

$$y' = +25°48' \qquad x' = 19°12'$$
$$y'' = -25°48' \qquad x'' = 70°48'.$$

Ainsi, pendant que l'une des manivelles parcourt l'angle droit AOC, elle passe par deux positions où l'accélération angulaire est nulle. La même chose aura lieu pendant le parcours du deuxième angle droit. En effet, après un quart de tour, le bouton qui était d'abord en B sera venu en B_1, et le bouton qui était en B_1 se trouvera en B_2 diamétralement opposé à B; mais la force agissant en B_2 sera ascendante et, par conséquent, produira le même effet que si elle était appliquée en B et descendante. Donc les moments des forces redeviennent les mêmes après un quart de tour, et il est aisé de voir que le même raisonnement s'applique au troisième et au quatrième quart de révolution. La symétrie de ces résultats fait connaître que, dans une révolution entière de l'arbre des manivelles, il y a quatre minimums égaux et quatre maximums égaux de la vitesse angulaire.

3° Pendant que l'angle x varie de x' à x'', la vitesse passe du minimum au maximum, ou c'est l'inverse; le doute à cet égard va être facilement résolu. Dans cet intervalle, le travail des forces Q et Q_1 est

$$Qb \left(\cos x' - \cos x'' + \sin x'' - \sin x'\right),$$

ce qui, au moyen des équations ci-dessus, se réduit successivement à

$$\frac{1}{2} \sqrt{2}\, Qb \left(2\sin y' - 2\sin y''\right) = 2 \sqrt{2}\, Qb \sin y'$$

$$= \frac{\sqrt{2}}{4} T \sin 25°48' = 0,1539\, T.$$

Pendant ce même temps, le travail des résistances est

$$\frac{T(x'' - x')}{360°} = \frac{51°,36'}{360°} T = 0,1433\, T,$$

inférieur au travail moteur; donc il y a augmentation de vitesse et le minimum correspond à l'angle x'. L'équation du travail est pour l'intervalle de x' à x''

$$\frac{1}{2}\left(w''^2 - w'^2\right) M R^2 = (0,1539 - 0,1433)\, T = 0,0106\, T,$$

d'où en posant $\dfrac{1}{2}\left(w''^2 - w'^2\right) R^2 = \dfrac{W'^2 R^2}{n} = \dfrac{V^2}{n}$, $M = \dfrac{P}{9,81}$,

$T = \dfrac{1500\, N}{N'}$ comme au numéro 174, et substituant, on obtient

$$\Sigma P V'^2 = 468\, \frac{nN}{N'}.$$

REMARQUES. Les coefficients 0,0106 et 468 qui remplacent ici les nombres analogues 0,1052 et 4645 relatifs à la manivelle simple à double effet, montrent l'avantage de la manivelle double sous le rapport de la régularisation du mouvement. Toutefois, il est à observer que ces résultats, fondés sur l'hypothèse du parallélisme constant de la bielle, sont modifiés quand on tient compte de l'obliquité variable de celle-ci. Nous nous bornons à dire ici que lorsque la longueur de la bielle (dont l'extrémité opposée au bouton se meut sur une droite passant par le centre O) est cinq fois celle du rayon b de la manivelle, les coefficients ci-dessus,

	Manivelle simple à double effet.		Manivelle double à double effet.	
savoir :	0,1052 ;	4648	0,0106 ;	468
doivent être remplacés par	0,1081 ;	4773	0,0358 ;	1580

Il n'en est pas moins vrai que l'emploi des manivelles accouplées réduit au tiers le moment d'inertie nécessaire pour un même degré de régularisation.

Dans le même cas de la bielle oblique, les coefficients relatifs à l'emploi du contre-poids (178) sont aussi notablement altérés.

180. Sixième exemple. Manivelle simple à double effet avec masse en mouvement alternatif. — Dans cet exemple, la résistance est exercée par un corps de poids P (fig. 32), suspendu à l'extrémité d'une corde qui s'enroule sur un tambour dont le rayon est r, et la force mouvante Q supposée constante est la résultante des forces horizontales qu'un fluide exerce sur les deux faces d'un piston lié à l'axe O par une bielle CB et par une manivelle BO. La bielle est assez longue, relativement au rayon OB ou b de la manivelle, pour que la vitesse du point C et du piston soit à très-peu près égale à la projection sur AO de la vitesse du point B. Cette bielle comme corps solide exerce une double influence sur la loi du mouvement du système : 1° Son poids fait un travail, tantôt positif quand son centre de gravité s'abaisse, et tantôt négatif quand il s'élève ; mais on peut compenser cette cause d'inégalité de la vitesse des pièces tournantes au moyen d'un contre-poids K fixé sur l'arbre de la manivelle dans le plan qui contient l'axe et le rayon BO, et calculé de manière que le centre de gravité commun de la bielle, de la manivelle et de ce contre-poids, se trouve constamment dans le plan horizontal projeté en AC. 2° Sa puissance vive varie suivant une loi compliquée qui résulte du mouvement circulaire progressif du point B et du mouvement rectiligne alternatif du point C ; mais, comme cette puissance vive est toujours très-petite comparée à celle du volant, nous pouvons, sans erreur notable, faire abstraction de la rotation de la bielle, et ne tenir compte que de sa translation alternative, en considérant sa masse comme concentrée au point C et participant au mouvement du piston. Nous désignons par P' le poids de l'ensemble du piston, de sa tige et de la bielle. Enfin, nous négligeons le poids de la corde qui suspend le fardeau résistant.

Dans ces circonstances, la condition du mouvement périodiquement uniforme donne

$$2\pi r P = 4 b Q .$$

La puissance vive du système n'est plus ici proportionnelle au quarré de la vitesse angulaire ; le maximum et le minimum de l'une ne répondent plus à ceux de l'autre, de sorte que la marche suivie dans les exemples précédents n'est plus applicable à celui-ci. Nous allons employer une méthode plus générale. Soit l'angle $\text{AOB} = x$, et soit $w = \dfrac{dx}{dt}$ la vitesse angulaire correspondante. Cherchons l'angle x correspondant soit au maximum, soit au minimum de w, et d'abord cherchons w à un instant quelconque en fonction de x variable. En appelant $\mathcal{P}_0$ la puissance vive à l'instant où x est nul, on a l'équation du travail, dont les trois premiers termes sont la puissance vive des corps tournants du système, celle du corps ascendant, et celle du piston, de la tige et de la bielle :

$$\frac{1}{2} w^2 R^2 M + \frac{1}{2} w^2 r^2 \frac{P}{g} + \frac{1}{2} w^2 b^2 \sin^2 x \frac{P'}{g} - \mathcal{P}_0 = Qb(1 - \cos x) - Prx$$

$$= Qb\left(1 - \cos x - \frac{2x}{\pi}\right) \quad [1]$$

d'où en différentiant, remplaçant $\dfrac{dx}{dt}$ par w, et supprimant le facteur commun w,

$$\frac{dw}{dt}\left(R^2 M + r^2 \frac{P}{g} + b^2 \sin^2 x \frac{P'}{g}\right) + w^2 b^2 \sin x \cos x \frac{P'}{g} = Qb\left(\sin x - \frac{2}{\pi}\right)$$

Le maximum et le minimum de w exigent donc la relation

$$\frac{P' w^2 b}{2gQ} \sin 2x = \sin x - \frac{2}{\pi} . \quad [2]$$

Si l'on se donne la vitesse angulaire moyenne $W = \dfrac{w'' + w'}{2}$, et la condition $w'' - w' = \dfrac{W}{n}$, on en conclut $w' = \left(1 - \dfrac{1}{2n}\right) W$

et $\ w'' = \left(1 + \dfrac{1}{2n}\right) W$; le minimum w' et le maximum w'' étant ainsi connus, en les substituant successivement à la place de w dans l'équation [2] et en résolvant celle-ci approximativement, on obtiendra les valeurs correspondantes de x, l'une x' plus petite, l'autre x'' plus grande que $\dfrac{\pi}{2}$. En substituant alors x' et w', puis x'' et w'' dans l'équation [1], et en retranchant l'une de l'autre des deux équations obtenues, on éliminera $\mathcal{P}_0$, et on aura pour déterminer $R^2 M$ l'équation

$$\frac{W^2}{n}\left(R^2 M + r^2 \frac{P}{g}\right) + \frac{b^2 P'}{2g}\left(w''^2 \sin^2 x'' - w'^2 \sin^2 x'\right)$$

$$= Q b \left(\cos x' - \cos x'' - \frac{2(x'' - x')}{\pi}\right).$$

Remarques. I. Si le piston se mouvait verticalement, il conviendrait que son poids fût contre-balancé par celui d'un corps fixé à la manivelle sur le prolongement de BO.

II. La tension de la corde n'est égale à P que lorsque la vitesse angulaire est à son maximum ou à son minimum.

III. L'action de la manivelle sur la bielle au point B est beaucoup plus variable : la vitesse angulaire w pouvant être considérée comme à peu près constante, quand le nombre n et, par conséquent, le moment d'inertie sont assez grands, le maximum de l'accélération du point B suivant la direction de la bielle a lieu à l'instant du passage aux points morts; et sa valeur est $b w^2$ (accélération centripète); la force totale agissant alors sur la bielle et le piston est donc $\dfrac{b w^2 P'}{g}$.

Considérons en particulier le passage du bouton au point A, l'accélération de la bielle et du piston, ainsi que la force $\dfrac{b w^2 P'}{g}$, sont dans le sens AC; et cette force totale est la résultante de la force Q exercée par la vapeur sur le piston, et de la force T

exercée par la manivelle sur la bielle. Immédiatement avant le passage au point mort, la force Q agit dans le sens CA. La force T avec laquelle la manivelle presse la bielle est donc dans le sens AC et satisfait à l'équation

$$T - Q = \frac{bw^2 P'}{g}, \quad \text{d'où} \quad T = \frac{bw^2 P'}{g} + Q.$$

Immédiatement après le passage au point mort, la force Q change brusquement de direction et la force T devenant $\frac{bw^2 P}{g} - Q$ peut être changée de sens.

On obtiendrait des formules analogues pour le passage de la manivelle près du point mort A'.

Ces considérations sont importantes lorsqu'il s'agit de déterminer, eu égard à la résistance des matériaux employés, les formes et les dimensions qu'il convient de donner à la manivelle, à la bielle et à la tige du piston d'une machine à vapeur.

181. Septième exemple. Volant d'une machine à vapeur ayant un balancier (*). — Les formules des numéros 174 et suivants ont été obtenues moyennant des hypothèses qui ont beaucoup simplifié les questions et ont permis, pour les résoudre, l'emploi exclusif du calcul ; mais, comme nous l'avions dit, ces hypothèses ne se réalisent jamais exactement, de sorte que les articles qu'on vient de lire doivent être considérés moins comme fournissant des règles certaines aux constructeurs, que comme des exercices théoriques, propres à faire comprendre les causes des inégalités de la vitesse des machines à manivelle, et l'influence de la puissance vive moyenne du volant pour atténuer ces inégalités.

(*) La marche suivie dans la résolution de cette question diffère peu de celle qu'a tracée CORIOLIS dans un Mémoire inséré au *Journal de l'École polytechnique*, 1832.

On va voir qu'à l'aide de méthodes graphiques, la question de la détermination du volant d'une machine à manivelle, dont le mouvement est périodiquement uniforme, peut être résolue au degré d'approximation désirable, eu égard aux incertitudes qui existent toujours dans l'appréciation des forces mouvantes ou résistantes considérées comme données.

Supposons qu'il s'agisse d'une machine à vapeur avec balancier lié par une bielle à la manivelle d'un volant.

Le balancier oscille autour de l'axe horizontal O' (fig. 32). Il reçoit à l'une de ses extrémités l'action de la tige DE d'un piston qui, sous la pression de la vapeur, monte et descend alternativement dans un cylindre fixe. La liaison de la tige du piston et du balancier a lieu, soit par un parallélogramme de Watt, soit par une glissière et une bielle dont la direction GD s'éloigne toujours très-peu de celle de la tige sur laquelle elle est articulée (nous admettrons ce dernier mode de liaison). A l'autre extrémité B' du balancier s'articule une longue et forte bielle B'B assemblée en B au bouton d'une manivelle qui tourne autour de l'axe fixe O du volant. Au même balancier sont encore suspendues les bielles comparativement légères des tiges des pompes à air et à eau, appareils accessoires de la machine à vapeur. L'arbre commun du volant et de la manivelle est lié par courroie ou par engrenage à un système de pièces tournantes qui subissent les résistances de diverses machines-outils.

Tout cet ensemble constitue un exemple de ce qui, en général, est appelé un système à liaison complète, dans lequel la situation et la vitesse d'un point quelconque déterminent celles de tout autre point du système. En effet, les points fixes O' et O et la direction invariable de l'axe EG de la tige du piston étant donnés, connaissant le sens de la rotation de la manivelle et les longueurs constantes des droites EG, GD, DO', O'B', B'B et OB, si l'on se donne l'une des positions du piston E, on obtiendra par une construction graphique très-simple la situation du balancier, celle de l'articulation supérieure B' de la manivelle et, par suite, celles de son articulation inférieure B et du bras OB de la manivelle.

Quant aux vitesses, la Cinématique nous enseigne comment elles sont liées entre elles. Si nous appelons

v la vitesse du piston et de la tige EG ;

w' la vitesse angulaire du balancier autour de O' ;

w celle de la manivelle OB autour de O ;

r la distance de l'axe EG de la tige à l'axe de rotation O' ;

b' la distance O'B' de cet axe au centre B' d'articulation supérieur de la bielle ;

b la distance OB de l'axe de rotation O à l'articulation inférieure B ;

$l=$OL, longueur variable d'une parallèle à O'B'.

La bielle DG étant toujours à très-peu près dans le prolongement de la droite EG, on peut poser très-approximativement l'équation

$$v = w'r \text{ (*)} \qquad\qquad [1]$$

La relation également simple entre les vitesses angulaires w' et w s'obtient (I, 54) par la considération du centre instantané de rotation de la bielle B'B, situé à la rencontre C des droites B'O' et BO. Les deux vitesses angulaires instantanées des points B' et B autour de C étant égales, on a

$$\frac{w'b'}{\text{B'C}} = \frac{wb}{\text{BC}},$$

d'où il résulte que, pour toute position donnée de la bielle BB', on peut, par une construction graphique, trouver le rap-

---

(*) Rigoureusement on a vu en Cinématique (I, 56) qu'en menant par O' une perpendiculaire à la droite EG qu'elle rencontre en H, on a $w=w'$O'H. La distance OH est réellement variable, mais dans le cas actuel diffère très-peu de la constante r.

port variable des vitesses angulaires w et w'. Mais les longueurs BC et B'C pouvant être très-grandes, il sera plus commode de les remplacer par deux autres, plus petites, qui leur soient proportionnelles. C'est pour cela que par le point O on mène OL parallèle à O'B', et se terminant en L sur la bielle ; on a alors

$$\frac{B'C}{BC} = \frac{l}{b} \quad \text{et par suite} \quad w'b' = wl; \qquad [2]$$

ainsi, pour toute position de la bielle, la connaissance de l'une des trois vitesses v, w', w, entraîne celle des deux autres.

Après ces considérations qui dépendent de la cinématique, viennent celles qui se rapportent à la dynamique. La marche suivie dans l'article précédent (180) fait suffisamment prévoir que la détermination du moment d'inertie du volant nécessaire pour une régularisation définie du mouvement, s'obtiendra par l'application du théorème de l'effet du travail. Pour cela, le mouvement étant supposé parvenu à l'uniformité périodique, exprimons l'accroissement de la puissance vive du système entre deux instants, dont l'un est fixe (instant initial d'une période), et l'autre variable ; nous écrirons ensuite que cet accroissement est numériquement égal au travail exercé par toutes les forces dans le même intervalle.

Prenons pour instant initial de la période celui où le piston E est à l'extrémité inférieure de sa course, l'articulation de la bielle sur le balancier au point B'_0 le plus élevé de l'arc $B'_0B'B'_1$ qu'elle parcourt alternativement dans les deux sens, et l'articulation de la bielle avec la manivelle au point B_0 situé sur la droite $OB_0B'_0$ dont la longueur est égale à la somme du bras b de la manivelle et de la longueur L de la bielle. (On sait que les points B'_0 et B_0 sont communément appelés points morts supérieurs du balancier et de la manivelle.) A cet instant, le balancier, le piston de vapeur, les pistons des pompes accessoires et leurs tiges et bielles sont sans vitesse. La puissance

vive du système se réduit à celle de la bielle de manivelle B'_0B
et à celle du volant et des pièces tournantes dont les vitesses
angulaires sont proportionnelles à la sienne ; représentons cette
puissance vive initiale, qui disparaîtra finalement du calcul,
par $\mathfrak{P}_0$.

A un autre instant, celui auquel se rapporte la figure, la
puissance vive du système a pour partie principale celle du
volant et de toutes les pièces tournantes dont le mouvement
progressif est lié à celui de l'arbre O. Suivant la notation
précédemment employée, nous exprimons leur puissance vive
par

$$\frac{1}{2}\, w^2 M R^2.$$

D'une autre part, le piston à vapeur E et sa tige EG ayant
la vitesse v ou $w'r$, à laquelle participe très-approximativement
la petite bielle GD, la puissance vive de ces trois corps est la
même que si toute leur masse était condensée en un point du
balancier situé à la distance r de l'axe O'. Il en est de même
des pistons, tiges et bielles des pompes à air et à eau, dont la
puissance vive est à très-peu près la même que si leurs masses
étaient transportées sur le balancier aux points d'attache de ces
bielles. Il résulte de là que la puissance totale du balancier
des pistons et de leurs pièces de jonction peut être exprimée
par

$$\frac{1}{2}\, w'^2 M' b'^2 \quad \text{ou} \quad \frac{1}{2}\, w^2 M' l^2.$$

la masse fictive M' pouvant être calculée de manière que $M'b'^2$
soit égal au moment d'inertie réel du balancier (autour de l'axe
O'), augmenté des moments d'inertie, autour du même axe, des
masses dues aux pistons, etc., et transportées comme nous venons de le dire.

Quant à la bielle de manivelle $B'B$ dont l'axe instantané de
rotation est en C, à l'intersection des droites $B'O'$ et BO, et

dont la vitesse angulaire est $\dfrac{wb}{BC}$, sa puissance vive actuelle

est donc égale à $\dfrac{1}{2}\left(\dfrac{wb}{BC}\right)^2$ multiplié par le moment d'inertie

de cette bielle autour de C. Or, si nous figurons en G' sur la droite BB' le centre de gravité, et si nous appelons :

M'' la masse de ce corps,

et k son rayon de giration autour de l'axe G',

son moment d'inertie autour de C se trouve représenté par

$$M''(k^2 + CG'^2)$$

et par conséquent sa puissance vive est

$$\Phi'' = \frac{1}{2}\,\frac{w^2 b^2}{BC^2}\,M''(k^2 + CG'^2) .$$

Les deux distances variables BC et GC′ pouvant être très-grandes, nous les remplaçons par d'autres qui leur sont proportionnelles. Pour cela, par le point O nous menons une parallèle OI à CG′, de sorte que les figures OBIL et CBG'B′ sont semblables ; et si l'on pose, pour abréger les écritures,

La longueur invariable de la bielle. $BB' = H$,

Et les lignes variables.......... $OI = i$ et $BL = h$,

comme on a déjà posé $OB = b$ et $OL = l$, on a les proportions

$$BC = \frac{Hb}{h} \quad \text{et} \quad CG' = \frac{Hi}{h} ,$$

et l'expression de la puissance vive de la bielle devient

$$\Phi'' = \frac{1}{2}\,w^2 M''\left(\frac{h^2 k^2}{H^2} + i^2\right) .$$

L'accroissement de la puissance vive de tout le système depuis l'instant initial du passage de la manivelle au point mort B_0 jusqu'à celui de son passage en B est donc

$$\frac{1}{2} w^2 M R^2 + \frac{1}{2} w^2 M' l^2 + \frac{1}{2} w^2 M'' \left(\frac{h^2 k^2}{H^2} + i^2 \right) - \Phi_0.$$

Il faut écrire que cet accroissement est égal au travail des forces qui agissent sur tout le système dans ce même intervalle, à partir du même instant initial.

Nous distinguons ces forces en trois catégories.

1° Les résistances principales et accessoires agissant sur les diverses pièces qui, commandées par la roue ou la poulie motrice montée sur l'arbre du volant, tournent continuellement dans le même sens ; ces forces, auxquelles nous joindrons le frottement que cet arbre reçoit de ses appuis, peuvent, quant à leur travail, être représentées par une force résistante unique F tangente à la circonférence décrite par l'articulation B de la manivelle ; nous désignons la valeur absolue du travail de cette force, dans l'intervalle de temps ci-dessus défini, par εF.

2° Dans la deuxième catégorie sont la force mouvante due à la pression de la vapeur sur l'une des faces du piston, la pression résistante, dite contre-pression, que la vapeur en communication avec le condenseur ou avec l'air atmosphérique exerce sur l'autre face, et encore les résistances diverses provenant du service des pompes et des frottements ; ces forces équivalent, en définitive, quant au travail, à une force mouvante Q qui s'exercerait seule suivant la tige EG dans le sens où se meut alternativement le piston ; nous désignons le travail moteur de cette force, pendant le passage de la manivelle de B_0 en B, par εQ.

3° Dans la troisième catégorie sont les forces exercées par la pesanteur sur le balancier, sur les pièces (pistons, tiges et bielles) qui oscillent avec lui, et enfin sur les pièces qui, fixées sur le volant ou sur son arbre, ont leur centre de gravité hors de l'axe de cet arbre. On sait que le travail de ces forces, entre deux instants quelconques, se mesure, pour chaque partie du système, par le poids de cette partie multiplié par la hauteur dont son centre de gravité s'abaisse ou s'élève. Il s'ensuit que, après une révolution entière de la manivelle ou une double oscillation du balancier, toutes les parties du système reprenant les mêmes positions, le travail de la pesanteur pendant cette période est tout à fait nul ; mais il peut n'en être pas de même pour les diverses subdivisions de la période, et nous désignons la somme des travaux de la pesanteur depuis l'instant initial par $\Sigma \mathfrak{E} p$.

D'après ces notations, l'équation de l'effet du travail à partir de cet instant est

$$\frac{1}{2} w^2 . MR^2 + \frac{1}{2} w^2 . M' l^2 + \frac{1}{2} w^2 . M'' \left(\frac{h^2 k^2}{H^2} + i^2 \right) - \mathfrak{P}_0 = \mathfrak{E} Q + \Sigma \mathfrak{E} p - \mathfrak{E} F. \quad [3]$$

Comme nous cherchons les positions de la manivelle qui correspondent au minimum et au maximum de w, désignons par
  x l'angle variable $B_0 OB$,
et z le rapport du même angle à 360°, ou de l'arc $B_0 B$ à la
  circonférence $2\pi b$;
et exprimons en fonction, soit de x, soit de z, les trois termes du second nombre.

Travail moteur. $\mathfrak{E} Q$ est une intégrale. Écrivons sa différentielle que l'on obtient et que l'on transforme comme il suit, eu égard aux relations précédentes [1] et [2] :

$$d\mathfrak{E} Q = Q v dt = Q w' r dt = \frac{r}{b'} Q l w dt = \frac{2\pi r}{b'} Q l dz,$$

expression dans laquelle les quantités Q et l sont des variables qui dépendent de z d'une manière déterminée. En effet, si l'on se donne le rapport z de l'arc $B_0 B$ à la circonférence, on aura le point B de la figure ; on en conclura graphiquement la position B'O'D' du balancier et, par suite, celle du piston E. Or, nous admettons que pour chaque position du piston, soit qu'il monte, soit qu'il descende, les deux valeurs de la force Q sont connues. Leur détermination effective appartient à l'étude spéciale de la machine à vapeur, dont nous ne nous occupons pas ici. La même construction graphique donnera la longueur l. On conçoit donc la possibilité de calculer, par les méthodes connues d'intégration approximative, les valeurs du travail de la force Q depuis l'instant initial jusqu'aux instants du passage de la manivelle à divers points de la circonférence décrite par l'articulation B. On obtient ainsi pour diverses valeurs de z

$$\mathcal{C}Q = \frac{2\pi r}{b'} \int_0^z Ql\,dz \quad .$$

Travail de la pesanteur. — Nous avons dit que le travail de la pesanteur, exprimé par $\Sigma \varpi p$, est nul quand il est étendu à une révolution entière de la manivelle; mais pour les positions intermédiaires, il passe en général par diverses valeurs tantôt croissantes et tantôt décroissantes, et nous allons voir que ces valeurs s'expriment simplement en fonction de l'angle z. D'abord, les tiges des pistons étant verticales, et les bielles articulées sur le balancier ne faisant jamais que de petits angles avec la verticale, il s'ensuit que les poids des pistons, de leurs tiges, de leurs bielles et de la bielle de manivelle, font à peu près le même travail que si ces poids étaient transportés aux points d'attache respectifs des bielles sur le balancier, et il serait par conséquent possible de remplacer, quant au travail, ces poids et celui du balancier lui-même par une force verticale unique P appliquée au point d'articulation B' (son moment autour de l'axe O' serait égal à la somme de ceux de tous les poids partiels, y compris celui du balancier appliqué en son centre de gravité). Mais cette force P verticale ascendante ou descendante, une fois calculée, peut se transporter, sans changement ni à son intensité, ni au sens de son action, ni à son travail, à l'articulation inférieure B de la bielle B'B, attendu que, suivant ce que nous venons de dire, les vitesse des points B et B', à chaque instant, ont leurs projections verticales à peu près égales. D'une autre part, la manivelle a généralement son centre de gravité hors de l'axe de rotation O, et situé dans le plan projeté suivant la droite OB; de même l'ensemble du volant, de la roue ou poulie motrice et de l'arbre ont, en général, leur centre de gravité commun hors du même axe et dans le même plan, ce qui se réalise en pratique par un renflement partiel de la jante du volant, et constitue ce qu'on appelle un contre-poids.

Cela étant, le poids de la manivelle et celui du contre-poids ont à chaque instant leur résultante verticale appliquée en un point du plan tournant qui passe par l'axe O et par l'articulation B, et cette résultante est située soit du côté de OB, soit à l'opposé, suivant la position et l'importance du contre-poids ; mais cette résultante peut en tout cas être remplacée, sans altération de son moment ni de son travail, par une force verticale P' appliquée en B et ascendante ou descendante.

En procédant ainsi, on a pour représenter, quant à leur travail, tous les poids du système indiqué, les deux forces verticales P et P' appliquées au même point mobile B, et se réduisant par conséquent à une seule également verticale. Nous désignons cette force unique et constante par C; elle est descendante ou ascendante, et l'on pourra toujours, dans chaque cas spécial de la pratique, donner à cette force le sens et l'intensité qu'on voudra.

Pour exprimer le travail de cette force C à introduire dans l'équation générale, nous admettrons que le point B_0 est le plus élevé de la circonférence décrite par l'articulation de la manivelle, de sorte que α étant l'angle B_0CB, le travail de la force C pendant le parcours de cet angle est $Cb(1 - \cos\alpha)$; ainsi

$$\Sigma\varpi p = Cb(1 - \cos\alpha);$$

la force verticale C est positive ou négative, étant égale à la somme algébrique $P + P'$. L'angle α prend successivement toutes les valeurs depuis zéro jusqu'à quatre angles droits ; et pour cette dernière valeur, le second membre devient nul, comme cela doit être.

Travail résistant. — Dans la pratique, la résistance que nous désignons par F est toujours plus ou moins variable, mais le plus souvent ses variations sont peu considérables. Si, parmi les machines-outils menées par l'arbre du volant, il y a des machines à choc ou plus généralement à résistance variable, celles-ci sont ordinairement munies de volants spéciaux qui, selon la théorie précédemment expliquée, diminuent les effets de cette variation. C'est pourquoi, dans la question actuelle, nous supposons à la force F sa valeur moyenne et constante. Son travail est dès lors proportionnel à l'angle α ou au rapport z ; et sa valeur absolue est exprimée, pour le parcours de l'angle α, par $F \cdot B_0 B$ ou $F \cdot 2\pi b \cdot z$.

$F \cdot 2\pi b$ est le travail résistant pour une révolution de la manivelle. Or, la condition de l'uniformité périodique du mouvement veut que cette valeur soit égale à celle du travail moteur pour la même durée. Donc on a

$$F \cdot 2\pi b = \frac{2\pi r}{b'} \int_{z=0}^{z=1} Q\,l\,dz,$$

et par conséquent

$$zF = \frac{2\pi r}{b'} \cdot z \int_{z=0}^{z=1} Q\,l\,dz.$$

Le second membre de l'équation [3] de l'effet du travail peut donc s'écrire ainsi

$$\frac{2\pi r}{b'} \left\{ \int_{z=0}^{z} Q\,l\,dz - z \int_{z=0}^{z=1} Q\,l\,dz \right\} + Cb\,(1 - \cos\alpha).$$

Dans cette expression du travail, la force variable Q est supposée connue pour chaque valeur du rapport z; elle dépend principalement de l'état de la vapeur qui agit sur le piston et de la surface de celui-ci. Le poids fictif C est constant et dépend, comme nous l'avons vu, non-seulement du défaut d'équilibre des poids du balancier et des pièces qui y sont articulées, mais encore du contre-poids lié au volant. Or, on peut disposer de ce contre-poids pour faire en sorte que le poids définitif C soit nul, ce qui non-seulement simplifiera les calculs, mais encore sera favorable à la moindre variabilité du mouvement, si le travail moteur, c'est-à-dire celui de la force Q, a la même valeur pour chaque demi-révolution de la manivelle et pour les deux courses alternatives du piston, ce qui a lieu ordinairement, au moins à peu près. Mais si l'on prévoit que cette égalité n'aura pas lieu et qu'on veuille en tenir compte, on pourra la compenser en déterminant le contre-poids de manière que la force C fasse un travail positif pendant la course donnant un travail inférieur, et que, par conséquent, la même force C fasse un travail négatif pendant la course donnant un travail supérieur.

Supposons, par exemple, que le travail de Q soit plus grand pendant la course ascendante du piston que pendant la course descendante; en d'autres termes, supposons que le travail de Q pendant la demi-révolution de la manivelle à partir de B_0 soit plus grand que la moitié du travail de cette même force pour une révolution entière. C'est ce que nous écrivons en posant

$$\frac{2\pi r}{b'} \int_{z=0}^{z=\frac{1}{2}} Q l\, dz > \frac{\pi r}{b'} \int_{z=0}^{z=1} Q l\, dz \ .$$

On fera alors en sorte que le travail de C soit négatif pendant la première demi-révolution, ce qui se réalisera en plaçant, au besoin, le centre de gravité du contre-poids sur un rayon faisant avec OB un angle de 180°. Le travail de la force verticale C pour une demi-révolution étant en valeur absolue $2Cb$, on déterminera C par l'équation ci-après, qui exprime que le travail de Q dans la première demi-révolution, diminué du travail de la pesanteur, est égal à la moitié du travail de Q pendant une révolution entière :

$$\frac{2\pi r}{b'}\int_{z=0}^{z=\frac{1}{2}} Q l\, dz - 2Cb = \frac{\pi r}{b'}\int_{z=0}^{z=1} Q l\, dz, \qquad [4]$$

qui revient à

$$\frac{2\pi r}{b'}\int_{z=\frac{1}{2}}^{z=1} Q l\, dz + 2Cb = \frac{\pi r}{b'}\int_{z=0}^{z=1} Q l\, dz,$$

c'est-à-dire que le travail de Q dans la deuxième demi-révolution, augmenté du travail de la pesanteur, est aussi égal à la moitié du travail total pendant une révolution.

Revenons à l'équation générale du travail [3] dont nous venons d'étudier séparément les deux membres, savoir :

$$\frac{1}{2}w^2 M R^2 + \frac{1}{2}w^2 M' l^2 + \frac{1}{2}w^2 M''\left(\frac{h^2 k^2}{H^2} + i^2\right) - \Psi_0$$

$$= \frac{2\pi r}{b'}\left(\int_{z=0}^{z} Q l\, dz - z\int_{z=0}^{z=1} Q l\, dz\right) + Cb(1 - \cos a); \quad [5]$$

et voyons l'usage que nous en pouvons faire. Les dimensions et le poids du balancier, de ses accessoires et de la bielle de manivelle sont supposés connus et déterminés en raison des efforts que ces pièces auront à subir. Si l'on considérait comme donnés le moment d'inertie fictif $M R^2$ et la vitesse angulaire initiale w_0 de la manivelle, on en conclurait aisément la puissance vive correspondante Ψ_0 et alors le quarré w^2 de la vitesse angulaire variable deviendrait une fonction explicite de la variable z et des autres variables l, i et h qui en dépendent. On pourrait donc, en attribuant à la manivelle diverses positions, calculer les valeurs correspondantes de w et vérifier si ses variations sont renfermées entre des limites suffisamment rapprochées. Mais cette vérification *à posteriori* n'est pas la question à résoudre. La question est : connaissant les masses M', M'', M''', le rayon de giration k, les dimensions b, b', r, H, le poids C, et la loi qui lie la force Q à la variable z et aux variables l, i et h qui en dépendent, connaissant enfin la vitesse angulaire W, moyenne arithmétique du maximum w'' et du minimum w' de la vitesse angulaire w, et le nombre régulateur n, calculer le moment d'inertie MR^2 de manière que la différence $w'' - w'$ ne dépasse pas $\dfrac{1}{n}$ de la moyenne W, ce qui revient à

$$\frac{1}{2}\left(w''^2 - w'^2\right) \gtreqless \frac{W^2}{n} . \tag{6}$$

Pour y parvenir approximativement, en évitant de longs tâtonnements, on remarque que la puissance vive variable du balancier et celle de la bielle de manivelle qui forment le deuxième et le troisième terme de l'équation [5] sont toujours petites relativement à la puissance vive principale qui en est le premier terme, et que, par conséquent, on peut, sans erreur notable, non pas les négliger, mais les modifier en y remplaçant la variable w^2 par la constante W^2 qui en diffère toujours peu.

L'équation [5] devient ainsi

$$\frac{1}{2}w^2 MR^2 - Q = \frac{2\pi r}{b'}\left\{ \begin{aligned} &\int_{z=0}^{z} Ql\,dz - z\int_{z=0}^{z=1} Ql\,dz + C\frac{bb'}{2\pi r}(1-\cos z)\\ &- \frac{W^2 b' M'}{4\pi r}\left(l^3 + \frac{M''}{M'}\left(\frac{h^2 k^2}{H^2} + i^2\right)\right) \end{aligned} \right\} \tag{7}$$

Le second membre est une fonction de z dont on pourra calculer 1° le maximum T'' répondant à un certain angle z''

et au maximum w'' de la vitesse angulaire, 2° le minimum T' répondant à un angle α' et au minimum w' de w. (Ce minimum T' sera négatif, parce que le premier membre d'abord négatif commence par diminuer avec la vitesse angulaire.) On aura donc

$$\frac{1}{2} w''^2 MR^2 - \mathcal{P}_0 = T'',$$

et $$\frac{1}{2} w'^2 MR^2 - \mathcal{P}_0 = T',$$

d'où $$\frac{1}{2}(w''^2 - w'^2) MR^2 = T'' - T',$$

et, en ayant égard à la condition [6], on obtiendra pour le moment d'inertie cherché,

$$MR^2 \gtrless \frac{n(T'' - T')}{JV^2}. \tag{8}$$

Entrons maintenant dans quelques détails sur la marche à suivre dans les calculs que nous venons d'indiquer. Mettons l'équation [7] sous la forme

$$\frac{1}{2} w' MR^2 - \mathcal{P}_0 = \frac{2\pi r}{b'} Z.$$

Le maximum T'' et le minimum T' répondent au maximum Z'' et au minimum Z' de Z. Pour obtenir ces derniers, on opérera sur l'épure à grande échelle représentant les axes longitudinaux des principales pièces de la machine. A partir du point mort B_0 on divisera le cercle $B_0 B...$ décrit par l'articulation B en un certain nombre de parties égales, nombre plus ou moins grand selon le degré d'exactitude qu'on désirera atteindre, par exemple, en vingt parties. Pour chaque point de division B, on déterminera graphiquement la position correspondante de l'articulation B', de l'articulation D et, par suite, la situation du piston E, relativement aux extrémités de sa course. On aura donc pour chaque point B la valeur de la force variable Q. Le dessin donnera encore, pour chacun des mêmes points de division, la longueur $OL = l$ parallèle à $O'B'$, la longueur $LB = h$, la longueur $OI = i$ joignant le centre O au milieu I de LB.

On dressera un tableau en 14 colonnes.

Dans la 1re, on mettra les 21 valeurs de z correspondant aux points de division de la circonférence décrite par l'articulation B; ces valeurs sont $0°$, $18°$, $36°$, $54°$, ...$360°$.

Dans la 2e, les valeurs correspondantes de z, savoir 0; $0,05$; $0,10$; $0,15$; ...$1,00$.

Dans la 3e, les valeurs successives de Q, calculées en kilogrammes, Q_0, Q_1, Q_2, ...Q_{20}.

On admettra, ce qui est suffisamment approché de l'exactitude, que le point mort inférieur sera diamétralement opposé à B_0, et la force Q relative à ce point aura deux valeurs, l'une Q'_{10} principalement due à la pression de la vapeur sur la face du piston qui finit de recevoir un travail moteur, l'autre Q''_{10} principalement due à la pression de la vapeur sur l'autre face.

Dans la 4e colonne, on mettra les valeurs de l, savoir :
$l_0 = 0$, l_1, l_2,... $l_{10} = 0$, l_{11}, ...$l_{20} = 0$.

Dans la 5e, les produits Ql des nombres écrits dans les colonnes 3 et 4. Appelons ces produits y_0, y_1, y_2, ...y_{20} dont le premier, le onzième et le dernier sont nuls.

Dans la 6e colonne, les intégrales de $Qldz$ depuis l'origine constante $z = 0$ jusqu'à $z = 0,10$ pour la première désignée par S_2, jusqu'à $z = 0,20$ pour la suivante S_4,... et enfin jusqu'à $z = 1$ pour la dernière. Ces dix intégrales sont

$$S_2 = \frac{1}{60}(y_0 + 4y_1 + y_2), \qquad S_4 = S_2 + \frac{1}{60}(y_2 + 4y_3 + y_4),$$

$$S_6 = S_4 + \frac{1}{60}(y_4 + 4y_5 + y_6)... \quad S_{20} = S_{18} + \frac{1}{60}(y_{18} + 4y_{19} + y_{20}),$$

On détermine alors la valeur de Cb par l'équation [4] qui peut s'écrire ainsi :

$$\frac{Cbb'}{2\pi r} = \frac{1}{2}\,S_{10} - \frac{1}{4}\,S_{20}.$$

Dans la 7ᵉ colonne, on écrit les dix valeurs de $z\displaystyle\int_{z=0}^{z=1} Ql\,dz$, c'est-à-dire de zS_{20}, qui correspondent à $z=0,1$; $z=0,2$;... $z=1$.

Dans la 8ᵉ, les dix quantités $\dfrac{Cbb'}{2\pi r}(1 - \cos z)$, correspondant aux angles 36°, 72°, 108°, 144°, 180°, 144°, 108°, 72°, 36°, 0° .

Dans la 9ᵉ, les dix quantités l^2 correspondant aux valeurs l_2, l_4, l_6,... l_{20} .

Dans la 10ᵉ, les dix quantités $\dfrac{k^2}{H^2}\,h^2$ dans lesquelles la variable h répond aux dix points de division B_2, B_4, B_6,... B_{20} ou B_0 .

Dans la 11ᵉ, les dix quantités i^2 répondant aux mêmes points de division .

Dans la 12ᵉ, les valeurs correspondantes de $\dfrac{M''}{M'}\left(\dfrac{k^2}{H^2}\,h^2 + i^2\right)$ obtenues d'après les deux colonnes précédentes.

Dans la 13ᵉ, les valeurs de $\dfrac{H'^2 b' M'}{4\pi r}\left(l^2 + \dfrac{M''}{M'}\left(\dfrac{k^2}{H^2}\,h^2 + i^2\right)\right)$ obtenues en ajoutant les nombres des colonnes 9 et 12, et en multipliant la somme par la constante $\dfrac{H'^2 b' M'}{4\pi r}$.

Dans la 14ᵉ, les valeurs de la quantité Z, calculées par la réunion des nombres des colonnes 6, 7, 8 et 13.

Cela étant fait, l'inspection de la 14ᵉ colonne fera connaître, à moins de 1/10 près de circonférence, les positions de la manivelle auxquelles répondent le maximum et le minimum de la variable Z et, par conséquent, de la vitesse w du volant. Pour déterminer avec plus d'exactitude chacune de ces positions et la différence $T' - T''$ qui s'en déduit, on intercalera dans la 14e et dernière colonne deux valeurs de Z qui correspondront l'une à la valeur de z intermédiaire entre les deux consécutives qui auront donné pour Z les résultats les plus petits, l'autre à la valeur de z comprise entre celles qui auront donné les plus grandes valeurs de Z. Pour calculer les valeurs de cette fonction correspondant aux z intermédiaires, on procédera comme précédemment, sauf en ce qui concerne les intégrales

$$\int Q l dz$$

inscrites à la 6e colonne. Supposé, par exemple, qu'il s'agisse de calculer Z_7, et d'abord $\int_0^{z_7} Q l dz = S_7$, on calculera

$$S_7 = S_6 + \frac{1}{20} \cdot \frac{1}{12} (8y_7 + 5y_8 - y_6),$$

ou plus simplement, si l'on veut,

$$S_7 = S_6 + \frac{1}{20} \cdot \frac{1}{2} (y_7 + y_8)$$

et l'on achèvera en faisant, dans le reste de l'expression de Z dans la formule [7],

$$z = \frac{1}{20}$$

et donnant à z, l, h et n les valeurs correspondantes obtenues graphiquement.

Quand on se sera ainsi fixé sur le minimum Z' et sur le maximum Z'' de Z, on multipliera leur différence par le facteur constant $\dfrac{2\pi r}{b'}$ et l'on aura

$$\frac{2\pi r}{b} (Z'' - Z') = T'' - T'.$$

qu'on substituera dans la formule [8].

182. Remarques. — I. Les lois que suivent les diverses quantités inscrites dans le tableau indiqué ci-dessus peuvent être rendues sensibles au moyen de courbes représentatives, qui, par leur continuité, serviront à vérifier l'exactitude des calculs. Ayant pris une certaine longueur pour unité sur un axe des abscisses, on la divisera en 20 parties égales, et, à partir de l'origine, les abscisses des points de division représenteront les valeurs du rapport z. On portera en ordonnées, moyennant une échelle choisie convenablement, les valeurs correspondantes de Q, égales ou à peu près égales entre elles pendant l'admission de la vapeur, puis décroissantes pendant la détente; les points supérieurs de ces ordonnées seront joints par une courbe. Une seconde courbe sera celle des valeurs de l. Une troisième sera la courbe des valeurs de Ql; une quatrième celle des intégrales $\int Q l dz$ dont on aura calculé les valeurs S_3, S_4, ...S_{20}; et ainsi de suite pour toutes les quantités portées dans le tableau.

II. C'est surtout dans les machines à détente (où la vapeur agit avec une intensité variable) que le balancier a une influence remarquable sur la régularisation du mouvement du volant; et il faut se garder de croire que de ce que, dans ces machines, la puissance vive du balancier et des autres pièces oscillantes reste toujours une très-petite fraction (par exemple 1/150) de celle du volant, on puisse conclure qu'on ne ferait qu'une erreur proportionnelle aussi petite, en négligeant la masse de ces corps oscillants. L'erreur serait, au contraire, considérable dans les cas de grande détente, parce que les deux positions de la plus petite et de la plus grande vitesse du volant répondent alors à deux vitesses très-inégales du balancier, et l'accroissement de la puissance vive des pièces oscillantes devient une fraction notable (comme 1/9 ou 1/10) de l'accroissement de la puissance vive du volant. Au reste, si on la néglige, l'erreur commise n'a d'autre inconvénient que de donner au moment d'inertie du volant un accroissement qui augmente la régularité du mouvement au delà du degré indiqué par le nombre $\dfrac{1}{n}$ adopté dans le calcul.

III. La quantité MR^2 de la formule [7] n'est pas seulement le moment d'inertie du volant calé sur l'arbre de la manivelle. Suivant la théorie exposée au numéro 171, c'est la somme des moments d'inertie des diverses pièces tournantes, y compris le volant, multipliés chacun par le quarré du rapport de la vitesse angulaire de chaque pièce, à la vitesse du volant; en d'autres termes, la quantité $\frac{1}{2} MR^2 W'^2$ est la somme $\Sigma p \frac{v^2}{2g}$ des puissances vives de toutes les parties du système à l'instant où le volant a sa vitesse angulaire moyenne W'. Il en résulte que si, parmi les pièces tournantes et indispensables du système, il en est qui doivent nécessairement avoir une grande puissance vive, ces pièces font fonction de volants, et alors, pour satisfaire à la régularisation demandée et à la formule [8], il ne reste plus qu'à compléter par le volant proprement dit la somme $\Sigma p \frac{v^2}{2g}$. Il est cependant nécessaire de faire à cette théorie une restriction importante, fondée sur la considération indiquée à l'article 172, au sujet des actions mutuelles qui ne doivent pas changer de sens. Prenons pour exemple une machine à vapeur faisant mouvoir les divers mécanismes d'un moulin à blé. Sur l'arbre O de la manivelle et du volant (fig. 33), est calée une roue d'angle A engrenant avec un pignon B monté sur un arbre vertical M N, lequel porte deux roues horizontales, l'une D qui mène un certain nombre de pignons de meules, E, E,..., l'autre H située à un étage supérieur et communiquant le mouvement à des arbres horizontaux I, I, qui le transmettent aux machines accessoires de l'usine. Les meules ayant un moment d'inertie dont la valeur numérique est grande comparativement à la somme des moments des forces résistantes exercées par le blé, il en résulte que lorsqu'elles perdent de la vitesse vers l'instant du passage de la manivelle à un point mort, leur ralentissement rapporté à l'unité du temps (c'est-à-dire leur accélération angulaire négative) a une faible valeur numérique ; or, il pourrait arriver qu'au même instant, par insuffisance du moment d'inertie du volant, l'arbre vertical soumis aux résistances des mécanismes accessoires se ralentit plus que les meules ; les dents de la roue D cesseraient de pousser celles des pignons E, et s'en sépareraient pendant un temps très-court après lequel, par suite du travail de la force mouvante Q, elles reviendraient au contact, avec un choc nuisible à la conservation du mécanisme et à l'économie du travail. On évitera ce grave inconvénient en donnant au volant principal et aux roues fixées sur l'arbre vertical M X une puissance vive que l'on calculera, d'après la théorie du numéro 171, suffisante pour que l'action mutuelle de la roue D continue de presser les pignons E, même à l'instant du passage de la manivelle au point mort, en attribuant à la résistance subie par la roue supérieure H sa plus grande valeur, tandis que celle du blé sous les meules serait à son minimum.

IV. Effet des forces d'inertie sur les bras des volants. — Lorsqu'un volant tourne uniformément, chacun des segments dont la jante est composée exerce sur les bras et sur les autres segments auxquels il est lié des efforts dont la résultante est la force centrifuge due à la masse et au mouvement circulaire de ce segment. Si l'on fait abstraction de la pesanteur, les bras ne sont alors soumis qu'à des efforts longitudinaux. Mais, lorsque le mouvement de rotation est varié, il n'en est plus de même. Les bras sont dans le même état de déformation que si la jante, étant en repos, était à la fois sollicitée en ses divers points par des forces $m w^2 r$ normales centrifuges et par des forces tangentielles $-m r \dfrac{dw}{dt}$. Ces dernières tendent à fléchir les bras, et la somme de leurs moments par rapport à l'axe de rotation est égale au moment de la résultante de toutes les forces extérieures qui agissent réellement sur le système solide tournant dont le volant fait partie.

Les conséquences pratiques de ces considérations appartiennent à la partie de la mécanique appliquée qui traite de la résistance des matériaux.

DU MOUVEMENT DE LA TOUPIE.

183. Phénomène remarquable que présente la toupie. — Tout le monde sait que la toupie, par une rotation rapide autour de son axe de figure, acquiert la propriété de se maintenir debout sur sa pointe, ce qui serait impossible si la rotation n'existait pas ou était insuffisante. Lorsque la vitesse angulaire d'abord très-grande vient à diminuer, si la pointe est assujettie comme à un point fixe dans une petite cavité, on voit l'axe s'incliner, mais ne se rapprocher que lentement de l'horizon, en décrivant dans l'espace une surface conique dont la génératrice s'accélère et s'écarte de la verticale à mesure que la rotation de la toupie autour de cette même génératrice diminue de vitesse. Ce phénomène, aussi curieux qu'il est vulgaire, a pu donner l'idée de mettre expérimentalement en évidence les propriétés du mouvement d'un corps solide de révolution fixé par un point de son axe de figure. Tel est l'objet et l'avantage d'un appareil d'invention récente, qui permet à la toupie de pirouetter très-librement autour d'un point fixe, et de tourner autour de son axe de figure, très-rapidement, avec un faible frottement, et, par conséquent, beaucoup plus longtemps que la toupie ordinaire.

184. Description de l'appareil expérimental. — Une colonne verticale A (fig. 34) est fixée solidement sur une base large et lourde B qui lui assure une grande stabilité.

Au sommet de la colonne est une *douille*, trou cylindrique où s'introduit et tourne librement autour de son axe vertical un arbre pivot C (fig. 35), terminé en dessus du support par une fourche DD ; les branches de cette fourche sont traversées par deux vis horizontales E, E, qui se prolongent par deux petits tourillons, sur lesquels s'appuie et peut tourner avec très-peu de frottement une bague F percée d'un trou cylindrique, et surmontée d'une vis de pression G.

Dans cette bague glisse, et se fixe par la vis de pression, une tringle cylindrique H H (fig. 34 et 36), dont l'une des extrémités porte une vis au moyen de laquelle la tringle s'assemble solidement à l'extérieur d'un cadre annulaire I I I I, en prolongement d'un de ses diamètres (fig. 36).

A l'intérieur du même cadre et dans la direction du même diamètre est disposé l'arbre cylindrique K de la toupie, ou corps de révolution qui est la pièce principale de l'appareil. Cet arbre est terminé par deux pointes assujetties à frottement doux dans les trous coniques de deux petites crapaudines fixées au cadre et dont on règle la distance au moyen d'une vis à contre-écrou L, de manière que l'arbre K n'ait que très-peu de jeu longitudinal. L'arbre K est muni d'un bourrelet M et d'une petite goupille peu saillante à laquelle s'accroche d'un bout la ficelle qu'on enroule sur l'arbre et qu'on tire ensuite vivement par l'autre bout pour imprimer à la poulie une rotation rapide.

La tringle cylindrique H H porte une seconde bague à fourche N (fig. 34), pareille à celle D de la figure 35, si ce n'est qu'au lieu d'un pivot, elle se termine inférieurement par un crochet où l'on suspend à volonté un contre-poids P. Cette bague N peut avoir telles positions qu'on veut lui donner sur la tringle où on la fixe au moyen de sa vis de pression. Le contre-poids est réglé de manière que lorsqu'on arrête la bague N vers le milieu de la tringle, tout le système mobile est en équilibre, et, par conséquent, la tringle reste en repos, dans la situation horizontale ou inclinée où on la met.

185. Expériences. — 1. Le contre-poids étant dans la position d'équilibre qui vient d'être indiquée, si la toupie ne tourne pas, on remarque que, par suite de la petitesse des tourillons des bagues, un faible effort suffit pour mettre le système en mouvement, et lui faire prendre toutes les situations qu'on veut autour du centre fixe de la bague F; un accroissement de moins de 1/100 du contre-poids le fait trébucher; une petite impulsion horizontale fait tourner longtemps l'appareil abandonné à lui-même. Mais il n'en est plus de même si la toupie a reçu un mouvement rapide de rotation. La tringle et le cadre restent immobiles tant qu'on n'y touche pas; mais, si l'on essaye de les mettre en mouvement en prenant le bout de la tringle entre les doigts, non-seulement on éprouve une résistance très-sensible, mais aussitôt qu'on retire la main, le cadre, la tringle et son contre-poids s'arrêtent presque immédiatement, comme si la rotation de la poulie faisait naître dans le pivot et les tourillons un frottement considérable. Si, au lieu d'agir immédiatement avec la main, on emploie une baguette polie, dès qu'on appuie légèrement celle-ci horizontalement sur la tringle, comme si l'on voulait soit l'abaisser, soit l'élever, on la voit glisser sur la baguette et s'échapper rapidement en tournant autour de son point fixe, à droite dans un cas, à gauche dans l'autre; si, tenant la baguette verticale, on l'appuie modérément contre la tringle, comme pour la faire tourner horizontalement, elle glisse verticalement et détermine la chute rapide de l'appareil, tantôt du côté du contre-poids, tantôt du côté de la toupie.

II. Si l'on écarte le contre-poids de la position d'équilibre, en le rapprochant ou en l'éloignant du point fixe, quand on prend ensuite l'extrémité de la tringle entre les doigts, on éprouve à la maintenir en repos, horizontale ou inclinée à l'horizon, sur le pivot central, une résistance d'autant plus grande que le contre-poids a été plus déplacé. Cette résistance est dans le plan vertical de la tringle, et elle est la même, soit que la toupie soit immobile, ou qu'elle ait reçu une rotation rapide autour de son axe de figure. Ce fait, d'accord avec la théorie relative à un corps qui tourne autour d'un axe contenant son centre de gravité, sans autres forces extérieures que son poids et les réactions des appuis passant par l'axe (vu l'absence supposée et la petitesse réelle du frottement), ce fait se vérifie expérimentalement en attachant à la tringle un fil dont on maintient fixe l'autre extrémité ; ce fil se met promptement en repos dans un plan vertical passant par l'axe de la tringle, laquelle reste d'ailleurs soit horizontale, soit inclinée au-dessus ou au-dessous de l'horizon, suivant la longueur qu'on laisse prendre au fil à partir de son point fixe. Mais, ce repos une fois établi, si on lâche ou coupe le fil, on ne peut, la première fois qu'on fait cette expérience, s'empêcher d'être surpris de voir que la tringle délivrée de l'entrave qui la retenait, au lieu de se mouvoir dans le plan vertical, se met presque immédiatement à tourner en décrivant une surface conique autour de la verticale du support fixe, ou en décrivant un plan horizontal, suivant la position initiale arbitraire qu'on lui a donnée. Le sens de cette rotation de la tringle dépend de la situation du centre de gravité de tout le système mobile et du sens de la rotation de la toupie autour de son axe propre : lorsque la toupie, considérée au delà de la colonne centrale, par rapport au spectateur, comme dans la figure 34, tourne de gauche à droite par-dessus, si le centre de gravité est du côté du contre-poids, la tringle tourne dans le même sens qu'une aiguille d'horloge ; si le centre de gravité est du côté de la toupie, ce qui arrive, par exemple, lorsqu'on ôte le contrepoids, la tringle tourne en sens contraire. Enfin, la vitesse angulaire de la tringle dépend de celle de la toupie autour de son axe propre, et de la situation du centre de gravité. Pour une même rotation imprimée à la toupie, la vitesse angulaire de la tringle diminue à mesure qu'on rapproche le contre-poids de la situation d'équilibre, à mesure, par conséquent, qu'on rapproche le centre de gravité du point fixe central. Pour une même situation du contre-poids et du centre de gravité, la rotation de la tringle s'accélère à mesure que, par l'effet des petites résistances de l'air et du frottement, la rotation de la toupie diminue ; lorsque cette diminution atteint un certain degré, la tringle s'inclinant à l'horizon, le contre-poids ou la toupie vient toucher le support, et la tringle s'arrête.

L'explication de ces curieux phénomènes s'obtient par la théorie des forces apparentes dans le mouvement d'un corps relativement à un système de comparaison mobile.

186. Théorie du mouvement uniforme de la toupie sans frottement. — Relations entre les deux vitesses angulaires. — La droite OV (fig. 37) est verticale ; la droite Ox, faisant avec elle l'angle z, tourne autour de cette verticale avec une vitesse angulaire w. (L'axe vertical étant pris positivement dans le sens OV, la vitesse w supposée positive fait que la droite Ox, dans la situation de la figure, va passer derrière le plan de cette figure.) La même droite Ox est l'axe de figure d'un corps solide de révolution qui, articulé à genou au point fixe O, tourne autour de cet axe Ox avec une vitesse angulaire w', relativement au système de comparaison formé des axes OV et Ox. (La direction positive de l'axe Ox étant de O vers x, la rotation w' supposée positive va de P vers P, en passant en avant de la figure.) On demande à quelle condition cet état de mouvement subsistera dans le corps, sous l'influence de la pesanteur et de la réaction de l'appui O.

Le corps solide (58) suit, dans son mouvement relatif, les mêmes lois que si chaque point dont la masse est m était sollicité par une force totale F_r désignée par les formules

$$F_r = \text{Rés}\,(F, -F_e, -F'), \quad F' = 2mwu_r.$$

La force F est, pour le point matériel considéré, la résultante des forces réelles, poids, réaction de l'appui, si le point est en O, et forces intérieures.

— F_e est pour le même point la force centrifuge horizontale, dont la valeur absolue est mw^2 multiplié par la distance de ce point à l'axe OV.

u_r est la projection orthogonale, sur un plan horizontal, de la vitesse relative $w'r$ du point considéré, dont la distance à Ox est r.

La force $-F''$, dont l'intensité est $2mwu_r$, a la direction qu'on obtient en faisant tourner la projection u_r d'un angle droit dans le sens contraire à celui de la rotation w.

Calculons ces forces $-F_e$ et $-F''$.

1° Forces centrifuges $-F_e$. — Considérons deux points de même masse m situés en M et M' dans l'espace, et se projetant en P sur le plan vertical VOx, en arrière et en avant duquel ils sont placés symétriquement. Ces points et le point P se rabattent en m, m' et p sur le plan VOx. Les forces centrifuges égales de ces points M et M' se décomposent en deux forces égales et contraires, suivant les prolongements de PM et de PM', et en deux forces parallèles à QP, à égales distances de P, et ayant par conséquent une résultante égale à la somme de ces deux forces et dirigée dans le prolongement de l'horizontale QP. Chacune de ces forces, projection de $mw^2 \cdot QM$ sur QP, a pour intensité $mw^2 QP$, variable avec la distance QP. Donc l'ensemble des forces $-F_e$ a une résultante dont l'intensité est $w^2 \Sigma(m \cdot QP)$ égale au produit de $w^2 \Sigma m$ par la distance du centre de gravité du corps à l'axe OV. Cela est conforme au théorème du numéro 69. Mais cette résultante ne passe pas en général par le centre de gravité : si, par exemple, le corps se réduisait à un simple anneau linéaire dont le centre fût en C, aux deux composantes centrifuges $mw^2 \cdot QP$ dues aux points situés en M et M' répondraient deux composantes $mw^2 \cdot Q_1P_1$ dues aux points M_1 et M'_1 projetés en P_1, rabattus en m_1 et m'_1, et symétriques des deux premiers relativement au diamètre horizontal de l'anneau. La résultante du groupe de ces quatre forces passerait au-dessous ou au-dessus de C, suivant que l'angle α serait plus petit ou plus grand que 90 degrés, et il en serait de même de tous les groupes de quatre points dans lesquels on pourrait décomposer l'anneau. Pour trouver en général la situation de la résultante de toutes les forces centrifuges $-F_e$, il suffira d'avoir son moment autour d'un axe perpendiculaire au plan YOx, dans lequel se trouve cette force horizontale. Le moment de la force due au point M autour de l'axe projeté en O est $mw^2 \cdot QP \cdot OQ$; donc le moment de la résultante est (QP et OQ étant variables avec les divers points du corps tournant)

$$\Sigma \mathfrak{M}_o \left(-F_e\right) = w^2 \Sigma(m QP \cdot OQ) .$$

Cela posé, rapportons le corps tournant à trois axes passant par O : l'un Ox, l'autre Oy fuyant derrière le plan de la figure auquel il est perpendiculaire, le troisième Oz perpendiculaire au plan des deux premiers. Les deux axes Oy et Oz sont projetés sur le plan rabattu, en cy et cz. Nous avons pour un point M quelconque

$$QP = OC \sin \alpha - PC \cos \alpha = x \sin \alpha - z \cos \alpha$$

et

$$OQ = OC \cos \alpha + PC \sin \alpha = x \cos \alpha + z \sin \alpha$$

donc

$$\Sigma \mathfrak{M}_o(-F_e) = w^2 \left[\begin{array}{l} \sin \alpha \cos \alpha \left(\Sigma m(x^2 + z^2) - 2\Sigma m z^2\right) \\ + (\sin^2 \alpha - \cos^2 \alpha) \, \Sigma m xz \end{array} \right] .$$

Or, le corps étant de révolution autour de l'axe Ox, il s'ensuit qu'à tout point dont les coordonnées sont x et z en répond un autre ayant les coordonnées x et $-z$, de mêmes valeurs absolues, on a donc $\Sigma m xz = 0$.

La somme $\Sigma m(x^2 + z^2)$ est le moment d'inertie du corps autour de l'axe horizontal Oy projeté en O; représentons-le par I_y.

Enfin la quantité $\Sigma m z^2$, analogue à un moment d'inertie, s'y ramène facilement dans le cas d'un corps de révolution : si l'on considère dans ce corps un anneau élémentaire dont le rayon soit r, on a pour l'ensemble de cet anneau

$$\Sigma m z^2 = \Sigma m y^2 = \frac{1}{2} \Sigma m r^2 , \qquad [1]$$

c'est-à-dire que la somme $\Sigma m z^2$ restreinte à l'anneau est la moitié du moment d'inertie de cet anneau autour de l'axe Ox. Donc la somme analogue $2\Sigma m z_1$, étendue au corps de révolution entier, est le moment d'inertie I_x de ce corps autour du même axe Ox.

Nous avons ainsi définitivement le moment de la résultante des forces centrifuges

$$\Sigma \mathfrak{M}_o \left(-F_e\right) = w^2 \sin \alpha \cos \alpha \left(I_T - I_x\right).$$

Lorsque l'angle α est droit, c'est-à-dire l'axe Ox horizontal, ce moment de la résultante des forces centrifuges est nul, ce qui doit être évidemment.

2° Forces composées $-F' = -2mwu_r$. — Au point M appartient la vitesse relative $w'r$, la distance CM étant r. Cette vitesse doit être projetée sur un plan horizontal pour donner u_r. Nous allons ici faire usage d'une observation générale que l'on comprendra sans qu'il soit nécessaire de recourir au *Traité de la Dynamique d'un point matériel*, où elle est expliquée (II, 82).

Quelle que soit la vitesse v_r qui a pour projection u_r sur un plan mené par le point considéré perpendiculairement à l'axe de rotation du système de comparaison, laquelle projection u_r doit être tournée d'un angle droit en sens contraire de la rotation w et multipliée par $2mw$, il est souvent utile de procéder ainsi : remplacer v_r par des composantes v'_r, v''_r, suivant des alignements choisis à volonté dans un plan contenant v_r ; projeter ces composantes sur le plan perpendiculaire à l'axe de rotation ; faire tourner chacune des projections u'_r, u''_r (ce qui revient, en effet, à faire tourner leur résultante u_r), et les multiplier par le même multiplicateur $2mw$, ce qui donne deux forces $-2mwu'_r$, $-2mwu''_r$, équivalentes à la force unique $-2mwu_r$.

Dans notre exemple, substituons à la vitesse relative $w'r$ ses composantes parallèles aux axes Oz et Oy, savoir : $w'r\cos$ $PMC = w'y$, suivant le prolongement de M_1M, et $w'r\cos$ $PCM = w'z$, suivant MM'. La première a sa projection horizontale égale à $w'y\cos z$ et dirigée parallèlement à PQ dans le sens de P vers Q; de sorte qu'en faisant tourner cette projection d'un angle droit dans le sens négatif et la multipliant par $2mw$, on a une composante de $-F'$ égale à $2mww'y\cos z$ dans le sens des y positifs.

La deuxième composante $w'z$ est toute projetée dans le plan horizontal et dirigée dans le sens des y négatifs; de sorte qu'en la faisant tourner et la multipliant par $2mw$, on a la seconde composante de $-F'$ égale à $2mww'z$ dirigée parallèlement à PQ, dans le sens de P vers Q.

A la première composante $2mww'y\cos\alpha$ appliquée à tout point M, répond pour le point M' symétrique en avant du plan zOx une force égale et directement opposée (ce qu'il serait facile de vérifier à l'aide de la figure), d'où il suit que toutes les forces analogues à celles-là sont sans influence sur le mouvement du corps.

A la deuxième composante $2mww'z$ appliquée au point quelconque M et dirigée dans le sens PQ, répond pour le point M_1 symétrique relativement au plan yOx, projeté en Ox, une force égale, parce que le z de ce point a la même valeur absolue, mais dirigée dans le sens opposé Q_1P_1, de sorte que ces deux forces forment un couple de sens négatif, c'est-à-dire dans le sens de la rotation qui irait, autour de O, de l'axe Ox vers l'axe Oz. Leur distance QQ_1 est $2z\sin\alpha$ et, par conséquent, le moment du couple dû aux deux masses m est $-2\cdot2mww'z^2\sin\alpha$. Le moment résultant de tous les couples analogues est donc $-2ww'\sin\alpha\Sigma mz^2$, la dernière sommo s'étendant à tout le corps. On a d'ailleurs reconnu tout à l'heure la relation $2\Sigma m z^2 = I_x$.

De là l'expression du moment résultant des forces $-F''$:

$$\Sigma \mathfrak{M}_0 \, (-F') = - w w' \sin \alpha \, I_x,$$

qui, dans le cas où l'angle α est droit (c'est-à-dire que l'axe Ox est horizontal), se réduit à $-w w' I_x$, comme on le trouverait directement.

Équation du mouvement relatif du corps de révolution. — Ce corps, considéré dans son mouvement relatif, tourne simplement et uniformément autour d'un axe immobile, étant appuyé au seul point O. Donc, la somme des moments des forces extérieures réelles ou fictives, $F - F_e$ et $- F'$, autour de l'axe Oy, doit être nulle en vertu du théorème du n° 15, attendu que les forces totales φ, toutes centripètes, disparaissent comme égales et opposées deux à deux, ou bien, si l'on veut, en vertu du principe de d'Alembert, attendu que les forces d'inertie, dans le mouvement relatif dont il s'agit, se réduisent aux forces centrifuges égales et opposées deux à deux. Donc, si l'on appelle :

P le poids du corps tournant,

l la distance de son centre de gravité au point O, positive ou négative, selon que ce centre de gravité est du côté de la toupie ou du côté de la tringle, on a l'équation

$$P l \sin \alpha + w^2 (I_y - I_x) \sin \alpha \cos \alpha - w w' \sin \alpha \, I_x = 0,$$

satisfaite par $\sin \alpha = 0$ (cas où l'axe de la toupie est vertical), et par

$$P l + w^2 (I_y - I_x) \cos \alpha - w w' I_x = 0 . \qquad [2]$$

Discussion de cette équation. — Si le corps est donné, que l'on connaisse par conséquent les quantités P, l, I_x son moment d'inertie autour de l'axe de rotation relative, et I_y son moment d'inertie autour d'une droite menée par le point d'appui O perpendiculairement à Ox, on pourra se donner arbitrairement l'angle α et la vitesse angulaire w de l'axe de figure du corps autour de la verticale, et en conclure la vitesse angulaire relative w' nécessaire pour maintenir l'état du mouvement composé de deux rotations uniformes.

Si, au contraire, on se donne w' et l'angle α, on trouve en général deux valeurs de w, savoir :

$$w_1 = \frac{1}{2\,(I_y - I_x)\cos\alpha}\left(w'I_x + \sqrt{w'^2 I_x^2 - 4(I_y - I_x)\,Pl\cos\alpha}\right)$$

et

$$w_2 = \frac{Pl}{w_1\,(I_y - I_x)\cos\alpha} = \frac{2\,Pl}{w'I_x + \sqrt{w'^2 I_x^2 - 4(I_y - I_x)\,Pl\cos\alpha}},$$

qui sont réelles sous la condition $w'^2 I^2_x \geqq 4\,(I_y - I_x)\,Pl\cos\alpha$, toujours facile à réaliser.

w_1, la première racine et la plus grande en valeur absolue, devient infinie quand l'angle α est droit; elle n'est pas alors applicable à la question; c'est ce qu'on voit immédiatement par l'équation [2], qui se réduit simplement dans ce cas à

$$Pl - ww'I_x = 0 \quad \text{d'où} \quad w = \frac{Pl}{w'I_x},$$

valeur unique, qui est celle que prend w_2 quand on y fait $\cos\alpha = 0$.

Remarque. — Dans l'expérience qui a pour but de vérifier cette théorie, on donne une grande valeur à la vitesse w' du corps tournant autour de son axe de figure, et la vitesse w_2 la plus petite des deux valeurs théoriques de w, et beaucoup plus petite que w', s'établit spontanément, ou au moins l'axe Ox se met à tourner autour de la verticale avec une vitesse qui ne tarde pas à acquérir, à très-peu près, la valeur w_2, correspondant à celle de w'; et, conformément à la formule, le sens de la vitesse w_2 change avec le signe de la distance l.

187. Mouvement de l'axe de la toupie dans un plan vertical. — Pour nous rendre compte de l'établissement spontané de la rotation autour de la verticale, imaginons que le corps ayant reçu une grande vitesse angulaire autour de son axe de figure, cet axe soit empêché de tourner autour de la verticale. Dans ce cas, le corps obéissant à l'action de la pesanteur, son axe de figure tournera autour de l'horizontale Oy projetée en O. Soit w'' la vitesse angulaire de cette rotation à un certain instant; considérons à ce même instant le mouvement relatif du corps par rapport au système de comparaison formé des trois axes Ox, Oy, Oz, et animé de la rotation w''. Le corps dont la rotation relative autour de Ox est w' suit dès lors dans son mouvement relatif les mêmes lois que si chaque point dont la masse est m était sollicité par une force totale $F_r = \text{Rés}\,(F, - F_e, - F')$. Nous employons les mêmes lettres qu'au numéro précédent, parce qu'elles ont des significations analogues, quoique différentes. Calculons encore ici les forces $- F_e$ et F'.

1° Forces $- F_e$ opposées à celles d'entraînement. — Le mouvement d'entraînement est une rotation variée autour de l'axe Oy projeté en O.

Pour chaque point du solide, la force $- F_e$ se compose d'une force centrifuge et d'une force tangentielle. Toutes les forces centrifuges, à cause de la symétrie du corps relativement à tout plan passant par l'axe Ox, ont leur résultante dirigée suivant cet axe et disparaissent, par conséquent, de l'équation du mouvement du solide.

Pour chaque point M de ce corps, projeté en P, la force d'entraînement tangentielle a pour valeur $m \cdot OP \cdot \dfrac{dw''}{dt}$; son moment autour de Oy est $\quad m \cdot OP^2 \dfrac{dw''}{dt}$. Par conséquent la somme des moments des forces $-F_e$ autour de ce même axe est $\quad -I_y \cdot \dfrac{dw''}{dt}$:

$$\Sigma \mathfrak{M}_y \,(-F_e) = -I_y \frac{dw''}{dt} \cdot \qquad [3]$$

2° Forces composées $-F' = -2mw''u_r.$ — Au point M appartient la vitesse relative $w' r$, dont la projection u_r sur un plan perpendiculaire à l'axe O de la rotation w'' est $w'y$, et dirigée dans le prolongement de $M_1 M$ suivant une parallèle à CP. Il faut la multiplier par $2mw''$ et la faire tourner dans le plan parallèle à xOz, d'un angle droit en sens contraire de la rotation w''; ce qui donne $2mw''w'y$, projetée en PX^1, dans le sens des x négatifs. Le point M' symétrique de M relativement au plan vertical zOx, en avant duquel il est situé, donne une force $-F'$ égale et parallèle à la précédente, mais dirigée dans le sens des x positifs, parce que l'y du point M' est négatif. Les deux forces dues ainsi aux points M et M' constituent donc un couple perpendiculaire à Oz et de sens positif, dont le moment est $2 \cdot 2mw''w'y^1$. Donc toutes les forces $-F'$ équivalent à un couple de sens positif, autour de Oz, dont le moment est $2w''w'\Sigma my^2$, ou $w''w'I_x$, d'après la relation [1] du numéro précédent.

Ce couple est équilibré par le point fixe O et par l'obstacle à la rotation de l'axe Ox autour de la verticale.

Équation du mouvement du solide dans ce cas.—Ce corps dans son mouvement relatif tourne simplement et uniformément autour de l'axe fixe Oy. Donc, comme dans le cas précédent, la somme des moments des forces réelles et des forces fictives autour de cet axe doit être nulle, ce qui, les rotations précédentes étant conservées, donne (formule [3] ci-dessus) l'équation

$$Pl \sin \alpha - I_{y} \frac{dw''}{dt} = 0, \quad \text{d'où} \quad \frac{dw''}{dt} = \frac{Pl \sin \alpha}{I_{y}},$$

c'est-à-dire que le corps de révolution, en vertu de l'obstacle supposé, obéit à l'action de la pesanteur absolument de la même manière que si la rotation propre qui lui a été imprimée autour de son axe de figure Ox n'existait pas. Cette rotation n'a d'autre effet que de produire sur l'obstacle, tant qu'il existe, une pression horizontale dont le moment autour du point fixe **O** est égal à $w''w'I_{x}$.

Mais si l'obstacle n'existe pas, on comprend que quand la rotation w' est très-grande, l'autre rotation w'' a bientôt acquis une valeur telle que le moment $w''w'I_{x}$ est assez grand pour faire naître très-rapidement dans le corps la rotation horizontale et peu considérable w qui convient au mouvement uniforme étudié au numéro précédent.

EXEMPLES DE CORPS SOLIDES EN MOUVEMENT DANS L'ESPACE.

188. Mouvement de deux boulets sphériques pesants, liés entre eux par une tringle cylindrique dont l'axe passe par les deux centres. — Si la tringle est assez mince et si les boulets sont assez petits relativement à la distance des centres pour qu'on les considère comme deux points matériels, ils tournent ensemble et uniformément dans un plan qui se meut parallèlement à lui-même ; car, à l'instant initial relativement au centre de gravité, ils se meuvent dans un plan perpendiculaire à un axe principal d'inertie. Si l'on a égard aux dimensions des boulets, l'ellipsoïde central du système est un ellipsoïde de révolution ; la ligne des centres décrit, en général, relativement au système de comparaison transporté avec le centre de gravité, une surface conique de révolution ; ses divers points décrivent des cercles situés dans des plans parallèles, les autres points décrivent des épicycloïdes sphériques.

189. Corps sphérique formé de couches homogènes con-centriques. — Si nous le supposons lancé dans l'espace avec une rotation initiale sous l'action de forces parallèles et proportionnelles aux masses élémentaires, dans ce corps considéré relativement au centre de gravité, la rotation reste constante en direction ; elle l'est également en intensité tant que le corps ne change pas de dimensions. Mais s'il se contracte par l'effet des forces intérieures, c'est le moment résultant des quantités de mouvement wI qui reste de grandeur constante : la vitesse angulaire w augmente.

CHAPITRE III.

APPLICATIONS DE LA STATIQUE.

190. Tension d'une corde. — On suppose ici les cordes parfaitement flexibles ; on fait abstraction de leurs dimensions transversales et de leur poids supposé très-petit en comparaison des autres forces qui les sollicitent. Si **CD** (fig. 38) est une portion d'une telle corde dont les points extrêmes **C**, **D** soient seuls sollicités par des forces F, F' *extérieures*, il faut pour l'équilibre que ces deux forces soient égales et directement opposées, comme s'il s'agissait d'un corps solide. Mais en outre elles doivent tendre à écarter et non à rapprocher les deux points extrêmes, et la corde en vertu de sa parfaite flexibilité se met en ligne droite. Le fil **CD** se trouvant dans cet état, si on le partage par la pensée au point **E**, l'action mutuelle qui a lieu entre les molécules de **CE**, d'une part, et de **ED**, de l'autre, est attractive et égale à chacune des forces F, F'', car les conditions sont les mêmes pour chacune des subdivisions **CE** et **ED** du fil **CD** que pour ce fil entier. L'intensité de cette action mutuelle s'appelle la *tension* de la corde ou du fil au point **E**.

191. Corde sollicitée par trois forces extérieures. — Une portion de corde **ABC** (fig. 39) étant sollicitée par trois forces extérieures, dont deux F, F'' agissent aux extrémités **A**, **C**, et une autre F' en un point intermédiaire **B**, il faut pour l'équilibre :

1° Que les forces F', F'' agissent suivant les prolongements des cordons rectilignes BA, BC dont elles expriment les tensions; 2° que les forces F, F', F'' soient dans un même plan et aient les relations (II, 38)

$$\frac{F}{\sin (F', F'')} = \frac{F'}{\sin (F, F'')} = \frac{F''}{\sin (F, F')}.$$

Si l'angle (F, F''), formé par les deux portions de la corde, approche beaucoup des deux droits, et qu'aucun des deux autres angles ne soit très-petit, les tensions F, F'' sont très-grandes, comparées à F'. En pratique, elles ne peuvent excéder une limite qu'on appelle la résistance de la corde à la rupture.

192. Polygone funiculaire. — Soient F, F', F'', F''', F^{iv} (fig. 40), les forces extérieures appliquées aux points M, M', M'', M''', M^{iv}, d'une corde formant un contour polygonal. Les six conditions d'équilibre nécessaires et suffisantes pour l'équilibre d'un système solide sont ici insuffisantes, mais restent nécessaires, comme elles le sont pour un système quelconque. Trois de ces conditions signifient que la résultante de translation est nulle, ce qui peut ici aisément se démontrer *à priori*. En général, la tension d'une portion rectiligne GH du fil est la même que si en G on transportait parallèlement à elles-mêmes les forces F, F', F'' qui agissent depuis l'extrémité M jusqu'au point M'' voisin de G, ou si l'on transportait en H les autres forces. La figure d'un polygone funiculaire et les directions des forces appliquées à ses divers sommets déterminent nécessairement les rapports de ces forces entre elles, et avec les tensions intérieures ou intermédiaires T', T''. C'est ce que rend évident la figure où les forces

$$F, \quad F', \quad T', \quad F'', \quad T'', \quad F''', \quad F^{\text{iv}},$$

sont représentées par les droites

$$\text{M'A, AB, M'B} = \text{M''B', B'C, M''C} = \text{M'''C', C'D, M'''D}.$$

103. Polygone de Varignon. — Si l'on transporte parallèlement à eux-mêmes les triangles $M'AB$, $M''B'C$, $M'''C'D$,
pour en former (fig. 41) le polygone $OabcdO$ fermé, mais qui
peut être gauche, on voit que les côtés extérieurs de ce polygone, pris dans le sens $Oab\ldots$, sont parallèles en même sens et
proportionnels aux forces extérieures F, F', F'', F''', F^{iv}, et
que ses diagonales sont parallèles et proportionnelles aux tensions intérieures. Cette remarque est d'ailleurs la conséquence
de ce que, si des forces F, F', F'', F''', F^{iv} ont leur résultante de translation nulle, et que d'un point O quelconque on
fasse partir un contour polygonal dont les côtés soient proportionnels et parallèles en même sens à ces forces, ce polygone
est fermé et ses diagonales partant du même point O représentent les résultantes de F et F', de F, F' et F'', etc.

On voit encore que le polygone funiculaire $MM'M''M'''M^{iv}$
restant le même, et par conséquent, les droites Oa, Ob, Oc,
Od conservant leurs directions mais pouvant changer de longueurs, les forces extrêmes F et F^{iv} peuvent changer d'intensité, et les forces intermédiaires F', F'', F''' peuvent changer
d'une infinité de manières en intensités et en directions, et par
suite faire varier les tensions.

194. Problème. — On donne le point M et les intensités,
et situations angulaires des forces extérieures F, F', F'', F''',
F^{iv}, excepté une; on donne en outre les longueurs MM',
$M'M''$,... : en conclure la figure du polygone, sa position dans
l'espace, et par conséquent les tensions T', T''.

On construira la figure 41, puis la figure 40.

105. Cas des forces parallèles. — Lorsque les forces F',
F'', F''' intermédiaires, appliquées aux sommets du polygone,
sont parallèles, il en résulte, comme on le voit aisément : 1° que
le polygone $MM'M''M'''M^{iv}$ est dans un plan contenant les directions des forces; 2° que les projections de toutes les tensions

sur un axe quelconque, par des droites projetantes parallèles aux forces F', F'',... sont égales entre elles; 3° que la somme algébrique des projections sur un axe parallèle aux forces F', F'',... des deux tensions en deux points quelconques, prises chacune dans le sens qui s'éloigne du fil intermédiaire, est égale et de sens opposé à la somme des forces F parallèles comprises entre ces deux points; 4° que si les forces parallèles sont les poids de corps suspendus aux sommets du polygone, deux cô· tés quelconques de ce polygone se coupent sur la verticale passant par le centre de gravité de l'ensemble des corps suspendus intermédiaires.

196. Centre de gravité de poids counus. — De là un procédé graphique pour résoudre cette question : Étant données les verticales qui, dans un même plan, passent par les centres de gravité de poids connus P', P'', P''', P^{IV}, trouver les verticales des centres de gravité de l'ensemble de deux, de trois... de ces corps pris consécutivement. D'après le numéro 193, sur une verticale CD (fig. 42) on porte à la suite les unes des autres des longueurs proportionnelles aux poids donnés P', P'', P''', P^{IV}; on joint les deux points extrêmes et les points de division à un point O pris arbitrairement, par des droites qui se trouvent parallèles aux tensions et par conséquent aux côtés d'un polygone $AM'M''M'''M^{IV}B$ que l'on construit en mettant les sommets M', M'', M''', M^{IV} sur les verticales données. Le point E'', intersection des côtés AM' et $M''M'''$, est sur la verticale du centre de gravité commun de P' et P''; les points E''' et E^{IV}, intersections de AM' et de $M'''M^{IV}$ et $M^{IV}B$, sont sur les verticales des centres de gravité des systèmes (P', P'', P''') (P', P'', P''', P^{IV}).

On comprend que ce procédé, déterminant des points par les intersections de droites prolongées, est peu susceptible de précision, et qu'un calcul même approximatif doit être souvent préférable.

ÉQUILIBRE DES SYSTÈMES POLYGONAUX DE CORPS SOLIDES
A ARTICULATIONS SIMPLES SANS FROTTEMENT (*).

107. Cas de deux corps. — Ces deux corps solides liés entre eux par l'articulation M (fig. 43), et pouvant tourner autour des points fixes A' et A'', sont sollicités respectivement (en outre de leurs pressions mutuelles en M et des réactions des appuis en A' et A'') par des forces dont les résultantes P' et P'' passent aux points N' et N'' des droites $A'M$ et $A''M$. On demande la condition d'équilibre du système et les intensités et directions des pressions en M, A' et A'', qu'il importe de connaître pour s'assurer si les deux pièces du système et les deux appuis peuvent résister aux efforts qu'ils subissent.

Soient les distances $MB = h$, $A'B = a'$, $A''B = a''$, et les rapports $\dfrac{A'N'}{A'M} = n'$, $\dfrac{A''N''}{A''M} = n''$.

Soient, dans le plan $A'MA''$, deux axes rectangulaires $A'A''x$ et $A'y$; et imaginons un troisième axe $A'z$ projeté en A'. Soient P'_x, P'_y, P'_z, P''_x, P''_y, P''_z, les composantes parallèles à ces axes des forces P' et P''. Soient Q'_x, Q'_y, Q'_z, Q''_x, Q''_y, Q''_z, les composantes analogues des réactions Q' et Q'' des appuis A' et A'' sur les pièces $A'M$ et $A''M$. Soient Q_x, Q_y, Q_z, les composantes de la pression Q que la pièce $A'M$ exerce en M sur la pièce $A''M$. L'emploi des composantes des forces inconnues dispense d'introduire dans le calcul les angles inconnus que ces forces font avec les axes.

Pour obtenir entre les forces P' et P'' une relation indépendante des forces qui s'exercent en A', A'' et M, considérons l'équilibre de l'ensemble $A'MA''$, et prenons les moments des forces extérieures autour de l'axe $A'A''$. Nous aurons ainsi :

$$P'_z n'h + P''_z n''h = 0 \quad \text{ou} \quad n'P'_z + n''P''_z = 0 . \qquad [1]$$

(*) Les questions comprises sous ce titre se traitent d'après les considérations exposées au numéro 101.

Pour trouver les composantes de Q, posons séparément pour les pièces A'M et A''M les équations d'équilibre où n'entrent pas les réactions des appuis, savoir, pour A'M, en remarquant que cette pièce reçoit en M du corps A''M une force égale et opposée à Q, les équations des moments, d'abord autour de A'y ou de A'x (même équation parce que N' est sur A'M)

$$n'P_z - Q_z = 0,\qquad [2]$$

puis autour de A'z,

$$n'a'P'_y - n'hP'_x - a'Q_y + hQ_x = 0.\qquad [3]$$

et pour l'équilibre de MA'', en prenant les moments autour d'un axe passant par A'' et parallèle à A'z,

$$n''a''P''_y + n''hP''_x + a''Q_y + hQ_x = 0.\qquad [4]$$

L'équation [2] donne Q_z; [3] et [4] donnent Q_y et Q_x.

Les réactions Q' et Q'' des appuis en A' et A'' sont données en fonctions de P', P'' et Q, par l'équilibre de translation de A'M et de A''M considérées séparément; on a ainsi

$$Q'_x + P'_x - Q_x = 0, \quad Q'_y + P'_y - Q_y = 0, \quad Q'_z + P'_z - Q_z = 0,$$
$$Q''_x + P''_x + Q_x = 0, \quad Q''_y + P''_y + Q_y = 0, \quad Q''_z + P''_z + Q_z = 0.$$

La résolution des neuf dernières équations déterminerait les grandeurs des neuf composantes inconnues, et par suite celles de leurs résultantes. Les signes des composantes feraient connaître le sens réel de chacune de ces forces, comparé au sens positif supposé dans la figure.

REMARQUES. — I. Si l'on écrivait les cinq conditions d'équilibre de l'ensemble A'MA'', autres que l'équation [1], on obtiendrait des équations indépendantes de Q implicitement comprises dans les équations ci-dessus, mais qui seraient insuffisantes pour déterminer les six composantes des forces Q' et Q''. On trouverait la somme $Q'_x + Q''_x$ égale à $-(P'_x + P''_x)$, mais non chacune des forces Q'_x et Q''_x, qui ne peuvent être déterminées séparément qu'en ayant égard à l'assemblage par articulation simple en M.

II. Si l'on voulait obtenir directement les trois composantes Q'_x, Q'_y et Q'_z de la réaction de l'appui A', on considérerait d'abord l'équilibre de l'ensemble $A'MA''$, et l'on écrirait l'équation des moments autour de l'axe projeté en A'', savoir, en appelant a la distance $A'A''$:

$$Q'_y a + P'_y (a - n'a') - P'_x (1 - n') h$$
$$+ P''_y n'' a'' - P''_x n'' h = 0 ;$$

puis, considérant l'équilibre de la pièce $A'M$, on poserait l'équation des moments autour de l'axe projeté en M, savoir :

$$Q'_y a' - Q'_x h + P'_y (1 - n') a'$$
$$- P'_x (1 - n') h = 0 ;$$

on aurait donc deux équations pour les deux inconnues Q'_x et Q'_y. Quant à Q'_z, on l'obtiendrait immédiatement, en vertu de l'équilibre de la même pièce $A'M$, en écrivant l'équation des moments autour de l'axe MB, savoir :

$$Q'_z a' + P'_z (1 - n') a' = 0.$$

198. Exemple. Deux corps pesants. — Le triangle $A'MA''$ (fig. 44) est vertical ; la verticale $MB = h$; les distances $A'A'' = a$, $A'B = a'$, $A''B = a''$; P' et P'' sont les poids de deux corps $A'M$, $A''M$; N' et N'' les intersections des verticales des centres de gravité avec les droites $A'M$ et $A''M$; $A'N' = n' \cdot A'M$, $A''N'' = n'' \cdot A''M$.

Soit la réaction de l'appui A' décomposée en deux forces,

l'une S' verticale, l'autre Q suivant $A'A''$; soit la réaction de l'appui A'' décomposée en S' verticale et Q suivant $A''A'$ (l'une des équations de projections exige, en effet, que les deux composantes suivant la droite $A'A''$ soient égales et opposées); soit enfin la pression de $A''M$ sur $A'M$ décomposée en S verticale et Q parallèle à $A'A''$ (même observation).

L'équilibre de l'ensemble $A'MA''$ donne S' et S'' par deux équations de moments (95),

autour de A' $aS' - n'a'P' - (a - n''a'')P'' = 0$,

»   de A'' $aS' - (a - n'a')P - n''a''P'' = 0$,

qui comprennent implicitement l'équation de projections

$$S' + S'' - P' - P'' = 0.$$

L'équilibre de la pièce distincte $A'M$ donne l'équation de moments, autour de A',

$$hQ + a'S - n'a'P' = 0;$$

et l'équilibre de la pièce $A''M$ soumise en M aux forces S_1 et Q_1 égales et opposées à S et Q, l'équation de moments autour de A''

$$hQ - a''S - n''a''P'' = 0.$$

De là

$$S = \frac{n'a'P' - n''a''P''}{a' + a''} \quad \text{et} \quad Q = \frac{a'a''(n'P' + n''P'')}{(a' + a'')h}.$$

S peut être nulle, ce qui arrive lorsque les moments de P' autour de A' et de P'' autour de A'' sont égaux; et dans ce cas, on a simplement $Q = \dfrac{n'a'P'}{h}$.

199. Cas de quatre corps symétriques deux à deux.—On

suppose que ce système (fig. 45), analogue à une charpente de comble, soit symétrique par rapport à la verticale CD, non-seulement quant à la figure du polygone ABCB'A', mais aussi quant aux résultantes P, P, P_1, P_1 des forces qui sollicitent les quatre corps. On demande de vérifier l'équilibre du système et de déterminer les actions mutuelles en C.

Ces forces mutuelles sont évidemment horizontales (S est nulle) (198).

Soit donc Q la force exercée en C par la pièce CB' sur la pièce CB. L'équilibre de cette dernière donne, indépendamment de la force qu'elle reçoit en B de la pièce AB, l'équation de moments autour de B,

$$Pb - Qh = 0,$$

b et h étant les distances des forces P et Q au point B; et l'équilibre de l'ensemble ABC donne, indépendamment de la réaction de l'appui A, une équation analogue,

$$Pa + P_1 a_1 - QH = 0.$$

De là

$$Q = \frac{Pb}{h} \quad \text{et} \quad \frac{Pb}{h} = \frac{Pa + P_1 a_1}{H},$$

équations dont l'une fait connaître Q, et la deuxième est la condition d'équilibre du système pesant.

Si les forces P et P_1 ne vérifiaient pas cette équation, on pourrait établir l'équilibre au moyen d'un lien MM' qui rendrait invariable l'angle BCB'. Supposons que ce lien soit horizontal, qu'il exerce en M et M' sur les pièces BC et B'C deux forces verticales P' égales, et deux forces horizontales et opposées T représentant ce qu'on peut appeler la tension horizontale du lien. Il est alors possible de déterminer les inconnues T et Q. Soient k et l les coordonnées, horizontale et verticale, du point M par rapport à B, et soient K et L les distances analogues du même point par rapport au point A.

L'équilibre de la pièce C B et celui de l'ensemble A B C donnent deux équations de moments :

$$Pb + P'k + Tl - Qh = 0, \quad Pa + P_1 a_1 + P'K + Tl - QH = 0,$$

d'où l'on peut conclure T et Q, si la force verticale P' est connue. Cette force est évidemment égale à la moitié du poids du lien horizontal, qui peut être donné *à priori*. Mais si l'on voulait faire dépendre ce poids de la tension T, on aurait entre P' et T une équation, qui, jointe aux deux précédentes, achèverait de déterminer les trois inconnues T, Q et P'.

Si T se trouvait négative, le lien devrait être rigide.

200. Polygone articulé d'un nombre quelconque de côtés. — Des corps solides, dont chacun en touche deux autres, sont liés par des articulations M', M'',... M$^{(n-1)}$; les deux corps extrêmes sont articulés à deux points fixes A et B. Les n corps sont sollicités par des forces extérieures que, pour simplifier, nous supposons réduites aux résultantes P', P''... P$^{(n)}$, dont chacune rencontre la droite passant par les deux articulations du corps auquel elle appartient. Il s'agit de vérifier si l'équilibre existe, et, dans le cas de l'affirmative, de trouver les pressions mutuelles en M', M'',... et les réactions des appuis.

On vérifiera, comme au n° 197, l'équilibre de deux corps contigus, par exemple A M' et M' M'', et l'on déterminera la pression Q'' que M'M'' exerce en M' sur le corps voisin M'' M'''. On vérifiera l'équilibre de celui-ci en s'assurant, soit par la composition, soit par les moments, que la résultante de Q'' et de P'' passe en M'''. S'il en est ainsi, cette résultante sera la pression en M''' du corps M'' M''' sur le suivant. Ainsi de suite.

201. Même équilibre ramené à celui d'un polygone funiculaire. — Chaque corps solide étant en équilibre, on peut, sans changer cet état, substituer aux forces P qui le sollicitent, hors des deux articulations de ce corps, deux équivalentes passant par ces deux points. Cette modification des forces extérieures, faite pour tous les corps solides du système, le transforme en un assemblage de corps rigides qui ne seraient soumis à aucune force, excepté en leurs points d'articulation. Dès lors, la figure de chaque corps devient indifférente dans la question d'équilibre du système, qu'on peut considérer comme une sorte de polygone funiculaire, avec cette différence que les côtés articulés aux sommets et aux appuis sont rigides et peuvent être, soit tendus, soit pressés longitudinalement. Cette transformation, exécutable d'une infinité de manières (25), peut être employée pour vérifier ou obtenir les conditions de l'équilibre du système.

Mais il importe de remarquer que les pressions ou tensions longitudinales (c'est-à-dire suivant les directions des côtés) que l'on obtient alors, ne sont pas les forces qui s'exercent réellement aux points de contact ou d'articulation des corps composant le système. Si par exemple $M' M''$ (fig. 46) est un des côtés du polygone articulé, que P soit la résultante des forces qui le sollicitent en dehors des articulations M' et M'', et qu'après l'avoir remplacée par deux équivalentes P_1 et P_2 appliquées en ces deux points, on trouve que, par suite de cette modification des forces, l'équilibre du système exige que les réactions des pièces voisines en M' et M'' soient les deux forces Q_1 et Q_2 nécessairement égales et opposées; on en conclut que la réaction réelle Q' exercée en M' doit être telle que, composée avec la force fictive P_1, elle produise la résultante Q_1, et que, de même, la réaction réelle Q'' en M'' est telle que, composée avec P_2, elle donne la résultante Q_2.

Réciproquement on peut, sans changer les conditions d'équilibre d'un système funiculaire, le remplacer par un polygone articulé de pièces solides sur chacune desquelles on distribue des forces équivalentes à des forces qu'on retranche de celles qui agissent aux articulations. Cette modification change seulement les actions mutuelles aux articulations.

202. Changement de sens des forces. — Si l'on change le sens des forces appliquées à un système articulé, l'équilibre subsiste, mais les pressions sont changées en tensions et réciproquement. Cela est en effet évident pour chaque partie solide du système.

203. Cas particulier d'un polygone parabolique. — Si les articulations d'un système polygonal sont dans un plan vertical, si les corps qui le composent sont soumis à des forces verticales dont la résultante pour chaque corps passe à égale distance de ses deux points d'articulation, et si, de plus, les résultantes sont proportionnelles aux projections horizontales des droites joignant les articulations consécutives, la condition d'équilibre du système s'exprime d'une manière remarquable et fort simple.

Soient A (fig. 47) l'une des articulations; Ax et Ay deux axes, l'un horizontal, l'autre vertical dans le plan du polygone; x et y les coordonnées AN et NM d'une autre articulation quelconque M; p le poids par mètre de projection horizontale du polygone; Q_y et Q_x les composantes, verticale et horizontale, de la réaction ou force extérieure exercée en A par la partie OA sur la partie AM du système. L'équilibre de cette partie, dont les côtés sont en nombre et de longueurs quelconques, exige l'équation des moments, autour du point M :

$$Q_x y - Q_y x - \frac{1}{2} p x^2 = 0 .$$

Cette équation ayant lieu quel que soit le point d'articulation M, les quantités Q_x, Q_y et p restant constantes, tous les points d'articulation A, M', M″... sont sur une même parabole du second degré dont l'axe principal est vertical. Les droites joignant entre eux les points d'articulation sont des cordes de cette parabole.

Si l'on se donne trois points de la courbe en prenant l'un

d'eux pour origine, on obtiendra les coefficients de son équation mise sous la forme $y = ax^2 + bx$, et les relations $a = \dfrac{p}{2Q_x}$,

$b = \dfrac{Q_y}{Q_x}$ feront connaître les rapports à la constante p des composantes Q_x et Q_y de la réaction au point d'articulation pris pour origine. On voit de plus que b ou $\dfrac{Q_y}{Q_x}$ étant la valeur de $\dfrac{dy}{dv}$ correspondante à $x = 0$, il en résulte qu'en général *la force Q, l'une des forces mutuelles en un point d'articulation quelconque, est dirigée suivant la tangente à la parabole en ce point.*

En quelque point d'articulation qu'on transporte l'origine des coordonnées, horizontales et verticales, l'équation conserve sa forme; le coefficient a ou $\dfrac{p}{2Q_x}$ de x^2 reste le même; la poussée horizontale Q_x reste donc constante, ce qui doit être, d'après la condition générale d'équilibre $\Sigma F_x = 0$, puisque les forces extérieures qui agissent entre deux articulations quelconques sont verticales. La force Q_y, proportionnelle à $\dfrac{dy}{dx}$, est donc variable, ce qui doit être aussi, puisque la somme algébrique des forces verticales exercées en deux articulations A, M, par les parties voisines AO, MB du système est égale, avec le signe contraire, au poids p par mètre multiplié par la distance horizontale des deux points considérés.

Au lieu de déterminer la parabole par trois points, il suffit de connaître son sommet O et les coordonnées $l = OC$ horizontale, $h = CB$ verticale d'un autre point B; l'équation de la courbe devient alors, si l'on prend O pour origine,

$$y = \frac{h}{l^2} x^2.$$

La force verticale représentée tout à l'heure par Q_y est nulle au sommet, et en représentant par T_x la poussée horizontale constante, et par T_y la composante verticale de l'action mutuelle au point dont les coordonnées sont x et y, on peut poser immédiatement les deux équations d'équilibre, l'une de translation, l'autre des moments autour de Q,

$$T_y = p x \quad \text{et} \quad T_x y = \frac{1}{2} p x^2,$$

d'où la constante

$$T_x = \frac{p l^2}{2 h};$$

et par suite, pour le point quelconque dont les ccordonnées sont z et y,

$$T = \sqrt{T_x^2 + T_y^2} = p l \sqrt{\frac{l^2}{4 h^2} + \frac{x^4}{l^2}}.$$

En faisant $x = l$ et appelant T_b la pression sur l'appui supposé en B, on a

$$T_b = p l \sqrt{\frac{l^2}{4 h^2} + 1},$$

décomposable en $\dfrac{p l^2}{2 h}$ horizontale et $p l$ verticale.

204. Application aux ponts suspendus. — D'après les numéros 201 et 202, la condition qui assujettit les sommets à être sur une parabole a lieu dans deux cas : soit pour un polygone funiculaire sans pesanteur, portant en ses divers sommets des charges verticales représentées proportionnellement chacune par la distance horizontale des milieux des deux côtés adjacents, ceux-ci ayant d'ailleurs des longueurs quelconques; soit pour un système polygonal pesant dont les sommets porteraient ces charges verticales et dont les côtés solides auraient en outre des poids proportionnels à leurs projections horizontales. Ce dernier cas est à peu près celui des ponts suspendus. La théorie et les formules du numéro précédent s'y appliquent avec une exactitude suffisante.

SYSTÈMES ARTICULÉS A LIAISON COMPLÈTE (110).

205. Exemple d'équilibre indifférent. Pont-levis à flèches. — A (fig. 48) est l'axe de rotation du tablier; B représente les deux points d'attache inférieurs de deux chaînes projetées en BC ; D est l'axe de rotation de la charpente mobile supérieure composée de deux flèches DC et d'une culasse DE ; C est la projection des points d'attache des chaînes BC aux bouts des flèches. Rien n'est changé au travail de la pesanteur dans tout mouvement du système, si l'on remplace les poids des chaînes par leurs moitiés appliquées aux points B et C. Soit P la somme des poids du tablier et de la moitié du poids des chaînes, et soit G le centre de gravité fictif du tablier et des demi-chaînes concentrées en B. Soit de même P' la somme du poids de la charpente supérieure et des demi-chaînes concentrées en C, et soit G' le centre de gravité fictif correspondant. On satisfait aisément à la condition de l'équilibre indifférent, en faisant en sorte que le quadrilatère ABCD soit un parallélogramme : dès lors AB et DC restent constamment parallèles; donc le travail du poids P en G, dans un déplacement quelconque, est le même que serait celui d'un poids égal P_1 qui serait appliqué au point G_1 situé par rapport à DC comme G l'est par rapport à AB. Cela posé, pour que l'équilibre subsiste dans une position quelconque, abstraction faite des frottements, il faut et il suffit que la droite G_1G' passe par D, c'est-à-dire que GA soit parallèle à DG' et qu'on ait en outre $P' \cdot DG' = P \cdot AG$. Cette double condition étant remplie au moyen d'un contre-poids adapté à la culasse, la force nécessaire pour manœuvrer le pont n'est que celle qu'il faut pour vaincre les frottements.

206. Exemple d'équilibre stable. Balance dite à bascule. — Un tablier AA (fig. 49) sur lequel se pose le corps à peser est articulé à charnière, suivant l'horizontale projetée en B, avec un levier ED dont l'axe de rotation fixe est en D. Un autre levier HF dont l'axe de rotation fixe est en I est uni au tablier AA par une tige GK, et au levier ED par une tige FE. A l'extrémité H est suspendu un petit plateau. Les poids et les proportions de l'appareil sont réglés de manière que le tablier et le plateau étant vides, le système prend une position d'équilibre stable, dans laquelle les lignes GK et FE, articulées à leurs extrémités, sont verticales, et le plan AA du tablier est horizontal. Il faut que cette position d'équilibre *à vide* soit aussi celle de l'équilibre qui a lieu quand le tablier et le plateau sont chargés de poids P et Q. A cet effet, les articulations G, F et B sont disposées de manière que, dans un mouvement virtuel de l'appareil à partir de la position dont il s'agit, tous les points, tels que K, A, B, liés invariablement au tablier, s'élèvent ou s'abaissent de quantités égales ; de sorte que, tandis que les points B et E tournent autour de D et les points G et F autour de I, le plan supérieur AA du tablier reste horizontal. Moyennant cette condition, le travail virtuel du poids P du corps posé quelque part que ce soit sur le tablier, est le même que si ce poids était appliqué en K. L'appareil fonctionne donc comme une romaine HIG, et les poids P et Q sont réciproques aux distances des verticales des points de suspension G et H à l'axe fixe I.

Il ne reste qu'à voir comment on satisfait à la condition du mouvement de translation du tablier. Les tiges EF, GK, étant verticales, nous ne changerons rien aux conditions de l'équilibre en supposant les points I, G et F sur une horizontale et les points D, B et E sur une autre. (Cette condition, qui n'est pas théoriquement nécessaire, est utilement réalisée dans la pratique, et a l'avantage d'atténuer l'effet des frottements des articulations à couteaux.) Dès lors les déplacements virtuels des points B, E, F, G et K sont verticaux. Celui de B étant désigné par ζ, celui de E, et par conséquent de F, est $\zeta \cdot \dfrac{DE}{DB}$; celui de G, et par conséquent de K, est égal à celui de F multiplié par $\dfrac{IG}{IF}$, c'est-à-dire à $\zeta \cdot \dfrac{DE}{DB} \cdot \dfrac{IG}{IF}$. En égalant cette dernière quantité à ζ, on trouve la relation cherchée :

$$\frac{DB}{DE} = \frac{IG}{IF} .$$

On peut vérifier que, moyennant cette proportion, le poids P étant décomposé en deux forces verticales, l'une suivant GK, l'autre passant en B, cette dernière, par l'intermédiaire du levier DE, produit sur la tige FE une tension dont le moment autour de I est le même que si cette seconde composante de P était réunie en G à la première.

207. Autre exemple. Balance de Roberval. — Quatre corps solides AB, BC, CD, DA (fig. 50), sont articulés à charnières, en quatre axes horizontaux parallèles, A, B, C, D, dont les intersections, par un plan vertical qui leur est perpendiculaire, forment un parallélogramme. Les deux côtés opposés AB, CD, ont leurs points E et F immobiles sur des axes fixes, parallèles aux quatre autres. Les distances AE et DF sont égales; il en est par conséquent de même des distances EB et FC. Ainsi, le parallélogramme ABCD peut se mouvoir en changeant ses angles, et les côtés AD et BC restent toujours égaux et parallèles à la droite fixe EF. Aux deux corps latéraux AD et BC sont invariablement fixés deux plateaux G et H, sur lesquels se placent deux corps dont les poids P et Q sont tels, que l'équilibre, qui avait lieu auparavant, subsiste après

leur addition. Il s'agit de trouver quel doit être le rapport de
P à Q pour satisfaire à cette condition. Puisque l'équilibre avait
lieu avant l'action des poids P et Q, ces forces sont seules à
considérer. Dans un déplacement quelconque de l'appareil,
les travaux de ces poids sont les mêmes que s'ils étaient appliqués respectivement aux points A et B, lesquels s'élèvent
ou s'abaissent autant que les plateaux en translation GH et IK.
On en conclut la relation cherchée

$$P \cdot AE = Q \cdot EB.$$

Dans la pratique ordinaire, les points E et F sont au milieu
des droites AB et DC; la droite EF est verticale, et AB est
horizontale.

Dans les balances de ce genre, aujourd'hui très-répandues
dans le commerce, les articulations A, B, E sont à couteaux;
la pièce DFC est une tringle plate, comparativement légère,
suspendue aux deux montants AD, BC, qu'elle ne touche que
par des arêtes vives (fig. 51), et assujettie en son milieu à toucher de la même manière deux petits piliers fixes verticaux.
Ces moyens d'assemblage mobile, sans frottement notable, ont
rendu possible et utile l'emploi pratique de la balance de Roberval, connue en théorie depuis longtemps.

EXEMPLES D'ÉQUILIBRE RELATIF.

208. **Pendule conique ou régulateur à forces centrifuges
de Watt** (fig. 52). — Quatre tiges ou tringles rigides égales
deux à deux sont disposées dans un plan et articulées à charnières, savoir :

En O, point fixe, sur un arbre tournant vertical DO;

En A, A, points mobiles, où elles forment deux angles
égaux variables ;

En C, sur un manchon qui entoure l'arbre OD, le long duquel il peut glisser en faisant varier la figure du quadrilatère
symétrique OACA.

Les points B, sur les prolongements des droites OA, sont les centres de deux boules métalliques. Tout le système a, à chaque instant, une même vitesse angulaire autour de l'axe de l'arbre OD. La position du manchon G variant avec cette vitesse, on se sert de cet appareil de diverses manières :

Soit pour indiquer à l'aide d'une aiguille (dont les oscillations sont facilement liées à celles du manchon) la vitesse angulaire actuelle de l'arbre DO, et par conséquent de tout autre arbre tournant d'une machine avec laquelle le pendule conique est en communication de mouvement;

Soit pour faire fonctionner un manchon d'embrayage alternatif qui fait que le moteur principal modifie son action pour rétablir la vitesse normale;

Soit pour faire mouvoir un levier de manœuvre qui ouvre plus ou moins une soupape d'où dépend le mouvement de la machine principale.

L'application raisonnée de cet appareil exige la solution de la question suivante :

Le système étant supposé tourner uniformément sans déformation, quelle relation la vitesse angulaire a-t-elle avec la figure et avec les forces extérieures? — Soient :

$a = $ OA, $b = $ OB, $c = $ AC, longueurs constantes,

P poids de chaque boule,

p poids de la tige OB,

q poids de la tige AC,

Q poids du manchon augmenté ou diminué de la pression verticale d'un autre corps en contact avec le manchon,

w la vitesse angulaire actuellement constante des boules autour de la verticale CO,

α l'angle COA correspondant à cette vitesse,

h la hauteur OC variant avec l'angle α.

Le système tournant uniformément autour de CO est en repos relatif dans un système de comparaison ayant la même rotation ; donc on peut (120) lui appliquer les conditions d'équilibre absolu, pourvu qu'on joigne aux forces réelles les forces fictives réduites dans ce cas, à cause de la nullité des vitesses relatives, aux forces centrifuges qui correspondent pour les divers éléments matériels à la vitesse angulaire commune et à leurs diverses distances à l'axe.

Pour chaque boule qu'on peut (70) considérer comme concentrée en B, la force centrifuge résultante horizontale est

$$\frac{P}{g}\, w^2 b \sin z \,.$$

Pour la tige OB (qu'on imagine prolongée jusqu'au centre B de la boule en supposant le double emploi compensé par un renflement de la tige près de l'assemblage), les forces centrifuges correspondantes aux diverses longueurs dx sont exprimées par $\mu w^2 \sin z \cdot x dx$ (la masse de l'unité de longueur étant μ), d'où il suit que leur résultante est

$$\frac{1}{2}\, \mu w^2 b^2 \sin \alpha = \frac{1}{2}\, w^2 \frac{P}{g}\, b \sin \alpha \,,$$

et qu'elle passe entre O et B à une distance de O égale à $\frac{2}{3}\, b$; que par conséquent on peut la remplacer par deux forces, l'une agissant en O, l'autre passant en B et égale à

$$\frac{1}{3}\, w^2 \frac{P}{g}\, b \sin \alpha \,,$$

c'est-à-dire à la force centrifuge qui correspond au tiers de la masse de la tige concentrée en B. De même les forces centrifuges relatives à la tige AC sont équivalentes à une force passant en C et à une autre égale à

$$\frac{1}{3}\, w^2 \frac{q}{g}\, a \sin z \,,$$

appliquée horizontalement au point A; et celle-ci peut, sans changer les conditions d'équilibre, être remplacée par une composante en O et une autre en B égale à

$$\frac{1}{3}\, w^2 \frac{q}{g}\, \frac{a^2}{b}\, \sin \alpha\,.$$

Faisons une transformation analogue pour les poids. Celui de la tige OB peut être remplacé par deux composantes verticales $\frac{1}{2}p$ appliquées l'une en O, l'autre en B, et le poids de chaque tige AC peut être remplacé par $\frac{1}{2}q$ en C et $\frac{1}{2}q$ en A, puis ce dernier par $\frac{1}{2}q\frac{a}{b}$ en B et une composante en O.

En définitive et attendu que les composantes centrifuges qui agissent sur le manchon sont égales et opposées, et que nous négligeons le très-faible frottement du manchon sur l'arbre vertical et celui des diverses articulations, le système articulé peut être considéré comme en équilibre sous l'action, savoir :

1° Des deux forces verticales $P_1 = P + \frac{1}{2}p + \frac{1}{2}q\frac{a}{b}$ agissant aux centres B des boules;

2° De la force verticale $Q_1 = Q + q$ appliquée au manchon;

3° Des deux forces centrifuges

$$\chi = \frac{w^2 b \sin \alpha}{g}\left(P + \frac{1}{3}p + \frac{1}{3}q\frac{a^2}{b^2}\right)$$

appliquées aux deux centres B et des forces qui s'exercent au point fixe O.

Cela posé, la relation qui existe entre ces forces, dans le cas de l'équilibre du système articulé à liaison complète dont il s'agit, se trouve très-simplement par le théorème général du travail virtuel (105). Supposons que le système subisse un déplacement virtuel, l'angle α recevant un accroissement $d\alpha$ et la hauteur h un accroissement algébrique dh, les deux forces χ, les deux forces P_1 et la force Q_1 feront des travaux dont la somme algébrique nulle fournit l'équation

$$2\chi b\, d\alpha \cdot \cos \alpha - 2P_1 b\, d\alpha \cdot \sin \alpha + Q\, dh = 0.$$

Pour faire disparaître les infiniment petits $d\alpha$ et dh, on a

$$h = a \cos \alpha + \sqrt{c^2 - a^2 \sin^2 \alpha},$$

d'où

$$dh = -\, a \sin \alpha \left(1 + \frac{a \cos \alpha}{\sqrt{c^2 - a^2 \sin^2 \alpha}} \right) d\alpha\,;$$

de sorte que l'équation d'équilibre devient, après substitution et réduction,

$$\frac{w^2 b^2 \cos \alpha}{g} \left(2P + \frac{2}{3} p + \frac{2}{3} \frac{a^2}{b^2} q \right)$$
$$= 2Pb + pb + qa + a\,(Q + q) \left(1 + \frac{a \cos \alpha}{\sqrt{c^2 - a^2 \sin^2 \alpha}} \right),$$

Telle est la relation cherchée, au moyen de laquelle on pourra, connaissant les dimensions a, b, c, les forces P, p, q, Q, ou seulement les rapports de trois d'entre elles à la quatrième, et l'angle α supposé constant pendant un certain temps, calculer la vitesse angulaire w correspondante, et par suite le nombre de révolutions par seconde $\dfrac{w}{2\pi}$.

En résolvant l'équation par rapport à w, on voit que, à mesure que l'angle α augmente à partir de zéro, sans altération des forces, la vitesse w augmente aussi à partir d'une valeur qui est par conséquent son minimum. Il y a donc, pour des valeurs données des longueurs et des forces, une certaine vitesse angulaire, facile à calculer (puisqu'elle répond à $\alpha = 0$), que l'appareil doit dépasser pour que la tige des boules commence à s'écarter de la verticale.

La vitesse w peut augmenter ou diminuer pendant que l'angle α restera invariable, pourvu que la force Q augmente ou diminue de manière que l'équation reste satisfaite. C'est ce qui arriverait si un obstacle fixe s'opposait à l'ascension ou à la descente du manchon; et dans ce cas la différence de la valeur de Q et de celle qu'avait cette force quand l'obstacle ne fonctionnait pas indiquerait la pression exercée sur l'obstacle.

Si l'obstacle n'est susceptible que d'une résistance limitée, la variation de la vitesse angulaire sans altération de l'angle α sera également limitée et sera calculée sans difficulté.

209. Simplification de la formule précédente. — L'équation d'équilibre relatif précédemment obtenue se simplifie beaucoup lorsqu'on suppose que les poids p et q des tiges et la force Q agissant sur le manchon sont des quantités assez petites pour être négligées auprès du poids $2P$ des boules. L'équation se réduit alors à

$$\frac{w^2 b \cos \alpha}{g} = 1,$$

conformément au numéro 102 de la *Dynamique d'un point matériel*, et il en résulte que la relation entre l'angle d'écartement des boules et la vitesse angulaire est, dans l'hypothèse dont il s'agit, indépendante du poids des boules.

Une simplification moins grande, mais plus pratique, s'obtient lorsque le quadrilatère OACA est un losange. On a dans ce cas $c = a$ et par suite $h = 2a \cos \alpha$; et si l'on remplace w par l'expression $2\pi n$, en appelant n le nombre de révolutions par seconde, l'équation d'équilibre devient

$$n^2 h \cdot 1{,}006 \frac{b^2}{a^2}\left(2P + \frac{2}{3}p + \frac{2}{3}\frac{a^3}{b^2}q\right) = \frac{b}{a}P + \frac{b}{2a}p + \frac{3}{2}q + Q, \qquad [E]$$

où l'on voit qu'en faisant varier Q, on peut faire varier la vitesse sans changer la hauteur h, ou réciproquement.

Si l'on suppose $b = 2a$ et $p = 2q$, la formule devient

$$n^2 h \cdot 1{,}024 \left(2P + \frac{3}{4} p \right) = 2P + \frac{7}{4} p + Q . \qquad [\text{E}']$$

210. Usages du pendule conique. — 1° *Comme indicateur de vitesse.* Si l'on suppose que la force Q se réduise au poids propre du manchon et soit par conséquent constante, le produit $n^2 h$, dans toutes les positions d'équilibre relatif du système tournant, est aussi constant, de sorte que h varie en raison inverse du quarré n^2. D'ailleurs la plus petite valeur que puisse avoir la vitesse, dans cet état d'équilibre, répond à la plus grande valeur que puisse prendre la diagonale h, valeur toujours plus petite que $2a$.

La loi qui, dans l'état d'équilibre relatif considéré, lie la vitesse à la diagonale h étant exprimée par l'équation

$$n^2 h = C,$$

(la constante C dépendant des poids P, p, q, Q et des longueurs a et b), on en conclut une relation générale et simple entre la variation Δn supposée petite de la vitesse et la variation Δh de la diagonale h : en traitant ces variations comme infiniment petites, c'est-à-dire en négligeant $(\Delta n)^2$ auprès de $2n \Delta n$ et $2n \Delta n \Delta h$ auprès de $n^2 \Delta h$, on obtient très-approximativement

$$2 n h \Delta n + n^2 \Delta h = 0 \quad \text{d'où} \quad \frac{\Delta h}{h} = \frac{-2 \Delta n}{n} ;$$

Ainsi, par exemple, si la vitesse augmente de 1/40, la diagonale diminue à peu près de 1/20.

Une aiguille à fourche embrassant une gorge creusée dans le manchon rend les variations de h plus faciles à observer.

2° *Comme régulateur de vanne.* Il n'est pas nécessaire de

connaître la théorie de l'emploi de l'eau comme moteur pour savoir que l'effet d'une chute d'eau sur une roue hydraulique dépend de la hauteur de la chute et de la quantité d'eau dépensée. L'eau est fournie à la roue par un orifice dont la grandeur varie, selon la situation plus ou moins élevée d'une vanne. La roue une fois construite et les mécanismes intérieurs de l'usine une fois établis et fonctionnant, il y a pour la roue une vitesse la plus convenable pour le meilleur emploi du moteur et pour le meilleur produit des machines-outils. Si, par une cause quelconque mais durable, la roue vient à se ralentir d'une manière permanente, il convient de lui rendre sa vitesse normale, soit en diminuant les résistances intérieures, soit en augmentant le volume d'eau dépensé par le changement de situation de la vanne, ce qui se fait facilement à l'aide d'un système d'engrenages et d'une manivelle. Mais, lorsque cette opération doit être fréquente, au lieu d'en charger un surveillant de l'usine, on peut la faire exécuter automatiquement par la roue elle-même, en se servant d'un pendule conique dit *régulateur de vanne*. On peut à cet effet employer la disposition que nous allons indiquer succinctement, en faisant usage du mécanisme d'embrayage alternatif mentionné dans notre *Traité de Cinématique*, n° 208. La roue fait tourner continuellement une roue dentée conique E (fig. 53) engrenant avec deux roues folles F, F' lesquelles tournent en sens contraire l'une de l'autre sur l'arbre GG de la manivelle dont nous venons de parler tout à l'heure. Entre ces deux roues se trouve un manchon d'embrayage double D, assemblé à frottement doux et à rainure et languette sur le même arbre, de manière que lorsque ce manchon, étant poussé longitudinalement du côté de la roue F, s'embraye avec son moyeu, l'arbre GG tourne dans le sens de cette roue et entraîne par conséquent la vanne d'un certain côté; lorsque au contraire le manchon est poussé longitudinalement contre la roue F', l'arbre GG tourne dans le même sens que celle-ci et entraîne la vanne de l'autre côté.

Ainsi, selon que le manchon D s'embraye tantôt avec l'une des roues F et F', tantôt avec l'autre, la vanne tantôt monte et tantôt descend ; et lorsqu'il occupe la position intermédiaire, l'arbre GG et la vanne restent immobiles. Or le mouvement alternatif du manchon D est, au moyen d'un levier à double fourche DBC, déterminé par le mouvement analogue du manchon C d'un pendule conique dont l'arbre tournant OC est en communication constante avec la roue, en sorte que dès que celle-ci se ralentit, les boules du pendule se ralentissent dans le même rapport et se rapprochent ; son manchon C s'abaisse, le manchon D par conséquent se porte vers la roue F et s'embraye, si la diminution de vitesse est suffisante ; dès lors la vanne se met en mouvement de manière à augmenter la dépense d'eau et par suite la vitesse ; aussitôt que celle-ci se trouve ramenée à peu près à sa valeur normale, le manchon C du pendule se relève ; et, le manchon D se détachant de la roue F, l'arbre GG et la vanne reprennent l'immobilité dans leur nouvelle situation.

On voit que c'est la roue elle-même ou plutôt l'eau motrice qui fait le travail mécanique nécessaire pour lever ou descendre la vanne ; le pendule conique ne fait que le travail relativement minime que nécessitent le glissement et l'embrayage du manchon D et de l'une des roues F et F'. Mais la résistance qu'éprouve cette pièce D à son déplacement a pourtant son importance. Supposons, pour fixer nos idées à cet égard, que la roue et par conséquent le pendule conique augmentent de vitesse : Si la force Q restait la même qu'auparavant et se réduisait au poids du manchon C, le produit $n^2 h$ conserverait la même valeur C que dans l'état normal de la vitesse ; dès lors, connaissant l'espace qu'aurait à parcourir le manchon d'embrayage D pour engrener avec la roue F', et connaissant par conséquent la diminution correspondante de la diagonale h, on calculerait immédiatement la valeur de $n^2 = \dfrac{C}{h}$ nécessaire pour produire l'embrayage. Mais il n'en est pas ainsi; le frottement du manchon D sur son arbre et sur les saillies du moyeu de la roue, entre lesquelles il doit s'engager, fait naître une résistance à l'ascension du manchon C; ainsi la force Q à introduire dans la formule augmente de toute cette résistance et par conséquent le produit n^2h et par suite le quarré n^2 augmentent aussi. Or, on conçoit que moins l'augmentation momentanée de la force Q sera grande relativement au poids propre du manchon C, moins grande aussi sera l'augmentation que devra prendre la vitesse du pendule pour mettre en action le manchon d'embrayage.

Rendons ceci plus clair par un exemple.

Adoptant pour plus de simplicité la formule [E'] qui résulte des données $b = a$ et $p = 2q$, faisons de plus $p = 0,1\ P$; nous avons ainsi la relation

$$8,35\ Pn^2h = 2,175\ P + Q .\qquad\qquad [E'']$$

Supposons que la longueur a d'un des côtés du losange soit $0^m,25$ et que l'angle α correspondant à la vitesse normale du pendule soit de 45°; nous en concluons $h = \dfrac{1}{4}\sqrt{2} = 0^m,3535$;

et supposons d'abord que le poids propre du manchon Q soit petit, par exemple $0,025\ P$.

On trouvera la vitesse normale du pendule conique par l'équation

$$8,35 \cdot 0,3535\ n^2 = 2,2 \quad \text{d'où} \quad n = 0,86 .$$

Le pendule ferait donc dans l'état normal 0,86 de tour par seconde (51,6 tours par minute).

Pour savoir quelle sera la vitesse nécessaire pour produire l'embrayage qui met la vanne en mouvement, il faut connaître d'abord le déplacement que subira le manchon D, et la diminution correspondante de la diagonale h. Soit, par exemple, celle-ci réduite à $0^m,32$, au lieu de $0^m,3535$.

Il faut encore connaître la résistance à l'embrayage équivalente à une force descendante exercée sur le manchon C et que nous évaluons arbitrairement à $\frac{1}{2} P$.

Il ne reste donc plus qu'à faire dans l'équation [E″], $h = 0,32$ et $Q = 0,525$, ce qui donne $n = 1,005$, c'est-à-dire que lorsque la vanne commencerait à se mouvoir, la roue ferait 60,3 tours par minute; sa vitesse serait donc augmentée de $\frac{8,7}{51,6}$, près de $\frac{1}{6}$ de sa valeur normale.

Cette différence étant trop grande, on la réduirait sensiblement en augmentant le poids propre du manchon C et par suite la vitesse normale du pendule. Soit par exemple 70P ce poids propre, au lieu de 0,025P. En appelant n le nombre de tours normal par seconde, et n' ce que devient ce nombre à l'instant de l'embrayage avec la roue F′, on a les deux équations, déduites de la relation [E″] où l'on fait d'abord $h = 0^m,3535$ et $Q = 70P$, puis $h = 0^m,32$ et $Q = 70,5\ P$:

$$8,35 \times 0,3535\,n^2 = 72,175$$

et

$$8,35 \times 0,32\,n'^2 = 72,675$$

d'où l'on tire $n = 4,94$ et $n' = 5,21$. La vitesse du pendule serait donc dans l'état normal de 296 tours par minute, et elle pourrait augmenter jusqu'à 313 tours.

On calculerait de même la vitesse n'' qui aurait lieu à l'instant de l'embrayage du manchon D avec la roue F par suite du ralentissement de la roue et de l'allongement de la diagonale du losange. A cet instant cette diagonale serait de $0^m,3535$ $+ 0,0335 = 0^m,387$; et la force Q, égale au poids propre du manchon C diminué de la résistance ascendante 0,5 P à la descente de cette pièce, serait de 70 P − 0,5 P; l'équation

[E''] deviendrait donc

$$8,35 \times 0,387\, n''^2 = 2,175 + 69,5,$$

d'où l'on tire $n'' = 4,71$, correspondant à 282,6 tours par minute. Les vitesses extrêmes et la vitesse normale de la roue seraient donc proportionnelles aux nombres 4,71 ; 4,94 ; 5,21 ou aux nombres 0,944 ; 1 ; 1,054.

L'amplitude des variations de la vitesse serait encore diminuée, si l'étendue de la course alternative des manchons était moindre que celle que nous avons admise pour donnée hypothétique dans ces calculs.

3° *Emploi du pendule conique comme régulateur des machines à vapeur.* Dans la disposition adoptée depuis longtemps, à l'imitation de Watt, le manchon C du pendule est mis en liaison complète avec la soupape ou valve qui règle l'arrivée plus ou moins abondante de la vapeur, de la chaudière à la machine qu'elle met en mouvement. L'arbre tournant OC du pendule est en communication par une corde sans fin avec le volant de la machine. Il y a pour celui-ci et par conséquent pour le pendule une vitesse dont il importe que les variations soient peu considérables. Lorsque leur mouvement devient plus rapide, soit par un accroissement de la pression de la vapeur, soit par une diminution du travail des outils de l'usine, les boules du pendule s'écartent, son manchon s'élève et la soupape se déplace de manière à diminuer la dépense de vapeur ; l'inverse a lieu lorsque, le volant se ralentissant, les boules se rapprochent et le passage de la vapeur augmente.

La théorie de ce mécanisme est celle qui précède et se résume par la formule [E], dans laquelle la force Q se réduit au poids du manchon C lorsque l'appareil est à l'état normal sans tendance au changement dans aucun sens ; elle s'accroît de la résistance à l'ascension lorsque, la vitesse angulaire devenant plus grande, les boules s'écartent ou tendent à s'écarter davantage ; au contraire, cette force Q n'est plus égale qu'au poids propre du manchon diminué de la résistance qu'exerce la fourche à la descente, lorsque, par suite de la diminution de vitesse, les boules se rapprochent ou tendent à se rapprocher. Les valeurs de la résistance exercée sur le manchon par la fourche dans ses diverses positions et dans les deux sens de son mouvement peuvent être déterminées expérimentalement, et à l'aide de ces données, il sera facile de calculer au moyen de la formule [E] les valeurs de la vitesse qui correspondront à une série de valeurs de h ou de l'angle x, soit dans l'état stable, sans action mutuelle du manchon et de la fourche, soit dans l'état de mouvement du manchon sur le point de naître en montant ou en descendant.

Inconvénient du régulateur de Watt. La transformation du mouvement alternatif du piston d'une machine à vapeur en un mouvement circulaire progressif, par une bielle et une manivelle, ne donne jamais lieu à une vitesse angulaire uniforme, et nous avons vu (173 et suiv.) que le volant n'a pour objet que de resserrer les limites supérieure et inférieure de la vitesse pendant chaque révolution. Évidemment un pendule conique ne pourrait pas produire cet effet, notamment dans les machines à détente, où pendant un certain intervalle de temps, à chaque course du piston, la vapeur contenue dans le cylindre est sans communication avec la chaudière. Mais si, par des causes quelconques, le travail moteur total, pendant chaque tour du volant, vient à n'être plus égal au travail résistant, le nombre de tours par minute augmente ou diminue, et c'est alors que, si l'on ne modifie pas les résistances des outils, ni la température de la vapeur, il faut ouvrir plus ou moins la soupape régulatrice, afin d'augmenter ou diminuer le travail moteur à chaque tour : c'est le service qu'on demande au pendule conique. Mais il ne le rend pas complétement. Supposons en effet que la vitesse d'abord à l'état normal devienne trop grande. Les boules s'écartent et la soupape diminue l'arrivée de la vapeur ; par suite, la vitesse diminue. Mais revient-elle, comme il le faudrait, à sa valeur normale? Non assurément, si la soupape n'oppose à son développement qu'une très-faible résistance et si par conséquent la force Q dans la formule reste à très-peu près constante; le produit n^2h ne varie donc que très-peu, et par conséquent si n et la vitesse reprenaient leur valeur normale, il en serait de même de la diagonale h et de la situation de la soupape, situation qu'il s'agissait précisément de changer. Ce qui arrivera réellement, c'est que le pendule conservera une vitesse moyenne (par tour du volant) plus grande que la vitesse normale et néanmoins le passage de la vapeur à la soupape sera diminué; le travail moteur et le travail résistant redeviendront égaux comme dans l'état normal, parce que le premier sera diminué par suite d'une diminution de la dépense de vapeur, tandis que le second sera augmenté par suite de l'augmentation de la vitesse.

211. Perfectionnement du régulateur de Watt. — On a cherché à remédier à l'inconvénient qui vient d'être expliqué, de manière à conserver la vitesse w ou le nombre de tours n lorsque le manchon s'est déplacé pour augmenter ou diminuer le passage de la vapeur. Pour cela il faut dans la formule [E'] considérer n comme constante; par conséquent, si Q est invariable, il faut que h le soit aussi; si au contraire h varie, il faut que Q varie aussi. De là deux procédés pratiqués l'un par MM. Farcot, l'autre par M. Foucault.

Procédé de MM. Farcot. Au lieu que les deux tiges OB qui portent les boules soient articulées en un même axe O rencontrant l'axe de l'arbre tournant OC, elles sont articulées à charnière (fig. 51), l'une O'B' en O', l'autre O"B" en O", les deux points O' et O" étant liés à l'arbre tournant et symétriques par rapport à l'axe OC; et l'on détermine ces deux centres d'articulation de manière que la diagonale OC qui joint les deux points variables O et C du quadrilatère OA'CA" soit à peu près constante. Pour cela, on imagine que, par les deux centres B' et B" des boules, prises dans leur position moyenne ou normale, on fasse passer une parabole (dont on sait que l'une des propriétés est que la sous-normale est constante), et l'on place les points O′ et O″ aux centres de courbure correspondant aux points B′ et B″.

Procédé de M. Foucault. Supposons que dans l'équation [E], outre les valeurs connues et invariables des poids P, p, q et des distances a et b, on adopte des valeurs dites normales de h et de Q, c'est-à-dire se réalisant le plus ordinairement et quand la machine est dans les conditions jugées les plus convenables, on en conclura la valeur correspondante du nombre n de tours par seconde, nombre dit aussi normal. Il s'agit de faire en sorte que cette vitesse se maintienne invariable lorsque h et par conséquent Q varient. L'équation [E] peut alors se mettre sous la forme

$$A h = B + Q,$$

A et B étant deux constantes ; il s'ensuit que les variations de Q et de h sont proportionnelles l'une à l'autre. Si l'on désigne par h_0 et Q_0 deux valeurs correspondantes, par exemple celles qui se rapportent à l'état normal, et par $h_0 + \Delta h$ et $Q_0 + \Delta Q$ deux autres valeurs simultanées quelconques, on tire de l'équation précédente, à laquelle ces deux groupes de quantités doivent satisfaire,

$$A h_0 = B + Q \quad \text{et} \quad A \Delta h = \Delta Q \quad \text{d'où} \quad \Delta Q = (B + Q_0) \cdot \frac{\Delta h}{h_0}. \quad [\text{E}''']$$

formule dans laquelle

B est une constante égale à $\dfrac{b}{a} P + \dfrac{b}{2a} p + \dfrac{3}{2} q$;

Q_0 est le poids propre du manchon ;

ΔQ est la force verticale variable qui doit en outre agir sur ce manchon, force descendante lorsque la diagonale, égale d'abord à h_0, a reçu un accroissement positif Δh, force ascendante dans le cas contraire. On satisferait à cette condition en disposant un levier coudé IKL (fig. 55) pouvant osciller très-librement autour de l'arête K d'un couteau, et dont les branches seraient terminées l'une par une fourche I embrassant une gorge creusée dans le manchon, l'autre par une sphère L. L'angle des deux branches serait tel, que G étant le centre de gravité de tout le levier, l'angle GKI serait droit. Les branches seraient assez longues pour que les arcs décrits par leurs extrémités, dans les déplacements du manchon, différassent très-peu de lignes droites, et l'axe K serait établi de manière que, dans la position moyenne ou normale, la droite IK serait horizontale et par conséquent la droite KG verticale. Dans cette situation d'équilibre instable, le levier coudé serait sans action sur le manchon. Mais dès que celui-ci s'abaisserait ou s'élèverait, la fourche exercerait une pression descendante dans le premier cas, ascendante dans le second, qu'il serait facile de rendre égale à ΔQ de l'équation [E′′′]. Soient en effet

S le poids du levier coudé, considéré comme appliqué en G,

β l'angle dont la droite KI s'écarte de l'horizon et la droite KG de la verticale, quand le manchon s'est abaissé ou élevé de Δh,

T la pression exercée par la fourche sur le manchon et réciproquement,

$r = $ KI,

$r' = $ KG.

Dans cette situation, l'équilibre du levier coudé donne très-approximativement

$$T \cdot r = S r' \sin \beta,$$

en même temps qu'on a

$$r \sin \beta = \Delta h,$$

par conséquent

$$T = \frac{r'}{r^2} S \Delta h ;$$

Donc la force T, nulle en même temps que Δh, lui est proportionnelle, et pour qu'elle ait la valeur que l'équation [E'''] assigne à ΔQ, il faudra faire

$$\frac{B + Q_0}{h_0} = \frac{r'}{r^2}\, S \quad \text{d'où} \quad S = \frac{r^2}{r' h_0}\,(B + Q_0).$$

Si l'on supposait $r' = r = h_0$, le poids S se réduirait à $B + Q_0$, c'est-à-dire à

$$\frac{b}{a}\, P + \frac{b}{2a}\, p + \frac{3}{2}\, q + Q_0 .$$

Dans un mémoire publié parmi ceux de la Société des Ingénieurs civils, année 1864, 1er trimestre, M. Sautter, après avoir posé, d'après M. Foucault, la condition de l'isochronisme du régulateur à force centrifuge (condition qui revient à la formule [E'''] quand on y fait $p = q = 0$), a décrit deux mécanismes à contre-poids, imaginés par le même auteur et dont la pièce principale est un levier coudé analogue à celui dont nous venons de parler; et il a annoncé la prochaine publication d'une autre solution du même problème au moyen d'un ressort.

L'emploi d'un ressort est déjà connu et se présente naturellement à l'esprit pour remplacer la force Q quand on veut que l'axe OC de rotation de l'appareil soit horizontal, et l'on conçoit qu'il est possible de régler le ressort de manière que le rapport $\dfrac{\Delta Q}{\Delta h}$ ait la valeur $\dfrac{b}{a}\dfrac{P + Q_0}{h_0}$ qu'exige la formule [E''], les poids p et q disparaissant dans ce cas comme perpendiculaires à l'axe de rotation.

CHAPITRE IV.

GLISSEMENT D'UN SOLIDE PESANT SUR UN PLAN INCLINÉ.

212. Mouvement varié ascendant. — Un corps solide glisse comme un traîneau sur un plan incliné, en montant parallèlement à la ligne de plus grande pente. Il est sollicité en outre de son poids P par une force Q située dans un plan perpendiculaire aux horizontales du plan incliné. On demande la loi de ce mouvement.

Soient (fig. 56)

i l'angle aigu du plan incliné avec l'horizon;

β l'angle quelconque de la force Q au-dessus de la ligne de plus grande pente, prise dans le sens ascendant (cet angle peut être négatif);

α' l'angle du frottement dont la tangente est f;

v la vitesse supposée dans le sens ascendant après le temps t.

Le mouvement de translation dont il s'agit est aussi celui du centre de gravité du corps glissant. En y transportant toutes les forces P, Q, N et fN, dont les deux dernières représentent les réactions du corps formant plan incliné, on aura une résultante φ qui, étant parallèle à la direction du mouvement rectiligne, se projettera en vraie grandeur sur la ligne de plus grande pente, tandis que sa projection sur la normale au plan sera nulle. Ainsi

$$\varphi = Q \cos \beta - P \sin i - fN$$
$$0 = N + Q \sin \beta - P \cos i,$$

d'où, par l'élimination de N,

$$\varphi = Q \cos \beta - P \sin i - f (P \cos i - Q \sin \beta); \qquad [1]$$

ce qu'on obtient immédiatement en écrivant que la résultante φ est égale à la somme algébrique des composantes, parallèles au plan, des forces Q et P, diminuée du frottement égal au produit par f de la pression, égale elle-même à la somme algébrique des composantes, normales au plan, de P et de Q.

Ayant obtenu φ, et connaissant la masse $\dfrac{P}{g}$ du corps glissant, on peut calculer l'accélération

$$\frac{dv}{dt} = \frac{g\varphi}{P}.$$

Si l'intensité Q et l'angle β restent invariables pendant le mouvement, et qu'il en soit de même de l'état de poli et d'onctuosité des surfaces en contact, l'accélération est constante, et le mouvement est uniformément varié, accéléré ou retardé suivant le signe de φ, sauf le cas particulier où φ est nulle et le mouvement ascendant uniforme. Dans ce dernier cas, comme dans celui du mouvement retardé, le corps ne monte que parce qu'il a reçu une vitesse initiale ascendante, de forces autres que Q qui ont ensuite cessé d'agir. Dans le cas du mouvement accéléré ascendant, le corps a pu sortir du repos en vertu de la force Q.

REMARQUES. L'équation [1] s'applique pendant le mouvement ascendant à toutes les valeurs des forces et des angles conciliables avec l'hypothèse que le corps possède un mouvement de translation parallèle au plan, en ne recevant de celui-ci, en ses divers points de contact, que des réactions dont chacune se décompose en une force normale répulsive et une force parallèle au plan. De là il suit que la force N, résultante et somme des réactions normales, est essentiellement positive dans les équations posées ci-dessus ; ce qui établit la condition nécessaire

$$Q \sin \beta < P \cos i,$$

c'est-à-dire que la force $Q \sin \beta$, qui tend à détacher le corps du plan, est moindre que la force $P \cos i$ qui tendrait à l'en rapprocher.

Mais cette condition simple et claire ne suffit pas : on conçoit en effet que, eu égard à la figure du corps, les forces P et Q pourraient être tellement dirigées qu'au lieu de laisser subsister la translation supposée acquise, en modifiant seulement la vitesse, elles fissent culbuter le corps autour d'une de ses arêtes de contact. Or, pour vérifier dans un cas donné si ce renversement n'a pas lieu, il faut considérer que, pendant le mouvement de translation, la force que nous avons désignée par φ est la résultante et la somme de toutes les forces totales $m \dfrac{dv}{dt}$ propres aux divers éléments du corps, et que par conséquent cette résultante s'applique au centre de gravité. Mais elle est aussi la résultante des forces réelles qui agissent sur le corps, savoir : les forces données P et Q, la force fN dirigée dans le plan, et la force N normale, passant par un point situé dans l'intérieur du polygone formant la base du corps dans le plan ; et, pour cela, il faut que, relativement à chacun des côtés de ce polygone supposé convexe, le moment connu de la force φ soit égal à la somme algébrique des moments des forces P, Q et N, ce que nous écrivons ainsi

$$\mathfrak{M}N + \mathfrak{M}Q + \mathfrak{M}P - \mathfrak{M}\varphi = 0.$$

Par conséquent, si l'on choisit le sens des moments de manière que celui de N soit positif, il faut qu'on ait l'inégalité

$$\mathfrak{M}\, Q + \mathfrak{M}\, P - \mathfrak{M}\, \varphi < 0 .$$

Une troisième condition est encore nécessaire pour que la théorie précédente soit applicable à la pratique : c'est qu'en aucun des éléments de contact des deux corps, la pression rapportée à l'unité de surface n'excède la limite que comporte la nature de ces corps, sous le rapport de leur résistance à l'écrasement. Cette considération appartient à la partie de la mécanique qui traite de la *résistance des matériaux* de construction.

213. Cas particulier du mouvement ascendant uniforme. — Dans ce cas, la résultante φ étant nulle, il y a équilibre entre le poids P du corps, la réaction totale R du plan (laquelle fait avec une normale l'angle x), et la force Q, trois forces qui par conséquent se rencontrent en un point. Si M est ce point (fig. 57), et MX la normale correspondante, MR est la direction de la réaction totale, et il en résulte que la force Q doit être dirigée dans l'angle VMR′ opposé à l'angle PMR et que par conséquent l'angle β doit être compris entre

$$-\left(\frac{\pi}{2} - x\right) \quad \text{et} \quad +\left(\frac{\pi}{2} - i\right) .$$ Sous cette condition, la force Q est déterminée en intensité par l'équation, tirée de [I],

$$Q = P \frac{\sin i + f \cos i}{\cos \beta + f \sin \beta} ,$$

ou, f étant remplacé par $\tang x$,

$$Q = P \cdot \frac{\sin (i + x)}{\cos (\beta - x)} , \tag{2}$$

équation qu'on peut obtenir immédiatement, en remarquant

que l'équilibre des forces P, Q et R exige (II, 38) l'équation

$$\frac{Q}{P} = \frac{\sin(P, R)}{\sin(Q, R)} = \frac{\sin(i + \alpha)}{\sin\left(\frac{\pi}{2} + \alpha - \beta\right)}\;.$$

Minimum de Q. — Si dans l'équation [2] on fait varier β, la moindre des valeurs de Q satisfaisant à l'équilibre est $P \sin(i + \alpha)$ et répond à $\beta = \alpha$, c'est-à-dire que la force Q est alors perpendiculaire à R. C'est ce qu'on retrouve par le théorème du polygone des forces : dans le polygone fermé, qui est ici le triangle ABC dont les côtés sont parallèles et proportionnels à P, Q et R, le côté AB est donné en grandeur et en direction, le côté CA seulement en direction, et le minimum du côté qui représente Q est la perpendiculaire BC. On a donc

$$\text{BC} = \text{AB} \sin \text{BAC},$$

c'est-à-dire

$$Q = P \sin \text{VMR} = P \sin(i + \alpha).$$

Travaux des forces. — Les travaux élémentaires des forces Q et P pendant un déplacement dx du corps glissant sont $Q \cos\beta\, dx$ et $-P \sin i\, dx$. Dans le cas du mouvement uniforme on a, pour un parcours quelconque, en représentant par $\mathcal{C}Q$ et $-\mathcal{C}P$ les travaux des deux forces,

$$\frac{\mathcal{C}Q}{\mathcal{C}P} = \frac{\cos\beta}{\sin i}\left(\frac{\sin i + f\cos i}{\cos\beta + f\sin\beta}\right),$$

rapport qui, comme cela doit être, se réduirait à l'unité, si f était nul.

214. Mouvement varié descendant. — Si, au lieu d'être ascendante, la vitesse acquise était descendante, il suffirait, en conservant la direction ascendante pour le sens positif de φ, de changer le signe de $f\mathcal{N}$ dans la première des équations du numéro 212, ce qui revient à changer celui de f dans la formule [1]; mais si l'on veut compter la résultante comme positive dans le sens descendant, qui est celui du mouvement, il faut aussi changer son signe; en l'appelant φ' et en comptant toujours l'angle β à partir de la direction ascendante du plan, on a

$$\varphi' = P \sin i - Q \cos \beta - f (P \cos i - Q \sin \beta), \quad [1\ bis]$$

et, suivant que cette force est positive, négative ou nulle, le mouvement descendant est accéléré, retardé ou uniforme.

REMARQUES. Les remarques faites au numéro 212 sont applicables au mouvement descendant comme au mouvement ascendant.

215. Mouvement descendant uniforme. — Dans ce cas, la résultante φ' étant nulle, on a

$$\frac{Q}{P} = \frac{\sin i - f \cos i}{\cos \beta - f \sin \beta} = \frac{\sin (i - \alpha)}{\cos (\beta + \alpha)}, \qquad [2\ bis]$$

équation dans laquelle Q et P sont essentiellement positives, et l'angle i plus petit que 90°. Par conséquent, suivant que l'angle i du plan à l'horizon est plus grand ou plus petit que l'angle α du frottement, il faut que $\beta + \alpha$ soit plus petit ou plus grand qu'un angle droit.

Du reste, des observations analogues à celles du numéro 213 peuvent être faites dans le cas dont il s'agit ici.

216. Corps posé sans vitesse initiale sur un plan incliné. — Si le corps considéré jusqu'ici est sans vitesse à l'instant où la force Q lui est appliquée, cinq cas différents peuvent se réaliser.

1° Il peut se mettre en mouvement ascendant, et alors la

force φ donnée par la formule [1] est positive si l'on attribue à f la valeur qui convient au frottement, au départ.

2° Le corps peut rester en repos, mais sur le point de se mouvoir en montant pour peu que la force Q fût augmentée, et alors la force φ, donnée par la même formule et la même valeur de f, est nulle. La résultante de P et de Q fait avec la normale opposée à MN un angle égal à l'angle du frottement α du côté ascendant.

3° Le corps peut se mettre en mouvement descendant, et alors la force φ' donnée par la formule [1 *bis*] est positive, le coefficient f ayant toujours la même valeur.

4° Il peut rester en repos sur le point de descendre, et alors la force φ' est nulle. La résultante de P et de Q fait avec la normale un angle égal à α du côté descendant.

5° Enfin il peut se faire qu'aucun des quatre cas précédemment indiqués ne se réalise : dans cette hypothèse, la résultante de P et de Q fait avec la normale un angle plus petit que α. Le corps en repos y persisterait même malgré une certaine variation de Q. C'est un état de stabilité proprement dit, qui ne subsiste que parce que, à chaque changement de Q, correspond une déformation ordinairement imperceptible des corps en contact; d'où résulte de la part du plan incliné la réaction nécessaire pour l'équilibre.

PRESSE A COIN.

217. Cas d'enfoncement du coin. — Un coin (fig. 58), corps solide prismatique dont la section transversale ABA' est supposée un triangle isocèle dont l'angle en B est $2i$, s'enfonce, sous l'action d'une force P perpendiculaire à la *tête* AA', entre deux autres corps, dont l'un R est immobile, et l'autre L, prisme rectangulaire tronqué, est posé sur des appuis fixes où il glisse longitudinalement et parallèlement à AA'. La base CD de ce dernier corps L exerce sur une matière qu'il comprime une pression et en reçoit une réaction égale représentée par Q.

On demande la relation qui existe entre les forces P et Q, à l'instant où le coin, encore en repos, est sur le point de s'enfoncer.

Comme il s'agit d'un système de deux pièces en contact, le procédé à suivre est de considérer séparément et successivement l'équilibre de chaque pièce.

Soient N et fN les réactions, l'une normale et l'autre tangentielle, que la face AB du coin reçoit du corps L; le frottement fN est ascendant, parce que le coin est sur le point de descendre. Soient de même N' et fN', les réactions analogues du corps K sur le coin et exercées l'une perpendiculairement, l'autre parallèlement à la face A'B.

Le coin est donc en équilibre sous l'action des forces P, N, fN, N' et fN', dont la première peut être considérée comme comprenant le poids propre de ce corps. Ces cinq forces projetées horizontalement et verticalement donnent deux équations

$$N = N' \quad \text{et} \quad P - 2N(\sin i + f \cos i) = 0.$$

Le prisme tronqué L est soumis, abstraction faite de son poids, à cinq forces N_1, fN_1, N'', $f'N''$ et Q, dont les deux premières sont égales et opposées à N et à fN (101). f' est le coefficient du frottement du prisme L sur son appui, et la force $f'N''$ est dirigée dans le sens opposé à celui du mouvement sur le point de naître. De là deux équations de projections où N est substituée en valeur à N_1,

$$N \cos i - fN \sin i - f'N'' - Q = 0,$$
$$N \sin i + fN \cos i - N'' = 0.$$

L'élimination de N et de N'' donne

$$\frac{P}{Q} = \frac{2(\tang i + f)}{1 - ff' - (f + f')\tang i},$$

Pour que cette formule soit applicable, c'est-à-dire que le

coin puisse descendre, il faut que le rapport $\dfrac{P}{Q}$ soit positif, que par conséquent on ait

$$\operatorname{tang} i < \frac{1 - ff'}{f + f'} .$$

Dans la pratique, la somme $ff' + (f + f')\operatorname{tang} i$ peut être négligée auprès de 1 et la formule se réduire très-approximativement à

$$\frac{P}{Q} = 2(\operatorname{tang} i + f) .$$

Dans l'équation plus exacte qui précède celle-ci, on voit que le rapport $\dfrac{P}{Q}$ diminue en même temps que tang i, et que sa limite de petitesse, répondant à tang $i = 0$, est $\dfrac{2f}{1 - ff'}$ ou à peu près $2f$, tandis que, si l'on négligeait le frottement, ce rapport approcherait indéfiniment de zéro comme tang i.

Exemple : $f = f' = 0,10$; tang $i = 0,05$; $\dfrac{P}{Q} = 0,306$.

Si f et f' étaient supposés nuls, on aurait $\dfrac{P}{Q} = 0,1$.   On voit l'énorme influence du frottement dans ce genre de machine.

218. Cas de sortie du coin. — 1° Il serait possible que, le coin étant sous l'action d'une pression latérale Q et d'une charge P sur sa tête, cette dernière force fût insuffisante nonseulement pour l'enfoncer, mais même pour le maintenir et l'empêcher de se mouvoir en sens contraire. Pour préciser la question, cherchons quelle serait la condition nécessaire pour que, malgré la force P, la force Q fût sur le point de faire ressortir le coin. On la trouve en changeant dans les équations précédentes les signes de f et de f', parce que les forces fN,

fN_1 et $f'N''$ changent de sens, tandis que les forces normales N, N_1, N'' n'en changent pas; c'est ce qu'on verra très-clairement en reprenant le raisonnement du numéro précédent modifié d'après l'hypothèse actuelle. Ainsi l'on aurait

$$\frac{P}{Q} = \frac{2(\tang i - f)}{1 - ff' + (f+f')\tang i}\,,$$

ou approximativement

$$\frac{P}{Q} = 2(\tang i - f)\,,$$

solution impossible dans le sens physique de la question, quelque petite que soit la force P, à moins que l'on n'ait

$$\tang i > f.$$

C'est pourquoi les coins ordinairement sont fort aigus.

2° Lorsque la matière à presser a subi la compression convenable, il est nécessaire de desserrer la presse; c'est ce qui donne lieu à la question suivante. Quelle serait la condition nécessaire pour que la force P agissant en sens contraire de l'enfoncement fît ressortir le coin, malgré les frottements, sous l'action de la force Q? Dans ce cas, les deux forces P et Q sont favorables au mouvement sur le point de naître. Il suffit de changer, dans les équations du numéro 217, les signes de P, de f et de f'. Ainsi l'on a

$$\frac{P}{Q} = \frac{2(f' - \tang i)}{1 - ff' + (f+f')\tang i}\,,$$

ou approximativement

$$\frac{P}{Q} = 2(f - \tang i)\,.$$

Si $\tang i$ n'est que peu inférieure à f, une petite force P

suffira pour desserrer le coin, qui ne pourra cependant pas ressortir de lui-même, d'après ce qu'on vient de voir tout à l'heure.

219. Coquille entre deux glissières. — Un corps solide ABCD (fig. 59) appelé *coquille,* s'appuyant, par les *patins* AB, CD, sur les glissières parallèles MM, M'M', se meut uniformément dans le sens de A vers B, sous l'action de deux forces, l'une mouvante P, l'autre résistante Q. On demande, en égard au frottement, la relation entre ces forces, pour le cas simple où elles sont dans le plan de la figure et où le quadrilatère ABCD est un rectangle. Un très-petit *jeu* fait que le contact ne peut avoir lieu que d'un côté de la coquille (AB, par exemple), ou en deux extrémités diagonalement opposées des patins, soit en A et C, soit en B et D, lesquelles extrémités sont un peu arrondies.

1er **Cas. Contact en A et B.** — La réaction totale R de la glissière AB passe entre A et B et fait avec la normale l'angle α dont la tangente est f; donc la résultante des forces P et Q doit satisfaire aux mêmes conditions. Si, par exemple, ces forces concourent au centre O du rectangle ABCD, il faut qu'en posant $AD = a$ et $AB = b$, on ait

$$OI < OK, \quad \tfrac{1}{2} a \, \text{tang } \alpha < \tfrac{1}{2} b, \quad b > fa \,.$$

Cette condition remplie, supposant, pour compléter les données, que P soit parallèle à AB et que la résistance Q fasse avec le prolongement de P l'angle i, on a, puisque la force totale est nulle,

$$N - Q \sin i = 0, \quad fN + Q \cos i - P = 0,$$

d'où

$$P = Q \, (\cos i + f \sin i) \,;$$

c'est ce qu'on trouve immédiatement en posant

$$\frac{P}{Q} = \frac{\sin(Q, R)}{\sin(P, R)} = \frac{\cos(i - z)}{\cos z}.$$

2ᵉ Cas. Contacts en diagonale. — Prenant toujours le point de rencontre de P et de Q au centre du rectangle ABCD, supposons $b < fa$. Le mouvement uniforme ne pouvant pas avoir lieu avec le contact entièrement du côté de AB, cherchons si le contact est en A et C, ou en B et D.

Dans la première de ces deux hypothèses, les réactions R et R' qui agiraient en A et C (fig. 60), étant également inclinées sur BA et sur CD, se couperaient en E plus près de A que de D. Leur résultante ne pourrait donc pas, comme il le faudrait pour l'équilibre, passer par O et être dirigée dans l'angle opposé au sommet de l'angle QOP.

Mais lorsque le contact est supposé en B et D (fig. 61), cette impossibilité d'équilibre n'existe plus, et la figure montre la construction graphique du parallélogramme qui donnerait le rapport nécessaire des deux forces P et Q et même leurs rapports aux réactions R et R'. C'est ce qu'on peut aussi déterminer par le calcul, en posant trois équations d'équilibre, savoir : deux équations de projections sur AB et sur BC, et une équation de moments que nous prenons, pour plus de simplicité, autour de O, les réactions des glissières étant, en B, N et fN, en D, N' et fN' :

$$P - Q\cos i - f(N + N') = 0,$$
$$Q\sin i + N' - N = 0,$$
$$(N + N')\,b + f(N' - N)\,a = 0;$$

d'où

$$N + N' = Q\sin i\,\frac{fa}{b} \quad \text{et} \quad P = Q\left(\cos i + \frac{f^2 a}{b}\sin i\right).$$

Cette valeur de P est plus grande que dans le premier cas.

Au reste, $N + N'$ étant $> N - N'$, on trouverait pour N et N' des valeurs positives, vérification importante et d'accord avec l'hypothèse du contact en B et D.

On procéderait de même si, le mouvement étant dans le sens BA, la force oblique Q était mouvante et la force parallèle P résistante. Dans le cas où, b étant $> fa$, le contact serait en AB, on trouverait

$$P = Q (\cos i - f \sin i) ;$$

et pour $b < fa$, le contact serait en A et C, et l'équation finale

$$P = Q \left(\cos i - \frac{f^2 a}{b} \sin i \right) .$$

220. Pilon et came. — Cette question, analogue à la précédente, exige une discussion semblable.

La tige prismatique et verticale d'un pilon (fig. 62) est assujettie à glisser entre quatre appuis considérés comme quatre points A, B, C, D, formant un rectangle. Un mentonnet lié invariablement à cette tige reçoit d'une came une action se décomposant en une force ascendante Q et un frottement fQ. Le poids de la tige et du mentonnet est P, et leur centre de gravité commun est supposé, pour simplifier, sur la verticale ZZ à égale distance des côtés AB et CD. On demande la relation entre les forces P et Q dans l'hypothèse d'un mouvement ascendant uniforme.

La tige ne peut toucher les appuis que verticalement d'un même côté du rectangle ou diagonalement.

1ᵉʳ Cas. Contact en A et B. — Soient l la distance de Q à ZZ, h la distance du mentonnet à BC, $2a = $ AD et $b = $ AB. Les réactions des appuis étant N et fN en A, N' et fN' en B, on a deux équations de projections et une équation de moments que nous prenons autour de B :

$$Q - P - f'N - f'N' = 0,$$
$$fQ - N - N' = 0,$$
$$Q(l - a) + Pa - fQh + Nb = 0.$$

Les deux premières donnent

$$Q(1 - ff') - P = 0,$$

d'où il résulte que les deux forces P et Q peuvent être positives, c'est-à-dire avoir le sens qui leur est attribué dans les équations et dans l'énoncé de la question. Mais, pour que cet énoncé se réalise, il faut encore que les forces N et N' soient toutes deux positives ; voyons sous quelles conditions il en sera ainsi. En substituant dans la troisième équation, d'abord $P = Q(1 - ff')$, puis $N = fQ - N'$, on a

$$Q(l - ff'a - fh) + Nb = 0,$$

puis

$$Q(l - ff'a - fh + fb) - N'b = 0,$$

d'où l'on conclut, pour que N et N' soient positives, les deux conditions

$$l < fh + ff'a \quad \text{et} \quad l > fh + ff'a - fb.$$

Cette dernière quantité pouvant être négative, on voit que b peut être aussi grand qu'on veut. On voit aussi que la distance l doit être assez petite relativement à la hauteur h.

2e **Cas. Contact en B et en D** (fig. 63). — On a ici trois équations d'équilibre analogues à celles du premier cas :

$$Q - P - f'N - f'N' = 0,$$
$$fQ + N - N' = 0,$$
$$Q(l - a - fh) + Pa - Nb + 2f'Na = 0.$$

Ces équations du premier degré donneront toujours en fonctions du poids donné P des valeurs réelles de Q, de N et de N'; mais il importe de savoir sous quelles conditions ces valeurs seront positives, et il suffit qu'il en soit ainsi pour Q et N, puisque N' sera alors positive d'après la seconde équation.

Des deux premières on tire, en éliminant N' :

$$Q(1 - ff') - P - 2f'N = 0 \,;$$

en éliminant N, on a

$$Q(b - f'(2l + fb - 2fh - 2ff'a)) = Pb \,;$$

puis en éliminant P,

$$Q(l - fh - ff'a) = bN \,.$$

De là on conclut que pour que Q soit positif en même temps que P, et pour que N le soit en même temps que Q, il faut qu'on ait les deux inégalités

$$l < fh + ff'a + \frac{b}{2f'}(1 - ff') \,,$$
$$l > fh + ff'a \,.$$

Remarques. I. Les deux cas qui viennent d'être étudiés sont les deux seuls praticables, tant que la force Q est dirigée comme le suppose la figure; car si le contact avait lieu en D et C, les forces horizontales fQ, $f'N$, $f'N'$ agiraient toutes dans le même sens, de droite à gauche; et si l'on supposait le contact en A et en C, les forces Q, fQ, P, N' et fN' auraient leurs moments autour de A tous de même sens.

II. Il se pourrait que la distance l ne satisfît aux conditions d'aucun des deux cas possibles, que par exemple on eût

$$l > fh + ff'a + \frac{b}{2f'}(1 - ff') \,,$$

ce qui exclurait à la fois le second cas et le premier à cause de

$$l > fh + ff'a.$$

· Dans cette hypothèse, la force Q, quelque grande qu'elle fût, ne pourrait pas produire le mouvement ascensionnel du pilon. Nous allons citer un exemple vulgaire de cette impossibilité de glissement due au frottement.

221. Valet de menuisier. — On connaît cet instrument en fer (fig. 64) qui sert au menuisier pour fixer le bois qu'il travaille sur son établi, épais madrier percé d'un trou vertical. On y introduit la queue du valet et on le fixe par un ou plusieurs coups de maillet plus ou moins forts, selon la pression que la patte de l'instrument doit exercer sur la pièce qu'elle assujettit. Une fois qu'il est enfoncé, la réaction P de la matière comprimée ne peut, quelque grande qu'elle soit, mettre en mouvement le valet soumis à son poids Q et aux réactions totales, obliques, qu'exercent les points d'appui A et B diagonalement opposés dans le trou de l'établi. En effet, si le mouvement était sur le point de naître, les réactions en A et B auraient les directions AA', BB', faisant avec les normales en ces deux points l'angle du frottement, et leur intersection H devrait être pour l'équilibre sur la résultante S de P et de Q, c'est-à-dire au delà de P, ce qui n'est pas possible avec les dimensions ordinaires. L'équilibre qui s'établit réellement est stable, et a lieu entre la résultante S et deux réactions R et R' dont les directions AO et OB font avec les normales en A et B des angles moindres que l'angle de frottement.

222. Tige guidée. Solution graphique générale. — Les questions analogues aux précédentes peuvent être résolues par des considérations géométriques qui rendent très-claire la discussion des différents cas de mouvement possible ou impossible.

Une tige prismatique $MMNN$ (fig. 65) est guidée par des appuis que nous supposons réduits à deux arêtes AB, CD. Elle est sur le point de se mouvoir ou elle se meut uniformément dans le sens AB, sous l'action de forces qui se réduisent à deux, situées dans le plan ABCD : l'une est la force résistante et donnée P, qui, dans la figure, est supposée avoir les diverses directions P_1, P_2, P_3; l'autre est la force mouvante Q; la direction de cette dernière est donnée, O est son point de concours avec P (point qui dans la figure est supposé avoir diverses positions O_1, O_2, O_3), et son intensité doit être déterminée eu égard au frottement.

Trois cas sont conditionnellement possibles.

1ᵉʳ Cas. Contact en A et B. — Les deux forces que nous désignons dans ce cas par P_1 et Q_1 poussant ou tirant la tige vers AB, il n'y a pas à s'occuper de l'hypothèse du contact en C et D. S'il a lieu en A et B, il faut que le point de concours des forces P_1 et Q_1, où doit passer, pour l'équilibre, la réaction totale des appuis, soit situé comme, par exemple, le point O_1, dans l'intervalle compris entre les droites d'étendue indéfinie AA', BB', faisant avec la normale à AB l'angle α du frottement. Cette condition remplie, la décomposition de la force P_1', égale et opposée à la résistance donnée P_1, en deux forces, l'une R_1 réaction totale, parallèle en même sens à AA', l'autre Q_1 ayant la direction donnée de la force mouvante, détermine l'intensité de cette dernière.

2ᵉ Cas. Contact en B et D diagonalement opposés. — La résultante des forces désignées dans ce cas par P_2 et Q_2 doit être directement opposée à la réaction totale, résultante des réactions partielles dirigées suivant BB' et DD'. Cette réaction totale passe en H et est dirigée dans l'angle B'HD'. La résultante de P_2 et de Q_2, dont l'alignement se confond avec celui de la réaction totale, passe donc aussi en H, et, quant à sa direction, si l'on mène les droites HF et HG respectivement parallèles en même sens aux directions connues des forces P_2

et Q_2, on en conclut que leur résultante est dirigée dans l'angle FHG ; donc la force opposée à cette résultante, c'est-à-dire la réaction totale, est dirigée dans l'angle $F_2 HG_2$ opposé à FHG. En résumé, la réaction a la direction d'une droite qui partant de H est à la fois dans l'angle B'HD' et dans l'angle $F_2 HG_2$, par conséquent dans l'angle $G_2 HB'$. Le point de concours des trois forces doit donc être donné dans cet angle, ou dans son opposé au sommet. Soit, par exemple, ce point situé en O_2. La décomposition de la force P_2', égale et opposée à la résistance donnée P_2, en deux forces, l'une R_2 réaction totale, dans la direction HO_2, l'autre Q_2 ayant la direction donnée de la force mouvante, détermine l'intensité de cette dernière.

3ᵉ Cas. Contact en C et A opposés sur une autre diagonale. — On verra de même que le point de concours des forces désignées par P_3 et Q_3 doit être, comme O_3, dans l'angle $G_3 KA'$ ou dans l'opposé au sommet, la droite KG_3 étant parallèle en sens contraire à la force Q_3.

La décomposition de la force P_3' égale et opposée à la résistance donnée P_3, en deux forces, l'une R_3 réaction totale, dans la direction KO_3, l'autre Q_3 ayant la direction donnée de la force mouvante, détermine l'intensité de cette dernière.

Si le point donné O satisfait à plus d'une des trois conditions qui viennent d'être expliquées, la force mouvante Q qui détermine le glissement est la moindre qu'indiquent les diverses solutions possibles.

Si au contraire le point O ne satisfait à aucune des conditions des trois cas, le glissement n'a pas lieu, et l'équilibre, eu égard au frottement, est stable, tant que les forces P et Q conservent leur direction, quelles que soient leurs intensités. Cet équilibre, analogue à celui d'un corps pesant abandonné sur un plan dont l'angle à l'horizon est moindre que l'angle du frottement correspondant aux matières en contact, s'appelle *arc-boutement*.

223. Deux tiges guidées conduites l'une par l'autre. — La tige CD (fig. 66) porte une coulisse dans laquelle glisse librement un bouton adhérent à la seconde tige guidée AB, qui se meut parallèlement au plan de la première et de sa coulisse. Une force Q mouvante agit sur la tige AB parallèlement à ses arêtes et dans le sens de A en B; son bouton presse la coulisse et entraine, dans le sens de C en D, la tige CD soumise à la résistance longitudinale P. Trouver eu égard au frottement le rapport de Q à P dans le cas du mouvement uniforme.

La tige AB est soumise à la force Q, aux composantes N et fN de la réaction de la coulisse sur le bouton, aux composantes N' et fN', N'' et fN'' des réactions des appuis A et B. Ces forces satisfont aux conditions d'équilibre; mais le sens d'action des forces N' et N'' étant douteux, nous devons considérer deux hypothèses.

Première hypothèse. Les forces N' et N'' agissent comme l'indique la figure, et poussent la tige AB du même côté que la force fN. On a alors les équations de projections (voir la figure pour la désignation des angles)

$$Q - N(\sin\gamma + f\cos\gamma) - f(N' + N'') = 0, \qquad [1]$$

$$N(\cos\gamma - f\sin\gamma) - (N' + N'') = 0. \qquad [2]$$

La seconde équation suppose, ce qui pourrait ne pas être, que les réactions N' et N'' des appuis A et B ont le sens qu'indique la figure. Il faut que pour cela cette équation soit possible et qu'on ait

$$\cos\gamma - f\sin\gamma > 0,$$

ou, en mettant pour f son expression $\dfrac{\sin\alpha}{\cos\alpha}$, et multipliant par $\cos\alpha$,

$$\cos(\gamma + \alpha) > 0, \quad \text{donc} \quad \gamma + \alpha < \frac{\pi}{2}.$$

La première hypothèse exige donc que cette condition soit réalisée.

L'équilibre de la tige CD, soumise à la résistance P, aux forces N_1 et fN_1 (égales et opposées à N et fN), et aux réactions N''', fN''', N^{iv} et fN^{iv} des appuis C et D, donne de même deux équations :

$$N_1 (\sin \beta - f \cos \beta) - f(N''' + N^{iv}) - P = 0, \qquad [3]$$

$$N_1 (\cos \beta + f \sin \beta) - (N''' + N^{iv}) = 0. \qquad [4]$$

Les quatre équations ainsi obtenues, dans lesquelles nous supposons que le coefficient du frottement f est le même partout, ne contiennent qu'au premier degré l'inconnue Q et les auxiliaires N ou N_1, $N' + N''$ et $N''' + N^{iv}$.

Les équations [1] et [2] par l'élimination de $N' + N''$ donnent

$$Q = N \left(\sin \gamma (1 - f^2) + 2f \cos \gamma \right),$$

ou, plus simplement, si l'on remplace f par $\dfrac{\sin \alpha}{\cos \alpha}$,

$$Q = \frac{N \sin (\gamma + 2\alpha)}{\cos^2 \alpha}.$$

De même, en éliminant $N''' + N^{iv}$, on tire des équations [3] et [4]

$$P = \frac{N \sin (\beta - 2\alpha)}{\cos^2 \alpha}.$$

De là on conclut

$$\frac{Q}{P} = \frac{\sin (\gamma + 2\alpha)}{\sin (\beta - 2\alpha)},$$

formule qui pour être applicable exige que l'on ait

$$\beta > 2\alpha,$$

condition à ajouter à celle que nous avons reconnue tout à l'heure, savoir :

$$\gamma + \alpha < \frac{\pi}{2}.$$

Si le frottement était nul et par conséquent $\alpha = 0$, la formule se réduirait à

$$\frac{Q}{P} = \frac{\sin \gamma}{\sin \beta},$$

ce qui s'accorde avec ce qu'on a vu en Cinématique (I, 83); car, dans le cas où le frottement n'existerait pas, les travaux en une seconde des forces Q et $\bar{P}$ seraient égaux en valeur absolue, et si l'on appelait v et v' les vitesses des deux tiges AB et CD, on aurait

$$Qv = Pv' \quad \text{et par conséquent} \quad \frac{v}{\sin \beta} = \frac{v'}{\sin \gamma},$$

comme il est très-facile de le vérifier.

Exemple. $f = 0,10$, d'où $\alpha = 6°$. Les deux conditions deviennent

$$\beta > 12° \quad \text{et} \quad \gamma < 84°.$$

Soient par exemple $\beta = \gamma = 60°$. On trouve

$$\frac{Q}{P} = \frac{\sin 72°}{\sin 48°} = 1,29.$$

Si le frottement était nul, on aurait dans ce cas $\dfrac{Q}{P} = 1$. On voit ainsi quelle est l'influence du frottement.

Deuxième hypothèse. Supposons que les réactions normales des appuis A et D soient dans le sens opposé à celui qu'indique la figure.

L'équation [1] subsiste, mais l'équation [2] est remplacée par celle-ci :

$$N (f \sin \gamma - \cos \gamma) - (N' + N'') = 0, \qquad (2\,bis)$$

qui exige, pour se réaliser, la condition

$$f \sin \gamma - \cos \gamma > 0 \quad \text{revenant à} \quad \gamma + \alpha > \frac{\pi}{2}.$$

Les équations [1] et [2 *bis*] donnent, par l'élimination de $N' + N''$,

$$Q = N \sin \gamma (1 + f^2) = N \frac{\sin \gamma}{\cos^2 \alpha}.$$

Les équations [3] et [4] subsistent et donnent, comme on vient de le voir,

$$P = \frac{N \sin (\beta - 2\alpha)}{\cos^2 \alpha}.$$

On a donc, dans ce cas,

$$\frac{Q}{P} = \frac{\sin \gamma}{\sin (\beta - 2\alpha)},$$

sous deux conditions qui sont :

$$\gamma + \alpha > \frac{\pi}{2} \quad \text{et} \quad \beta > 2\alpha.$$

Exemple. $\alpha = 6°$, $\gamma = 90°$, $\beta = 55°$; par suite l'angle des deux tiges 35°.

$$\frac{Q}{P} = \frac{1}{\sin 43°} = 1,47.$$

Sans le frottement ce rapport serait $\dfrac{1}{\sin 55°} = 1,22.$

224. Encliquetage à frottement. — M. Saladin, de Mulhouse, est l'inventeur d'une sorte de presse employée dans les filatures et dont l'explication nous sera facile quand nous aurons résolu la question suivante, qui réduit le mécanisme dont il s'agit à la plus grande simplicité.

Une tige prismatique verticale ABCD (fig. 67) est appuyée en C contre un guide fixe, en A et en B contre la surface intérieure d'une ouverture pratiquée dans une bride **EF**, sorte de levier articulé librement sur une goupille horizontale et fixe **O**. L'expérience prouve que si l'axe **O** est assez éloigné de la tige et si la bride a une inclinaison convenable, son poids, d'ailleurs faible, suffit pour déterminer en **A**, **B** et **C** sur la tige des frottements qui l'empêchent de descendre quelle que soit la charge verticale qui l'y sollicite. Proposons-nous de soumettre au calcul ce genre d'arc-boutement analogue à celui du valet de menuisier.

Soient :

a la distance du point **A** à la verticale **BC** ;

b la distance de **A** au-dessous de l'horizontale du point **B** ;

h la distance **BC** ;

c la distance de l'axe **O** à la verticale **BC** ;

k la distance de cet axe à l'horizontale de **B** ;

P le poids et la charge de la tige, suivant son axe de figure ;

Q le poids de la bride **EF**, à la distance *l* de l'axe **O** ;

N, fN, N', fN', N'', fN'', les réactions qui s'exercent sur la tige en **A**, **B** et **C**.

Cherchons quelle serait la valeur que devrait avoir le coefficient du frottement *f* pour que la tige fût sur le point de descendre en glissant contre les appuis **A**, **B** et **C**.

L'équilibre de la tige exige alors trois équations, deux de projections, une de moments :

$$P - f(N + N' + N'') = 0, \tag{1}$$

$$N - N' - N'' = 0, \tag{2}$$

$$\frac{1}{2}Pa + Nb - N''h - afN = 0. \tag{3}$$

Dans cette même hypothèse, la bride **EF** est en équilibre sous l'action de son poids Q, des forces N_1, fN_1, N_1', fN_1', égales et contraires aux forces N, fN, N', fN', et enfin de la réaction de la goupille fixe. En prenant les moments de ces forces autour de l'axe de la goupille et en négligeant le moment très-petit du frottement de cet appui, on a

$$Ql - N_1 (b+k) + N'_1 k + f N_1 (a+c) + f N'_1 c = 0 , \qquad (4)$$

Pour éliminer les pressions inconnues N, N', N'', on tire d'abord des trois premières équations

$$2 f N = P, \quad 2 f N'' = P \frac{b}{k}, \quad 2 f N' = P \left(1 - \frac{b}{h}\right), \qquad (5)$$

et par suite l'équation (4) devient

$$f \left(\frac{2lQ}{P} + a + 2c - \frac{bc}{h}\right) - \left(b + \frac{bk}{h}\right) = 0, \qquad (6)$$

relation qui, si l'on connaît le moment Ql, la charge P et les distances a, b, c, h, k, fait connaître la valeur du coefficient de frottement f qui mettrait la tige sur le point de descendre, pour peu que la force P augmentât. Si cette valeur est supérieure à celle que comportent la nature, le poli et l'onctuosité des corps en contact, il faudra en conclure que le frottement est insuffisant pour maintenir l'équilibre supposé et que la tige doit descendre avec une vitesse croissante. Si au contraire la valeur de f donnée par cette même équation [6] est inférieure à celle qui convient aux corps en contact, le frottement est réellement plus grand qu'il ne faut pour que la tige soit sur le point de descendre, et son équilibre est stable.

Exemple. Soient les distances rapportées à une unité quelconque : $b = 1$, $a = 3$, $c = 3$, $k = 1$, $h = 6$; quelles que soient les quantités Ql et P, la formule [6] donne

$$f < \frac{b (k + h)}{h (a + 2c) - bc}, \quad \text{c'est-à-dire} \quad f < 0,137,$$

pour la condition nécessaire du glissement de la tige. Or, suivant les expériences de M. A. Morin, le coefficient de frottement pour les surfaces métalliques planes, polies et même légèrement onctueuses est 0,15; il aurait donc au moins cette valeur pour des surfaces arrondies qu'indique la figure, et par conséquent le glissement de la tige n'aurait pas lieu en descendant, quelque grande que fût la charge P.

Au contraire, il est facile de reconnaître que le frottement n'oppose qu'une faible résistance à l'ascension de la tige. Il suffit pour cela de changer dans l'équation [6] le signe de P et celui de f. Ainsi P' désignant l'excès de la force ascendante sur le poids de la tige réunie à sa charge, s'il y en a une, on a, dans le cas du mouvement ascendant, naissant ou uniforme,

$$ f\left(\frac{2Ql}{P'} - \left(a + 2c - \frac{bc}{k}\right)\right) - \left(b + \frac{bk}{h}\right) = 0, $$

d'où

$$ P' = \frac{2Ql}{\dfrac{b}{f}\left(1 + \dfrac{k}{h}\right) + a + 2c - \dfrac{bc}{k}}. $$

Supposons par exemple $l = c + \dfrac{a}{2}$, en conservant les valeurs précédentes de b, a, c, k et h; nous aurons

$$ P' = \frac{9Q}{\dfrac{7}{6}\dfrac{1}{f} + 6}, $$

où l'on voit que P' croît avec le coefficient f, comme cela doit être, mais qu'en attribuant même à celui-ci une valeur exagérée, telle que $f = \dfrac{1}{2}$, on trouve pour la résistance dont il s'agit

$$ P' = 1,08\,Q, $$

à peu près égale au poids très-faible de la bride EF.

Presse de M. Saladin. L'application des faits que nous venons d'étudier à la presse de M. Saladin est immédiate. Une tige GH (fig. 68), surmontée d'un plateau et guidée en I et K, est embrassée par deux brides EF, E'F', dont l'une E'F' est articulée à une goupille fixe F', et l'autre EF est articulée très-librement en F à un levier FM qu'on fait osciller à la main autour d'un boulon fixe L. Quand le bras LM s'élève, la bride EF s'abaisse en glissant avec un faible frottement le long de la tige, laquelle reste immobile, étant maintenue par la bride E'F'. Au contraire, quand le bras LM s'abaisse, la bride EF s'élève et entraîne avec elle la tige qui glisse dans la bride E'F' avec un faible frottement, de sorte que la résistance à l'ascension de la tige se réduit approximativement à son poids et à la réaction que la matière pressée exerce sur le plateau.

TREUIL SIMPLE.

225. Frottement des tourillons et pivots. — Pour embrasser à la fois le cas du *treuil* proprement dit, dont l'axe est horizontal, et celui du *cabestan*, dont l'axe est vertical, soit (fig. 69) un arbre solide incliné, reposant par deux *tourillons* cylindriques sur deux colliers latéraux A', A'', et sur le fond d'une crapaudine B dans laquelle le tourillon A'' fonctionne comme pivot. Cet arbre porte deux roues ou deux poulies, auxquelles sont appliquées, dans des plans perpendiculaires à l'axe, la force résistante P à la distance p et la force mouvante Q à la distance q de cet axe.

Le système de l'arbre et des roues a son centre de gravité en C dans l'axe ; son poids se décompose en une force S perpendiculaire à l'axe et une force T suivant l'axe.

Les centres de figure des colliers et des roues étant A', A'', H et K, et les points H, C, K étant dans l'intervalle A''A', soient $A'A'' = a$, $A'H = h'a$, $A''H = h''a$, $A'K = k'a$, $A''K = k''a$, $A'C = c'a$, $A''C = c''a$, les coefficients fractionnaires, h', h'', k', k'', c' et c'', satisfaisant aux égalités $h' + h'' = 1$,

$k' + k'' = 1$, $c' + c'' = 1$; soient r' et r'' les rayons des deux tourillons. On suppose les forces T, S et P données, et l'on cherche l'intensité de la force mouvante Q dont la direction seulement est connue.

Pour établir la relation qui existe entre les forces ci-dessus désignées dans le cas du mouvement uniforme, il faut considérer qu'elles sont en équilibre avec les réactions des appuis.

La résultante T' des composantes, parallèles à l'axe, des réactions du fond B de la crapaudine est égale à T, en vertu d'une des équations de projections, et l'on peut admettre, à cause de la figure circulaire de ce fond, que les deux forces T' et T sont directement opposées.

Quant aux réactions des appuis A′ et A″ sur les deux tourillons, elles sont dans deux plans perpendiculaires à l'axe et nous allons les obtenir en fonctions des forces S, P et Q. Pour cela nous remarquons que, sans détruire l'équilibre et sans altérer les réactions des appuis, on peut remplacer les trois forces S, P et Q chacune par deux forces parallèles agissant dans les deux plans menés par les milieux A′ et A″ des coussinets, perpendiculairement à l'axe. A cet effet on décompose S en deux forces $S' = Sc''$ et $S'' = Sc'$, dirigées suivant les intersections de ces deux plans et d'un plan mené par l'axe et par la direction de S. De même on décompose P en deux forces $P' = Ph''$ et $P'' = Ph'$, suivant les intersections des deux mêmes plans et du plan mené parallèlement à l'axe et par la direction de P. On en fait autant pour Q décomposée en $Q' = Qk''$ et $Q'' = Qk'$.

On a ainsi substitué aux forces réelles S, P et Q, six forces équivalentes, savoir : les trois forces S', P', Q' dans le plan passant par le milieu A′, et les trois forces S'', P'', Q'', dans le plan passant par le milieu A″; et c'est aussi dans ces deux plans que se trouvent la réaction totale R' de l'appui A′ et la réaction totale R'' de l'appui A″.

Cela posé, non-seulement les deux groupes de forces S', P',

Q', R' d'une part et S'', P'', Q'', R'' d'autre part doivent être, dans leur ensemble, équivalents à un couple égal et contraire à celui des frottements qui s'exercent dans le plan B ; mais, de plus, chacun de ces groupes doit avoir sa résultante de translation nulle, de sorte que la résultante des forces S', P' et Q' est égale, parallèle et de sens opposé à la réaction totale R', et de même la résultante de S'', P'' et Q'' est égale à R'', car si l'un des deux groupes avait une résultante unique, il faudrait qu'il en fût de même de l'autre ; et le couple que formeraient ces deux résultantes, n'étant pas perpendiculaire à l'axe de rotation, ne pourrait pas faire équilibre à celui des frottements du fond B de la crapaudine.

Les forces S et P étant connues, il en est de même de leurs équivalentes S', S'', P' et P''. Soit donc F' la résultante des forces connues P' et S' dans un plan, et soit F'' celle des forces connues P'' et S'' dans l'autre plan. D'après ce qui vient d'être dit, R' et R'' étant respectivement égales aux résultantes des autres forces situées dans les deux mêmes plans, on a

$$R' = \sqrt{F'^2 + Q^2R'^2 + 2F'QR'' \cos(F', Q)}, \qquad [1]$$

$$R'' = \sqrt{F''^2 + Q^2R'^2 + 2F''QR' \cos(F'', Q)}; \qquad [2]$$

et l'on sait (124) que chacune de ces réactions totales, R, se décompose en une force normale $\quad N = R \cos z = \dfrac{R}{\sqrt{1 + f^2}} \quad$ et

une force tangentielle ou frottement $\quad fN = R \sin z = \dfrac{f}{\sqrt{1 + f^2}} R$.

Quant aux réactions que l'appui B exerce sur le bout du pivot, nous venons de dire que la somme et la résultante de leurs composantes normales est égale à T et qu'elle s'exerce suivant l'axe de rotation du treuil à cause de la figure circulaire de la surface de contact. Nous admettrons que la pression totale T est uniformément répartie sur cette surface, de sorte que si nous désignons par Ω l'aire totale du contact et par $d\omega$ un de ses éléments, $\dfrac{T}{\Omega}$ est la pression normale par unité superficielle, et $\dfrac{T}{\Omega}\,d\omega$ la pression normale supportée par cet élément. Le frottement élémentaire correspondant est $f\dfrac{T}{\Omega}\,d\omega$, et sa direction est contraire à celle du mouvement sur le point de naître, par conséquent perpendiculaire au rayon joignant le centre du cercle de contact à l'élément considéré. Toutes les forces élémentaires $f\dfrac{T}{\Omega}\,d\omega$ disposées symétriquement autour de ce centre sont par conséquent équivalentes à un couple dont le moment est exprimé par $\displaystyle\int f\dfrac{T}{\Omega}x\,d\omega$ ou $f\dfrac{T}{\Omega}\displaystyle\int x\,d\omega$, somme qui doit s'étendre à la surface entière et dans laquelle x est la distance de l'élément $d\omega$ au centre. La partie de $\displaystyle\int x\,d\omega$ qui appartiendrait à une zone annulaire dont la largeur serait dx, se réduirait à $2\pi x^2 dx$; donc la somme entière pour un cercle de rayon ρ est

$$\int_0^\rho 2\pi x^2 dx, \quad \text{ou} \quad \frac{2}{3}\pi\rho^3, \quad \text{ou} \quad \frac{2}{3}\Omega\rho;$$

par suite le moment du couple des frottements du bout de pivot est

$$\frac{fT}{\Omega}\int x\,d\omega = \frac{2}{3}fT\rho.$$

L'obstacle au déplacement longitudinal de l'arbre, au lieu d'agir sur l'extrémité d'un pivot, exerce quelquefois sa pression sur l'épaulement d'un tourillon (fig. 70). Soient ρ et ρ' les rayons des circonférences, l'une extérieure et l'autre intérieure de la zone de contact. Ω étant la surface $\pi(\rho'^2 - \rho^2)$ et $\dfrac{T}{\Omega}$ la pression par unité superficielle, la somme des moments des frottements sur l'épaulement reste exprimée par $f \dfrac{T}{\Omega} \displaystyle\int x d\omega$ ou $f \dfrac{T}{\Omega} \displaystyle\int 2\pi x^2 dx$, qu'il faut intégrer de $x = \rho'$ à $x = \rho$. On trouve ainsi

$$\frac{2}{3} f T \frac{\pi(\rho^3 - \rho'^3)}{\pi(\rho^2 - \rho'^2)} \quad \text{ou} \quad \frac{2}{3} f T \frac{\rho^2 + \rho\rho' + \rho'^2}{\rho + \rho'},$$

formule dont le calcul peut être simplifié en posant

$$\frac{\rho + \rho'}{2} = \rho_1, \text{ rayon moyen, et } \rho - \rho' = l, \text{ largeur de la zone ;}$$

d'après les valeurs de ρ et de ρ' tirées de ces équations, l'expression ci-dessus du moment total des frottements de l'épaulement devient

$$f \frac{T}{\Omega} \int x d\omega = f T \left(\rho_1 + \frac{1}{12} \frac{l^2}{\rho_1} \right),$$

et diffère, comme on le voit, très-peu, dans les cas ordinaires, de $f T \rho_1$.

Il ne nous reste plus, pour obtenir la relation cherchée, qu'à poser l'équation des moments, autour de l'axe de rotation, de toutes les forces qui agissent sur le treuil, savoir, en désignant $\dfrac{f}{\sqrt{1 + f^2}}$ par f_1 :

$$Q q - P p - f_1 (R' r' + R'' r'') - \frac{f T}{\Omega} \int x d\omega = 0, \qquad [3]$$

dans laquelle R' et R'' doivent être remplacées par leurs expressions [1] et [2], qui contiennent l'inconnue Q. Si l'on voulait faire disparaître les radicaux, on serait conduit à une équation du quatrième degré en Q, qu'on ne résoudrait que par approximations successives. Mais il vaut bien mieux, dans les cas d'évaluation numérique, appliquer immédiatement ce procédé aux équations [1], [2] et [3] elles-mêmes. On remarque que, vu la petitesse du coefficient f et des rayons r', r'' et ρ comparés à q et p, le produit Qq n'est qu'un peu supérieur à Pp, d'où l'on conclut une valeur approximative de Q; en la substituant dans les expressions [1] et [2] de R' et de R'', on obtient numériquement leurs valeurs approximatives, et en les transportant dans l'équation [3] on a, avec une approximation généralement suffisante, la valeur de Q. Si cependant celle-ci différait assez de la première hypothèse pour altérer notablement la quantité $f_1 (R'r' + R''r'')$ comparée à Pp, on s'en servirait pour obtenir une évaluation plus exacte de cette quantité et, par suite, de la force mouvante Q.

226. Cas de forces parallèles à l'axe du treuil, hors de sa direction. — Si, outre les forces P et Q perpendiculaires à l'axe, il y en a qui lui soient parallèles, soit U l'une de ces forces, et u sa distance à l'axe (fig. 71), on peut, sans rien changer aux autres forces et sans altérer l'équilibre, remplacer cette force par une force égale suivant l'axe, et par un couple. On sait qu'il suffit pour cela d'introduire dans le système deux forces U_1 et U_2 égales entre elles et à la force U, et agissant suivant l'axe, l'une U_1 dans le sens de U, et l'autre U_2 en sens contraire, puis de remplacer le couple U_1 U_2 par un couple équivalent U', U'' situé dans le même plan et appliqué aux points A' et A'', les forces égales U' et U'' satisfaisant à la relation $U'a = Uu$.

En reprenant les raisonnements du numéro précédent, on voit que la pression longitudinale supportée par le plan B est $T + U$, et que les réactions R' et R'' des coussinets des tourillons sont égales, l'une à la résultante des forces S', P', U' et Q', l'autre à la résultante de S'', P'', U'' et Q''; de sorte que si l'on convient de désigner par F' la résultante de S', P' et U', par F'' la résultante de S'', P'' et U'', et par T, au lieu de $T + U$, la somme des forces parallèles à l'axe, les équations [1], [2] et [3] subsistent et se résolvent de la même manière.

227. Changement de sens du mouvement du treuil. — La direction de Q étant toujours donnée, on peut avoir à déterminer son intensité pour le cas où le mouvement aurait lieu dans le sens contraire à celui de cette force, P étant alors force mouvante et Q force résistante. Désignons par Q_i la valeur de Q dans cette hypothèse, et par R'_i et R''_i les valeurs correspondantes de R' et de R''. Les équations [1] et [2] subsistent quand on y change Q, R' et R'' en Q_i, R'_i et R''_i, et au lieu de l'équation [3], on a

$$ Pp - Q_i q - f_i (R'_i r' + R''_i r'') - \frac{fT}{\Omega} \int x\, d\omega = 0 . \quad [3\ bis] $$

Or, dans les cas les plus ordinaires, les réactions R'_i et R''_i ne diffèrent pas beaucoup des quantités analogues R' et R'', parce qu'elles dépendent principalement des forces P et S, notablement plus grandes que Q. Il s'ensuit que les termes qui, soit dans l'équation [3], soit dans [3 bis], ont pour facteur le coefficient f, expriment ce qu'on peut appeler le moment des frottements. D'après cela, si l'on ajoute les deux équations, on obtient approximativement

$$ \tfrac{1}{2} (Q - Q_i) q = \text{le moment des frottements} . $$

De là un moyen de déterminer ce moment par expérience, sans connaître] ni les forces P, S, T, ni les diverses dimensions du treuil, ni le coefficient de frottement. Il suffit de constater la moindre force Q nécessaire, avec un bras de levier q, pour faire tourner le treuil dans un sens, et la moindre force Q_i nécessaire pour l'empêcher de tourner dans le sens contraire, puis de faire le produit $\tfrac{1}{2} (Q - Q_i)\, q$.

228. Travaux des forces dans le treuil. — Si l'on suppose constantes les forces qui entrent dans l'équation [3], et le treuil en mouvement, ce mouvement sera uniforme; or le travail pendant un temps quelconque d'une force constante appliquée à un corps tournant, étant égal au moment de cette force autour de l'axe de rotation multiplié par le déplacement angulaire du solide dans le même temps, il en résulte qu'en multipliant tous les termes de l'équation [3] par la vitesse angulaire w, on aura, pour l'unité de temps, le travail moteur Qqw égal au travail résistant principal Ppw, plus au travail des frottements.

On voit de quelle importance il est, pour économiser le travail moteur, de réduire autant qu'il est possible les rayons r', r'' et ρ, et de lubrifier soigneusement les surfaces glissantes. Quant aux rayons, deux considérations servent à les déterminer : d'une part, il faut que les tourillons soient assez gros pour résister aux pressions latérales qu'ils subissent, et, d'autre part, il faut que les surfaces de contact soient assez grandes pour que la pression par unité de surface n'expulse pas complétement le corps gras interposé.

229. Cas particulier : forces parallèles entre les appuis. — Supposons que, l'axe du treuil étant horizontal, les forces P et Q soient verticales comme S qui devient le poids.

La composante longitudinale T disparait. En conservant les notations du numéro 225, et en supposant que les points H, C et K soient dans l'intervalle des appuis A' et A'', on a encore

$$S' = Sc'', \quad S'' = Sc', \quad P' = Ph'', \quad P'' = Ph', \quad Q' = Qk'' \quad \text{et} \quad Q'' = Qk';$$

mais, ces forces étant parallèles, les expressions de R' et R'' deviennent plus simples, savoir :

$$R' = Sc'' + Ph'' + Qk'',$$
$$R'' = Sc' + Ph' + Qk';$$

moyennant quoi l'équation [3] qui sert à déterminer Q est du premier degré.

Si, en outre des hypothèses précédentes, on admet que les rayons r' et r'' soient égaux, en remarquant les égalités $c' + c'' = h' + h'' = k' + k'' = 1$, on a plus simplement encore

$$Q = \frac{Pp + f_{,}(P + S)}{q - f_{,}r},$$

formule indépendante de la distance a et de ses subdivisions aux points H, C et K.

230. Treuil en porte-à-faux. — Conservons, pour simplifier, les hypothèses précédentes du treuil horizontal et des forces P et Q verticales ; mais supposons que l'une de ces forces, P, par exemple, agisse au dehors de l'intervalle des tourillons A'A'' (fig. 72). Soient toujours

$$A'A'' = a, \quad A'H = h'a, \quad A''H = h''a, \quad A'K = k'a,$$
$$A''K = k''a, \quad A'C = c'a \quad A''C = c''a,$$

on en déduit, comme précédemment,

$$P' = -h''P, \quad S' = c''S, \quad Q' = k''Q,$$
$$P'' = h'P, \quad S'' = c'S, \quad Q'' = k'Q,$$

puis

$$R' = c''S - h''P + k''Q,$$
$$R'' = c'S + h'P + k'Q,$$

et

$$Qq - Pp - f_{,}(R'r' + R''r'') = 0.$$

Ces trois équations sont très-faciles à résoudre.

Mais il importe de remarquer que les termes $f_{,}R'r'$ et $f_{,}R''r''$ devant être essentiellement négatifs, puisque le frottement des tourillons s'exerce toujours en sens contraire du mouvement du treuil, soit qu'ils touchent la partie inférieure (ce qui est le cas ordinaire), ou la partie supérieure des coussinets, on ne devra mettre dans la dernière équation que la valeur absolue de R'; or, comme la valeur de Q, en général, diffère peu de $\dfrac{Pp}{q}$, il sera facile, dans chaque application, de s'assurer d'avance si l'expression de R' doit être prise telle qu'elle est écrite ci-dessus, ou avec des signes contraires, pour qu'en définitive elle reste positive.

Dans tous les cas où les dispositions du treuil en porte-à-faux seraient moins simples que celles que nous venons de prendre pour exemple, soit que les forces ne fussent pas parallèles, soit qu'il y en eût plus d'une en dehors de l'intervalle des appuis, on procéderait d'une manière analogue, en réduisant toujours les forces indépendantes des appuis à une force dirigée suivant l'axe, et à deux groupes de forces situées dans deux plans passant par les milieux des coussinets latéraux, et perpendiculaires à l'axe.

251. Couteaux oscillants. — Lorsqu'un corps assujetti à tourner autour d'un axe géométrique fixe O ne doit néanmoins faire, autour de cet axe, que de petites oscillations, si la résultante des forces indépendantes des appuis est toujours à peu près verticale, on peut réduire considérablement le rayon r de la partie frottante du tourillon, en faisant sa dimension verticale bien plus grande que le double de ce rayon (fig. 73), afin de satisfaire à la condition de résistance à la rupture. Le fond du coussinet ayant le même rayon r, la théorie précédente subsiste et le moment du frottement d'un tourillon reste exprimé par $f_1 Rr$. Mais si, comme, par exemple, dans les balances, la condition de rotation autour d'un axe fixe n'est pas rigoureuse, on donne au creux du coussinet un rayon beaucoup plus grand ou même on le fait plan, de manière que le tourillon et son arbre, au lieu de tourner simplement, roulent sur l'appui et ont par conséquent dans leurs petites oscillations un mouvement épicloïdal qui, à cause de sa faible amplitude, diffère très-peu d'une rotation. La résistance, qui dans les cas précédents était due au frottement, se trouve ici remplacée par une résistance au roulement et devient pratiquement insensible, si les corps en contact sont très-durs et polis.

FROTTEMENT DES BOUTONS DE MANIVELLES OU DES EXCENTRIQUES
CONTRE LEURS COUSSINETS OU BAGUES.

252. Généralités sur ce sujet. — Un arbre à manivelles peut être considéré comme un treuil auquel s'applique la méthode précédemment exposée, avec cette seule différence que quelques-unes des forces qui le sollicitent agissent par l'intermédiaire de bielles. La question d'équilibre d'un tel système, eu égard au frottement, n'offrirait pas de difficulté théorique. Il ne s'agirait que d'introduire dans les calculs les actions mutuelles des surfaces en contact, en se rappelant qu'à l'instant où le mouvement est sur le point de naître, les forces reçues par l'un des corps de la part de celui qui le touche se décomposent en une force normale N et en une force tangentielle fN, le sens de celle-ci étant opposé à celui du mouvement du premier corps relativement au second. On écrirait les conditions d'équilibre de chaque pièce du système, puis on éliminerait les pressions inconnues.

253. Travail du frottement dont il s'agit. — Nous nous bornons à considérer le frottement d'un bouton de manivelle, sous le rapport du travail résistant qu'il produit. En général, quand deux corps sont en contact et se meuvent tous deux, en glissant ou roulant l'un sur l'autre, le travail total qui résulte de leurs actions mutuelles ne dépend (18) que de leurs intensités et du mouvement *relatif* des deux corps ; d'où il suit que si l'on réduit l'un des deux au repos, en modifiant le mouvement absolu de l'autre, de manière que le mouvement relatif ne soit pas changé, et si les actions réciproques restent les mêmes, le travail dû à ces actions ne sera pas altéré.

Soient O (fig. 74) l'axe fixe de l'arbre, A un point de l'axe du bouton mobile et décrivant un cercle ou un arc de cercle autour de O; A_0, A_1, A_2,... des positions successives de l'axe A du bouton; A_0B_0, A_1B_1, A_2B_2,... les directions correspondantes de la bielle; P_0, P_1, P_2,... les forces que la bielle exerce alors sur le bouton. Transportons le rayon OA_0 en oa (fig. 75), puis par le point a menons ab_0, ab_1, ab_2,... faisant avec AO des angles b_0ao, b_1ao, b_2ao,... égaux aux angles B_0A_0O, B_1A_1O, B_2A_2O,... et traçons autour de a un cercle représentant celui du bouton de la manivelle. Si nous supposons qu'une bielle prenne successivement les directions ab_0, ab_1, ab_2,... en exerçant les forces P_0, P_1, P_2... sur un anneau embrassant ce cercle, le travail du frottement sera précisément celui qu'il s'agit de calculer.

Or, l'intensité du frottement à chaque position de la bielle est f_1P; le chemin décrit par le point d'application de cette force résistante se compose d'éléments égaux à ceux de l'arc $b_0b_1b_2$...; d'où il suit qu'on obtiendrait le travail en portant sur un axe rectiligne des abscisses les longueurs b_0b_1, b_1b_2,... puis les forces f_1P_0, f_1P_1, f_2P_2,... en ordonnées, et enfin en calculant l'aire de la courbe ainsi construite.

Dans le cas particulier où la bielle resterait parallèle à une droite fixe et exercerait une pression constante P, il est facile de voir que le travail est proportionnel au déplacement angulaire de la manivelle, et que pour une révolution entière de celle-ci il est exprimé par $2\pi f_1rP$. Il importe donc de ne pas augmenter au delà du besoin le rayon r du bouton, et de ne pas employer les excentriques pour exercer de grandes forces.

TOURILLONS A ROULETTES.

234. Effet de cette disposition. — Le tourillon A (fig. 76), portant une charge P, repose et roule sans glissement sur deux roulettes **B**, **B'** qui tournent en glissant par leurs tourillons **C** et **C'** sur deux paliers fixes.

Un premier aperçu suffit pour comprendre que cette disposition réduit considérablement l'influence du frottement : les tourillons et les roulettes étant parfaitement cylindriques, polis et durs, la résistance au roulement du tourillon **A** sur les roulettes est extrêmement faible, et les deux tourillons **C** et **C'**, moins chargés que **A**, peuvent avoir un diamètre plus petit et tournent moins vite; de là un moindre travail du frottement. Pour soumettre, au moins approximativement, ces considérations au calcul, bornons-nous à traiter un cas très-simple : supposons que la direction de la charge **P**, passant par le centre **A**, à égale distance des plans moyens des deux roulettes, divise l'angle **CAC'** en deux parties égales, et qu'on demande quelle est la valeur du couple **Qq** qui, agissant en outre sur le corps principal, serait sur le point de le faire tourner autour de l'axe **A**.

Si le couple **Qq** n'agissait pas, les roulettes recevraient et exerceraient, aux points **D** et **D'**, chacune une pression normale N, et en appelant 2γ l'angle **CAC'**, on aurait

$$P = 2N \cos \gamma \, . \tag{1}$$

Le couple fait naître de la part des roulettes deux réactions tangentielles très-petites et sensiblement égales que nous désignons par φ; de plus il déplace tant soit peu les réactions normales à une certaine distance des points **D** et **D'** du côté du roulement naissant; mais cette distance est tellement petite que nous pouvons la négliger et poser très-approximativement l'équation des moments

$$Qq = 2\varphi r, \tag{2}$$

en appelant r le rayon du tourillon **A**. Ajoutons qu'à la rigueur, le couple altère non-seulement la situation des réactions normales, mais qu'il modifie aussi leur intensité. Pourtant cette modification est si peu sensible, vu la faiblesse du couple, que nous pouvons considérer comme subsistant la valeur N déterminée par l'équation [1].

Maintenant posons les conditions de l'équilibre de la roulette **B**. Elle reçoit une pression totale R exercée par le tourillon **A**, et résultante d'une force normale N suivant **DE** et d'une force tangentielle à sa circonférence, égale et opposée à la force φ; on a donc la relation

$$R^2 = \varphi^2 + N^2, \tag{3}$$

et, à cause de l'équilibre, attendu que nous négligeons le poids propre de la roulette et de ses tourillons, cette résultante R est égale et opposée à la réaction totale des coussinets qui supportent la roulette **B**, et par conséquent leur réaction tangentielle est $f_1 R$, et l'on a l'équation des moments

$$\varphi a = f_1 R \rho, \tag{4}$$

en appelant a le rayon de la roulette et ρ celui de son tourillon.

Les quatre équations précédentes renferment la solution du problème, l'inconnue principale étant le moment Qq, et les inconnues auxiliaires les forces N, φ, R. Pour obtenir cette solution approximativement, mais très-simplement, remarquons que, d'après [4], φ est très-petite comparativement à R, et que par conséquent, d'après [3], R est sensiblement égale à N, et qu'ainsi l'équation [4] devient approximativement

$$\varphi a = f_1 N \rho ;$$

donc, en substituant les valeurs de φ et de N tirées de [2] et de [1], on obtient

$$Qq = f_1 Pr \cdot \frac{\rho}{a} \cdot \frac{1}{\cos \gamma}, \tag{5}$$

tandis que si le tourillon **A** tournait sur un coussinet fixe, on aurait

$$Qq = f_1 Pr.$$

Le moment Qq du couple moteur sera donc moindre à mesure que le rayon a des roulettes sera plus grand, par rapport au rayon ρ de leurs tourillons, et que l'angle γ sera plus petit ; la figure montre que cet angle peut être réduit à environ 30°.

EXEMPLE. $\dfrac{\rho}{a} = 0,1$; $\gamma = 30°$; $\dfrac{\rho}{a} \cdot \dfrac{1}{\cos \gamma} = 0,115$.

REMARQUES. — I. Au lieu de deux roulettes on peut en employer trois (fig. 77), dont l'une **B** supporte à peu près toute la charge **P**, et les deux autres **B'** et **B''** servent comme des guides à maintenir la position presque invariable de l'axe du tourillon **A**. Dans ce cas, la formule [5] se réduit approximativement à

$$Qq = f_1 Pr \cdot \frac{\rho}{a} \cdot$$

II. Si le tourillon **A** ne fait que des oscillations de peu d'amplitude, les roulettes peuvent se réduire à de simples secteurs circulaires, et leurs tourillons recevoir la forme de *couteaux* afin de diminuer le rayon ρ. Si l'on emploie trois secteurs, les deux latéraux ne touchant qu'alternativement le tourillon **A**, on les lie entre eux par un balancier (fig. 78) et deux bielles, afin que lorsque l'un descend, l'autre remonte. Ce mode de suspension est celui d'une cloche de la cathédrale de Metz.

III. L'emploi de cet appareil suppose que les roulettes restent exactement cylindriques, c'est-à-dire que la pression *P* n'est pas assez grande pour y produire une déformation permanente, qui les empêcherait de tourner.

VIS A FILETS QUARRÉS.

225. Vis mobile dans un écrou fixe, sans pression latérale. — On suppose que l'écrou (fig. 79) soit immobile et que la vis, outre les réactions de l'écrou, reçoive l'action de trois forces :

l'une P dirigée suivant l'axe supposé vertical, et les deux autres Q formant un couple dont le moment est Qq et dont le plan est perpendiculaire à cet axe. Il résulte de cette hypothèse que la vis, n'étant pas sollicitée à se déplacer transversalement, ne reçoit de l'écrou aucune pression latérale. On cherche la relation entre Qq, P et les dimensions de la vis, lorsque l'équilibre est sur le point d'être rompu.

Trois cas distincts peuvent avoir lieu.

1er Cas. Les forces Q tendent à faire monter la vis, malgré la résistance P. — Nous considérons les surfaces hélicoïdes en contact comme réduites à une petite largeur, et nous appelons r leur distance moyenne à l'axe de la vis. Soit N la composante normale de la réaction exercée sur la vis par un élément de la surface hélicoïde de l'écrou; fN est la composante tangentielle de cette même réaction élémentaire, dans le sens opposé au mouvement naissant de la vis. Écrivons les deux équations d'équilibre ci-après, étendues à l'ensemble des réactions, en appelant i l'angle de l'hélice moyenne avec l'horizon, et h le pas de la vis, de sorte qu'on a $h = 2\pi r \tang i$:

Projections sur l'axe :

$$\Sigma N \cos i - \Sigma fN \sin i - P = 0 ;$$

Moments autour de l'axe :

$$Qq - \Sigma rN \sin i - \Sigma rfN \cos i = 0 ,$$

d'où

$$\Sigma N = \frac{P}{\cos i - f \sin i} \quad \text{et par suite} \quad Qq = Pr \frac{\tang i + f}{1 - f \tang i} ; \quad [1]$$

tandis que sans frottement on aurait (en faisant $f = 0$),

$$\frac{Qq}{Pr} = \tang i = \frac{h}{2\pi r} \quad \text{ou bien} \quad \frac{Q}{P} = \frac{h}{2\pi q} ;$$

c'est la formule ordinaire des traités élémentaires de statique, qu'on obtient immédiatement par le théorème des travaux virtuels.

EXEMPLE. $f = 0,12$; $\tang i = 0,04$. On a $Qq = 0,1608\,Pr$, au lieu de $Qq = 0,04\,Pr$ sans frottement.

Condition d'impossibilité. — Le mouvement supposé deviendrait impossible, quelque grand que fût le moment Qq, si le dénominateur de la formule [1] devenait négatif, c'est-à-dire si l'on avait

$$\tang i > \frac{1}{f},$$

condition du reste très-peu ordinaire, puisque même en supposant à f une assez grande valeur, comme 0,34, il faudrait que $\tang i$ fût supérieure à 3.

2ᵉ Cas. La force P est sur le point de faire descendre la vis malgré la résistance des forces Q. — En conservant les notations précédentes, il suffit, dans la formule [1], de changer le signe de f, à cause du changement de sens du mouvement naissant. On trouve donc

$$Pr = Qq \cdot \frac{1 + f\,\tang i}{\tang i - f},$$

d'où il suit que la vis n'obéira à la force P qu'autant on aura $\tang i > f$. C'est sur cette propriété qu'est fondé l'usage des *vis de pression*. C'est aussi de l'existence du frottement que résulte l'efficacité du *contre-écrou* qui assure l'invariabilité de l'assemblage d'une vis et de son écrou principal, et qui joue un rôle analogue à celui du coin dans certains assemblages à tenon et mortaise.

3ᵉ Cas. Les forces Q et P sont toutes les trois mouvantes. — Lorsque $\tang i$ est moindre que f, ce qui est très-

ordinaire, on peut demander quelle sera la valeur du moment
du couple agissant dans le sens de la descente, pour que la vis
soit sur le point de descendre sous l'action simultanée du poids
P. Il suffit alors de changer à la fois le signe de Qq et celui
de f dans l'équation [1] qui devient

$$Qq = Pr \frac{f - \operatorname{tang} i}{1 + f \operatorname{tang} i} \cdot$$

Travaux des forces. — Les forces P et Q satisfaisant, dans
le premier cas, à l'équation [1], si la vis, par des causes antérieures, a acquis une vitesse initiale, elle la conserve, et l'on
peut chercher le rapport des travaux des forces supposées
constantes pendant ce mouvement uniforme. Or, pendant une
révolution entière de la vis, le travail des forces Q est
$2\pi q Q$, et le travail de la résistance P est en valeur absolue
$Ph = 2\pi r \operatorname{tang} i \cdot P$. Ainsi, pour un temps quelconque on a, en
valeurs absolues, à cause de la relation [1],

$$\frac{\Sigma \mathfrak{S} Q}{\mathfrak{S} P} = \frac{Qq}{Pr \operatorname{tang} i} = \frac{1}{\operatorname{tang} i}\left(\frac{\operatorname{tang} i + f}{1 - f \operatorname{tang} i}\right) = 1 + \frac{f(1 + \operatorname{tang}^2 i)}{\operatorname{tang} i (1 - f \operatorname{tang} i)} ; \quad [2]$$

c'est ce qu'on obtiendrait à l'aide de la seule équation [1] en
remarquant que le rapport des travaux dont il s'agit est égal au
rapport des forces Q et P multiplié par un nombre constant,
qu'on détermine par la condition que le rapport des travaux
devient l'unité quand on fait $f = 0$. Ainsi l'on a

$$\frac{\Sigma \mathfrak{S} Q}{\mathfrak{S} P} = n \frac{Q}{P} = n \frac{r}{q} \frac{\operatorname{tang} i + f}{1 - f \operatorname{tang} i} \quad \text{et} \quad 1 = n \frac{r}{q} \operatorname{tang} i ,$$

d'où en éliminant n on conclut l'équation [2].

Le travail dû au frottement est donc au travail de P, c'est-
à-dire à l'effet utile, dans le rapport exprimé par

$$\frac{f(1 + \operatorname{tang}^2 i)}{\operatorname{tang} i - f \operatorname{tang}^2 i} ,$$

et qui, dans les cas ordinaires où tang i est un petit nombre, se réduit approximativement à $\dfrac{f}{\text{tang } i}$.

EXEMPLE. $f = 0,12$; tang $i = 0,04$; $\Sigma \tau Q = 4,02 \tau P$.

REMARQUE. — Le rapport du travail moteur au travail résistant peut être considérablement diminué en augmentant l'inclinaison i. Si par exemple on fait tang $i = 0,9$ en laissant $f = 0,12$, on trouve que le rapport des travaux devient 1,27, de sorte que la perte due au frottement n'est plus que les 0,27 du travail résistant ou de l'effet utile. Mais alors le moment Qq du couple moteur n'est plus petit, relativement au produit Pr, et l'on perd l'avantage qu'on recherche ordinairement dans la vis, car on a dans cette hypothèse $Qq = 1,143 \, Pr$, au lieu de $Qq = 0,1608 \, Pr$ correspondant à tang $i = 0,04$.

256. Vis mobile dans un écrou fixe, et soumise à des forces quelconques. — Dans l'article précédent, on a supposé la vis sollicitée seulement par une force suivant l'axe et par un couple perpendiculaire à cet axe. Dans toute autre hypothèse il y aurait à considérer d'autres frottements, soit contre la surface cylindrique de l'écrou, soit contre d'autres guides de la vis, soit contre un corps pressé par une extrémité de la vis. La question se traiterait alors d'une manière analogue à la marche suivie dans l'étude de l'équilibre du treuil.

257. Écrou tournant sur une vis en translation ou l'inverse. — Lorsque, par exemple, une vis est employée à soulever une charge, au lieu de faire tourner la vis dans un écrou fixe, souvent on fait tourner l'écrou appuyé sur un corps fixe que la vis traverse librement. L'écrou, qui ainsi ne peut descendre, oblige la vis de s'élever, parce qu'elle ne peut tourner avec lui. Dans ce cas, en outre du frottement mutuel de l'écrou et de la vis, il y a à considérer celui de l'écrou sur son support. La question de l'équilibre d'un tel système se traiterait sans difficulté, en posant séparément les conditions de l'équilibre, d'abord de l'écrou, puis de la vis, eu égard aux réactions de ses guides, et en éliminant ensuite les forces mutuelles et les réactions des appuis.

Si la vis tournait sans déplacement longitudinal dans un écrou assujetti par des guides à une simple translation, la marche à suivre serait encore la même.

ROULEMENT D'UN CYLINDRE SUR UN PLAN.

238. Roulement uniforme sur un plan horizontal. — Soit (fig. 80) un cylindre dont le rayon est CA, dont le centre de gravité C est dans l'axe et dont le poids est P, roulant d'un mouvement uniforme sur un plan horizontal BB; il est à cet effet sollicité par une force horizontale constante Q qu'on suppose appliquée à un cordon enroulé sur un cylindre concentrique au premier.

Quelles sont les conditions et les conséquences de ce mouvement?

Les forces extérieures qui s'exercent sur le corps roulant satisfont aux conditions d'équilibre. Ces forces sont le poids P, la force Q horizontale à une distance h du plan d'appui fixe, la réaction normale N passant par A' (128), la réaction tangentielle F; et l'on a deux équations de projections et une de moments

$$N = P; \quad F = Q; \quad Qh = P\delta.$$

Considérons les vitesses. Soient V celle de l'axe C, U celle de D, point d'application de la force Q, et soit r le rayon CA du cylindre. On a, attendu que A est le centre instantané de rotation,

$$\frac{U}{h} = \frac{V}{r}, \quad \text{d'où} \quad U = \frac{Vh}{r}.$$

Si, comme dans la figure, la distance h est plus grande que le rayon r, la vitesse U est plus grande que V et le cordon se déroule avec une vitesse relative $U - V = V\dfrac{h-r}{r}$. Si h était plus petite que r, les mêmes équations subsisteraient ; mais à mesure que l'axe s'avancerait avec la vitesse V, plus petite que U, le cordon s'enroulerait sur le petit cylindre avec la vitesse relative $V - U = V\dfrac{r-h}{r}$.

Les mêmes formules s'appliqueraient encore si, comme dans la figure 81, le rayon CA ou r du cylindre roulant était plus petit que celui du cylindre sur lequel le cordon est enroulé. Si dans ce cas la force Q était au-dessous du plan fixe, elle serait dirigée en sens contraire de la vitesse V, et la réaction tangentielle F nécessaire, égale et de sens opposé à celui de Q, serait de même sens que V. Il est assez curieux que, dans ce cas, pour faire avancer d'un côté le système, la force mouvante Q le tire en sens contraire.

Exprimons enfin le travail de Q correspondant au transport du cylindre à une certaine distance. Le travail de Q par unité de temps est QU; et l'on trouve par les équations précédentes

$$QU = QV\frac{h}{r} = PV\cdot\frac{\delta}{r}.$$

Le produit PV du poids P par le chemin parcouru en une seconde par le centre du cylindre peut être considéré comme la mesure de l'utilité de l'appareil de transport dont il s'agit. Mais il serait incorrect de dire que PV est le travail résistant vaincu par la force Q. Le travail résistant est celui de la force N, et son travail est égal à N multipliée par la vitesse du point A' du cylindre, laquelle est égale à $V\dfrac{\delta}{r}$, et comme N est égale à P, la dernière équation ne fait qu'exprimer que le travail moteur QU est égal au travail résistant.

Remarque. — La force Q nécessaire pour maintenir le roulement uniforme augmente à mesure que la distance h diminue; mais il pourrait se faire que cette distance fût tellement petite, que le cylindre glissât au lieu de rouler : c'est ce qui arriverait si la réaction F devenait égale à fP, le coefficient de frottement du cylindre sur le sol étant désigné à l'ordinaire par f. Or F est égale à Q; on aurait donc

$$fPh = P\delta, \quad \text{d'où} \quad h = \frac{\delta}{f}.$$

valeur très-petite : si, par exemple, il s'agit de rouleaux de fer et de madriers en chêne frottés de savon sec, on peut admettre approximativement les valeurs $\delta = 0^m,001$ et $f = 0,20$, d'où $h = 0^m,005$.

239. Transport d'un fardeau sur deux rouleaux. — Un madrier (fig. 82) dont le poids, y compris sa charge, est P, est posé sur deux rouleaux d'égal diamètre $2r$, dont on néglige le poids et qui s'appuient sur un plan horizontal. Quelle est la force horizontale Q qui, appliquée au madrier, entretiendra le mouvement uniforme du système?

Considérons l'ensemble de ce système. Les forces extérieures qui le sollicitent et qui sont en équilibre sont : 1° les forces P et Q désignées par l'énoncé ; 2° les réactions verticales du sol d'appui, lesquelles sont N et N_1 appliquées aux deux points A' et A_1' situés respectivement à la distance δ des points de contact géométriques A et A_1 ; 3° les réactions horizontales du sol F et F_1.

Ces six forces, dont les quatre dernières sont inconnues, nous donnent immédiatement deux équations d'équilibre de projections :

$$N + N_1 = P \quad \text{et} \quad F + F_1 = Q.$$

L'un des cylindres considéré à part est en équilibre sous les forces N et F qu'il reçoit du sol et sous deux forces analogues qu'il reçoit du plateau, savoir : une force tangentielle en **B**, et une force normale en **B'** à une distance δ' de la verticale **AB**, en arrière de cette verticale, parce que c'est de ce côté que le cylindre roule relativement au plateau. L'équilibre de ces quatre forces donne pour les moments pris autour de **B'** l'équation

$$N\,(\delta + \delta') = F \cdot 2r\,.$$

L'équilibre du second rouleau considéré de même séparément donne

$$N_1\,(\delta + \delta') = F_1 \cdot 2r\,.$$

Ces quatre équations suffisent pour conclure la relation cherchée,

$$P\,(\delta + \delta') = 2rQ\,,$$

tandis que, si le madrier glissait sur le sol comme un traîneau, on aurait $Q = fP$, valeur bien plus grande que $\dfrac{\delta + \delta'}{2r}\,P$, eu égard aux données ordinaires.

Remarque. — La vitesse du madrier est évidemment double de celle des axes des rouleaux.

240. Roulement varié d'un cylindre sur un plan. — Un corps terminé par une surface cylindrique circulaire et ayant son centre de gravité dans l'axe de figure horizontal **C** (fig. 83), roule sur un plan **BD**. Il est sollicité, en outre des réactions de ce plan, par des forces dont la résultante passe par l'axe **C**, lui est perpendiculaire et peut être remplacée par deux forces, l'une **P** normale, l'autre **T** parallèle au plan. On demande la loi du mouvement de l'axe **C** et les intensités des réactions du plan.

Ces réactions peuvent se réduire à deux forces, l'une normale **N** passant en **A'** à une distance δ du point de contact géométrique **A**, l'autre tangentielle **F**. La force **N** est égale à **P**, attendu que le centre de gravité **C** se meut parallèlement au plan. La force F diffère de T si le mouvement de ce centre est varié ; elle doit être moindre que fP pour que le cylindre roule sans glisser.

Appliquons au cylindre le théorème de l'effet du travail (19), en appelant M la masse du cylindre, r son rayon AC, k son rayon de giration autour de l'axe projeté en C. Soit v la vitesse du centre de gravité C, à un instant quelconque ; les vitesses des différents points du corps sont les mêmes à cet instant que s'il tournait simplement autour de l'axe projeté en A, avec une vitesse angulaire $\dfrac{v}{r}$. La puissance vive de ce corps est donc alors exprimée par

$$\frac{1}{2}\frac{v^2}{r^2} M \left(k^2 + r^2 \right).$$

Donc l'accroissement de la puissance vive, entre deux instants où la vitesse de C est d'abord v_0, puis v, est

$$\frac{1}{2}\left(v^2 - v^2_0\right) M \left(\frac{k^2}{r^2} + 1\right).$$

Dans le même intervalle de temps, le travail de T est Tx, si l'on désigne par x le chemin rectiligne parcouru pendant ce temps par le centre C parallèlement au plan. Le travail de P est nul. Enfin le travail de N, force constante égale à P, appliquée à chaque instant au point A' du cylindre, est égal à cette force N multipliée par un chemin qui est au chemin x de C dans le rapport de δ à r. Ainsi l'équation de l'effet du travail est

$$\frac{1}{2}\left(v^2 - v_0{}^2\right) M \left(\frac{k^2}{r^2} + 1\right) = \left(T - P\frac{\delta}{r}\right) x.$$

Le mouvement du centre C est donc uniformément varié, puisque l'accroissement du quarré de la vitesse est proportionnel au *chemin parcouru, comme dans la formule* $v^2 - v_0^2 = 2j\,(x - x_0)$, *et l'accélération de ce mouvement est*

$$\frac{dv}{dt} = \frac{r\,(Tr - P\delta)}{M\,(k^2 + r^2)}\,. \qquad [1]$$

Il reste à déterminer la valeur **F**, et on la trouve au moyen du théorème du mouvement du centre de gravité (10). La force **F** étant supposée transportée en **C** ainsi que toute la masse du corps, on a, en appliquant à ce point matériel fictif le théorème de l'effet du travail,

$$\frac{1}{2}\,M\,(v^2 - v_0^2) = (T - F)\,x\,.$$

De cette équation et de la précédente on tire

$$F = \frac{Tk^2 + P\delta r}{k^2 + r^2}\,. \qquad [2]$$

Remarque. — On peut arriver aux mêmes résultats sans employer le théorème du travail et en faisant usage de celui qu'exprime la première remarque du numéro 90. Le cylindre dont il s'agit, considéré relativement à des axes mobiles passant par le centre **C** et constamment parallèles à leurs directions initiales, tourne autour de l'axe horizontal **C**, comme si cet axe était fixe, les forces extérieures *N* et *F* hors de cet axe restant ce qu'elles sont effectivement.

Dans ce mouvement relatif, la vitesse du point **A** est v dans le sens **AD** opposé au mouvement absolu de **C**. La vitesse angulaire relative est donc $\dfrac{v}{r}$, et en appliquant le théorème de l'accélération angulaire (68), on a

$$\frac{1}{r}\frac{dv}{dt} = \frac{Fr - N\delta}{Mk^2} = \frac{Fr - P\delta}{Mk^2}\,.$$

Quant à la détermination de F, on l'obtient en posant, d'après le théorème du mouvement du centre de gravité,

$$\frac{dv}{dt} = \frac{T - F}{M} \cdot$$

De ces deux équations on conclut les mêmes valeurs que ci-dessus pour $\dfrac{dv}{dt}$ et F.

241. Roulement d'un cylindre pesant sur un plan incliné. — Appliquons les formules précédentes à un cylindre homogène qui roule sous l'action de la pesanteur sur un plan faisant avec l'horizon l'angle i. On a alors

$$T = Mg\sin i; \quad P = Mg\cos i; \quad k^2 = \frac{1}{2}r^2.$$

Supposons d'abord que le cylindre roule en descendant. Le point A' est alors au-dessous de A et l'on trouve par les formules [1] et [2]

$$\frac{dv}{dt} = \frac{2}{3}g\left(\sin i - \frac{\delta}{r}\cos i\right) \quad \text{et} \quad F = \frac{1}{3}Mg\left(\sin i + \frac{2\delta}{r}\cos i\right),$$

tandis que, si l'on admettait l'hypothèse d'un corps glissant sans frottement sur le même plan incliné, on aurait $\dfrac{dv}{dt} = g\sin i$.

La force F ne peut pas dépasser une certaine limite, car, puisque le cylindre ne glisse pas, il faut qu'on ait

$$F < fN, \quad \text{donc} \quad F < fMg\cos i;$$

par conséquent

$$\frac{1}{3}\left(\sin i = \frac{2\delta}{r}\cos i\right) < f\cos i, \text{ c'est-à-dire } \tan g\, i < 3f - \frac{2\delta}{r};$$

donc, avant que la pente par mètre du plan à l'horizon devienne triple du coefficient de frottement, il y a glissement et l'équation [1] n'est plus applicable.

Supposons, en second lieu, que le cylindre roule en montant, en vertu d'une vitesse acquise, sous l'action de la pesanteur et les réactions du plan incliné. Les formules [1] et [2] subsistent, pourvu que l'on change le signe de δ, en conservant le sens descendant pour le sens positif de la vitesse v. Si l'on admet pour simplifier que $\dfrac{\delta}{r}\cos i$ peut être négligé auprès de $\sin i$, on a

$$\frac{dv}{dt} = j = \frac{2}{3}\,g\sin i,$$

d'où l'on conclut que depuis l'instant où le cylindre roulant a, en son centre, une vitesse v_0, ascendante, jusqu'à l'instant où il cesse de monter, l'espace $\dfrac{v_0^2}{2j}$ que parcourt ce centre parallèlement au plan incliné est $\dfrac{3}{4}\dfrac{v_0^2}{g\sin i}$, de sorte que la hauteur verticale de son ascension est $\dfrac{3}{4}\dfrac{v_0^2}{g}$, égale à une fois et demie la hauteur $\dfrac{v_0^2}{2g}$ due à la vitesse v_0, ce qui tient à ce que la puissance vive du cylindre, à l'instant initial, n'est pas $\dfrac{1}{2}Mv_0^2$, mais $\dfrac{1}{2}\dfrac{v_0^2}{r^2}M(k^2+r^2)$, c'est-à-dire $\dfrac{3}{2}\cdot\dfrac{1}{2}Mv_0^2$.

Il est d'ailleurs à remarquer que, dans ce cas de l'ascension, la force F composante tangentielle de la réaction du plan, et cause nécessaire du ralentissement du mouvement de rotation, agit encore dans le sens ascendant, parce que le cylindre par sa rotation acquise tend à glisser dans le sens de la descente, pendant que son axe monte. Si les deux corps qui forment le cylindre et le plan incliné étaient parfaitement invariables, durs et polis, la force F n'existerait pas, la force N passerait par A, et le cylindre, animé à l'instant initial d'un mouvement composé d'une translation v_0 et d'une rotation $\dfrac{v_0}{r}$ autour de son axe, s'élèverait seulement à la hauteur $\dfrac{1}{2} M v_0^2$, mais en conservant invariable sa rotation.

242. Roulement d'un corps rond composé de deux parties symétriques sur un plan horizontal, sous l'action de la pesanteur. — Soient v la vitesse du centre; w sa vitesse angulaire dans le sens positif indiqué par la flèche (fig. 84); r le rayon de la sphère.

Supposons d'abord que le corps roule sans glisser. On a alors $wr = v$.

Les formules [1] et [2] du numéro 240 s'appliquent en y faisant $i = 0$, $T = 0$, $P = Mg$. Ainsi

$$\frac{dv}{dt} = r \frac{dw}{dt} = -\frac{g\delta r}{k^2 + r^2} \quad \text{et} \quad F = \frac{P\delta r}{k^2 + r^2}.$$

Si, par exemple, le corps roulant est une sphère pleine et homogène, on a

$$k^2 = \frac{2}{5} r^2, \quad \frac{dv}{dt} = r\frac{dw}{dt} = -\frac{5}{7}\frac{\delta}{r} g \quad \text{et} \quad F = \frac{5}{7}\frac{\delta}{r} P.$$

Si $\dfrac{\delta}{r}$ est très-petit, le mouvement est sensiblement uniforme.

Considérons maintenant les cas de glissement, où la vitesse angulaire diffère de $\dfrac{v}{r}$ et par conséquent les équations [1] et [2] ne subsistent plus. La réaction tangentielle F du plan est fP. Faisons pour simplifier $\delta = 0$.

1er Cas. $wr > v$. Il y a glissement en arrière et la force F est dans le sens de v (fig. 85). On a pour la rotation relative autour du centre de gravité et pour la translation, d'après les considérations générales du numéro 240 (Remarque) :

$$\frac{dw}{dt} = -\frac{fPr}{Mk^2} = -\frac{fgr}{k^2} \quad \text{et} \quad \frac{dv}{dt} = \frac{fP}{M} = fg.$$

w diminue et v augmente. Il arrive un instant où wr égale v; le glissement cesse alors, et le roulement, mouvement composé de rotation et de translation, devient sensiblement uniforme, sauf l'influence de δ, comme dans la première hypothèse.

2ᵉ Cas. $wr < v$ et > 0 (fig. 86). Glissement en avant; frottement $F = fP$ dans le sens opposé à v.

$$\frac{dw}{dt} = \frac{fPr}{Mk^2} = \frac{fgr}{k^2} \quad \text{et} \quad \frac{dv}{dt} = \frac{-fP}{M} = -fg.$$

w augmente et v diminue, jusqu'à ce que le mouvement devienne uniforme dans le sens positif.

3ᵉ Cas. $w < 0$. Mêmes formules (fig. 86). w augmente algébriquement et diminue de valeur absolue; v diminue aussi. Il faut distinguer si la quantité négative w arrive à 0 avant ou après v. Admettons que ce soit avant; w et v deviennent toutes deux positives; mais wr étant $< v$, on rentre alors dans le deuxième cas, et le mouvement finit par devenir uniforme dans le sens positif.

4ᵉ Cas. Si w, étant d'abord négative, devient nulle quand v est devenue négative, on rentre dans le premier cas, si ce n'est que les vitesses sont toutes deux changées de sens. Le mouvement du centre d'abord accéléré en arrière devient uniforme de ce côté.

Intégrons les formules précédentes appliquées au troisième et au quatrième cas. Soient $-w_0$ et v_0 les valeurs initiales des vitesses. On a, en intégrant,

$$w = -w_0 + \frac{fgr}{k^2} t \quad \text{et} \quad v = v_0 - fgt.$$

Au bout d'un temps t', on a, dans le troisième cas, $w = 0$ et $v > 0$; dans le quatrième cas $w = 0$ et $v < 0$; donc dans le troisième cas

$$w_0 = \frac{fgr}{k^2}\, t' \quad \text{et} \quad v_0 > fgt', \quad \text{d'où} \quad \frac{v_0}{w_0 r} > \frac{k^2}{r^2};$$

et dans le quatrième

$$w_0 = \frac{fgrt'}{k^2} \quad \text{et} \quad v_0 < fgt', \quad \text{d'où} \quad \frac{v_0}{w_0 r} < \frac{k^2}{r^2}.$$

Si le corps roulant est une sphère et si l'axe de la rotation initiale n'est pas perpendiculaire à la direction de la vitesse du centre, le frottement change continuellement cette direction; le centre décrit une courbe.

FORMULES APPLICABLES AU TIRAGE DES VOITURES.

243. Roulement uniforme sur un sol horizontal. — Pour simplifier, considérons une seule roue dont le moyeu est traversé par l'essieu auquel est lié invariablement le reste du véhicule. Appelons (fig. 88 et 89)

Q la résultante des forces verticales appliquées à la voiture, la roue non comprise;

q la distance de cette résultante en arrière de la verticale passant par l'axe O' de l'essieu;

T le tirage, force horizontale appliquée à la voiture pour entretenir le mouvement uniforme;

h la hauteur de l'horizontale T au-dessus de l'axe O' de l'essieu;

P le poids de la roue dont le centre de gravité est dans l'axe O de la roue ou de la boîte du moyeu (la distance OO' est très-petite);

r le rayon OA de la roue;

ρ le rayon OB de la boîte du moyeu;

ρ' le rayon $O'B$ de l'essieu, *un peu plus petit que* ρ.

La roue reçoit du sol diverses réactions qui peuvent être réduites à deux forces, l'une horizontale, égale et de sens opposé à T; nous l'appellerons T'; l'autre verticale ascendante, égale à $Q+P$; nous la désignerons par $Q'+P'$. Cela résulte du théorème du mouvement du centre de gravité d'un système matériel quelconque : ici ce mouvement est rectiligne et uniforme ; la résultante de translation est nulle. La force $Q'+P'$ peut être considérée comme appliquée à la roue en un point A' à une distance δ en avant de la verticale OA passant par l'axe de la roue.

Cela posé, considérons à part les forces qui sollicitent la roue et qui satisfont aux conditions de l'équilibre. Ces forces sont T', $Q'+P'$, P et les actions de l'essieu sur la surface concave de la boîte du moyeu, actions qui peuvent se réduire à deux forces, l'une normale N, l'autre tangentielle fN, dirigée en sens contraire du mouvement de rotation de la roue, soit que l'arête de contact de l'essieu et de la boîte se trouve en avant ou en arrière de la verticale OA (nous distinguerons plus loin ces deux cas (244)).

Les cinq forces T', $Q'+P'$, P, N, fN ont la somme algébrique de leurs moments nulle autour d'un axe quelconque. Prenons pour cet axe celui de la roue, O; les moments de P et de N sont nuls, et en mettant pour T' et $Q'+P'$ leur valeur T et $Q+P$, on a

$$Tr - (Q+P)\,\delta - fN\rho = 0. \tag{1}$$

De plus, la résultante des forces N et fN rectangulaires est égale et opposée à celle des forces T', $Q'+P'$ et P, ce qui, attendu que P et P' sont égales et de sens opposés, donne la relation

$$N^2\,(1 + f^2) = T^2 + Q^2,$$

d'où, comme nous pouvions l'écrire immédiatement (225),

$$fN = f_1 \sqrt{T^2 + Q^2}. \tag{2}$$

D'une autre part, les forces qui sollicitent la voiture sans y comprendre la roue sont Q, T, et les réactions du moyeu que nous désignerons par N' et fN', lesquelles sont égales et opposées aux forces N et fN ci-dessus considérées. Leurs moments pris autour de l'axe O' de l'essieu, donnent l'équation

$$Qq - Th - fN\rho' = 0. \qquad [3]$$

L'équilibre de translation des mêmes forces Q, T, N' et fN' conduirait aussi à l'équation [2] déjà obtenue.

Au moyen des équations [1], [2], [3], si l'on suppose données les quantités Q, h, r, ρ, ρ', δ et f, on déterminera T, q et l'inconnue auxiliaire N.

En substituant fN de [2] dans [3] on obtient

$$T = (Q + P)\frac{\delta}{r} + f_1\frac{\rho}{r}\sqrt{T^2 + Q^2}, \qquad [4]$$

formule dans laquelle on peut remplacer approximativement $\sqrt{T^2 + Q^2}$ par Q, attendu que T est ordinairement petit comparativement à Q.

L'équation [3] par la substitution de l'expression de fN donne

$$Qq = Th + f_1\rho'\sqrt{T^2 + Q^2},$$

d'où l'on voit que q ne peut être nul ni négatif, à moins que h ne soit négatif.

244. Arête de contact de l'essieu et de la boîte. — Déterminons la situation de l'arête B de contact de l'essieu et de la boîte ; c'est au moins une question curieuse. Supposons que l'arête B soit en avant de la verticale OA (fig. 88) et appelons z l'angle AOB. L'équilibre des forces Q, T, N' et fN' qui agissent sur la voiture, donne deux équations de leurs projections, savoir, N' étant remplacée par son égale N,

$$Q - N\cos z + fN\sin z = 0 \quad \text{et} \quad T - fN\cos z - N\sin z = 0,$$

d'où

$$\sin \alpha = \frac{T - fQ}{(1 + f^2)\,N} \quad \text{et} \quad \cos \alpha = \frac{Q + fT}{(1 + f^2)\,N}.$$

Si B était en arrière de la verticale OA (fig. 89), en désignant par α la valeur de l'angle AOB dans ce cas, on trouverait deux équations semblables aux précédentes, si ce n'est que les termes contenant sin α auraient leurs signes changés. Donc, ce qui est conforme aux règles ordinaires de la géométrie analytique, les deux dernières formules sont applicables aux deux cas, pourvu que l'on considère l'angle α comme positif quand il est en avant de la verticale OA, et négatif quand il est en arrière. Ce second cas a lieu quand β est suffisamment petit, car si nous faisons, par une hypothèse extrême, $\beta = 0$, la formule [4] donne approximativement $T = \frac{f \beta}{r} Q$, quantité beaucoup plus petite que fQ.

245. Roulement uniforme sur un sol incliné. — Supposons que le sol forme avec l'horizon un angle i et que, le mouvement étant ascendant, la force T fasse un angle β au-dessus de la parallèle au sol, la force Q restant verticale.

La réaction tangentielle du sol en sens contraire du mouvement étant désignée par T_i, on a

$$T_i = T \cos \beta - (Q + P) \sin i,$$

et sa réaction normale N_i a pour expression

$$N_i = (Q + P) \cos i - T \sin \beta.$$

Cela posé, on écrit deux équations analogues aux relations [1] et [2] du numéro 243, savoir : 1° l'équation des moments

$$T_i r - N_i \beta - f N \beta = 0; \tag{1}$$

2° L'équation exprimant que la résultante de N et de fN

est égale à celle des forces T et Q faisant l'angle $\dfrac{\pi}{2} + \beta + i$,

$$N^2(1+f^2) = T^2 + Q^2 - 2TQ \sin(\beta + i). \qquad [2]$$

La substitution des expressions de T_1 et de N_1, puis l'élimination de N, conduisent à la relation finale

$$T\cos\beta = (Q+P)\sin i + ((Q+P)\cos i - T\sin\beta)\frac{\partial}{r}$$
$$+\frac{f_1\rho}{r}\sqrt{T^2+Q^2-2TQ\sin(\beta+i)}.$$

Dans la pratique, où l'on se contente d'une formule suffisamment approximative, on peut négliger T dans le second membre comme petit comparativement à Q et remplacer $\cos i$ par l'unité qui en diffère très-peu. On a ainsi plus simplement

$$T\cos\beta = (Q+P)\sin i + (Q+P)\cdot\frac{\partial}{r} + \frac{f_1\rho}{r}Q,$$

formule qui indique séparément l'influence de la pente, celle de la résistance au roulement, celle du frottement de l'essieu dans la boîte, ces deux dernières décroissant quand le rayon r augmente.

246. Détermination expérimentale de la résistance au roulement des roues de voitures. — M. le général Morin a publié en 1842, dans un mémoire *sur le tirage des voitures et sur les effets destructeurs qu'elles exercent sur les routes*, et a résumé dans ses *Leçons de Mécanique pratique* les résultats d'expériences commencées à Metz en 1837, par ordre du ministre de la guerre et continuées aux environs de Paris en 1839, 1840 et 1841, par ordre du ministre des travaux publics. Nous invitons les jeunes ingénieurs à prendre une connaissance complète de cet intéressant travail et nous nous bornons à en extraire les faits suivants, en continuant de désigner par ∂ la quantité qui caractérise la résistance au roulement et qui est, non pas seulement un *nombre* constant (que M. Morin appelle A), mais une *longueur* constante pour une roue et un terrain donnés.

Dans tous les cas observés, cette quantité, variant avec la nature du sol plus ou moins uni et plus ou moins dur ou compressible, s'est trouvée indépendante de la charge et du diamètre des roues ; mais la dureté ou la compressibilité donnent lieu à une distinction relative à la vitesse du transport et à la largeur des jantes.

Sur les routes pavées ou en empierrement solide, la distance δ indépendante *de la charge et du diamètre des roues*, l'est à peu près aussi de la largeur des jantes ; mais elle varie avec la vitesse et la suspension de la voiture sur ressorts. Exemples, la vitesse en mètres par seconde étant désignée par v :

$$\text{Voitures non suspendues}
\begin{cases}
\text{pavé de grès, joints serrés (à Metz)} \dots & \delta = 0^m,0066 + 0^m,0057\,(v-1)\\
\text{pavé de grès, joints larges, bords arrondis (*)} \dots & \text{»} \quad 0\ ,0092 + 0\ ,0089\,(v-1)\\
\text{très-bon empierrement} \dots & \text{»} \quad 0\ ,0100 + 0\ ,0020\,(v-1)
\end{cases}$$

$$\text{Voitures suspendues}
\begin{cases}
\text{pavés de grès, joints larges (à Paris) (*)} \dots & \delta = 0^m,0098 + 0^m,0025\,(v-1)\\
\text{empierrement mouillé} \dots & \text{»} \quad 0\ ,0110 + 0\ ,0022\,(v-1)
\end{cases}$$

Sur les terrains compressibles, terres, sables, gravier, etc., la distance δ est indépendante de la vitesse, mais augmente si la largeur des jantes diminue. Exemples :

$$\text{Sol du polygone de Metz}
\begin{cases}
\text{largeur des bandes.} & 0^m,135 & \delta = 0^m,0488\\
\text{»} & 0\ ,015 & \text{»} \quad 0\ ,0604
\end{cases}$$

$$\text{Sable de } 0^m,12 \text{ à } 0^m,15 \text{ d'épaisseur}
\begin{cases}
\text{largeur des bandes.} & 0^m,225 & \delta = 0^m,0612\\
\text{»} & 0\ ,135 & \text{»} \quad 0\ ,0739\\
\text{»} & 0\ ,015 & \text{»} \quad 0\ ,0951
\end{cases}$$

(*) Les nombres que nous copions dans les *Leçons de Mécanique pratique de M. Morin*, 1re partie, page 279, indiquent que la chaussée pavée n'était pas la même ou dans le même état pour les deux cas désignés, puisque à la vitesse d'un mètre par seconde, la voiture suspendue subissait une résistance un peu plus grande.

Ces valeurs de δ (ou de A) ont été obtenues en observant dans chaque cas la force $T\cos\beta$ du tirage parallèle à la route et en appliquant la formule finale du numéro précédent, dans laquelle M. Morin a attribué au coefficient f_1 la valeur 0,065.

247. Conséquences pratiques. — L'utilité de l'emploi des ressorts des voitures est bien constatée et se conçoit facilement, surtout lorsque la chaussée parcourue est raboteuse, et que la vitesse est grande ; les ressorts diminuent évidemment le travail résistant dû aux chocs.

D'après la formule finale du numéro 243, pour une valeur déterminée de δ indépendante du diamètre des roues, le tirage en plaine (où $i = 0$) est inversement proportionnel à ce diamètre ; de là l'avantage évident des grandes roues, et sous ce rapport les charrettes semblent préférables aux chariots, dont les roues d'avant-train ne peuvent pas être aussi grandes que les autres. Mais d'une part les charrettes, sur les routes cahoteuses, ont le grand inconvénient de fatiguer beaucoup le cheval limonier par le ballottement des brancards, et par la charge variable qu'il supporte, selon que la route est horizontale ou en pente (sauf le cas exceptionnel où le centre de gravité de la voiture chargée est dans l'axe de l'essieu) ; et d'autre part, dans les voitures à quatre roues, on peut généralement faire en sorte que la verticale du centre de gravité du chariot chargé soit beaucoup plus rapprochée de l'axe des grandes roues que de celui des petites, de manière à diminuer la charge et l'influence de celles-ci ; c'est le but qu'on doit s'efforcer d'atteindre autant qu'il est possible.

FROTTEMENT MIXTE DES ENGRENAGES.

248. Expression générale du travail de ce frottement. — Le mouvement relatif de deux dents cylindriques ou coniques d'engrenage en contact n'est ni un simple roulement ni un simple glissement. Mais, comme ces corps sont ordinairement très-durs, l'influence de la résistance au roulement peut être négligée. La résistance due aux actions mutuelles des deux corps se réduit sensiblement à la force tangentielle, dont le travail élémentaire s'obtient en multipliant cette force par l'arc élémentaire de glissement. Cette règle va devenir très-claire par son application à un exemple.

249. Formule approximative du travail du frottement des engrenages cylindriques à petit pas. — La roue AB (fig. 90) conduit la roue A'B'. Deux dents qui se touchent actuellement en T sur la ligne des centres, se toucheront en T' lorsque les deux roues seront avancées d'un pas. Le point de la roue AB qui est maintenant en T sera alors en M sur la circonférence primitive de cette première roue ; et le point de la roue A'B' qui est aussi en T sera en M' sur la circonférence primitive de cette seconde roue. Le déplacement relatif de ces deux dents pendant cette période est le même que si, la roue AB étant supposée fixe, la dent de A'B' glissait d'abord simplement sans rouler à partir de M sur une distance égale à MM', et qu'ensuite cette même dent roulât sans glisser, de manière que le contact se trouvât finalement en T', le point M' se détachant alors de la courbe MT', mais à une distance presque insensible. On doit admettre comme suffisamment exact que le travail des actions mutuelles des deux dents, qui ne dépend, comme on sait, que de leur mouvement relatif, est le même que si leur glissement et leur roulement, au lieu d'être, comme ils le sont réellement, simultanés, étaient successifs, comme nous venons de le dire. Or le travail dû au roulement peut être négligé ; il ne reste donc à compter que le travail dû au glissement, dont l'un des facteurs est la distance MM' égale à l'axe de glissement, et l'autre est l'action tangentielle moyenne d'une dent sur l'autre.

Ce que nous venons de dire des deux dents qui se touchent pendant qu'elles parcourent un pas au delà de la ligne des centres, s'applique également à deux autres dents qui, se touchant actuellement en $T_{,}$, se toucheront ensuite en T', où se trouveront réunis deux points qui sont maintenant l'un en $M_{,}$ sur la roue AB, et l'autre en $M_{,}'$ sur la roue A'B'. Ainsi la distance $M_{,}M_{,}'$ est l'arc de glissement de ces deux dents pendant que les deux roues s'avancent d'un pas.

Les deux distances MM' et $M_{,}M_{,}'$ sont évidemment égales, et par conséquent, si, pendant le parcours d'un pas, la composante normale de l'action mutuelle des deux paires de dents en contact était constante et désignée par N, le travail du frottement dont il s'agit, dans cette période, serait exprimé par $fN \cdot MM'$. Si, ce qui est en effet, cette force est un peu variable, la même expression du travail subsiste, pourvu que N soit une valeur moyenne convenable de la pression normale des dents.

Il nous reste à évaluer approximativement les facteurs MM' et N.

Les arcs circulaires TM et TM' étant égaux et d'ailleurs supposés assez petits comparativement à leurs rayons, les ordonnées ML et $M'L'$ diffèrent très-peu l'une de l'autre, et la distance MM' peut être remplacée par sa projection LL' ou $TL + TL'$; et il en est de même de la distance $M_{,}M_{,}'$. Soient r et r' les rayons des deux circonférences primitives qui se touchent en T, et soit a la longueur du pas,

$$TM = TM' = M_{,}T = M_{,}'T.$$

Ces arcs étant considérés comme se confondant avec leurs cordes, on a approximativement

$$TL = \frac{a^2}{2r} \quad \text{et} \quad TL' = \frac{a^2}{2r'},$$

d'où

$$MM' = M_{,}M_{,}' = \frac{a^2}{2}\left(\frac{1}{r} + \frac{1}{r'}\right) (').$$

(') Cette formule peut se déduire de l'expression de la vitesse moyenne

Par conséquent le travail du frottement des dents pendant le parcours d'un pas est

$$f N \cdot \frac{a^2}{2} \left(\frac{1}{r} + \frac{1}{r'} \right).$$

Cela posé, appliquons au système des deux roues le théorème de l'effet du travail. La roue AB, en outre des réactions N et fN qu'elle reçoit de A'B', est sollicitée par diverses forces dont le travail total, déduction faite du travail résistant dû au frottement des tourillons de cette roue AB sur leurs appuis, est un travail moteur. Soit T ce travail pendant que les deux roues se déplacent d'un nombre k de pas, de sorte que pendant ce temps deux points des circonférences primitives décrivent l'espace ka. Dans ce même temps, la roue A'B', en outre des forces égales et contraires à N et fN exercées sur elle par la roue AB qui la pousse, est soumise à diverses forces, y compris les résistances que subissent ses tourillons. Soit T' la valeur absolue du travail total de ces diverses forces. pendant le parcours de l'espace ka, travail qui est résistant, puisque la roue A'B' est menée par la roue AB. Durant le même temps, le travail des forces N agissant respectivement sur les deux roues est nul, puisque leurs points d'application, dans leur mouvement relatif, se meuvent à chaque instant perpendiculairement à ces forces; et le travail résistant des forces fN a pour valeur, d'après ce que nous venons de voir, $k f N \dfrac{a^2}{2}\left(\dfrac{1}{r} + \dfrac{1}{r'} \right)$. Or, pendant ce temps la somme algébrique des travaux des forces qui agissent sur l'ensemble des deux roues est nulle, puisque leur

de glissement obtenue au numéro 91 de notre *Traité de Cinématique*. Cette expression est $\frac{1}{2} n v \left(\frac{1}{R} + \frac{1}{R'} \right)$; et en la multipliant par t, durée du parcours d'un pas, puis remplaçant R et R' par r et r'; n par a et vt aussi par a, on obtient l'arc de glissement $\dfrac{a^2}{2}\left(\dfrac{1}{r} + \dfrac{1}{r'} \right)$.

mouvement est, sinon uniforme, au moins périodiquement uniforme pour chaque parcours d'un pas. C'est ce qu'exprime
l'équation

$$T - T' - kfN\frac{a^2}{2}\left(\frac{1}{r} + \frac{1}{r'}\right) = 0.$$

Pour éliminer N, nous remarquons que le pas a étant petit,
la pression normale N, passant toujours par le point de contact
T des cercles primitifs, est à peu près tangente à ces cercles,
et que sa valeur est presque la même que si, le pas devenant
encore plus petit, le frottement disparaissait. Or dans ce cas, en
considérant séparément le mouvement uniforme de la roue
$A'B'$ pendant que sa circonférence primitive se déplace de l'arc
ka, on aurait exactement

$$T' = kaN;$$

il en résulte que dans le terme de l'équation précédente où kNa
est affecté du facteur $\dfrac{fa}{2}\left(\dfrac{1}{r} + \dfrac{1}{r'}\right)$ ordinairement très-petit,
on peut sans erreur notable remplacer cette quantité kNa
par T', ce qui donne

$$T = T'\left(1 + \frac{1}{2}fa\left(\frac{1}{r} + \frac{1}{r'}\right)\right). \tag{1}$$

Par cette formule due à M. Poncelet et dont seulement la
démonstration est ici simplifiée par l'hypothèse immédiate d'un
pas assez petit, on voit que le travail résistant dû au frottement
varie, pour des rayons donnés r et r', proportionnellement au
pas a. Il est par conséquent utile de réduire celui-ci autant que
cela est possible, en conservant aux dents l'épaisseur nécessaire pour qu'elles ne se rompent pas sous la pression qu'elles
doivent supporter. L'étude des dimensions convenables des
dents d'engrenage appartient à la science de la résistance des
matériaux.

Si l'engrenage est cylindrique, on transforme la formule en y introduisant les nombres n et n' des dents des deux roues. On a

$$a = \frac{2\pi r}{n} \quad \text{et} \quad a = \frac{2\pi r'}{n'}, \quad \text{d'où} \quad \frac{a}{2r} = \frac{\pi}{n} \quad \text{et} \quad \frac{a}{2r'} = \frac{\pi}{n'}.$$

De là

$$T = T'\left(1 + f\pi\left(\frac{1}{n} + \frac{1}{n'}\right)\right). \qquad [2]$$

Exemple : $f = 0,10$; $n = 20$; $n' = 40$; $f\pi\left(\frac{1}{n} + \frac{1}{n'}\right) = 0,024 = \frac{1}{42}$.

Dans les équations [1] et [2] on peut, au lieu du rapport des travaux T et T' des forces qui agissent sur les deux roues, en dehors du contact des dents, introduire le rapport des moments de ces forces autour des axes respectifs de rotation. Désignons en général par F les diverses forces autres que N et fN qui sollicitent la roue AB, et par F' les forces analogues qui agissent sur la roue $A'B'$. En considérant comme positifs les moments des forces F autour de l'axe de la première roue, lorsque ces forces sont mouvantes, et les moments des forces F' autour de l'axe de la seconde roue lorsqu'elles sont résistantes, si nous prenons les travaux T et T' pour la durée d'une seconde, et si nous désignons par w et w' les vitesses angulaires des deux roues par seconde, nous aurons

$$T = w\Sigma\mathfrak{M}F, \quad T' = w'\Sigma\mathfrak{M}F', \quad \text{et} \quad wr = w'r';$$

par suite les formules [1] et [2] deviennent

$$\Sigma\mathfrak{M}F = \frac{r}{r'}\Sigma\mathfrak{M}F' \cdot \left(1 + \frac{1}{2}fa\left(\frac{1}{r} + \frac{1}{r'}\right)\right). \qquad [1\,bis]$$

$$\Sigma\mathfrak{M}F = \frac{n}{n'}\Sigma\mathfrak{M}F' \cdot \left(1 + f\pi\left(\frac{1}{n} + \frac{1}{n'}\right)\right). \qquad [2\,bis]$$

250. Frottement des engrenages coniques. — Si l'engrenage est conique, il faut, suivant la remarque de M. Poncelet, conserver la formule [1] en prenant pour r et r', non les rayons CT et C'T des circonférences primitives moyennes (fig. 91), mais les distances OT et O'T comptées sur une perpendiculaire à la génératrice de contact AT des deux cônes primitifs, parce que les courbes directrices des dents coniques se touchent, en effet, pendant une courte durée, comme si elles restaient dans le plan OO' perpendiculaire à AT.

251. Remarques sur les formules précédentes. — Ces formules ont été établies en supposant que le contact des deux roues commence à la distance d'un pas avant la ligne des centres, et finit à un pas après cette ligne : c'est l'usage ordinaire. Elles subsisteraient, si le contact n'avait lieu que d'un côté de la ligne des centres, dans l'étendue d'un pas ; mais cette disposition serait mauvaise en pratique, parce qu'elle exposerait à des chocs par suite des moindres irrégularités dans la figure des dents. Si l'on admettait, ce qui est théoriquement possible, que le contact commençât à un demi-pas avant la ligne des centres et finît à un demi-pas après, on réduirait à moitié le travail résistant du frottement ; mais il en résulterait le même inconvénient qui vient d'être indiqué. Il convient donc de s'en tenir à l'usage et aux formules [1] et [2].

D'ailleurs, la théorie précédente n'a pas égard à l'inexactitude de division des roues, ni à la déformation des dents, laquelle est inévitable, parce que, la vitesse de glissement étant proportionnelle à la distance du contact à la ligne des centres, il en résulte que les pointes des dents tendent à s'effiler et leurs flancs à se creuser. De là de petits chocs et des travaux résistants qu'il faudrait ajouter à celui du frottement. Des expériences directes sur cette matière seraient d'un assez grand intérêt.

252. Treuil à engrenage. — Appliquons les notions précédentes à un exemple où se rencontrent à la fois le frottement des tourillons et le frottement d'un engrenage. Nous admettons des données qui simplifient les calculs; mais on suivrait la même marche dans un cas plus compliqué.

Un treuil dont l'axe horizontal est C' (fig. 92), et dont les tourillons égaux ont le rayon ρ', tourne en subissant une résistance principale P, verticale et tangente à une circonférence dont le rayon C'D est désigné par p. Sur l'arbre de ce treuil est montée une roue dentée cylindrique, dont le rayon primitif C'T est égal à r'. Cette roue engrène avec une autre qui la mène, et dont l'axe, parallèle à C' et dans le même plan horizontal, est soit en C, soit en C_1 (ce qui constitue deux dispositions différentes qu'il faudra comparer). Le rayon CT ou C_1T_1 de la roue motrice est r, et sur le même arbre est montée une poulie sur laquelle agit la force mouvante Q ou Q_1, verticale, et dont la distance EC ou E_1C_1 à l'axe de la poulie est désignée par q. Les tourillons de l'arbre commun à la roue motrice et à la poulie ont le rayon ρ. Chacun des deux corps tournants est centré exactement : le poids du premier, qui a son centre de gravité en C', est S'; le poids du second est S. On demande, dans l'hypothèse du mouvement sensiblement uniforme : 1° la relation entre les forces Q et P; 2° les pressions sur les tourillons et sur les dents de l'engrenage, eu égard aux divers frottements.

Traitons d'abord la première disposition, où la roue motrice presse l'autre de bas en haut. Soient R' et R les réactions totales des coussinets des tourillons C' et C. Leurs moments autour des axes C' et C sont respectivement $f_1 R'\rho'$ et $f_1 R\rho$; l'équation [1 *bis*] du numéro 248 devient :

$$Qq - f_1 R\rho = \frac{r}{r'}(Pp + f_1 R'\rho')\left(1 + \frac{fa}{2}\left(\frac{1}{r} + \frac{1}{r'}\right)\right). \quad [1]$$

Pour éliminer les inconnues R et R', remarquons que, le mouvement de chaque roue étant très-approximativement uniforme, il y a équilibre entre les forces R, Q, S, N et fN qui agissent sur la roue motrice tournant autour de C; et si nous considérons en particulier l'instant où le contact a lieu en T sur la ligne des centres, le frottement fN est nul comme la vitesse de glissement. La force R est alors verticale comme les forces P, S et N. En prenant leurs moments autour de l'axe projeté en T, et remarquant que la petite distance de R à l'axe de rotation C est $f_1\varphi$, et peut être négligée auprès de r, on a

$$Rr - Sr - Q(q+r) = 0, \quad \text{d'où} \quad R = S + Q\left(1 + \frac{q}{r}\right). \quad [2]$$

De même l'équilibre des forces R', P, S', N' (égale et opposée à N), qui agissent sur la roue menée, donne

$$R'r' - S'r' - P(r'-p) = 0, \quad \text{d'où} \quad R' = S' + P\left(1 - \frac{p}{r'}\right). \quad [3]$$

L'élimination de R et de R' transforme l'équation [1] en la relation cherchée entre Q et P, savoir :

$$Q\left(q - f_1\varphi\left(1 + \frac{q}{r}\right)\right) = f_1\varphi S$$

$$+ \frac{r}{r'}\left(Pp + f_1\varphi'\left(S' + P\left(1 - \frac{p}{r'}\right)\right)\right)\left(1 + \frac{fa}{2}\left(\frac{1}{r} + \frac{1}{r'}\right)\right). \quad [4]$$

Quant aux actions mutuelles N et N' des dents de l'engrenage, elles sont à la rigueur un peu variables, mais il suffit de les considérer à l'instant où le contact a lieu en T sur la ligne des centres, et l'on a alors, dans l'hypothèse du mouvement uniforme, les équations de moments :

$$Nr + Rf_1\varphi - Qq = 0,$$
$$N'r' - R'f_1\varphi' - Pp = 0,$$

d'où, à cause de $N = N'$ et des expériences précédentes de R

et de R', on conclut, comme valeurs approximatives, soit

$$Nr = Qq - f_1\varrho\left(S + Q\left(1 + \frac{q}{r}\right)\right), \qquad [5]$$

soit

$$Nr' = Pp + f_1\varrho'\left(S' + P\left(1 - \frac{p}{r'}\right)\right). \qquad [6]$$

Dans le cas de la deuxième disposition, où la roue motrice presse l'autre de haut en bas, en désignant par Q_1 la force mouvante, on trouve que les équations précédentes sont modifiées comme il suit :

$$Q_1 q - f_1 R_1 \varrho = \frac{r}{r'}(Pp + f_1 R'_1\varrho')\left(1 + \frac{fa}{2}\left(\frac{1}{r} + \frac{1}{r'}\right)\right). \quad [1\,bis]$$

$$R_1 r - Sr + Q_1(q - r) = 0, \quad \text{d'où} \quad R_1 = S - Q_1\left(\frac{q}{r} - 1\right), [2\,bis]$$

$$R'_1 r' - S'r' - P(r' + p) = 0, \quad \text{d'où} \quad R'_1 = S' + P\left(1 + \frac{p}{r'}\right), [3\,bis]$$

$$Q_1\left(q + f_1\varrho\left(\frac{q}{r} - 1\right)\right) = f_1\varrho S$$

$$+ \frac{r}{r'}\left(Pp + f_1\varrho'\left(S' + P\left(1 + \frac{p}{r'}\right)\right)\right)\left(1 + \frac{fa}{2}\left(\frac{1}{r} + \frac{1}{r'}\right)\right), \quad [4\,bis]$$

$$N_1 r = Q_1 q - f_1\varrho\left(S - Q_1\left(\frac{q}{r} - 1\right)\right), \qquad [5\,bis]$$

$$N_1 r' = Pp + f_1\varrho'\left(S' + P\left(1 + \frac{p}{r'}\right)\right). \qquad [6\,bis]$$

REMARQUES. — Si l'on suppose connus les poids S et S' des deux corps tournants, les rayons r, r', p, q, ϱ et ϱ', le pas a de l'engrenage, les coefficients f et f_1 des frottements, et enfin la résistance P, l'équation [4] ou [4 bis], selon la disposition adoptée, fera connaître la valeur Q ou Q_1 de la force mouvante nécessaire pour entretenir uniforme le mouvement une fois acquis, force dont le travail sera d'ailleurs proportionnel à la vitesse de son point d'application. Les équations [2] et [3], ou [2 *bis*] et [3 *bis*], serviront à calculer les pressions R et R', ou R_1 et R_1', et à vérifier si, eu égard à la résistance des matériaux, les rayons ρ et ρ' des tourillons sont convenablement proportionnés à leurs charges; enfin, l'équation [6] ou [6 *bis*] donnera la valeur de la pression des dents N ou N_1, qui permettra de juger si le pas a et l'épaisseur des dents conviennent à cette pression, et si les arbres tournants et les roues qu'ils supportent ont des dimensions suffisantes.

S'il s'agit d'un projet de machine dans lequel, connaissant la résistance P et les rayons r, r', p et q, le reste est à déterminer par le calcul, on y parviendra par un procédé approximatif qui suffit pour la pratique : on calculera d'abord les valeurs de Q et de N en négligeant le frottement, et posant par conséquent

$$Qq = \frac{r}{r'}\, Pp, \quad \text{et} \quad Nr = Qq ;$$

et l'on augmentera, par aperçu et dans un rapport plutôt trop fort que trop faible, ces valeurs, qui serviront à déterminer, pour un premier essai, le pas a de l'engrenage, les dimensions des arbres et des roues, et, par suite, les poids S et S', puis les pressions R et R', et, par suite, les rayons ρ et ρ'. On appliquera alors l'équation [4] ou [4 *bis*], selon la disposition adoptée, pour calculer Q ou Q_1, et, dans le cas où l'on trouvera sa valeur notablement différente de celle qu'on aura d'abord supposée, on modifiera, en conséquence, les poids S et S', les pressions R et R', les rayons ρ et ρ', la pression N, le pas a, et enfin la valeur pratiquement exacte de Q ou de Q_1.

Si l'on compare les deux dispositions indiquées, on voit que l'arbre C', qui supporte la résistance P, est plus chargé dans la seconde que dans la première, parce que la pression N_1' est descendante, comme S et Q_1, tandis que la pression N' est ascendante; mais c'est le contraire qui a lieu pour les arbres C et C_1 qui supportent la force mouvante Q ou Q_1 : l'arbre C_1 de la seconde disposition est moins chargé que l'arbre C de la première, parce que la pression N_1 est ascendante et la pression N descendante. Tout calcul fait, on trouvera, en général, que la seconde disposition est préférable au point de vue de l'économie de la force mouvante, c'est-à-dire que Q_1 est moindre que Q.

253. Frottement d'un engrenage cylindrique à grand pas. — Nous venons de considérer le frottement d'un engrenage dans le cas ordinaire où le pas est très-petit relativement aux rayons, et la formule obtenue s'applique alors également, soit que le contact des dents commence à la ligne des centres et finisse à la distance d'un pas, soit que l'inverse ait lieu, soit enfin que le contact commence à un pas en avant de la ligne des centres et finisse à la même distance de l'autre côté. Il n'en serait pas de même si les dents devaient se prendre et se quitter à une grande distance de la ligne des centres.

Soient C et C' (fig. 93) les centres de deux roues dont les cercles primitifs, ayant r et r' pour rayons, se touchent en A. Leurs dents se touchent actuellement en M. Supposons d'abord que la roue C mène la roue C'; le contact actuel en M est donc *au delà de la ligne des centres*. Soit la force mouvante Q, équivalente, pour les moments autour de C, à toutes les forces qui sollicitent la roue C en dehors du contact des dents ; soit P la force résistante analogue pour la roue C'. La roue C est en équilibre sous l'action de la force Q, de la pression normale N et du frottement résistant fN au point M. De même la roue C' est en équilibre sous les forces P, N' et fN', ces deux dernières égales et directement opposées à N et à fN. De là, on conclut deux équations de moments, en faisant $AM = p$: pour la roue C,

$$Qr - Nr \sin \beta - fN (r \cos \beta + p) = 0,$$

pour la roue C',

$$Pr' - N'r' \sin \beta - fN'(r'\cos \beta - p) = 0;$$

d'où, à cause de $N = N'$ qu'on élimine :

$$\frac{Q}{P} = \frac{\sin \beta + f\left(\cos \beta + \dfrac{p}{r'}\right)}{\sin \beta + f\left(\cos \beta - \dfrac{p}{r'}\right)} = 1 + \frac{fp\left(\dfrac{1}{r} + \dfrac{1}{r'}\right)}{\sin \beta + f\left(\cos \beta - \dfrac{p}{r'}\right)}. \quad [1]$$

Considérons, en second lieu, le contact des dents avant leur passage par la ligne des centres, et, pour nous servir de la même figure, supposons que, le mouvement ayant lieu en sens inverse des flèches, la force P soit mouvante et la force Q résistante. Les forces fN et fN' changent de sens; les équations précédentes subsistent, sauf le changement de signe de f, et deviennent

$$\frac{P}{Q} = \frac{\sin \beta - f\left(\cos \beta - \dfrac{p}{r'}\right)}{\sin \beta - f\left(\cos \beta + \dfrac{p}{r'}\right)} = 1 + \frac{fp\left(\dfrac{1}{r} + \dfrac{1}{r'}\right)}{\sin \beta - f\left(\cos \beta + \dfrac{p}{r'}\right)}. \quad [2]$$

Dans les cas ordinaires de la pratique, l'angle β diffère peu de 90°, et le coefficient f est assez petit pour que les deux dénominateurs des fractions très-petites qui entrent dans les derniers membres des équations [1] et [2] puissent être approximativement remplacés par 1. Le rapport des forces Q et P, qui est aussi celui de leurs travaux élémentaires à partir de la position indiquée par les valeurs de β et de p (puisque P et Q sont appliquées tangentiellement à des circonférences ayant la même vitesse), varie de 1 à $1 + fa\left(\dfrac{1}{r} + \dfrac{1}{r'}\right)$, le pas a étant sensiblement égal à la plus grande valeur de p. Le rapport moyen des forces mouvante et résistante, ou de leurs travaux, est donc environ $1 + \frac{1}{2} fa \left(\frac{1}{r} + \frac{1}{r'} \right)$, comme on l'a trouvé autrement au numéro 249.

Mais la comparaison des formules [1] et [2] fait voir que l'influence du frottement est réellement plus grande avant qu'après la ligne des centres. On pourrait même déterminer des valeurs de β, de p et de f, qui rendraient négatif le dénominateur de la formule [2]. Le mouvement supposé serait donc impossible ; il y aurait alors ce qu'on appelle un *arc-boutement*, quelque parfaite que fût la forme des dents. Ce fait, analogue à ceux qui ont été mentionnés aux numéros 221, 222 et 221, s'explique en remarquant que l'inégalité $r \sin \beta < f (r \cos \beta + p)$, dans laquelle f est la tangente de l'angle de la réaction totale et de la normale au point de contact, signifierait que cette réaction totale R, reçue par la roue C au point M et dirigée dans l'angle TMA (attendu que, les roues tournant en sens contraire des flèches, fN est aussi en sens opposé de celui qu'indique la figure), passerait au-dessus du centre C, de sorte que les deux forces R et Q tendraient à faire tourner la roue C en sens contraire du mouvement effectif, ce qui est absurde.

254. Encliquetage Dobo. — Cet appareil présente un cas d'arc-boutement qui s'explique comme le précédent. Un arbre, dont l'axe est O (fig. 94), ne peut, à cause d'un frottement ou d'une résistance analogue, tourner autour de cet axe, si ce n'est moyennant des forces Q d'un moment suffisant. Sur cet arbre est calé un disque circulaire ABC, entouré d'un anneau DE, semblable à une bague d'excentrique circulaire. C'est sur cet anneau qu'agissent, au moyen de bras ou chevilles, les deux forces Q qui doivent faire tourner le disque ABC et l'arbre dans le sens de la flèche. De plus, on veut que, lorsque les forces Q changent de sens, l'anneau tourne en sens contraire de la flèche sans entraîner l'arbre, de sorte que celui-ci doit avoir un mouvement intermittent de rotation toujours dans le même sens, tandis que la rotation de l'anneau est alternative. On satisferait à cette condition par une roue à rochet et un levier à cliquet ; mais les oscillations du levier devraient correspondre à un nombre entier de dents du rochet. L'encliquetage Dobo n'est pas soumis à cette restriction.

Dans le creux HHKL compris entre la paroi intérieure d'une partie de l'anneau et la face plane HK du disque, sont établies quatre pièces, dont chacune, telle que abc, pouvant tourner sur le plan HK autour d'une goupille c solidement fixée dans le disque AB, est en contact avec l'intérieur de l'anneau par une surface cylindrique adb, dont le rayon est tant soit peu moindre que celui de l'anneau. Un petit ressort e presse faiblement cette espèce de secteur dans le sens de adb, et la goupille c est située hors de la normale dO, mais de manière que l'angle Odc soit plus petit que l'angle de frottement des matières en contact. Il en résulte que le mouvement de l'anneau dans le sens de la flèche est impossible, sans entraîner celui du disque et de l'arbre ; car le secteur abc, par exemple, pressé par le ressort et par une force R exercée par l'anneau et faisant avec dO l'angle du frottement plus grand que Odc, ne pourrait rester immobile, puisque cette force et le ressort tendraient à le faire tourner dans le même sens autour de la goupille. Au contraire, dans le sens opposé à celui de la flèche, un faible effort suffit pour faire tourner l'anneau autour du disque et de l'arbre restés fixes.

255. L'engrenage hélicoïdal, dit de White, sans glissement. — On sait (*Cinémat.*, art. 103) en quoi consiste ce genre d'engrenage. Ajoutons ici qu'on ne pourrait pas dire, à la rigueur, que cet engrenage ne donne lieu à aucune résistance. Théoriquement, les dents ne s'y touchent à chaque instant qu'en un point, dans le plan des deux axes de rotation ; or cette hypothèse ne se réalise pas, parce que les dents se compriment mutuellement à l'endroit de leur contact, et cette déformation doit être plus grande que dans un engrenage cylindrique où le contact théorique a lieu le long d'une génératrice commune aux deux dents. De là, tout au moins, une résistance au roulement, dont l'importance ne pourrait guère être déterminée que par l'expérience.

256. Frottement de la vis sans fin. — Dans le voisinage de la perpendiculaire commune à l'axe de la vis et à celui de la roue, le glissement mutuel des deux corps est analogue à celui d'une vis et de son écrou. En tout autre point de contact, le frottement participe de celui de la vis contre son écrou et du frottement des engrenages. Or ce dernier, étant très-petit par rapport à l'autre, peut sans erreur notable être négligé : nous ne considérerons donc l'engrenage dont il s'agit qu'à l'instant où le contact a lieu sur la perpendiculaire commune aux deux axes.

Soient r' le rayon primitif de la vis et r celui de la roue ; de sorte que r' et r sont les distances respectives du point de contact aux deux axes. Soit i l'angle de l'hélice de la vis au point de contact avec le plan perpendiculaire à son axe.

Cas où la vis mène la roue. — Supposons que dans ce cas, qui est le plus fréquent, le mouvement soit uniforme. Le corps tournant dont la vis fait partie reçoit, en dehors de son contact avec la roue, diverses forces (comprenant les réactions résistantes des appuis), dont la somme algébrique des moments autour de l'axe peut être représentée par Qr, c'est-à-dire que toutes ces forces, les unes mouvantes, les autres résistantes, équivalent, quant à leurs moments et quant à leurs travaux, à une force mouvante unique Q tangente au cylindre primitif de la vis et perpendiculaire à une génératrice. De même toutes les forces qui agissent sur la roue, hors de son contact avec la vis, équivalent, quant à leurs moments autour de l'axe de la roue, à une force résistante unique P tangente à la circonférence primitive et ayant par conséquent Pr' pour moment. Cela posé, si nous désignons par N' et fN' (fig. 95) les composantes, normale et tangentielle, de la pression de la roue sur la vis, et par N et fN les composantes égales et contraires de la pression de la vis sur la roue, l'équation des moments des forces subies par la vis autour de son axe est

$$Qr' - N'\sin i \cdot r' - fN'\cos i \cdot r' = 0,$$

et celle des moments des forces subies par la roue autour de son axe est

$$Pr - N\cos i \cdot r + fN\sin i \cdot r = 0;$$

donc, à cause de $N' = N$,

$$Q - N\sin i - fN\cos i = 0,$$
$$P - N\cos i + fN\sin i = 0,$$

d'où

$$\frac{Q}{P} = \frac{\tan g\, i + f}{1 - f\tan g\, i},$$

équations analogues à celles de l'équilibre de la vis et de son écrou. La dernière montre que le rapport de Q à P diminue en même temps que l'angle i et que, toujours supérieur à f, il en diffère très-peu quand l'angle i est très-petit.

Pour comparer le travail moteur de Q au travail résistant de P, désignons par v' la vitesse d'un point de l'hélice dont le rayon est r', et par v la vitesse d'un point de la circonférence primitive de la roue, nous aurons, en ne considérant que les valeurs absolues des travaux,

$$\frac{\varepsilon Q}{\varepsilon P} = \frac{Qv'}{Pv}.$$

D'ailleurs un point de la circonférence de la roue parcourt un pas h de la vis pendant qu'un point de l'hélice parcourt une circonférence $2\pi r'$, et le rapport de ces deux longueurs est égal à tang i; donc

$$\frac{v}{v'} = \frac{h}{2\pi r'} = \text{tang } i\,.$$

Par conséquent

$$\frac{\mathcal{E}Q}{\mathcal{E}P} = \frac{Q}{P}\,\frac{1}{\text{tang } i} = \frac{\text{tang } i + f}{1 - f\,\text{tang } i}\cdot\frac{1}{\text{tang } i}\,,$$

rapport qui, et cela doit être, se réduit à 1 quand on suppose le frottement nul.

Exemples (dont le premier est conforme à l'article 111 de notre *Traité de Cinématique*) :

Nombre de dents de la roue. . .	$n = 50$		$n = 25$
Nombre de filets distincts de la vis.	$n' = 3$		$n' = 5$
Rayon primitif de la roue.	$r = 0^{\mathrm{m}},10$		$r = 0^{\mathrm{m}},041$
Rayon primitif de la vis.	$r' = 0^{\mathrm{m}},02$		$r' = 0^{\mathrm{m}},014$
Coefficient du frottement.	$f = 0^{\mathrm{m}},1$		

DONNÉES

Rapport des vitesses angulaires. $\dfrac{w}{w'} = \dfrac{3}{50}$		$\dfrac{w}{w'} = \dfrac{1}{5}$
Pas de la roue dentée. . $p = \dfrac{2\pi r}{n} = 0^{\mathrm{m}},01257$		$p = 0^{\mathrm{m}}0103,$
Pas de chaque hélice de la vis. . . . . $h = n'p = 0^{\mathrm{m}},0377$		$h = 0^{\mathrm{m}},0515$
Pente de l'hélice, tang $i = \dfrac{h}{2\pi r'} = \dfrac{n'r}{nr'} = 0,300$		tang $i = 0,586$

CONSÉQUENCES

1er exemple :

$$\frac{Q}{P} = \frac{0,3 + 0,1}{1 - 0,03} = 0,41\,; \qquad \frac{\mathcal{E}Q}{\mathcal{E}P} = \frac{0,41}{0,30} = 1,37\,.$$

2e exemple :

$$\frac{Q}{P} = \frac{0,586 + 0,1}{1 - 0,0586} = 0,73\,; \qquad \frac{\mathcal{E}Q}{\mathcal{E}P} = \frac{0,73}{0,586} = 1,25\,.$$

Cas où la roue mène la vis. — La force P étant mouvante et la force Q résistante, il faut dans les équations précédentes changer le signe de f et écrire

$$\frac{P}{Q}=\frac{1+f\tang i}{\tang i-f} \quad \text{et} \quad \frac{\mathcal{C}P}{\mathcal{C}Q}=\frac{1+f\tang i}{\tang i-f}\cdot\tang i.$$

Exemples. Mêmes données qu'au cas précédent.

1er exemple :

$$\frac{P}{Q}=\frac{1+0,03}{0,3-0,1}=5,15; \quad \frac{\mathcal{C}P}{\mathcal{C}Q}=5,15\cdot0,3=1,545.$$

2e exemple :

$$\frac{P}{Q}=\frac{1,0586}{0,486}=2,18; \quad \frac{\mathcal{C}P}{\mathcal{C}Q}=2,18\cdot0,586=1,28.$$

Remarques. — I. Lorsque le pas de la roue est petit relativement à son rayon, et qu'elle a peu d'épaisseur, on peut la considérer comme un tronc de vis dont les nombreuses hélices primitives font, avec le plan perpendiculaire à l'axe, un angle, complément de l'angle i; de sorte l'engrenage dit *de la vis sans fin* se réduit à l'engrenage de deux vis. C'est pourquoi, quand la seconde vis est mouvante, la formule

$$\frac{P}{Q}=\frac{1+f\tang i}{\tang i-f},$$

étant mise sous la forme

$$\frac{P}{Q}=\frac{\dfrac{1}{\tang i}+f}{1-\dfrac{f}{\tang i}},$$

est tout à fait pareille à la formule applicable au cas où la première vis mène la seconde, savoir :

$$\frac{P}{Q} = \frac{\operatorname{tang} i + f}{1 - f \operatorname{tang} i},$$

si ce n'est que l'angle i est remplacé par son complément.

II. Le rapport de P à Q devant toujours être positif, le premier cas exige, pour être réalisable, la condition

$$f \operatorname{tang} i < 1 \quad \text{ou} \quad \cos i > f,$$

De même le second cas exige qu'on ait :

$$\operatorname{tang} i > f;$$

c'est-à-dire que dans l'un et l'autre cas l'angle de l'hélice de la vis menante avec son axe doit être plus grand que l'angle du frottement.

Si l'on veut que l'engrenage soit réciproque, c'est-à-dire que la vis puisse mener la roue, et réciproquement la roue mener la vis, il faut qu'on ait tout à la fois

$$\operatorname{tang} i < \frac{1}{f} \quad \text{et} \quad \operatorname{tang} i > f.$$

Parmi les diverses valeurs qui satisferaient à cette double condition, on peut faire tang $i = 1$, et, dans ce cas particulier, le rapport du travail moteur au travail résistant, quel que soit le corps tournant qui mène l'autre, est toujours

$$\frac{1 + f}{1 - f};$$

les deux vitesses v et v' sont alors égales, et le rapport des forces P et Q est égal à celui de leurs travaux. Si, en même temps que tang $i = 1$, on suppose, par exemple, $f = 0,1$, le rapport des forces et de leurs travaux est $\dfrac{1,1}{0,9} = 1,222$.

III. Connaissant le coefficient f, on peut se proposer, dans chacun des deux cas, de trouver la valeur de tang i qui répond au minimum du rapport du travail moteur au travail résistant. C'est ce qu'on trouve aisément par la différentiation en prenant tang i pour variable.

Dans le premier cas, le minimum du rapport $\dfrac{\varepsilon Q}{\varepsilon P}$ répond à

tang $i = -f + \sqrt{f^2 + 1}$, quantité très-peu différente de $1 - f$, à laquelle correspond $\dfrac{\varepsilon Q}{\varepsilon P} = \dfrac{1}{(1-f)(1-f+f^2)}$; très-peu différent de $(1+f)(1+f+f^2)$, ce qui, dans l'hypothèse où $f = 0,1$, donne $1,221$ à très-peu près.

Dans le second cas, le minimum du rapport $\dfrac{\varepsilon P}{\varepsilon Q}$ répond à

tang $i = f + \sqrt{f^2 + 1}$, qui diffère par $1 + f$, d'où l'on conclut $\dfrac{\varepsilon P}{\varepsilon Q} = (1+f)(1+f+f^2)$, comme dans le premier cas.

IV. Les formules précédentes ont été établies en ne considérant que le glissement suivant l'hélice primitive dans le voisinage de la perpendiculaire commune aux axes de la vis et de la roue. On tiendrait compte avec une approximation suffisante du frottement qui a lieu dans les autres situations, en ajoutant au rapport du travail moteur au travail résistant principal le terme qui se joindrait à l'unité, suivant la formule [1] du numéro 249, s'il s'agissait de l'engrenage de la roue avec une crémaillère. Ainsi, en faisant $\dfrac{1}{r'} = 0$ dans cette formule, ou $\dfrac{1}{n'} = 0$ dans la formule [2] du même article, on aurait dans le cas de la vis menante $\dfrac{\varepsilon Q}{\varepsilon P} = \dfrac{\text{tang } i + f}{\text{tang } i \, (1 - f \text{ tang } i)} = \dfrac{f\pi}{n}$.

Cette augmentation serait dans le premier exemple $0,006$, et dans le second $0,012$, ce qui donnerait au rapport des travaux des forces Q et P les valeurs $1,376$ et $1,262$.

On voit qu'on peut, sans erreur notable, négliger cette modification des formules établies d'abord.

V. Il résulte de ce qui précède que, dans l'engrenage de la vis sans fin, le travail proportionnel du frottement est bien plus grand que dans les engrenages à axes parallèles ou concourants ; aussi ne s'en sert-on généralement que pour transmettre de faibles quantités de travail, ou bien lorsque, dans une opération accidentelle, il importe peu de perdre du travail, pourvu qu'à l'aide d'une petite force on exerce un grand effort sur un corps qui se meut très-lentement.

257. Frottement de l'engrenage hyperboloïde. — Nous avons exposé dans notre *Traité de Cinématique* (de 114 à 123) la théorie de ce mécanisme, au point de vue géométrique, et abstraction faite des forces. Nous ne nous occuperons ici que du cas le moins compliqué, où les axes de rotation sont rectangulaires entre eux comme dans la vis sans fin.

Soient p la distance de ces axes, et $\dfrac{w}{w'}$ le rapport des vitesses angulaires. Supposons que l'axe A B (fig. 96) autour duquel la vitesse est w soit vertical, et par conséquent l'autre axe A′B′ horizontal. Dans cette figure, A A′ égale à p est la perpendiculaire commune aux deux axes ; les longueurs AB et A′B′ sont proportionnelles à w et w'.

On sait que les hyperboloïdes primitifs, dont les génératrices sont à la naissance des surfaces saillantes et rentrantes des dents, se touchent suivant une génératrice commune dont les projections sont TM′ et AM, le point T sur A A′ étant déterminé par la relation (*Cin.*; 121)

$$\frac{\text{AT}}{\text{A}'\text{T}} = \frac{a}{a'} = \frac{w'^2}{w^2}$$

et la droite A M ayant la direction de la diagonale du rectangle ABMC, dont les côtés sont proportionnels aux vitesses angulaires w et w'.

On sait encore que la vitesse de glissement des deux surfaces le long de cette génératrice (TM', AM) est exprimée par la formule (*Cin.*, 121)

$$V_g = \frac{pww'}{\sqrt{w^2 + w'^2}} .$$

Supposons maintenant que le point projeté en M et M' soit le milieu de l'arête commune des dents actuellement en contact. Soient $AB = h$, distance du plan moyen de la roue horizontale à l'axe horizontal, et $A'B' = h'$, distance du plan moyen de la roue verticale à l'axe vertical. Soit $AM = r$, rayon moyen de la roue horizontale. Soit enfin $AM = z$, distance du point de contact (M', M) au point T sur la perpendiculaire AA' commune aux deux axes.

Considérons les forces qui sollicitent la roue horizontale, en dehors du contact (M' M), comme équivalentes, quant à leurs moments autour de AB, à une force résistante unique, P, tangente à la circonférence dont le rayon est r. Son moment est Pr et son travail par unité de temps, Prw. Dans le même temps la même roue menée reçoit de l'autre une pression qui se décompose en une force normale N aux surfaces des dents en contact, et une force tangentielle fN dirigée sur l'arête de glissement (TM', AM). Le travail de N est nul ; celui de fN par seconde est égal à cette force fN multipliée par la vitesse de glissement V_g.

On a donc

$$\frac{\mathcal{C}fN}{\mathcal{C}P} = \frac{fN V_g}{Pw} = f \frac{N}{P} \cdot \frac{pw'}{\sqrt{w^2 + w'^2}} = f \frac{N}{P} \frac{h'p}{z} ,$$

à cause de

$$\frac{h'}{h} = \frac{w'}{w} \quad \text{et} \quad \sqrt{h'^2 + h^2} = z .$$

Il nous reste à trouver le rapport $\dfrac{N}{P}$ en fonction des données, et pour cela il faut écrire que, le mouvement de la roue horizontale étant uniforme, il y a équilibre entre les forces PN et fN. Nous venons de dire que le moment de P est Pr. La force fN, dont la projection horizontale est $fN\dfrac{h'}{z}$, a pour moment $fN\dfrac{h'a}{z}$. La force N, normale aux deux dents en contact, est située dans le plan tangent en (M, M') à l'hyperboloïde dont l'axe est AB, et, dans ce plan, elle est perpendiculaire à la génératrice (TM', AM). Ce même plan tangent, contenant la tangente horizontale en (M, M') à la circonférence dont le rayon est r, a sa trace horizontale suivant la droite Tt menée par T perpendiculairement à AM'. Cela étant, rabattons horizontalement le plan dont il s'agit autour de sa trace : le point (M', M) vient en m sur le prolongement de AM', la distance Tm restant égale à AM ou z, et la force N se trouve perpendiculaire à Tm, faisant avec l'horizontale perpendiculaire à mA l'angle γ égal à l'angle AmT. La force N dans l'espace peut donc se décomposer en une force horizontale $N\cos\gamma$ dont le moment est $N\cos\gamma.r$ et une force dont le moment est nul, puisqu'elle est dans un même plan avec l'axe AB.

Concluons que l'équation des moments des forces en équilibre autour de cet axe est

$$Pr - fN\frac{h'a}{z} - N\cos\gamma \cdot r = 0.$$

Or l'angle γ est lié très-simplement aux longueurs qui entrent dans cette équation, car les triangles ATm et ATM donnent :

$$\frac{\sin\gamma}{\sin TAm} = \frac{a}{z} \quad \text{et} \quad \sin TAm = \frac{h}{r}, \quad \text{d'où} \quad \sin\gamma = \frac{ah'}{zr},$$

et l'équation d'équilibre se réduit à

$$P - N(\cos\gamma + f\sin\gamma) = 0.$$

D'après ces deux dernières relations, le rapport précédemment considéré devient

$$\frac{\delta f N}{\delta P} = \frac{fp}{a}\,\frac{\tan\gamma}{1 + f\tan\gamma},$$

formule à laquelle il faut joindre la détermination de a et de l'angle γ en fonctions des données que nous supposons être p, h et h' (ces deux dernières distances proportionnelles aux vitesses angulaires).

On a, pour cela,

$$a = p\frac{h'^2}{h^2+h'^2},\quad z=\sqrt{h^2+h'^2},\quad r=\sqrt{h'^2+a^2},$$

à substituer dans la formule

$$\sin\gamma = \frac{ah'}{zr},$$

d'où l'on pourra conclure $\tan\gamma$.

L'angle γ est généralement assez petit pour qu'on puisse, sans erreur notable, remplacer $\tan\gamma$ par $\sin\gamma$, et négliger $f\tan\gamma$ auprès de 1. La formule précédente devient donc approximativement

$$\frac{\delta f N}{\delta P}=\frac{fph'}{\sqrt{h^2+h'^2}\,\sqrt{h'^2+a^2}}=\frac{f}{\sqrt{\left(1+\left(\dfrac{h}{h'}\right)^2\right)\left(\left(\dfrac{h'}{p}\right)^2+\left(\dfrac{a}{p}\right)^2\right)}}$$

$$=\frac{f}{\sqrt{\left(1+\left(\dfrac{h}{h'}\right)^2\right)\left(\left(\dfrac{h'}{p}\right)^2+\left(\left(\dfrac{1}{1+\left(\dfrac{h}{h'}\right)^2}\right)\right)^2\right)}},$$

quantité qui reste invariable si l'on fait varier proportionnellement p, h et h', et par conséquent a, mais qui décroît à mesure qu'on fait croître h et h' en conservant les mêmes valeurs à p, à $\dfrac{h}{h'}$, et par conséquent à a. Dans les exemples suivants, les données p, h et h' sont rapportées à une unité quelconque.

EXEMPLES. I. $p=1$, $h=3$, $h'=2$, $f=0,10$; $\dfrac{\mathfrak{E}fN}{\mathfrak{E}P}=0,027$

II. $p=1$, $h=1,5$; $h'=1$, $f=0,10$; $\dfrac{\mathfrak{E}fN}{\mathfrak{E}P}=0,053$

III. $p=\dfrac{11}{3}$, $h=5$, $h'=1$, $f=0,10$; $\dfrac{\mathfrak{E}fN}{\mathfrak{E}P}=0,071$

REMARQUES. I. Les nombres de dents n et n' des deux roues, réciproques à leurs vitesses angulaires, sont proportionnels aux distances h' et h. Mais ces nombres de dents ne sont pas exactement proportionnels aux rayons primitifs r et r'. On a, d'après ce qui précède,

$$r=\sqrt{h'^2+a^2}=h'\sqrt{1+\frac{p^2h'^2}{(h^2+h'^2)^2}},$$

et

$$r'=h\sqrt{1+\frac{p^2h^2}{(h^2+h'^2)^2}},$$

ce qui donnerait, dans le premier exemple, $r=2,023$ et $r'=3,079$.

II. On voit combien l'engrenage hyperboloïde est préférable à la vis sans fin, quant à l'économie du travail des forces, puisque, en conservant la même distance p des deux axes et le même rapport $\dfrac{w}{w'}$ ou $\dfrac{h}{h'}$ des vitesses angulaires, on peut, en augmentant convenablement la grandeur des roues, réduire autant qu'on veut le rapport du travail du frottement des dents au travail des autres résistances, tandis que dans la vis sans fin ce rapport ne peut descendre au-dessous de $2f+2f'+f^3$.

ROIDEUR DE CORDES ET FROTTEMENT D'ESSIEUX DANS LES POULIES
(de 130 à 132).

258. Équilibre d'une poulie simple (fig. 97). — Soient :

P et Q les deux forces, l'une résistante, l'autre mouvante, agissant suivant les parties droites de la corde qui embrasse la poulie ;

r le rayon de la gorge de la poulie, augmenté de celui de la corde ;

r' la distance de la résistance P à l'axe de figure de la poulie ;

ρ le rayon de l'essieu, si celui-ci est fixé à la poulie, ou le rayon de l'œil de la poulie, si l'essieu tient à la chape ;

R la résistance oblique totale que la poulie reçoit de ses appuis.

En négligeant le poids de la poulie, on a les deux équations d'équilibre

$$R^2 = P^2 + Q^2 + 2PQ \cos (P, Q),$$
$$Qr - Pr' - f_1 R\rho = 0,$$

d'où, en y joignant la formule du numéro 132,

$$Pr' = Pr + \frac{1}{2}(A + BP),$$

on conclut

$$Q = P + \frac{1}{2r}(A + BP) + f_1 \frac{\rho}{r} \sqrt{P^2 + Q^2 + 2PQ \cos (P, Q)}.$$

Dans le cas particulier où les forces P et Q sont parallèles, cette formule devient

$$Q = \frac{1}{r - f_1 \rho}\left(\frac{A}{2} + \left(r + \frac{B}{2} + f_1 \rho\right) P\right),$$

équation qui est de la forme $Q = \alpha + \beta P$, dont nous allons faire usage. Les quantités α et β augmentent en même temps que la grosseur de la corde, le rayon ρ de l'essieu et le coefficient du frottement, et à mesure que le rayon r de la poulie diminue.

259. Équilibre d'un palan (fig. 98). — Nous négligeons le poids de la corde, celui des poulies et le frottement latéral de celles-ci ; nous supposons les poulies égales, et les cordons (parties droites de la corde) sensiblement parallèles. Soient :

T_1, T_2, T_3,.... T_n les tensions des n cordons allant d'une moufle à l'autre, et non compris le cordon sur lequel agit la force mouvante Q ;

r le rayon de chaque poulie, augmenté de celui de la corde ;

ρ les rayons des trous centraux des poulies.

α et β étant des fonctions déterminées comme à la fin du numéro précédent des quantités connues r, ρ, A, B et f, on a

$$T_2 = \alpha + \beta T_1 \qquad\qquad = \alpha\frac{\beta-1}{\beta-1} + \beta T_1$$

$$T_3 = \alpha + \beta T_2 = \alpha(1+\beta) + \beta^2 T_1 \qquad = \alpha\frac{\beta^2-1}{\beta-1} + \beta^2 T_1$$

$$T_4 = \alpha + \beta T_3 = \alpha(1+\beta+\beta^2) + \beta^3 T_1 = \alpha\frac{\beta^3-1}{\beta-1} + \beta^3 T_1$$

$$\cdots\cdots\cdots\cdots\cdots\cdots\cdots\cdots$$

$$T_n = \qquad\qquad\qquad\qquad \alpha\frac{\beta^{n-1}-1}{\beta-1} + \beta^{n-1} T_1$$

$$Q = \qquad\qquad\qquad\qquad \alpha\frac{\beta^n-1}{\beta-1} + \beta^n T_1.$$

De plus, en appelant P la charge appliquée à la moufle mobile,

$$P = T_1 + T_2 + T_3 + \dots + T_n.$$

En plaçant en tête de ces équations l'égalité

$$T_1 = \alpha \frac{1-1}{\beta-1} + 1\,T_1,$$

et ajoutant les n tensions depuis T_1 jusqu'à T_n, on obtient

$$P = \frac{\alpha}{\beta-1}\left(\frac{\beta^n-1}{\beta-1} - n\right) + \frac{\beta^n-1}{\beta-1}\,T_1.$$

Éliminant T_1 entre cette équation et celle qui donne l'expression de Q, on trouve

$$Q = \alpha\left(\frac{n\beta^n}{\beta^n-1} - \frac{1}{\beta-1}\right) + \frac{(\beta-1)\beta^n}{\beta^n-1}\,P.$$

Si l'on faisait abstraction du frottement et de la roideur, toutes les tensions seraient égales, et l'on aurait

$$Q = \frac{P}{n}.$$

FROTTEMENT DES CORDES OU COURROIES SUR DES CYLINDRES
(133 et 134).

260. Descente d'un tonneau sur une échelle inclinée ou sur un escalier (fig. 99). — Une corde ABCDEF fixée en l'une de ses extrémités A embrasse la moitié BCD du tonneau, vient ensuite s'enrouler par deux ou trois tours sur un cylindre fixe E, et est enfin tenue en F par la main d'un ouvrier, qui à volonté laisse descendre lentement le tonneau en lâchant un peu la corde, ou arrête son mouvement par une tension modérée. Dans l'état d'équilibre, si l'enroulement de la corde est de 3 tours, la tension est de 11 à 12 fois plus petite entre E et F qu'entre D et E (134).

261. Ralentissement d'un bateau en mouvement. — Une corde étant attachée en l'une de ses extrémités à un anneau ou à un poteau d'amarrage fixé à terre, un marinier l'enroule rapidement, pendant qu'elle est encore lâche, autour d'un autre poteau fixé sur un bateau en mouvement. Cette opération faite, le marinier tient la corde entre ses mains, au delà de l'enroulement, et la laisse glisser avec une vitesse qui décroît comme celle du bateau. Soient :

P le poids du bateau, y compris son chargement,

v la vitesse qu'il s'agit d'amortir,

T la tension de la corde entre les deux poteaux,

T_1 sa tension au delà de l'enroulement, égale à l'effort constant exercé par le marinier,

l l'espace parcouru par le bateau depuis l'instant où sa vitesse est v jusqu'à celui où elle est nulle.

L'équation de l'effet du travail, abstraction faite de la faible résistance de l'eau au mouvement du bateau qui y flotte, est

$$P\,\frac{v^2}{2g} = Tl,$$

et la condition du glissement presque uniforme de la corde sur le second poteau est (133)

$$T = T_1 e^{f\beta}.$$

On en conclut

$$0,051\,Pv^2 = T_1 l e^{f\beta}.$$

Exemple : $P = 300\,000^{kg}$; $v = 0^m,50$, $f = 0,13$, $\beta = 6\pi$, $e^{f\beta} = 11,55$ (n° 134),

$$T_1 l = 331.$$

Si, pour compléter l'exemple on suppose $T_1 = 25^{kg}$, et par conséquent $T = 289^{kg}$, on obtient $l = 13^m,24$.

Le mouvement du bateau étant uniformément retardé et se terminant par une vitesse nulle, pour obtenir la durée du parcours de la distance l il suffit de diviser cette longueur par la vitesse moyenne qui est la moitié de la vitesse initiale v ; cette durée est donc, dans l'exemple, de 53 secondes.

Remarque. La force T est limitée par la plus forte tension que puisse supporter avec sécurité la corde employée. Cette limite est d'environ 3 kilogrammes par millimètre quarré de la section de la corde.

262. Double treuil à gorges. — Cet appareil, décrit au numéro 182 de notre *Traité de Cinématique*, offre un ingénieux et utile emploi de la résistance au glissement des cordes. Les diverses portions de la corde allant d'un cylindre à l'autre ont des tensions différentes faciles à calculer, ainsi que les frottements qu'elles produisent sur les tourillons des arbres tournants.

263. Frein à lame métallique embrassant une poulie (fig. 100). — Un corps cylindrique, tel que celui d'un treuil, est animé d'une rotation rapide autour de l'axe A, par suite de la descente d'un corps pesant lié au treuil par une corde. Ce second corps étant arrivé au bas de sa chute, on peut arrêter le mouvement du treuil qui tourne inutilement. Pour cela, sur l'arbre du treuil est montée une poulie, dont une partie BGD est embrassée par une lame flexible dont les extrémités sont attachées d'une part au point fixe O, et de l'autre au bout E d'un levier EOF. Un ouvrier exerce en F une force Q qui fait que la lame se tend et produit sur la poulie un certain frottement. On demande, moyennant les données nécessaires, combien de temps il faudra pour réduire le cylindre au repos, soit qu'il tourne dans le sens BCD, soit qu'il tourne dans le sens opposé. Soient :

OF $= b$ le bras de levier de la force S,

OG $= c$ la distance du point fixe O au prolongement de la tangente en D,

v la vitesse variable de la circonférence de la poulie,

V sa valeur initiale connue,

R le rayon de la poulie,

$\dfrac{PR^2}{g}$ le moment d'inertie du corps tournant (y compris la poulie et les roues qui peuvent y être fixées), autour de l'axe A qui contient son centre de gravité,

t_1 et t_2 le temps demandé dans les deux hypothèses,

T_1 la tension inconnue de la lame en D,

T la tension inconnue en B.

L'équilibre du levier FOE donne la relation

$$Qb = T_1 c. \tag{1}$$

La lame étant en repos pendant le glissement de la poulie, dont le frottement est indépendant de l'intensité de la vitesse, les tensions T et T_1 ont la même relation que si cette lame glissait uniformément sur la poulie devenue fixe, en sens contraire de la rotation effective. Donc, si celle-ci est dans le sens BcD, on a

$$T = e^{f\beta} T_1. \tag{2}$$

La poulie a un mouvement varié dont la formule générale (68) est $\dfrac{dw}{dt} = \dfrac{\Sigma \mathfrak{M} P}{\Sigma m r^2}$; dans la question actuelle l'accélération angulaire est $\dfrac{dv}{R dt}$, et comme on fait abstraction du frottement de l'essieu du treuil, les seules forces à considérer comme agissant sur la poulie sont celles qu'exerce la lame en équilibre et qui ont par rapport à l'axe A la même somme de moments que les tensions T et T_1. La formule citée devient donc

$$\frac{dv}{R dt} = -\frac{g (T - T_1) R}{P R^2} \quad \text{ou} \quad dt = -\frac{P dv}{g (T - T_1)},$$

d'où, en intégrant de 0 à t_1 pour t, et par conséquent de V à 0 pour v, on conclut

$$t_1 = \frac{P V}{g (T - T_1)}. \tag{3}$$

De ces trois équations contenant l'inconnue principale t_1 et les deux inconnues auxiliaires T et T_1, on tire

$$t_1 = \frac{PVc}{gQb\,(e^{f\beta} - 1)}. \qquad [4]$$

Dans la seconde hypothèse, la rotation ayant lieu dans le sens DCB, l'équation [1] subsiste, l'équation [2] est remplacée par $T_1 = e^{f\beta}\,T$, et l'équation [3] par $t_2 = \dfrac{PV}{g\,(T - T_1)}$; on en tire

$$t_2 = \frac{PVc\,e^{f\beta}}{gQb\,(e^{f\beta} - 1)}. \qquad [4\ bis]$$

REMARQUES. I. Le temps t_2 est plus grand que t_1 dans le rapport de $e^{f\beta}$ à 1. Il est donc avantageux que la plus forte des deux tensions T et T_1 ait sa direction passant par le point fixe O; et cette tension devra être calculée afin qu'on puisse s'assurer que la lame a une section transversale suffisante pour y résister.

II. Le point fixe de la lame peut être ailleurs que sur l'axe de rotation du levier FE.

Application numérique. Données : $P = 2000^{kg}$; $b = 0^m,80$; $c = 0^m,08$; $V = 10^m$; $f = 0,20$ (fer sur fonte sans enduit); $\beta = \dfrac{3\pi}{2}$, (3/4 de circonférence); $Q = 15^{kg}$.

On en conclut $e^{f\beta} = 2,56$, et dans le premier cas $T_1 = 150^{kg}$; $T = 384^{kg}$; $t_1 = 8^s,7$. Dans le second cas $T_1 = 150^{kg}$; $T = 58,6$; $t_2 = 22^s,3$.

264. Transmission de mouvement au moyen d'une corde ou courroie sans fin. — Deux arbres qui tournent autour des axes A et A' (fig. 101) portent des poulies sur lesquelles s'enroule une corde ou courroie sans fin convenablement tendue. Les forces Q et P étant appliquées respectivement à deux poulies ou roues montées sur les mêmes arbres, et les poids des deux systèmes tournants, dont les centres de gravité sont dans les axes A et A', étant désignés par S et S', on demande les conditions d'équilibre à l'instant où le mouvement est uniforme ou sur le point de naître dans le sens de la force mouvante Q, eu égard au frottement des tourillons, mais abstraction faite de la roideur de la courroie, laquelle est ordinairement peu sensible. Pour plus de simplicité des calculs, on suppose les forces Q et P verticales et la courroie sensiblement horizontale entre les deux poulies.

En nommant r et r' les rayons des deux poulies, ρ et ρ' les rayons des tourillons, q et p les bras de levier des forces Q et P, et en désignant par Q_1 et P_1 les tensions inconnues des deux parties rectilignes de la courroie, d'où il résulte qu'aux points de contact de cette courroie et de sa poulie A, une force Q_1 est résistante et une force P_1 mouvante, tandis que tangentiellement à la poulie A' une force égale Q_1 est mouvante et une force P_1 résistante, on a, pour le corps A :

$$Qq - (Q_1 - P_1)\, r - f_1\rho \sqrt{(Q+S)^2 + (Q_1 + P_1)^2} = 0, \quad [1]$$

pour le corps A' :

$$(Q_1 - P_1)\, r' - Pp - f_1\rho' \sqrt{(P+S')^2 + (Q_1 + P_1)^2} = 0. \quad [2]$$

Pour que la courroie ne glisse sur aucune des deux poulies, il faut (133) que le rapport $\dfrac{Q_1}{P_1}$ soit plus petit que la valeur calculée pour le cas où le glissement est sur le point de naître. Ainsi on doit avoir en même temps

$$\frac{Q_1}{P_1} < e^{f\beta} \quad \text{et} \quad \frac{Q_1}{P_1} < e^{f\beta'},$$

β et β' étant les rapports $\dfrac{BCD}{r}$ et $\dfrac{B'C'D'}{r'}$ des arcs embrassés sur les poulies à leurs rayons.

Dans l'hypothèse de l'énoncé, on a très-approximativement $\beta = \beta' = \pi$; mais le coefficient f peut n'être pas le même pour les deux poulies.

· Soit i le plus petit des seconds membres des inégalités précédentes; il faut satisfaire à l'inégalité $\dfrac{Q_1}{P_1} < i$ qu'on peut remplacer par l'équation

$$\frac{Q_1}{P_1} = k, \qquad\qquad [3]$$

le rapport $\dfrac{k}{i}$ étant moindre que l'unité, et d'autant plus petit que l'appareil sera plus exposé à des secousses. Si cette circonstance n'existe pas, il suffira de faire $k = 0,9\, i$ environ.

Les équations [1], [2] et [3] fournissent la solution du problème dont l'inconnue principale est Q, et dont les inconnues auxiliaires sont Q_1 et P_1.

Les deux premières équations suffiraient si la somme $Q_1 + P_1$ des tensions était donnée à *priori*. Cette somme ne varie pas notablement quand la machine passe du repos au mouvement, parce que, pendant qu'une partie de la courroie s'allonge, une autre partie, d'abord égale, se raccourcit d'autant.

REMARQUES. I. La théorie précédente n'est pas complétement exacte, puisqu'elle ne tient compte ni de la roideur de la courroie, ni de son élasticité longitudinale produisant une inégalité de vitesse des circonférences des deux poulies (*Cin.*, 157). Mais les conséquences de ces inexactitudes quant au rapport des forces Q et P peuvent, sans erreur notable, être négligées, eu égard aux incertitudes qui existent toujours dans l'évaluation du frottement des tourillons.

II. En général, on doit éviter de tendre la courroie beaucoup plus qu'il n'est nécessaire, parce que la résultante des deux tensions produit une pression sur chacun des deux arbres et donne, par conséquent, lieu à un accroissement de frottement.

III. Indépendamment des variations de tensions qui sont dues à celles des forces principales, la courroie en subit d'autres encore, qui dépendent de l'état hygrométrique de l'atmosphère. Pour y remédier, on emploie une poulie dite *poulie de tension* ou *tendeur*, qui, par une manœuvre très-simple du surveillant de la machine, presse plus ou moins la courroie.

IV. Une courroie sans fin étant en mouvement, si la résistance P vient à augmenter, la différence des tensions Q_1 et P_1 augmente, quoique leur somme reste constante, et il peut arriver que la condition $\dfrac{Q_1}{P_1} < i$ ne soit plus satisfaite. Dans ce cas, la courroie glisse sur l'une au moins des deux poulies, et le rapport de leurs vitesses angulaires est altéré. Cette circonstance n'est pas toujours désavantageuse; elle peut être utile lorsque, par exemple, la poulie menée A' est liée à un outil susceptible d'un travail variable : si cet organe vient à rencontrer un obstacle exceptionnel, il peut, par suite du glissement de la courroie, se ralentir et vaincre la résistance accidentelle par une diminution momentanée de la puissance vive du corps tournant dont il fait partie, ou bien il peut s'arrêter, si la résistance est trop grande pour être ainsi vaincue. Dans l'un et l'autre cas, la poulie menante A et tout le reste du mécanisme, jusqu'au moteur primitif, n'éprouvent pas de ralentissement notable dans leur mouvement; les chocs violents et les ruptures qui peuvent s'ensuivre sont évités.

MOUVEMENT VARIÉ D'UN TREUIL.

265. Treuil horizontal auquel sont suspendus des corps pesants (fig. 102). — Un treuil formé d'un arbre tournant autour d'une droite horizontale O porte deux tambours ou cylindres ayant la même droite pour axe. Sur chaque tambour est enroulée une corde qui y est fixée par un bout et qui tient suspendu à l'autre bout un corps d'un poids connu. On demande la loi du mouvement qui a lieu et les tensions des deux cordes en supposant : 1° que le centre de gravité du treuil soit dans l'axe O; 2° que les cordes soient très-flexibles et qu'on néglige leur poids très-petit, comparativement aux poids P et P' des corps suspendus. Soient :

Q le poids du treuil,

p et p' les rayons des tambours,

T et T' les tensions inconnues des cordes,

ω la vitesse angulaire du treuil à la fin du temps t.

Le mouvement actuel ayant lieu dans le sens indiqué par la flèche, on a, pour les corps suspendus considérés séparément (10),

$$p\,\frac{d\omega}{dt} = \frac{P-T}{P}\,g \quad \text{et} \quad p'\,\frac{d\omega}{dt} = \frac{T'-P'}{P'}\,g. \quad [1] \text{ et } [2]$$

Le treuil considéré aussi séparément se meut sous l'action des forces T, T', Q et des réactions des coussinets sur les tourillons. Son centre de gravité est immobile; donc la résultante R de ces réactions est égale, parallèle et de sens opposé à la résultante de T, T' et Q. Ainsi, on a $R = T + T' + Q$, et pour le frottement tangent aux tourillons $f_1 R = f_1 (T + T' + Q)$, en appelant f_1 le sinus de l'angle du frottement.

Cela posé, l'accélération angulaire du treuil est (68), k étant son rayon de giration et r le rayon des tourillons,

$$\frac{d\omega}{dt} = \frac{Tp - T'p' - f_1 r (T + T' + Q)}{Qk^2}\,g. \quad [3]$$

De [1], [2] et [3] on tire :

$$T = P - \frac{Pp}{g}\,\frac{d\omega}{dt},$$

$$T' = P' + \frac{P'p'}{g}\,\frac{d\omega}{dt},$$

$$\frac{d\omega}{dt} = \frac{Pp - P'p' - f_1 r (P + P' + Q)}{Qk^2 + Pp^2 + P'p'^2 - f_1 r (Pp - P'p')},$$

On voit : 1° que, en général, le mouvement est uniformément varié ; 2° que les tensions T et T' ne sont égales aux poids P et P' que dans le cas particulier où l'accélération angulaire $\dfrac{dw}{dt}$ est nulle, c'est-à-dire que le mouvement est nul ou que, après avoir été imprimé par des forces quelconques, il devient uniforme sous l'action des forces désignées dans les équations.

Cette théorie s'applique à la machine d'Atwood, quand on fait $p = p'$.

Pour tenir compte de la roideur de la corde ascendante, il faudrait (132) dans l'équation [3] substituer au moment $T'p'$ la somme $T'p' + \dfrac{1}{2}(A + BT')$.

Pour avoir égard au poids des cordes tant enroulées que pendantes, il faudrait à la rigueur considérer Q, P et P' comme continuellement variables ; mais, dans la pratique, il suffirait de diviser le phénomène en plusieurs parties dans chacune desquelles on attribuerait à ces variables leurs valeurs moyennes.

DES MARTEAUX MÛS PAR DES CAMES.

286. Généralités préliminaires sur ce sujet. — Avant l'invention du marteau-pilon à vapeur, fort usité aujourd'hui, on employait comme instrument de percussion, pour la fabrication du fer, de lourds marteaux oscillants, mûs par des cames. Nous prenons ici ces appareils pour sujet d'étude, nous proposant de calculer le travail moteur qu'ils exigent pour accomplir leur fonction.

On distingue, dans les marteaux dont il est question, la tête en métal, qui, alternativement soulevée et retombant, exerce par sa chute de violentes percussions sur le corps que supporte l'enclume, et le manche, armé de deux tourillons qui l'assujettissent à tourner autour d'un axe fixe horizontal. L'élévation de la tête est produite par un arbre tournant continuellement et muni de cames qui saisissent par intervalles le manche du marteau et l'abandonnent ensuite à l'action de la pesanteur.

Ces marteaux sont de trois sortes principales, savoir :

1° *Les marteaux à bascule ou martinets*, dans lesquels les cames, tournant dans le même plan moyen que le marteau, agissent en descendant sur l'extrémité du manche opposée à celle où est fixée la tête, de sorte que l'axe de rotation du marteau est entre ces deux points ;

2° *Les marteaux à soulèvement latéral*, dont le manche est soulevé par la came, entre la tête et l'axe de rotation, lequel est, dans ce cas, perpendiculaire à celui de l'arbre à cames ;

3° *Les marteaux frontaux*, dans lesquels les cames, tournant dans le même plan moyen que le manche, agissent de bas en haut sur l'extrémité du manche, tout près et au delà de la tête.

La théorie que nous allons exposer, et dont le fond est dû à M. le général Poncelet, qui l'a enseignée à l'Ecole de Metz, s'applique aux trois espèces de marteaux, moyennant les changements de signes convenables dans les formules. Nous admettons, avec M. Poncelet, que le choc de la came contre le manche a lieu dans un plan horizontal contenant les deux axes de rotation.

Chaque période d'un coup de marteau se divise en trois phases : la première est celle du *choc*, qui commence quand le marteau est saisi par la came et finit à l'instant où la vitesse du marteau et celle des cames sont devenues égales entre elles, pour les points situés sur les circonférences passant au point de contact ; la deuxième est celle de la *levée du marteau en contact avec la came* ; la troisième, dite de la *marche à vide de l'arbre à cames*, commence à l'instant où la came quitte le manche et finit à l'instant où la came suivante vient le choquer.

267. Phase du choc. — Le choc de deux corps solides, même dans le cas particulier où l'un des deux est d'abord en repos, et où ils sont assujettis à deux axes fixes, est un phénomène compliqué que l'on ne parvient à soumettre au calcul, utilement pour sa pratique, qu'à l'aide d'hypothèses qui, en effet, s'éloignent peu de la vérité dans les circonstances actuelles. Le choc commence à l'instant où la came est suffisamment rapprochée du marteau pour que naisse entre les deux corps une action mutuelle répulsive qui, à mesure qu'ils se rapprochent et se compriment davantage, croît rapidement de zéro à une très-grande intensité. Ce phénomène est le même, sauf la grandeur des forces, que celui qui a lieu lorsque notre main frappe un corps quelconque : nous exerçons sur celui-ci une pression égale à la réaction dont nous avons la sensation, pression qui, d'abord très-petite, augmente à mesure que nos muscles se compriment. De même, l'action mutuelle de la came et du marteau fait que ces deux corps se déforment aux environs de leur contact, c'est-à-dire de leurs points les plus rapprochés ; mais leur nature et leurs fortes dimensions font que cette déformation ne s'étend sensiblement qu'à de petites distances, ce qui conduit à admettre, comme très-approximativement vrai, que la presque totalité de chaque corps tournant conserve une figure invariable, de sorte que, abstraction faite d'une très-petite portion qui se martele et se déforme suivant une loi inconnue, le corps, considéré dans son ensemble, possède à chaque instant une vitesse angulaire commune à presque toute sa masse, et dont la variation est due aux forces extérieures, suivant le théorème de l'accélération angulaire exprimé par la formule [22] du numéro 68.

La vitesse angulaire du marteau, d'abord nulle, naît et augmente sous l'action de la pression qu'il reçoit de la came, tandis que la vitesse angulaire de la came, qui a sa plus grande valeur à l'instant initial du choc, décroît par l'effet de la réaction du marteau ; il arrive bientôt que les points du marteau et de l'arbre à cames, qui se trouvent sur deux circonférences analogues aux circonférences primitives d'un engrenage, c'est-à-dire ayant leurs centres sur les axes de rotation et passant au point de contact, ont une même vitesse linéaire. C'est ce que nous considérons comme l'instant final du choc, et nous admettons que, à partir de cet instant, les deux corps tournent autour de leurs axes respectifs sans se séparer, fait que l'observation constate, et qu'il faut attribuer en partie à ce que les déplacements moléculaires aux environs du choc dépassent les limites de l'élasticité et en partie à ce que la puissance vive disparue se transforme en vibrations imperceptibles, quoique réelles.

Cela posé, appelons

I' le moment d'inertie du marteau autour de son axe de rotation ;

N' la pression variable verticale que le manche du marteau reçoit de la came à un instant quelconque de la phase du choc ;

w' la vitesse angulaire du marteau à cet instant ;

r' la distance de l'axe de rotation du marteau au point de choc ou à la force N' ;

v la valeur de la vitesse $w'r'$ de ce point à la fin du choc.

Établissons la relation qui existe entre cette vitesse v et les valeurs successives de la force variable N'.

D'après la formule [22] rappelée ci-dessus, l'accélération angulaire $\dfrac{dw'}{dt}$ dépend à chaque instant des moments des diverses forces qui agissent sur le marteau, et par conséquent, non-seulement de la force N', mais encore de l'action de la pesanteur et des réactions des appuis sur les tourillons. Mais le poids du marteau, quelque considérable qu'il soit, peut être négligé auprès de la valeur moyenne de la force N' pendant le choc ; car ce phénomène s'accomplissant dans un temps extrêmement court, au bout duquel le marteau acquiert une vitesse considérable, il s'ensuit que l'accélération angulaire de ce corps pendant ce même temps est très-grande comparativement à celle qu'il recevrait de la seule action de la pesanteur. Quant aux réactions des coussinets d'appui sur les tourillons, lesquelles peuvent être très-grandes pendant le choc, particulièrement dans le cas du marteau à bascule où la pression de la came sur le manche et le poids du marteau sont des forces de même sens, il importe sans doute de les prendre en considération dans la détermination des dimensions des tourillons; mais leur moment, étant très-petit, comparativement à celui de la force N', peut être négligé sans erreur notable dans l'expression de l'accélération angulaire, qui devient

$$\frac{dw'}{dt} = \frac{r'N'}{I'},$$

d'où, en multipliant par dt et en intégrant jusqu'à l'instant final du choc où w devient $\dfrac{v}{r'}$, on conclut

$$\frac{v}{r'} = \frac{r'}{I'} \int N' dt,$$

équation qui se simplifie encore en représentant par $M'r'^2$ le moment d'inertie I', comme nous l'avons fait au numéro 170. On a ainsi

$$M'v = \int N' dt,$$

c'est-à-dire que, à l'instant final du choc, la quantité de mouvement de la masse M', fictivement condensée au point de contact, est égale à l'impulsion de la force N' pendant la durée du choc.

Cette impulsion est une inconnue auxiliaire que nous allons éliminer, en faisant pour l'arbre à cames ce que nous avons fait pour le marteau, c'est-à-dire en le considérant pendant le choc sous l'action d'une pression N égale et contraire à N', qu'il reçoit du marteau, en vertu du principe fondamental de la réaction égale et contraire à toute action.

Par les motifs analogues à ceux qui viennent d'être expliqués, nous négligeons pendant le choc le poids de l'arbre à cames, la force qu'il reçoit de son moteur quelconque et les réactions que ses tourillons reçoivent de leurs appuis. Il ne reste ainsi qu'à introduire dans l'expression de l'accélération angulaire de l'arbre à cames, à un instant quelconque du choc, le moment négatif de la force N égale et contraire à N'. En appelant

r la distance du point de contact ou de choc à l'axe de rotation de l'arbre à cames ;

I le moment d'inertie de cet arbre et des pièces solides qui y sont fixées ;

M une masse calculée pour satisfaire à l'équation $I = Mr^2$;

w la vitesse angulaire du même arbre à l'instant quelconque du choc;

u la valeur de la vitesse $w\,r$ à l'instant initial du choc.

v, suivant la notation précédente, la valeur de cette vitesse à l'instant final, on a

$$\frac{dw}{dt} = \frac{-rN}{I} = -\frac{N}{rM},$$

d'où, en multipliant par dt et en intégrant depuis l'instant initial où la vitesse angulaire w est $\dfrac{u}{r}$, jusqu'à l'instant final du choc, où elle est réduite à $\dfrac{v}{r}$ (puisque, suivant l'explication précédente, ce qui caractérise la fin du choc, c'est que, à cet instant, les points de l'arbre à cames, qui sont à la distance r de l'axe de cet arbre, ont la même vitesse linéaire v que les points du marteau qui sont à la distance r' de son axe), on obtient

$$M(v - u) = -\int N dt.$$

Or les impulsions $\int N dt$ et $\int N' dt$ sont égales. On en conclut

$$M(u - v) = M'v, \tag{1}$$

c'est-à-dire que la quantité de mouvement perdue pendant le choc par la masse fictive M, qui représente la masse de l'arbre à cames, est égale à celle qu'a gagnée la masse fictive M', qui représente la masse du marteau, relation pareille à celle qui a lieu dans le choc direct de deux corps en mouvement rectiligne.

Remarquons que si la masse M est grande par rapport à la masse M', il résulte de l'équation [1] que la différence $u - v$ entre la plus grande et la plus petite vitesse est une petite fraction de l'une ou de l'autre. Or, c'est ce qui a lieu dans la pratique ordinaire, car, d'après M. Poncelet, pour les martinets et les marteaux à soulèvement latéral, employés à la fabrication du fer, on a au plus $M' = \dfrac{1}{12} M$, et pour les marteaux frontaux, au plus $M' = \dfrac{1}{30} M$; pour cela, l'arbre à cames est, au besoin, muni d'un volant.

Suivant ce que nous avons dit en commençant, notre but est de calculer le travail que le moteur quelconque de l'arbre à cames exerce sur lui pendant la période d'un coup de marteau. Or, pendant la phase du choc, le travail du moteur est extrêmement petit, parce que ce phénomène s'accomplit en un temps très-court θ pendant lequel l'arbre à cames, animé d'une vitesse angulaire moyenne entre $\dfrac{u}{R'}$ et $\dfrac{v}{R'}$, ne décrit par conséquent qu'un angle très-petit, compris entre $\dfrac{u\theta}{R'}$ et $\dfrac{v\theta}{R'}$; c'est pourquoi nous considérons comme nul le travail du moteur pendant le choc. Mais nous venons de voir que l'arbre à cames, pendant ce même temps, quoique sans déplacement appréciable, a néanmoins subi, sous l'action d'une très-grande force, une perte notable de vitesse angulaire ; il faudra donc que, pendant le reste de la période, le moteur répare cette perte, en même temps qu'il vaincra les résistances spéciales aux deux dernières phases. Cherchons donc à calculer la portion de travail que le moteur devra exercer pour restituer au système solide de l'arbre à cames la vitesse qu'il a perdue : nous savons (19) que cette portion de travail que nous désignons par T_1 est égale à la puissance vive qu'il s'agit de rendre au système, et qui a pour expression

$\frac{1}{2} I \left(\frac{u^2}{r^2} - \frac{v^2}{r^2} \right)$ ou $\frac{1}{2} M (u^2 - v^2)$; ainsi

$$T_1 = \frac{1}{2} M (u^2 - v^2) . \qquad [2]$$

expression dans laquelle les vitesses linéaires u et v sont liées par la relation [1] ci-dessus établie, qui ne suffit pas pour les éliminer.

Il nous manque donc, pour calculer T_1, soit de connaître l'une des deux vitesses u et v, soit d'avoir une relation de plus entre elles. Or, il serait très-difficile d'observer l'une ou l'autre de ces deux quantités, tandis que, si l'on considère que l'une est la plus grande et l'autre la plus petite vitesse de la came, pendant sa révolution, et que leur différence est petite, comparativement à la première, on peut admettre que leur moyenne arithmétique $\frac{u + v}{2}$ diffère très-peu de la vitesse moyenne déduite du nombre de tours que l'arbre à cames fait ou doit faire dans un temps donné. Ainsi, si l'on suppose que ce nombre soit de n tours par minute, nombre qui, multiplié par celui des cames, sera le nombre de coups de marteau par minute, en désignant par V la vitesse moyenne dont il s'agit, on aura

$$V = \frac{2 \pi r n}{60} ,$$

vitesse que nous considérons comme donnée dans l'équation

$$\frac{u + v}{2} = V. \qquad [3]$$

De [1], [2] et [3] on conclut d'abord

$$T_1 = M'vV,$$

puis

$$v = \frac{2MV}{2M + M'},$$

et enfin

$$T_1 = \frac{2MM'V^2}{2M + M'} = M'V^2 \; \frac{1}{1 + \frac{M'}{2M}}.$$

On voit que cette quantité diffère peu de $M'V^2$ lorsque la fraction $\frac{M'}{2M}$ est petite, ce qui, comme on vient de le voir, a a lieu ordinairement dans la pratique, de sorte que la diminution de puissance vive que subit, par suite de sa rencontre avec le marteau, l'arbre à cames, a sa moitié $\frac{1}{2} M'V^2$ à peu près égale à la puissance vive $\frac{1}{2} M'v^2$ que gagne le marteau; l'autre moitié est perdue en vibrations, en déformations et en chaleur produite par l'effet du choc.

268. Phase de la levée du marteau. — Pendant cette seconde phase, le mouvement du marteau et celui des cames sont à peu près uniformes. Le moteur qui agit sur l'arbre à cames doit fournir un travail que nous représenterons par T_2, nécessaire pour entretenir son mouvement sous l'action du poids résistant du marteau et des frottements soit des tourillons, soit de la came et du manche du marteau, et, vu le mouvement uniforme, nous pouvons assimiler le système au treuil à engrenage, traité comme exemple au numéro 252. Ainsi

Q étant la force supposée verticale et descendante que le
  moteur exerce sur l'arbre à cames;

q la distance de cette force à l'axe du même arbre;

P remplaçant *S* dans la formule [4] du numéro 252 et exprimant le poids de cet arbre et des pièces qui y sont fixées, le tout ayant son centre de gravité dans l'axe de rotation ;

P' remplaçant *P* dans la même formule et exprimant le poids du marteau, force résistante indépendante des réactions des appuis ;

p' remplaçant *p* et exprimant la distance du centre de gravité du marteau à son axe de rotation ;

a étant le chemin sensiblement vertical que parcourt, pendant la levée, le point de contact de la came et du manche ;

ρ et ρ', *r* et *r'* conservant leurs significations précédentes,

dans le cas du marteau frontal et du marteau à soulèvement latéral, analogues à la première disposition du numéro 252, on a, comme on le trouverait directement en répétant le raisonnement de cet article,

$$Q\left(q - f_1\rho\left(\frac{q}{r} + 1\right)\right) = f_1\rho\, P$$

$$+ \frac{r}{r'}P'\left(p' + f_1\rho'\left(1 - \frac{p'}{r'}\right)\right)\left(1 + \frac{fa}{2}\left(\frac{1}{r} + \frac{1}{r'}\right)\right).$$

Dans le cas du martinet analogue à la seconde disposition du même numéro 252, on a

$$Q\left(q + f_1\rho\left(\frac{q}{r} + 1\right)\right) = f_1\rho\, P$$

$$+ \frac{r}{r'}P'\left(p' + f_1\rho'\left(1 + \frac{p'}{r'}\right)\right)\left(1 + \frac{fa}{2}\left(\frac{1}{r} + \frac{1}{r'}\right)\right).$$

Dans l'un et l'autre cas, le chemin décrit pendant la levée par le point d'application de la force *Q* étant à la hauteur *a* dans le rapport de q à r, on a $\quad T_2 = \dfrac{a q Q}{r}$, et par conséquent

$$\left(1 \mp f_1\left(\frac{2}{r} + \frac{\rho}{q}\right)\right) T_2 = a f_1 \frac{\rho}{r} P$$

$$+ a P'\left(\frac{p'}{r'} + f_1 \frac{\rho'}{r_1}\left(1 \mp \frac{p'}{r'}\right)\right)\left(1 + \frac{fa}{2}\left(\frac{1}{r} + \frac{r_1}{r'}\right)\right).$$

les signes supérieurs des doubles signes $\mp$ convenant aux marteaux sur lesquels la came agit en soulevant le manche du côté de la tête, et les signes inférieurs convenant au martinet sur lequel la came appuie en descendant.

Remarque. Le chemin a sensiblement vertical que décrit le contact de la came et du manche, depuis l'instant initial du choc jusqu'à l'instant où la came abandonne le marteau, se détermine aisément par le tracé correct de la came et de la partie du manche qu'elle touche.

269. Phase de la marche à vide. — Pendant cette troisième phase, le marteau continue de s'élever en vertu de sa vitesse acquise. Tantôt, cette vitesse étant peu considérable, comme dans le marteau frontal, son ascension n'est limitée que par l'action de la pesanteur, qui le fait ensuite retomber sur la matière à comprimer; tantôt la vitesse, à l'instant de la séparation du manche et de la came, étant grande, l'ascension du marteau est limitée par un ressort, dit *rabat*, qui change brusquement le sens de son mouvement et hâte sa descente sur l'enclume. Ce serait évidemment une erreur de croire que ce ressort accroît la vitesse avec laquelle le marteau frappe sur l'enclume la matière à comprimer; c'est plutôt le contraire qui a lieu, à cause, soit de l'imparfaite élasticité du rabat, soit des vibrations qu'il acquiert à chaque choc, et qu'il transmet à ses supports : le rabat sert à gagner du temps, c'est-à-dire à permettre un plus grand nombre de coups de marteau dans un temps donné ; mais l'intervalle des cames une fois déterminé d'après la fréquence des coups, les circonstances du mouvement du marteau pendant la marche à vide de l'arbre n'entrent pour rien dans le calcul du travail du moteur.

L'arbre à cames pendant la marche à vide n'est soumis à aucune autre force résistante que celle du frottement sur les tourillons. Cet arbre ayant son centre de gravité dans l'axe de rotation, la réaction totale des appuis, même pendant le mouvement varié, est égale et opposée à la résultante du poids P et de la force qu'exerce le moteur, force très-peu différente de celle qui, désignée par Q, a été attribuée à l'action du moteur de l'arbre à cames pendant la seconde phase, et approximativement calculée au numéro 268.

D'après cela, si l'on désigne par

a' le chemin que décrit l'extrémité du rayon primitif d'une came depuis l'instant où elle a quitté le manche du marteau jusqu'à celui où la came suivante vient le choquer,

le travail moteur nécessaire pour compenser le travail du frottement pendant cette troisième phase est

$$T_3 = f_1 a' \frac{q}{r} (P + Q).$$

$a' + a$ est l'intervalle de deux cames consécutives égal à $2\pi r$ divisé par le nombre des cames.

270. Travail moteur par chaque coup de marteau. — Le travail à exercer par le moteur sur l'arbre à cames pour chaque coup de marteau est $T_1 + T_2 + T_3$, et on en conclut aisément le travail moteur par seconde.

REMARQUES. I. Suivant ce que nous avons dit précédemment, le travail exercé par le moteur est nul pendant la première phase. Ainsi le travail T_1 est produit concurremment avec la somme $T_2 + T_3$ dans la durée des deux dernières phases, durée égale à celle qu'emploie chaque coup de marteau.

II. La marche suivie pour calculer le travail moteur nécessaire à l'entretien du mouvement périodiquement uniforme d'un marteau mû par des cames est applicable aux pilons, également soulevés par des cames, sauf l'influence des frottements qu'on pourra apprécier d'après ce qui a été dit au numéro 220. Le travail résistant dû au choc des cames contre les mentonnets des pilons peut être atténué par le moyen indiqué au numéro 199, p. 261, de notre *Traité de Cinématique*. Admettons que la distance de l'axe de l'arbre tournant au point de contact de la came et du pilon soit successivement a, $2a$ et $3a$. Si l'on désigne par M' la masse du pilon, et que l'on suppose le moment d'inertie de l'arbre à cames très-grand comparativement au produit $9M'a^2$, on en conclura que la puissance vive de cet arbre pourra changer d'une quantité notable à chaque choc, sans que sa vitesse angulaire w varie d'une fraction sensible de sa valeur moyenne, et l'on reconnaîtra que la perte de puissance de cet arbre, calculée approximativement pour les trois chocs, sera successivement Mw^2a^2, puis le double, puis le triple de cette quantité, en tout $6Mw^2a^2$, perte que le travail moteur devra réparer; tandis que si la vitesse $3wa$ doit être imprimée par un seul choc au pilon, la perte de puissance vive subie par l'arbre sera, d'après le même calcul approximatif, $9Mw^2a^2$. La réduction du travail perdu à chaque choc se manifeste expérimentalement par la diminution du bruit qui accompagne le changement brusque de vitesse, et à cet avantage accessoire se joint celui de rendre moins rapide la dégradation des cames et des mentonnets.

VIS A PERCUSSION OU BALANCIER.

271. Description de cette machine. Division de la période d'un coup de balancier en trois phases. — (Nous abrégeons et modifions un peu la description et la théorie que M. Poncelet a données de cette machine dans son Cours de Metz, déjà cité.)

Une vis en fer, mobile, à axe vertical et à filet quarré, traverse un écrou en bronze logé dans un chapeau fixe. Ce chapeau, ses deux montants et un plateau inférieur appelé *semelle* forment un ensemble solide, ordinairement coulé d'une seule pièce. Au-dessus du chapeau, la tête de la vis est solidement liée à un grand levier en fer dit *balancier*, dont les deux extrémités portent des corps sphériques ou lenticulaires de grande masse qui donnent à ce système mobile un moment d'inertie considérable. La vis, à sa partie inférieure, est assemblée avec une autre pièce mobile nommée *mandrin* qui monte et descend avec elle, mais sans tourner, étant guidée par des coulisses fixées aux deux montants ou supports du chapeau. Au bas du mandrin est engagé et arrêté, avec des vis ou avec une clef, l'outil en acier trempé destiné à exercer une forte pression sur les plaques métalliques que l'on place au-dessous et qui reposent sur la semelle. Lorsqu'il sert à percer, l'outil se nomme *emporte-pièce* ou *poinçon*. Sa base plane, perpendiculaire à la direction de son mouvement, a son contour à vive arête, au-dessus duquel les dimensions transversales du poinçon diminuent un peu, afin qu'après son passage dans le trou qu'il fait, le reste de l'outil n'éprouve dans sa descente aucune résistance latérale. La semelle présente une ouverture au-dessus de laquelle se fixe une plaque en acier trempé, nommée *matrice*, percée d'un trou que le poinçon, parvenant à l'extrémité inférieure de sa course, traverse exactement sans jeu ni frottement.

La période d'un coup de balancier se divise en trois phases distinctes. Dans la première, le système mobile partant de sa position la plus élevée, des hommes qui agissent aux extrémités du levier, soit directement, soit par l'intermédiaire de *tiraudes*, impriment à la vis et à son équipage, dans le sens de la descente, un mouvement héliçoïdal, et par conséquent une puissance vive considérable. Au travail qu'ils développent s'ajoute celui de la gravité diminué de celui des frottements. Le poinçon atteint la pièce à percer ou à découper qu'on a poussée sur la matrice. Alors commence la seconde phase : en vertu de la puissance vive acquise par le système, et quelquefois du travail que les hommes exercent encore pendant le percement, le poinçon pénètre à travers la matière qu'il rencontre et en détache une partie qui tombe. La vitesse de la vis est considérablement diminuée à la fin du percement, après quoi, la résistance se réduisant au frottement, le mouvement s'accélère de nouveau, à cause de la forte pente de la vis, jusqu'à l'instant où le système mobile est arrêté soit par un obstacle fixe qui éteint en pure perte la puissance vive qu'elle possède, soit par des ressorts qui, après l'arrêt, lui en restituent une portion. La troisième phase est celle pendant laquelle, le balancier tournant en sens contraire de sa première rotation, la vis se détourne et remonte à sa position initiale.

272. Phase de la descente à vide. — Calculons la puissance vive acquise pendant cette phase. Soient

$P = Mg$ le poids de la vis et de son équipage ;

$I = \Sigma m r^2$ le moment d'inertie de la partie tournante autour de l'axe de rotation ;

Qq le moment généralement variable du couple horizontal moteur ;

r' le rayon moyen de la vis ;

i l'angle de l'hélice moyenne à l'horizon ;

$f = \tang \varphi$ l'angle du frottement de la vis sur l'écrou ;

N et fN les réactions de l'écrou à un instant quelconque ;

$w = \dfrac{dz}{dt}$ la vitesse angulaire à cet instant ;

$u = wr' \tang i$ la vitesse linéaire verticale à ce même instant ;

w' la valeur de w à l'instant final de la première phase ;

u' la valeur de u à cet instant.

Appliquons le principe de d'Alembert (118). A un instant quelconque il y a équilibre entre :

1° Le poids Mg ;

2° Les forces horizontales, dont le moment total est Qq;

3° Les réactions N et fN de l'écrou;

4° Les forces d'inertie tangentielles, qui se décomposent :

En forces horizontales $mr\,\dfrac{dw}{dt}$, dont la somme des moments

autour de l'axe est $\dfrac{dw}{dt}\,\Sigma mr^2$ ou $I\,\dfrac{dw}{dt}$,

Et en forces verticales $m\,\dfrac{du}{dt}$ ou $mr'\,\mathrm{tang}\,i\,\dfrac{dw}{dt}$, dont la

somme est $Mr'\,\mathrm{tang}\,i\,\dfrac{dw}{dt}$;

5° Les forces centrifuges, dont la résultante est nulle à cause de la symétrie autour de l'axe.

Ainsi en négligeant le très-faible frottement du mandrin contre la vis et contre ses guides, nous avons les deux équations : projections verticales

$$Mg - \cos i\,\Sigma N - f\sin i\,\Sigma N - Mr'\,\mathrm{tang}\,i\,\frac{dw}{dt} = 0,$$

moments

$$Qq + r'\sin i\,\Sigma N - r'f\cos i\,\Sigma N - I\,\frac{dw}{dt} = 0,$$

d'où, pour éliminer ΣN,

$$\frac{r'\,(\sin i - f\cos i)}{\cos i + f\sin i} = r'\,\mathrm{tang}\,(i - \varphi) = \frac{I\,\dfrac{dw}{dt} - Qq}{Mg - Mr'\,\mathrm{tang}\,i\,\dfrac{dw}{dt}};$$

de là

$$\frac{dw}{dt}\Big((I + Mr'^2\,\mathrm{tang}\,i\,\mathrm{tang}\,(i - \varphi)\Big) = Mgr'\,\mathrm{tang}\,(i - \varphi) + Qq;$$

puis, en multipliant par $wdt = dz$ pour éliminer dt et en intégrant de $w = 0$ à $w = w'$, et de $z = 0$ à $z = z'$, on a

$$\frac{1}{2} w'^2 \left(I + Mr'^2 \tang i \, \tang(i - \varphi) \right) = Mgr'z' \tang(i - \varphi) + \int Q q \, dz$$

Dans cette formule $\int Q q \, dz$ est le travail des forces horizontales Q; le travail dû à la pesanteur est $Mgr'z' \tang i$. La puissance vive acquise est

$$\frac{1}{2} w'^2 I + \frac{1}{2} Mu'^2 \quad \text{ou} \quad \frac{1}{2} w'^2 \left(I + Mr'^2 \tang^2 i \right).$$

Ainsi, sans le frottement, c'est-à-dire si l'on faisait $\varphi = 0$, cette dernière équation exprimerait, ce qui doit être, que l'accroissement de la puissance vive serait égal à la somme des travaux des forces Q et P.

Si l'on suppose, par exemple, $\tang i = 1$ et $f = \tang \varphi = 0,10$, on en conclut $\tang(i - \varphi) = 0,82$, et l'on voit ainsi l'influence du frottement dans la première phase.

273. Phase du percement. — Proposons-nous de calculer la vitesse angulaire w'' qui reste à la vis à la fin de cette phase. Soient

h l'épaisseur de la tôle à percer ;

x la hauteur dont le poinçon y a pénétré à un instant de la seconde phase ;

c le contour du poinçon et de la partie de tôle à enlever ;

F la résistance actuelle que la pièce à percer exerce sur le poinçon.

Suivant M. Poncelet, en représentant par K un coefficient qui dépend de la nature de la tôle, on a la relation

$$F = Kc \, (h - x).$$

D'après des expériences de M. A. Morin, cette formule se vérifie en donnant à K les valeurs suivantes :

8 206 000 kg. pour le fer chauffé au rouge brun ;

4 249 000 kg. pour le plomb froid.

Cela posé, à un instant quelconque du percement il y a équilibre entre

1° Le poids Mg ;

2° Les forces Q dont le moment total variable est Qq ;

3° La résistance ascendante F ;

4° Les réactions N et fN des surfaces hélicoïdes inférieures de l'écrou ;

5° Le frottement du pivot d'assemblage de la vis et du mandrin, qui a été négligé dans la première phase ;

6° Les forces d'inertie.

Nous remarquons que la puissance vive du mandrin étant très-petite comparativement à celle du corps tournant, on peut, sans erreur sensible, admettre que la pression F, qui s'exerce entre le poinçon et la tôle à percer, se transmet intégralement au pivot d'assemblage. On a donc, en appelant r'' le rayon de ce pivot : projections verticales

$$Mg - F - Mr' \tang i \frac{dw}{dt} + \cos i \Sigma N - f \sin i \Sigma N = 0 ;$$

moments

$$Qq - \frac{2}{3} fr'' F - I \frac{dw}{dt} - r' \sin i \Sigma N - r' f \cos i \Sigma N = 0 ,$$

d'où, par l'émination de ΣN,

$$\frac{r' (\sin i + f \cos i)}{\cos i - f \sin i} = r' \tang (i + \varphi) = \frac{Qq - \frac{2}{3} fr'' F - I \frac{dw}{dt}}{F - Mg + Mr' \tang i \frac{dw}{dt}} ;$$

de là

$$-\frac{dw}{dt} \left(I + Mr'^2 \tang i \tang (i + \varphi) \right) = (F - Mg) r' \tang (i + \varphi) - Qq + \frac{2}{3} fr'' F ,$$

d'où en multipliant par $w\,dt = dx = \dfrac{dx}{r\ \mathrm{tang}\ i}$, en mettant pour F son expression $Kc\,(h - x)$ et en intégrant de $w = w'$ à $w = w''$, ou de $x = 0$ à $x = h$, ou encore $x = x'$ à $x = x''$, on a

$$\tfrac{1}{2}\,(w'^2 - w''^2)\left(1 + Mr'^2\,\mathrm{tang}\ i\ \mathrm{tang}\ (i+\varphi)\right)$$

$$= \frac{1}{r'\ \mathrm{tang}\ i}\left(\left(Kc\,\frac{h^2}{2} - Mgh\right)r'\ \mathrm{tang}\ (i+\varphi) + \tfrac{1}{3}\,fr''Kch^2\right)$$

$$- \int_{x'}^{x''} Qq\,dx\,.$$

Cette dernière intégrale est le travail des forces Q pendant le percement; on pourrait le négliger, vu la faible amplitude $x'' - x'$.

On pourrait aussi s'imposer la condition que w'' fût nulle; on en conclurait la valeur de w' et par suite, au moyen de l'équation finale du numéro précédent, la valeur du travail $\int Qq\,dx$ pendant la descente à vide. En y ajoutant le travail nécessaire dans la troisième phase pour relever la vis à sa position supérieure, on aurait le moindre travail moteur possible pour un percement. Or le calcul du travail exigé dans la troisième phase ne présente aucune difficulté après ce qu'on a vu au numéro 235.

CHAPITRE V.

DU TRAVAIL DES FORCES DANS LES MACHINES.

§ 1.

GÉNÉRALITÉS SUR CE SUJET.

274. Définition du mot machine. — Une machine est un assemblage de corps dont les uns sont fixes ou considérés comme tels, et les autres, susceptibles de mouvement, sont destinés à recevoir en quelques-uns de leurs points certaines forces, et à exercer par d'autres de leurs points des forces qui diffèrent ordinairement des premières par leurs intensités, par leurs directions et par la vitesse de leurs points d'application.

275. Importance du travail des forces dans l'industrie. — Il est sans doute utile de savoir calculer les intensités des forces que supportent les diverses parties des machines, afin de déterminer les dimensions qu'elles doivent avoir pour résister aux chances non-seulement de rupture, mais encore de déformations excessives. Mais le plus souvent ce qu'il importe surtout de connaître, c'est le travail des forces qu'une machine doit subir de la part des corps extérieurs qu'on a en vue de soumettre à son action, et le travail que doit développer sur elle l'agent disponible employé pour cet effet.

Le premier de ces deux travaux est généralement négatif et

le second positif, quoique, par exception, le contraire puisse avoir lieu, comme dans le cas d'une grue employée à descendre lentement des fardeaux : le corps pesant qui descend fait sur la chaîne de la grue un travail positif, et la main de l'ouvrier sur la manivelle fait alors un travail négatif ou résistant.

Hors de rares exceptions de ce genre, toute opération mécanique industrielle suppose un effort exercé sur un corps en mouvement, qui réciproquement résiste en cédant à cet effort. C'est ce qu'on appelle en langage ordinaire une résistance vaincue, à laquelle s'attache naturellement l'idée d'un travail mécanique.

Exemples : 1° Un fardeau à élever : depuis l'instant où ce corps a été pris en repos jusqu'à celui où il est laissé en repos dans une position plus élevée, s'il est supposé n'avoir subi aucune déformation, le travail qu'a exercé sur lui la machine quelconque qui a produit cette élévation, étant égal et de signe contraire au travail de la pesanteur, est exprimé (20) par le poids du fardeau multiplié par la hauteur dont son centre de gravité a été élevé, quantité qui est indépendante du temps et qui, sauf certaines circonstances accidentelles, est la mesure du service rendu.

2° Si l'on a à transporter horizontalement un fardeau, soit sur un traîneau, soit sur une voiture, le produit de l'effort horizontal nécessaire, suivant l'espèce de véhicule et la nature de la voie, pour entretenir le mouvement, multiplié par le chemin parcouru, c'est-à-dire le travail du moteur, dans chaque cas, est encore la mesure de l'utilité de l'agent qui exerce cet effort.

3° S'il s'agit de scier du bois plus ou moins dur, de limer ou de polir un métal, la valeur de l'ouvrage varie encore en raison composée de l'effort exercé par l'outil, et de l'espace qu'il parcourt.

276. Résistance principale. Résistances secondaires. Effet dynamique. — Les réactions qu'exercent sur une machine les corps destinés à subir son action constituent ce qu'on peut appeler la *résistance principale*, pour la distinguer des autres forces désignées sur le nom de *résistances secondaires* dont le travail négatif est étranger à l'objet de la machine et ne peut néanmoins être complétement évité, travail dû soit aux actions mutuelles des diverses parties de la machine, soit aux réactions des appuis.

Ces résistances secondaires se rattachent aux études que nous avons exposées précédemment sur le frottement, la résistance au roulement, la raideur des cordes, le choc des corps solides, études qui doivent être complétées par celles qui concernent la résistance des fluides.

La valeur absolue du travail négatif, que la résistance principale subie par une machine exerce sur celle-ci dans un temps déterminé, est ce que nous appelons l'*effet dynamique* de la machine pendant ce même temps, parce que nous le considérons comme égal au travail positif que la machine exerce sur les molécules qui, appartenant aux corps extérieurs soumis à son action, sont immédiatement en contact avec elles.

277. Effet utile d'une machine. — Il importe, pour l'exactitude et la clarté du langage, de n'attacher à l'expression d'effet dynamique que le sens déterminé par la définition précédente, et de ne pas confondre ce travail avec ce qu'on peut appeler proprement l'*effet utile* de la machine.

Si, par exemple, il s'agit d'une sonnette servant à battre des pieux, et si, comme on le doit, on comprend dans cette machine le mouton et non le pieu qu'elle enfonce, l'effet utile consiste dans l'enfoncement du pieu qui exige nécessairement un travail égal à celui qu'oppose le frottement et la résistance du terrain ; mais l'effet dynamique comprend en outre le travail employé à déformer la tête du pieu et à ébranler le sol à une plus ou moins grande distance, travail inutile qu'on peut diminuer (142) en substituant un lourd mouton tombant d'une moindre hauteur à un mouton moins lourd tombant de plus haut.

S'il s'agit, autre exemple, d'une machine à élever de l'eau au moyen d'une pompe, l'effet utile consiste dans l'élévation d'une certaine quantité d'eau à une hauteur égale à la différence du niveau des deux bassins extrêmes; il exige nécessairement un travail égal au poids de l'eau multiplié par cette hauteur. L'effet dynamique est le travail exercé par le piston de la pompe sur l'eau en contact, et comprend, en outre de l'effet utile, le travail relatif à la résistance du tuyau et à la vitesse possédée par l'eau à l'endroit où elle arrive au réservoir supérieur, travail qui dépend de la longueur et du diamètre du tuyau.

278. Divers modes du travail moteur. — Les forces qui agissent sur une machine pour produire ou entretenir son mouvement, pendant qu'elle est soumise à diverses résistances, consistent quelquefois dans l'action de ressorts intérieurs; mais le plus souvent elles sont exercées par des corps qui ne font pas partie de la machine et qui constituent son moteur distinct. Ces corps remplissent leur fonction de deux manières : tantôt en perdant partiellement la vitesse qu'ils possédaient (exemples : moulins à vent et certaines roues hydrauliques dans lesquelles l'eau se meut à peu près horizontalement, en y entrant avec une vitesse plus grande que la vitesse de sortie), tantôt en exerçant des forces égales à celles qu'ils reçoivent eux-mêmes soit de la pesanteur, soit de l'élasticité des fluides, gaz ou vapeurs, soit de l'action musculaire des animaux (roues hydrauliques à augets, machines à vapeur, manéges mus par des chevaux, manivelles mues par des hommes).

279. Théorème général de la transmission du travail. — Les propriétés générales du mouvement d'un système matériel sous l'action de forces extérieures et intérieures étant applicables à une machine quelconque, appelons

T_m le *travail moteur* résultant, pendant un certain temps, soit de l'action de ressorts intérieurs, soit de forces exercées par un moteur spécial extérieur, c'est-à-dire ne faisant pas partie de la machine ;

T_e l'*effet dynamique* et par conséquent — T_e le travail, dans le même temps, des forces qui, agissant sur la machine, constituent la *résistance principale* ;

T_r le travail des *résistances secondaires* pendant le même temps ;

P le poids total de la machine ;

H_0 et H les ordonnées, initiale et finale, de son centre de gravité au-dessous d'un plan horizontal fixe ;

p ou mg le poids d'un élément matériel de la machine et qui continue d'en faire partie pendant tout le temps dont il s'agit ;

v_0 et v les vitesses, initiale et finale, de ce point pour le même temps.

Le théorème du travail (19) et le théorème spécial à la pesanteur (20) donnent

$$\Sigma \frac{1}{2} mv^2 - \Sigma \frac{1}{2} mv_0^2 = T_m + P(H - H_0) - T_e - T_r ,$$

d'où l'effet dynamique

$$T_e = T_m + P(H - H_0) + \Sigma \frac{1}{2} mv_0^2 - \Sigma \frac{1}{2} mv^2 - T_r .$$

Ainsi, *l'effet dynamique d'une machine, pendant un temps déterminé, est égal au travail moteur indépendant du poids de la machine, plus au travail de la pesanteur sur cette machine, c'est-à-dire à son poids multiplié par la hauteur dont son centre de gravité s'est abaissé, plus à l'excès de la puissance vive initiale de la machine sur sa puissance vive finale, moins le travail des résistances secondaires.*

280. Discussion de cette équation. — À partir d'un instant initial déterminé, les quantités T_e , T_m et T_r , essentiellement positives, croissent avec le temps. Au contraire, la puissance vive $\Sigma \frac{1}{2} mv^2$, alternativement croissante et décroissante, atteint promptement une valeur qu'ensuite elle ne dépasse pas; souvent même elle varie peu à partir de l'instant où elle a atteint cette limite, de sorte que si c'est après cet instant qu'on prend l'état initial de la machine, la différence $\Sigma \frac{1}{2} mv_0^2 - \Sigma \frac{1}{2} mv^2$ oscille entre des valeurs peu considérables. Dans tous les cas, cette différence finit par pouvoir être négligée auprès de la quantité croissante T_e. Il en est de même du produit $P(H - H_0)$, à moins que la machine ne soit locomotive, auquel cas la valeur absolue de ce produit s'ajoute au travail moteur T_m ou au travail résistant T suivant que la machine descend ou monte.

On peut donc, en calculant les termes de l'équation précédente entre deux instants suffisamment éloignés, la réduire très-approximativement à la formule très-simple

$$T_e = T_m - T_r.$$

Le terme $-T_r$ est dû aux frottements et aux chocs des parties mobiles de la machine, soit contre leurs appuis, soit entre elles, et aux déformations alternatives de divers genres, parmi lesquelles on peut citer celles qui constituent la raideur des cordes. Tous ces phénomènes fort compliqués se manifestent en partie par l'usure de la machine et par des vibrations plus ou moins sonores et calorifiques qui, sans cesse renouvelées, se communiquent en pure perte à l'air et aux corps solides environnants, et l'on n'est parvenu à les soumettre au calcul qu'à l'aide d'expériences nombreuses et variées, qui ont conduit, non à des formules rigoureuses, mais à des règles suffisamment approchées pour les besoins des applications industrielles. C'est ce que le lecteur a vu précédemment, en ce qui concerne particulièrement le frottement de glissement, la résistance au roulement et la raideur des cordes, dont les généralités sont exposées aux numéros 128 à 131 et expliquées par des exemples, n⁰ˢ 212 à 265. Quant aux chocs, nous avons montré, n° 128 et suivants et n° 267, comment dans certains cas de la pratique on peut évaluer le travail résistant auquel ils donnent lieu.

Une conclusion générale de ces études, c'est que le travail des résistances secondaires, frottements, chocs, etc., qu'il importe de réduire autant que cela est praticable, ne peut jamais être complétement anéanti, quelque habileté qu'on apporte à la disposition et à l'exécution d'une machine. Ainsi, dans la dernière formule, le terme — T_r n'est jamais nul, ce qui prouve que *les machines ne rendent jamais utilement autant de travail que les moteurs leur en donnent*, et démontre l'absurdité de la recherche de ce qu'on appelle le *mouvement perpétuel*, c'est-à-dire d'un appareil dont le mouvement se maintiendrait sans l'action d'un moteur, ou avec un moteur dont le travail serait inférieur à celui de la résistance principale.

281. Utilité des machines. — Quoique les machines ne créent point le travail dynamique, elles n'en sont pas moins de la plus évidente utilité : prenant le travail tel que la nature le présente disponible, dans l'action musculaire des animaux, dans les chutes d'eau, dans la vitesse du vent, dans l'expansion des vapeurs, etc., elles le transportent, le disséminent ou le concentrent de mille manières, selon nos besoins, en faisant varier à volonté l'un ou l'autre des facteurs du travail transmis.

282. Diverses parties des machines. — Une machine est ordinairement composée de plusieurs parties distinctes, mais liées entre elles, dont l'une, appelée *récepteur*, reçoit l'action du moteur, et d'autres, appelées *organes de transmission de mouvement*, sont interposées entre le récepteur et les corps sur lesquels s'opère l'effet dynamique. Chaque pièce d'une machine composée peut être considérée elle-même comme une machine ayant son moteur et sa résistance principale. Il arrive même communément que, dans le calcul d'une machine, en partant du récepteur, on s'arrête à une certaine pièce au delà de laquelle le reste est considéré comme un *outil* dont les fonctions sont déterminés surtout par l'expérience, laquelle fait également connaître la vitesse qui convient à certains points de cette machine spéciale, et l'intensité des forces qu'il faut appliquer à ces mêmes points pour la faire fonctionner régulièrement.

283. Considérations spéciales aux diverses parties des machines. — Les *récepteurs* doivent nécessairement varier suivant l'espèce et les circonstances particulières du moteur qu'il s'agit d'employer. La théorie joue un rôle important dans le choix et la disposition des moyens d'économiser les forces que la nature offre à l'industrie : l'étude des récepteurs hydrauliques en présente des exemples remarquables.

Les *transmissions de mouvement* sont soumises aux préceptes de la cinématique et de la dynamique, dont l'une étudie les conditions géométriques à remplir, et l'autre calcule les efforts que les diverses pièces doivent subir, évalue les résistances secondaires inévitables et fournit les moyens de remédier aux irrégularités de mouvement inhérentes, soit à la nature du moteur, soit à celle de la résistance principale. L'emploi des volants, dont nous avons exposé la théorie (de 173 à 182), est un exemple de ce genre de service.

Quant aux *machines-outils,* il en est pour lesquelles le calcul des forces capables d'entretenir leur mouvement est d'un intérêt secondaire. Tels sont beaucoup d'appareils destinés à suppléer à l'adresse de la main de l'homme, et dont l'objet essentiel est la perfection de l'ouvrage à accomplir et la régularité du mouvement à produire, avantages qui peuvent grandement compenser l'accroissement du travail moteur nécessaire. La description et l'étude de ces machines appartiennent à une branche très-étendue et très-importante de la mécanique : c'est la *technologie mécanique.*

APPAREILS SERVANT A MESURER LE TRAVAIL.

284. Dynamomètres. — Ce nom, qui, d'après son étymolo-
gie, devrait seulement signifier *mesure de la force*, a été en effet
donné primitivement, par Régnier, à un instrument du genre
des balances à ressort, propre à mesurer des efforts de pression
ou de traction. Il a été depuis attribué à des appareils qui ont
pour objet de mesurer, non-seulement une force, mais cette
force combinée avec le chemin décrit par le point auquel elle est
appliquée. Nous nous bornons à une indication succincte de six
de ces instruments dont la première conception est due à M. le
général Poncelet, et dont on trouvera la description détaillée et
accompagnée de figures dans les *Leçons de Mécanique pratique*,
et dans un traité spécial sur les *Appareils dynamométriques*, par
M. le général Morin. Nous exposerons ensuite la théorie du frein
de Prony et du dynamomètre de rotation à contre-poids de
M. Palier.

285. Dynamomètre de traction à bande. — Il est spécialement propre aux expériences sur le tirage des voitures. L'effort est mesuré au moyen de deux lames élastiques unies par des
articulations à leurs extrémités : l'une des lames est fixée en
son milieu à la voiture; le milieu de l'autre est tiré par le moteur. L'écartement des deux milieux, à partir de leur situation
naturelle, est reconnu par expérience proportionnel à l'effort.
Afin de donner aux lames la plus grande sensibilité, relativement
aux dimensions qu'on adopte pour la section transversale en
leurs milieux, on diminue leur épaisseur depuis ces points

jusqu'aux extrémités, de manière à faire de ces lames des *solides d'égale résistance*, c'est-à-dire résistant partout également à une flexion qui subsisterait après la suppression de l'effort qu'il s'agit de mesurer (on peut voir sur ce sujet notre *Traité de la résistance des solides*). Une bande de papier, dont les extrémités sont fixées sur deux cylindres parallèles, s'enroule sur l'un et se déroule de dessus l'autre, mouvement qui lui est communiqué, à l'aide de poulies et de cordes, par une roue de la voiture, et de manière que sa vitesse est proportionnelle à celle du moteur. Pendant ce mouvement, elle reçoit les impressions de deux pointes traçantes attachées aux lames élastiques, et il en résulte que l'aire comprise entre les deux courbes décrites par ces pointes sur la bande est proportionnelle au travail à mesurer.

Si l'effort exercé par le moteur est constant ou s'il ne varie que lentement, l'écartement des deux courbes mesure à chaque instant l'intensité de cet effort; mais il n'en est plus de même si celui-ci reçoit des variations rapides : la masse des ressorts les empêche de prendre instantanément l'accroissement de distance qui correspond à l'accroissement de la force, et quand celle-ci atteint son maximum et s'y maintient, la puissance vive acquise par les ressorts fait que leur distance continue d'augmenter et dépasse la valeur qui correspond à celle de la force, et à laquelle elle ne revient que par une série d'oscillations. Les mêmes faits se produisent en ordre inverse lorsque l'effort exercé sur les ressorts décroît rapidement. Mais il importe de remarquer que l'inexactitude des indications du dynamomètre, quant à l'intensité de cette force à chaque instant, n'entraîne pas la même inexactitude quant à son travail, surtout si la vitesse du moteur ne varie pas brusquement. A une ordonnée trop grande de la courbe en succède une trop petite, ce qui établit une compensation, sinon rigoureuse, au moins suffisante pour que l'aire de cette courbe mesure le travail du moteur.

Divers moyens indiqués par M. Morin peuvent être employés pour faire la quadrature de cette aire,

286. Dynamomètre de traction à compteur. — Il sert pour le même genre d'expériences que l'appareil précédent, mais il ne donne que la mesure du travail du moteur. Un plateau tournant autour d'un axe perpendiculaire à son plan reçoit une vitesse angulaire proportionnelle à celle d'une roue de la voiture. Une roulette s'appuyant au centre de ce plateau, lorsque le dynamomètre n'est pas tendu, s'éloigne de ce centre à une distance égale à l'accroissement de distance des lames sous l'action du moteur. Il en résulte que la vitesse de rotation de la roulette variant en raison composée de l'intensité de l'effort et de la vitesse du moteur est proportionnelle au travail par unité de temps, et que le travail produit en un temps quelconque est proportionnel au nombre de tours de la roulette pendant le même temps. Un compteur à chiffres indique ce nombre.

287. Dynamomètre à mécanisme chronométrique. — Il est employé dans les expériences sur la résistance des bateaux au halage ou des charrues sans avant-train. La bande de papier ou le plateau du compteur reçoivent d'un mécanisme d'horlogerie un mouvement uniforme. Les indications recueillies donnent alors, non le travail, mais l'impulsion produite par le moteur. On tient note séparément du temps employé à parcourir des espaces connus; on en conclut approximativement le travail correspondant à une section du parcours, en divisant l'impulsion par le temps et multipliant le quotient par l'espace.

288. Dynamomètre de rotation à bande. — Sur un arbre tournant sont établies trois poulies, dont l'une est folle. La seconde, calée, reçoit et transmet à l'arbre l'action du moteur. La troisième est en communication avec la machine résistante; assemblée à frottement doux sur l'arbre, elle n'est entraînée que par la pression d'une des extrémités d'une lame de ressort dont l'autre extrémité est solidement implantée perpendiculairement à cet arbre. La flexion de la lame est proportionnelle à la résistance vaincue. Elle est constatée par la trace qu'un pinceau, fixé soit au bout de la lame, soit à un bras de la troisième poulie, laisse sur une bande de papier, qui, emportée dans le mouvement de rotation de la seconde poulie et de l'arbre, a, relativement à celui-ci, une vitesse linéaire parallèle à l'axe et proportionnelle à la vitesse angulaire de cet arbre. Ce mouvement relatif est obtenu au moyen de roues dentées, dont l'une, concentrique à l'arbre sur lequel elle est ajustée à frottement doux, est rendue à volonté immobile dans l'espace pendant que l'arbre est en mouvement. Une quadrature donne le travail.

289. Dynamomètre de rotation à compteur. — La bande de papier est encore ici (286) remplacée par un plateau tournant et une roulette ; et le travail est indiqué par les chiffres d'un compteur.

290. Indicateur de Watt. — C'est encore un dynamomètre à ressort qui sert à mesurer le travail exercé par la vapeur sur le piston mobile d'une machine. La partie de cet instrument qui indique la pression, tantôt supérieure, tantôt inférieure à la pression atmosphérique, est un piston métallique glissant sans frottement sensible dans un petit cylindre terminé inférieurement par un bout de tuyau à robinet qu'on visse sur le chapeau du cylindre de la machine à vapeur. La vapeur presse le petit piston, et la tige de celui-ci est liée à un ressort en hélice qui par sa déformation mesure la force qu'il reçoit. Pour obtenir l'indication du travail de la vapeur sur le grand piston, on arme la tige du petit piston d'une pointe traçante qui décrit une courbe sur une bande de papier collée sur un cylindre qui, au moyen de poulies de renvoi, tourne autour de son axe fixe, parallèle à la course du petit piston, d'un mouvement alternatif proportionnel à celui du grand piston de la machine. L'aire de la courbe fermée qu'on obtient représente l'excès du travail moteur que produit la vapeur contre la face du piston qu'elle pousse en avant, sur le travail résistant qu'une partie dilatée de cette vapeur exerce ensuite sur la même face quand celle-ci revient en arrière.

291. Frein de Prony. — Un arbre de transmission est supposé, sous l'action d'un moteur, tourner uniformément et transmettre par un engrenage ou par une courroie sans fin un travail uniforme, c'est-à-dire proportionnel au temps. Il s'agit de mesurer ce travail. Pour cela on arrête la machine, on désembraye la communication de l'arbre avec les pièces sur lesquelles il agissait, et on les remplace par un frein dont nous allons expliquer la disposition et l'emploi.

Sur cet arbre, que nous supposerons d'abord horizontal, on cale solidement une poulie ou collier AAA (fig. 103) parfaitement centré. Sur ce collier, en dessus et en dessous, on installe deux pièces de bois BB', CC', où sont ajustés deux coussinets en bois dur formant deux mâchoires qui, liées par deux boulons, serrent entre elles le collier, en exerçant sur lui des pressions réglées, par le moyen de deux écrous E, E'. L'une des deux mâchoires se prolonge horizontalement jusqu'en F, où se trouve un crochet auquel on suspend un plateau G propre à recevoir des poids. Le sens du prolongement E'F est tel que ces poids tendent à faire tourner le frein en sens contraire du mouvement de l'arbre. On dispose au-dessus des mâchoires un vase contenant de l'eau de savon qu'on fera couler continuellement pendant l'expérience pour empêcher l'échauffement trop grand du collier et du frein. Enfin, on établit près de l'extrémité F deux appuis fixes H et H' et deux cales I et I' qui assurent provisoirement la position à peu près horizontale de la longue pièce BF du frein. Ces préparatifs étant exécutés, on met l'arbre en mouvement en faisant agir le moteur de la même manière et dans les mêmes conditions que lorsqu'il fonctionne utilement, et l'on règle le serrage des écrous E et E' de telle sorte que l'arbre prenne et conserve la vitesse qu'il doit avoir dans l'état normal de la machine. Cette première partie de l'expérience exige un certain temps de tâtonnement, parce qu'il faut que le collier et les mâchoires du frein se polissent et s'échauffent mutuellement, jusqu'à ce que, sous un serrage constant des écrous, la vitesse de l'arbre conserve invariablement la valeur qui lui est assignée. Cette condition étant remplie, on se hâte d'enlever les cales I et I', et le plateau G n'étant pas encore chargé ou ne l'étant que de poids insuffisants, il en résulte que le levier E'F entraîné par l'arbre va toucher l'appui supérieur H, contre lequel il s'arrête. On charge alors le plateau, et lorsqu'en pressant le levier de la main, on s'aperçoit qu'il est sur le point de quitter l'appui supérieur, on augmente la charge peu à peu jusqu'à ce que le levier descende lentement vers l'appui inférieur, et alors le travail résistant que l'arbre reçoit du frein en équilibre est très-facile à calculer. Appelons

P le poids du plateau et de sa charge;

P' le poids du frein, c'est-à-dire des deux mâchoires et de leurs ferrures, sans comprendre le collier tournant avec l'arbre;

l la distance du point de suspension F au plan vertical passant par l'axe de rotation de l'arbre;

a la distance du centre de gravité du frein au même plan;

p un poids qui, appliqué au point de suspension, aurait le même moment que P' autour de l'axe de l'arbre, d'où résulte la relation

$$P'a = pl;$$

w la vitesse angulaire de l'arbre (les quantités P, p, l, w sont données);

T le travail qu'il s'agit de mesurer et qui est égal à celui de la résistance que le frein exerce sur l'arbre;

F le frottement que deux éléments de contact du frein et du collier exercent l'un sur l'autre;

r le rayon du collier, s'il est cylindrique; plus généralement, si le collier est bombé longitudinalement ou s'il a des rebords par lesquels il touche le frein, *r* est la distance de l'élément de contact ou de la force *F* à l'axe de l'arbre (ces quantités *F* et *r* sont des inconnues auxiliaires toutes deux variables du problème).

Cela étant, on a évidemment, d'après la signification de la notation *T*,

$$T = \Sigma Fr\omega = \omega \Sigma Fr.$$

D'ailleurs, le frein étant en équilibre sous l'action des forces *P* et *P'* et d'une multitude de réactions qu'il reçoit du collier, chacune desquelles se décompose en une force tangentielle *F* et une force qui, étant dans un même plan avec l'axe, a son moment nul, on a l'équation des moments

$$\Sigma Fr = Pl + P'a = (P + p)l.$$

Par conséquent, le travail cherché

$$T = (P + p)\, l\omega = (P + p)\, v,$$

v étant la vitesse qu'aurait un point lié à l'arbre tournant et situé à la distance *l* de l'axe.

Ce résultat très-simple est indépendant des lois du frottement.

Lorsque l'arbre tournant est vertical, le frein est tenu en équilibre au moyen d'une corde bien flexible, qui, passant sur une poulie de renvoi, se termine par le poids *P*, déterminé, comme nous venons de le dire, par des essais successifs. Dans ce cas, le poids propre du frein *P'* n'entre pas dans la formule finale, qui se réduit à celle-ci :

$$T = Pl\omega = Pv.$$

Lorsque l'arbre est horizontal, le poids propre du frein et celui qui charge le plateau n'entrent dans la formule que pour leur moment. Cependant, si la somme de ces poids était très-grande, elle affecterait le résultat de l'expérience sans que la formule du travail reçu par le frein cessât d'être vraie. C'est que alors, ces poids augmentant sensiblement le frottement des tourillons de l'arbre sur ses supports, il faudrait au travail T, constaté par le frein, ajouter celui de ce frottement additionnel évalué approximativement, pour avoir le travail que développe effectivement l'arbre tournant, lorsque, débarrassé du frein, il fonctionne suivant sa destination.

Calcul approximatif des tensions des deux boulons, et des pressions des mâchoires. — Ce calcul est nécessaire pour s'assurer d'avance si les dimensions d'un frein donné sont suffisantes pour un arbre dont la vitesse et le maximum de travail sont approximativement connus. Pour simplifier, nous faisons abstraction de la courbure des surfaces de contact, et nous donnons aux mâchoires la disposition indiquée par la figure 101. Appelons

Q et Q' les tensions des deux boulons;

q et q' leurs distances à l'axe de l'arbre tournant;

N la pression verticale du collier sur la mâchoire supérieure;

N' sa pression verticale sur la mâchoire inférieure;

N'' sa pression horizontale sur l'une de ces deux mâchoires.

En conservant les autres notations précédentes, nous aurons, pour l'équilibre de l'ensemble du frein, deux équations de projections et une de moments, savoir :

$$P + P' - N + N' - fN'' = 0, \qquad [1]$$

$$fN - fN' - N'' = 0, \qquad [2]$$

$$Pl + P'a - fr(N + N' + N'') = 0. \qquad [3]$$

L'équilibre de la mâchoire inférieure considérée séparément donnerait de même trois équations, dont l'une, qui ferait intervenir la résistance horizontale des boulons, est inutile. Les deux autres sont celles des projections verticales et celle des moments :

$$Q + Q' - N' = 0, \qquad [4]$$

$$Qq - Q'q' - fN'r = 0. \qquad [5]$$

Ces cinq équations suffisent pour déterminer cinq inconnues N, N', N'', Q et Q'.

[1] et [2] donnent pour éliminer N''

$$P + P' - (N - N')(1 + f^2) = 0 ; \qquad [6]$$

donc $N > N'$ et par conséquent, d'après [2], N'' est positive et a bien le sens qu'indique la figure. Les équations [2] et [3] donnent, pour éliminer encore N'',

$$Pl + P'a - fr(N + N') - f^2 r(N - N') = 0 . \qquad [7]$$

Ces deux équations [6] et [7] déterminent N et N', après quoi les équations [4] et [5] serviraient à déterminer Q et Q'.

Cette dernière détermination permettra de vérifier, d'après les connaissances acquises expérimentalement sur la résistance du fer, si le diamètre des boulons est suffisant. Connaissant N, on pourra s'assurer si cette pression n'est pas trop grande pour la surface qui doit la supporter.

REMARQUES. — I. Il se passe un certain temps depuis l'instant où l'on est parvenu par le serrage des boulons à amener la vitesse de l'arbre à la valeur exigée, jusqu'à celui où, le grand bras du frein étant décalé, on trouve le poids P qui le tient en équilibre. Or, si ce temps est un peu long, il arrive quelquefois que dans cet intervalle les mâchoires ou coussinets du frein s'usent, et par suite l'arbre un peu desserré prend une augmentation de vitesse, ce qui oblige de resserrer les boulons. Le moyen d'atténuer cette difficulté serait d'interposer, entre les écrous des boulons et leurs rondelles, des ressorts indiqués par la figure 130.

II. Le frein de Prony, comparé aux appareils précédemment décrits, a deux inconvénients : il exige que le travail moteur exercé sur l'arbre tournant soit uniformément proportionnel au temps, et il nécessite pendant toute la durée de chaque expérience l'interruption de la communication du moteur avec les machines résistantes qu'il est destiné à faire fonctionner ou avec la résistance dont on veut évaluer le travail. Le dynamomètre dont nous allons faire la description et exposer la théorie n'a pas ces inconvénients et offre des avantages qui lui sont propres.

292. Dynamomètre de rotation à contre-poids et à compteurs de M. Palier. — L'inventeur, membre de la Société libre d'émulation de Rouen, a publié sur ce sujet, en 1858, une description suivie d'un rapport approbatif de M. Slawecki. Soient (fig. 105) :

AA, arbre horizontal dont les tourillons sont supportés par deux paliers fixes B, B. Cet arbre, qui, même lorsque la machine fonctionne, est tantôt en repos et tantôt tourne lentement dans un sens ou dans l'autre, porte trois poulies C, D, E ayant le même axe de rotation que lui et dont le mouvement est d'ailleurs indépendant du sien.

C, poulie fixée sur un canon libre sur l'arbre AA. Cette poulie, au moyen d'une courroie sans fin, transmet le mouvement à une ou plusieurs machines subissant un travail résistant qu'on se propose de connaître.

D, poulie fixée sur un autre canon libre sur l'arbre. Au moyen d'une courroie sans fin, elle reçoit le travail dû au moteur.

E, poulie folle sur le canon de la poulie D, et sur laquelle se met la courroie motrice de D quand on veut que le reste de la machine s'arrête.

Pour établir la communication de mouvement entre les deux poulies C et D, on place entre elles un système d'engrenage à mouvement épicycloïdal sphérique, appelé improprement dans ce cas « appareil à mouvement différentiel. » (Voir *Traité de Cinématique*, nᵒˢ 150 et 165.)

FF', arbre fixé en croix sur l'arbre A, les deux axes dans le même plan et à angle droit, de sorte que si l'arbre AA

tourne autour de son axe horizontal, l'axe de l'arbre FF'
décrit un plan vertical.

G, G', deux roues dentées coniques égales, tournant librement sur deux tourillons terminés par des écrous aux
   deux bouts de l'arbre FF'.

H, I, deux roues dentées coniques égales, dont le rayon
   moyen est r, engrenant avec les roues G, G', et fixées,
   l'une H sur le canon de la poulie C, l'autre I sur le
   canon de la poulie D.

Il en résulte que lorsque l'arbre AA est immobile, ainsi que
l'arbre FF' par conséquent, si la poulie D est en mouvement,
les deux roues H et I et par suite les deux poulies C et D
tournent avec des vitesses angulaires égales, mais de sens contraires.

Cela posé, remarquons que par suite des pressions motrices
que la roue I exerce sur les roues G et G', et des pressions
résistantes que ces deux mêmes roues G et G' reçoivent de la
roue H, l'ensemble solide de l'arbre FF' et de l'arbre AA'
ne peut rester en repos, à moins qu'une autre force ne l'empêche
de tourner.

Pour fixer les idées, supposons que le mouvement des poulies
et des engrenages ait le sens indiqué par les flèches de la figure ;
dans ce cas la pression mouvante, que nous désignons par N,
de la roue I sur la roue G, et la réaction résistante, égale à N
(nous négligeons les frottements), de la roue H sur la même
roue G poussent la branche F de l'arbre FF' du devant au
derrière du plan de la figure par une force dont l'intensité est
$2N$. En même temps, la pression mouvante, désignée par N',
de la roue I sur la roue G', et la réaction résistante, égale à N',
de la roue H sur la même roue G', poussent la branche F' de
l'arbre FF' du derrière au devant du plan de la figure par une
force $2N'$. Donc le système des arbres FF' et AA est sollicité à tourner dans le même sens que la roue I par deux forces dont la somme de moments autour de l'axe de AA est

$2(N + N')r$. Donc, pour maintenir ce système en équilibre, il suffirait de fixer sur l'arbre AA une poulie J enveloppée d'une courroie terminée par une portion verticale à l'extrémité de laquelle serait appliqué un poids P, en avant de l'axe; et si l'on appelle r' le rayon de cette poulie, augmenté de la demi-épaisseur de la courroie, il faudrait, abstraction faite des frottements et de la raideur de la courroie, qu'on eût l'équation

$$Pr' = 2(N + N')r.$$

De plus, si la somme des forces N et N' était constante ainsi que la vitesse angulaire w des poulies C et D, le travail moteur exercé par D à chaque seconde étant T, on aurait, abstraction faite des frottements,

$$T = (N + N')rw,$$

et par conséquent

$$T = \frac{Pr'w}{2};$$

de sorte qu'il suffirait d'observer le poids P et la vitesse w pour en conclure le travail T. L'appareil fonctionnerait à peu près comme le frein de Prony, avec l'inconvénient, d'une part, de quelques pertes par les frottements des canons des poulies C et D sur l'arbre AA et des engrenages des roues intermédiaires; avec l'avantage, d'autre part, d'éviter le désembrayage et de laisser fonctionner le moteur et les machines résistantes.

Mais il est souvent utile dans l'industrie de mesurer le travail de machines dont la résistance est variable.

Pour atteindre ce but, M. Palier remplace la poulie ordinaire J, que nous venons de supposer comme moyen de raisonnement, par une sorte de poulie excentrique en forme de spirale (fig. 106) qu'enveloppe, tantôt plus, tantôt moins, la courroie supportant le poids P. Par ce moyen, le bras de levier r' de la force P autour de l'axe peut devenir variable : si le travail T

vient à augmenter dans un rapport plus grand que la vitesse w ne s'accroît, les forces N et N' devenant plus grandes peu à peu font tourner le système FF'AA et le plateau en spirale, dans le sens de la flèche de la figure 106, jusqu'à ce qu'un nouvel état d'équilibre s'établisse dans ce système, si le travail augmenté devient constant par unité de temps. L'équation précédente subsiste alors, et si la spirale est tracée de manière que le rayon r' soit proportionnel au déplacement angulaire du plateau, à partir d'une position initiale connue, l'observation de ce déplacement, combinée avec celle de la vitesse angulaire qui peut aussi varier, permet de calculer la valeur actuelle du travail par unité de temps.

L'emploi du plateau à spirale constitue, dit M. Slawecki, « une invention dont le mérite appartient tout entier à M. Palier. »

Il a perfectionné son appareil en y adaptant, par des moyens connus en Cinématique, deux compteurs, dont l'un mesure le nombre de tours que font les poulies C et D depuis un instant initial jusqu'à celui de l'observation, et l'autre, le travail développé dans le même temps.

Le mécanisme du compteur du nombre de tours n'offre rien de particulier : il se réduit à deux aiguilles disposées comme celles d'un cadran d'horloge et dont l'une, tournant 100 fois plus lentement que la poulie D, marque les tours depuis 1 jusqu'à 100, et l'autre tournant 100 fois plus lentement que la première, permet de compter jusqu'à 10 000 tours.

Le compteur du travail est une ingénieuse imitation de celui du dynamomètre de MM. Poncelet et Morin (286). Un plateau de friction circulaire R (fig. 107), tournant autour d'un axe perpendiculaire à son plan, reçoit une vitesse angulaire proportionnelle à la vitesse w de la poulie D. Une roulette M s'appuyant au centre de ce plateau, lorsque, celui-ci étant dans sa position initiale, le bras de levier r' de la force P est nul, s'éloigne de ce centre à une distance proportionnelle à la valeur de ce bras de levier, et par conséquent proportionnelle au déplacement angulaire du plateau à spirale **J**. Pour cela, parallèlement au plan du plateau **K** est établi un arbre *à rainure*, libre de tourner sur deux paliers **L, L**; sur cet arbre est enfilé un long canon à languette qui est libre d'y glisser longitudinalement, mais dont la rotation entraîne celle de l'arbre; sur ce canon est fixée la roulette **M** qui s'appuie contre le plateau **K**, et en reçoit une rotation proportionnelle à sa distance au centre du plateau; sur le même canon est encore fixé un cylindre **NN** cannelé transversalement, solide de révolution dont le profil méridien a la figure d'une crémaillère; cette crémaillère de révolution engrène avec un pignon **O**, dont l'arbre est lié par un engrenage à l'arbre principal **AA**, de sorte que ses déplacements angulaires sont les mêmes que ceux du plateau à spirale **J**, et par conséquent les déplacements linéaires de la roulette **M** sont proportionnels aux variations de moment Pr'. Ainsi la vitesse angulaire de l'arbre **LL**, variant en raison composée de la vitesse w (proportionnelle à celle du plateau **K**) et du moment Pr', varie proportionnellement au travail T par seconde. Au moyen d'une combinaison facile d'engrenages, cette vitesse angulaire de l'arbre **LL** est transmise, en se réduisant dans un rapport convenable, aux deux aiguilles d'un cadran appelé *totalisateur*, et qui indique en effet le travail total transmis à la poulie **C** depuis l'instant initial, sauf de petites pertes dues au frottement.

Voici à peu près en quels termes M. Palier décrit le procédé qu'il emploie pour tracer la spirale ci-dessus mentionnée.

Avec un rayon égal à la plus grande valeur qu'on adopte pour le bras du levier r' de la force P, on trace, autour du centre s, une circonférence qu'on divise en 40 parties égales (fig. 106); on trace les rayons $s1, s2, s3,\ldots s40$; sur la droite $s1$, on marque le point a dont la distance au centre s est 1/40⁰ du rayon; sur la droite $s2$, on détermine le point b, dont la distance bs est 2.40ᵉˢ du rayon. De même sur $s3, s4, s5,\ldots$

on porte les distances $sc = 3/40^e$, $sd = 4/40^e$, $se = 5.40^e$...,
et ainsi de suite jusqu'au rayon $s40$, où le point r se confond
avec l'extrémité 40 du rayon de la circonférence. Ensuite, pour
chacun des points a, b, c, d, e,... dont la réunion formerait
une spirale d'Archimède, on trace les droites aa', bb', cc',
dd', ee',... perpendiculaires aux rayons sur lesquels elles prennent leur origine. Ces droites sont autant de tangentes à la
courbe qu'il s'agit d'obtenir, et elles suffisent à la déterminer.
Remarquons cependant que cette construction ne tient pas
compte de l'épaisseur de la courroie, et qu'il serait très-facile
d'y avoir égard en modifiant convenablement la courbe. Il est
d'ailleurs bien entendu que le centre de gravité du plateau à
spirale, abstraction faite de la charge de la courroie, doit être
dans l'axe de rotation de l'arbre AA.

§ 3.

NOTIONS SUR LE TRAVAIL DES MOTEURS ANIMÉS.

293. Conditions du travail journalier. — Le travail que peuvent fournir, dans un temps donné, l'homme et les animaux appliqués comme moteurs aux machines, dépend du genre de récepteur sur lequel ils agissent et de la durée des périodes de leur action et de leur inaction. Les nombres du tableau ci-joint (293), résultats moyens de nombreuses observations recueillies et comparées par MM. Navier et Poncelet, supposent un travail répété chaque jour sans excéder la fatigue que réparent le repos, la nourriture et le sommeil. A chaque manière d'agir répondent : 1° l'effort moyen et la vitesse constituant le travail par seconde qu'on doit attendre du moteur indiqué ; 2° la durée du travail journalier et par suite le travail obtenu chaque jour.

294. Observations sur les résultats de l'expérience. — Les articles 1° et 5° du tableau montrent que le plus grand travail dynamique qu'on obtienne d'un homme a lieu lorsqu'il agit par les muscles de ses jambes, avec une vitesse égale à celle de la machine, en exerçant sur l'appui qui le supporte une pression égale à son poids. Si l'effort de l'homme augmente, il faut, pour le maximum d'effet, que la vitesse diminue ; mais il n'y a pas compensation, comme on le voit à l'article 3 du tableau, quand même on compterait, pour partie de l'effet utile, l'élévation du corps du manœuvre. Cette observation de Coulomb a été mise en pratique avec succès, par M. Coignet, ingénieur militaire, aux travaux de terrassement de Vincennes : à une corde passant sur une grande poulie étaient attachés deux plateaux, dont l'un portait la charge à élever, et l'autre l'homme qui descendait en se reposant et remontait ensuite par une échelle. L'expérience a constaté qu'un homme pesant environ 70 kg. s'élevait journellement 310 fois à la hauteur de 13 mètres, ce qui fait 282 100 kg. m.

Les roues à chevilles ayant environ 5 mètres de diamètre servent encore de nos jours pour extraire les pierres des carrières. Elles présentent des dangers qui devraient leur faire préférer les treuils à manivelles.

En Angleterre, on a employé des prisonniers à faire mouvoir soit des moulins à blé, soit des machines à filer, en les faisant agir sur deux roues d'environ 1^m,50 de diamètre et d'une grande largeur, portant des planchettes ou marches sur lesquelles montaient 20 hommes à la fois, en s'appuyant des mains contre une perche fixe, placée à la hauteur de leur poitrine. La tâche journalière de chaque prisonnier était de monter 50 marches de 0^m,20 de hauteur par minute, et d'exécuter ce travail pendant sept heures, divisées par de fréquents repos où les hommes se succédaient sans arrêter la machine, la durée de leur présence à la roue étant de dix heures par jour. En supposant à l'homme un poids de 65 kg., on en conclut que son travail dynamique journalier était de

$$65^{kg} \times 0^m,20 \times 50 \times 60 \times 7 = 273\ 000^{kg \cdot m}.$$

On ne peut s'empêcher de remarquer combien est dégradant pour l'homme cet emploi exclusif de sa force physique, sans locomotion et sans le moindre concours de son intelligence.

Le mode d'action indiqué à l'article 2 est défavorable, parce qu'il emploie uniquement les bras, et à certains moments dans une position très-fatigante. La manivelle, article 7, qui fait aussi principalement fonctionner les bras, n'a pas au même degré cet inconvénient. Il est utile que le treuil fasse volant, afin de permettre à l'ouvrier de faire varier un peu l'intensité de la pression qu'il exerce sur la manivelle, aux divers points de la circonférence qu'elle parcourt. Le bras ou rayon de la manivelle est ordinairement de 0^m,35 à 0^m,40.

Les articles de 10° à 13° montrent que le cheval attelé à un manége ne produit pas le travail de 75 kilogrammètres par seconde, adopté pour l'unité dite cheval-dynamique. Il faut que le diamètre du manége soit assez grand pour que le cheval ne soit pas gêné dans sa marche circulaire, et travaille à peu près également des deux épaules.

En général, les nombres du tableau ne sont que des valeurs moyennes qu'il convient d'adopter, et dont il faut peu s'écarter pour réaliser le meilleur résultat. Si dans une application on modifie l'un des facteurs du travail journalier, il faut changer au moins l'un des deux autres. M. Christian (*Mécanique industrielle*) cite l'exemple d'un homme, probablement au-dessus de la vigueur moyenne, qui, employé pendant trois mois à tourner une manivelle, a développé chaque jour, pendant sept heures, un effort moyen de 14 kg. avec une vitesse de $0^m,50$ par seconde, ce qui produit par jour 176 400 kg. m.

295. Tableau des valeurs du travail journalier que peuvent fournir les moteurs animés dans divers circonstances.

MODE D'ACTION.	POIDS supporté ou effort moyen.	Vitesse par seconde.	Travail par seconde.	DURÉE du travail par jour.	TRAVAIL JOURNALIER.
Elévation immédiate des corps pesants.	kg.	m.	kg.m.	heures.	kg. m.
1° Un homme montant une rampe douce ou un escalier, son travail consistant dans l'élévation de son corps.......	65	0,15	9,75	8	280 800
2° Un manœuvre élevant des matériaux avec les mains.	20	0,17	3,40	6	73 440
3° Un homme portant des fardeaux sur le dos au haut d'une rampe douce ou d'un escalier, et revenant à vide..	65	0,04	2,60	6	56 160
4° Manœuvre élevant des terres à la pelle, à la hauteur moyenne de $1^m,60$.........	2,7	0,40	1,08	10	38 860

MODE D'ACTION.	POIDS supporté ou effort moyen.	Vitesse par seconde.	Travail par seconde.	DURÉE du travail par jour.	TRAVAIL JOURNALIER.
Action sur les machines.	kg.	m.	kg. m.	heures.	kg. m..
5° Manœuvre agissant sur une roue à chevilles ou à tambour :					
a Au niveau de l'axe....	60	0,15	9,00	8	259 200
b Vers le bas de la roue.	12	0,70	8,40	8	251 120
6° Manœuvre agissant horizontalement sur un cabestan.....................	12	0,60	7,20	8	207 360
7° Manœuvre à une manivelle.....................	8	0,75	6,00	8	172 800
8° Un homme exercé poussant et tirant alternativement suivant une verticale (scieur de long).....................	6	0,75	4,50	10	162 000
9° Manœuvre élevant des fardeaux avec une corde et une poulie, et descendant la corde à vide....................	18	0,20	3,60	6	77 760
10° Un cheval à une voiture :					
a Au pas...............	70	0,90	63,00	10	2 168 000
b Au trot...............	44	2,20	96,80	4,5	1 568 160
11° Un cheval à un manége :					
a Au pas...............	45	0,90	40,50	8	1 166 400
b Au trot...............	30	2,00	60,00	4,5	972 400
12° Un bœuf à un manége.	60	0,60	36,00	8	1 036 800
13° Un mulet à un manége.	30	0,90	27,00	8	777 600
14° Un âne à un manége...	14	0,80	11,20	8	322 560

APPENDICE

DE LA POUSSÉE DES TERRES.

---

296. Objet de cette théorie. — Un massif de terre étant soutenu par un mur, la théorie de la poussée des terres a pour objet de déterminer la pression totale que supporte la face postérieure du mur, et la loi de la répartition des forces élémentaires dont cette pression totale est la résultante. La solution dépend des hypothèses qu'on peut faire sur les forces mutuelles qui agissent entre les molécules de terre lorsqu'elles glissent ou sont sur le point de glisser les unes sur les autres.

297. Divers degrés de résistance au glissement des terres. — La résistance au glissement relatif des parties d'un massif de terre varie non-seulement avec la nature spéciale de cette terre, mais encore avec sa consistance.

Lorsque, récemment remuée, la terre ayant perdu sa cohésion est amassée en remblai sans appui latéral au moins d'un côté, elle ne peut se maintenir en repos qu'après avoir pris un certain talus, sur lequel les parties désagrégées sont en équilibre, comme un corps solide sur un plan incliné, sous l'action de son poids et du frottement. Le maximum de l'angle à l'horizon de ce qu'on appelle le talus naturel de chaque espèce de terre a une certaine valeur, qui dépend de la nature et de l'état de division et de sécheresse de cette terre, et qui reste la même quelle que soit la hauteur du remblai. La tangente de cet angle est, par conséquent, le coefficient du frottement réciproque des matières désagrégées en contact.

Mais lorsque les terres, surtout celles qui sont plus ou moins argileuses, ont acquis de la cohésion, soit naturellement par des dépôts lents et successifs sous l'influence des pluies et des inondations, soit artificiellement par un damage aidé de l'humidité, comme, par exemple, dans la fabrication du pisé, elles possèdent à un certain degré les propriétés des corps solides, et la résistance au glissement mutuel de deux parties du massif n'est plus simplement proportionnelle à leur pression normale au plan de glissement, puisqu'elle subsiste lorsque cette pression est nulle. COULOMB a proposé de considérer cette résistance, à l'instant où elle acquiert son maximum, comme composée de deux termes, l'un analogue au frottement ordinaire des corps solides distincts, et proportionnel à la pression normale, l'autre qui devrait s'appeler cohésion tangentielle et supposé simplement proportionnel à la surface de disjonction. Cette hypothèse peut être vérifiée, et les coefficients du frottement et de la cohésion déterminés par l'expérience, au moyen de formules fournies par la théorie dans la question suivante.

298. Problème. — Un massif de terre dont la surface supérieure est dans un plan horizontal AB (fig. 108) et dont la hauteur est CD, est terminé latéralement par un plan AC. Il s'agit de déterminer, eu égard au frottement et à la cohésion, l'angle le plus petit que le talus AC puisse faire avec la verticale sans qu'il se produise aucune disjonction dans le massif (*). Soient :

h la hauteur donnée CD ;

Π le poids de l'unité du volume du massif ;

f et c les coefficients des deux termes de la résistance au glissement sur le point de naître entre deux parties actuellement adhérentes;

x l'angle cherché de AC avec la verticale.

(*) Le fond et la solution de ce problème sont empruntés aux *Leçons sur la résistance des matériaux* de M. Navier, 1833, pages 121 et suiv.

Imaginons par l'horizontale C un plan CB formant avec la verticale l'angle BCD $= \beta$. Il sépare idéalement du massif un prisme ACB dont le poids par unité de longueur est représenté par

$$P = \frac{1}{2} \Pi h^2 (\tang \beta - \tang \alpha).$$ [1]

Ce prisme est en équilibre sous l'action de la pesanteur et des réactions qu'exerce sur lui la partie du massif inférieure au plan CB. Soit N la somme des composantes normales de ces réactions, et soit F la somme de leurs composantes parallèles au plan dans le sens CB. On a, en vertu de l'équilibre,

$$N = P \sin \beta \quad \text{et} \quad F = P \cos \beta.$$

Cette force F ne peut pas dépasser une certaine intensité qui a lieu seulement lorsque la disjonction et le glissement sont sur le point de naître. Dans tout autre cas de repos et d'équilibre, la force F est inférieure à cette intensité. On a ainsi (c étant la cohésion par unité de surface) la condition

$$F \leqq f N + c \cdot CB ,$$

ou

$$P \cos \beta \leqq f P \sin \beta + \frac{ch}{\cos \beta} ,$$

d'où, en substituant l'expression [1] de P, on tire

$$\tang \alpha \leqq \tang \beta - \frac{2c}{\Pi h} \frac{1 + \tang^2 \beta}{1 - f \tang \beta}.$$ [2]

L'angle α devant être tel que cette inégalité subsiste, quelque valeur qu'on assigne à l'angle β, il s'ensuit que la plus petite valeur admissible de $\tang \alpha$ est égale au maximum du second membre relativement à la variable β.

Soient, pour abréger l'écriture,

$$\tan \beta = x, \quad \text{et} \quad \frac{Hh}{2c} = a;$$

on a

$$d \tan z = d\left(x - \frac{1 + x^2}{a\,(1 - fx)}\right)$$

$$= \frac{1 + fa}{fa\,(1 - fx)^2}\left((1 - fx)^2 - \frac{1 + f^2}{1 + fa}\right) dx.$$

La dérivée de $\tan z$ égalée à zéro donne, pour la condition du maximum,

$$fx = f \tan \beta = 1 - \sqrt{\frac{1 + f^2}{1 + fa}},$$

et, d'après [2], la valeur correspondante de $\tan z$ est

$$\tan z = \frac{1}{af^2}\left(af + 2 - 2\sqrt{(1 + f^2)\,(1 + fa)}\right)$$

$$= \frac{1}{f} + \frac{2}{f^2}\left(\frac{2c}{Hh} - \sqrt{\frac{2c}{Hh}\left(\frac{2c}{Hh} + f\right)(1 + f^2)}\right). \qquad [3]$$

Telle est la valeur cherchée de $\tan z$ qui, comme on voit, dépend non-seulement des propriétés de la terre caractérisées par les quantités H, f et c, mais aussi de la hauteur h, qui doit être assez grande pour que $\tan z$ ne soit pas négative, sans quoi la théorie précédente ne s'appliquerait pas.

La dernière équation résolue par rapport à h donnerait la plus grande hauteur h sur laquelle le massif puisse se soutenir avec l'inclinaison z.

299. Terres à pic. — Pour une certaine valeur h' de h, $\tan z$ est nulle. En appelant a' la valeur correspondante de a, on a alors

$$(a'f + 2)^2 = 4(1 + f^2)(1 + a'f) \quad \text{ou} \quad a'^2 - 4a'f = 4,$$

d'où

$$a' = 2(f + \sqrt{1 + f^2}),$$

c'est-à-dire

$$h' = \frac{4c}{H}(f + \sqrt{1 + f^2}); \qquad [4]$$

c'est la plus grande hauteur sur laquelle le terrain homogène auquel conviennent les valeurs H, f et c pourra se tenir à pic.

Pour des valeurs de h plus petites que h', tang z devient négative, c'est-à-dire que le terrain pourrait se tenir en surplomb; mais, comme nous venons de le dire, la théorie qui a donné la formule [3] n'est évidemment pas applicable à ce cas.

300. Détermination expérimentale des coefficients f et c. — Les formules [3] et [4] s'appliquent au cas particulier où l'on suppose la cohésion nulle : en faisant $c = 0$, on trouve $h' = 0$ et tang $z = \dfrac{1}{f}$; la terre ne peut alors se tenir à pic, et le plus grand angle du talus avec l'horizon a sa tangente égale à f, comme nous l'avons déjà remarqué (275).

Un terrain cohérent étant donné, on pourra trouver expérimentalement les valeurs des coefficients f et c qui lui sont propres. Pour cela, en le taillant à pic, on déterminera la plus grande hauteur h' sur laquelle il peut se maintenir en cet état; puis, avec les terres désagrégées tirées du déblai et mises en remblai sous l'angle le plus grand à l'horizon qu'elles comportent, on obtiendra le coefficient f, égal à la tangente de cet angle, et ce coefficient mis avec h' dans l'équation [4] permettra de calculer le rapport $\dfrac{c}{H}$.

Remarque. — Le procédé qui vient d'être indiqué repose sur une hypothèse : c'est que, dans les terres à l'état de cohésion, le coefficient f du frottement, c'est-à-dire de la partie de la résistance au glissement imminent qui est proportionnelle à la pression normale, a la même valeur que dans les mêmes terres fraîchement remuées. Or, en fait de frottement, toute loi est expérimentale, et celle dont il s'agit peut être contestée jusqu'à ce que l'expérience en ait démontré l'exactitude. La possibilité de maintenir à pic certaines terres préalablement comprimées prouve bien l'existence de la cohésion indépendante de la pression normale; mais elle ne prouve pas la nécessité de la coexistence de la cohésion et du frottement, et encore moins la constance du coefficient f; car rien n'empêcherait, dans l'analyse du numéro 276 et dans la formule (4), de faire f quelconque et même nul.

Il semble qu'on pourrait consulter l'expérience à cet égard, au moyen de la formule [3] : après avoir déterminé la plus grande hauteur h' sur laquelle un massif pourrait se maintenir à pic, on constaterait pour plusieurs hauteurs plus grandes h'', h'''..., les plus petits angles α'', α'''... de talus correspondants, que comporterait le même massif. Deux systèmes de valeurs de α et de h détermineraient f et c; les autres serviraient à vérifier l'exactitude suffisante de la loi de Coulomb.

301. Résultats de diverses expériences. — Navier, dans ses leçons sur la résistance des matériaux, a rapporté les résultats suivants, obtenus par plusieurs observateurs, sur le plus grand angle à l'horizon que comportent diverses matières désagrégées.

DÉSIGNATION DE LA MATIÈRE.	ANGLE à L'HORIZON.	*f* TANG. de CET ANGLE.
Sable fin et sec......................	31°	0,60
Sable de rivière très-fin..............	33	0,65
Sable fin et sec, grès pulvérisé........	31°30'	0,69
Terre non cohérente, très-sèche.........	39	0,80
Sable le plus léger....................	39	0,80
Terre ordinaire, bien sèche et pulvérisée.....	46°50'	1,07
Même terre légèrement humectée..........	54	1,38
Sol le plus dense	55	1,43
Grains de millet......................	23	0,42
Cendrée de plomb......................	22°30'	0,41
Grains de plomb trois fois plus gros........	25	0,47

Ce tableau justifie la dénomination de terres moyennes qu'on donne à celles dont le talus naturel est à 45° et par conséquent le coefficient de frottement égal à l'unité.

Quant au poids Π des terres, par mètre cube, Navier donne les indications moyennes suivantes :

Terre végétale.... 1400^{kg} Glaise............. 1900^{kg}

Terre franche..... 1500   Sable terreux..... 1700

Terre argileuse... 1600   Sable pur........ 1900

La hauteur sur laquelle on peut couper verticalement les terres sans causer d'éboulement est, suivant Navier, de 1 à 2 mètres pour la terre franche, et de 3 à 4 mètres et même au delà pour celles fortement argileuses.

En supposant, dans la formule [4], $h' = 1$, $\Pi = 1500$ et $f = 1,07$, on trouve $c = 148^{kg}$ par mètre quarré pour la terre franche la moins cohérente; et en supposant $h' = 4$, $\Pi = 1800$ et $f = 1,43$, on trouve $c = 662^{kg}$ pour les terres les plus fortes.

« Lorsque les terres, dans l'état naturel, » dit M. Navier, « ont été coupées, et lorsque la surface du talus demeure ex-

« posée à l'air, les alternatives de sécheresse et d'humidité, ou
« l'effet de la gelée, changent les qualités de ces terres. Les
« parties voisines de la surface se détachent successivement ;
« et, en général, les terres tendent à prendre d'elles-mêmes,
« avec le temps, les talus qu'elles auraient affectés d'abord, si la
« cohésion n'eût pas existé. Mais si la paroi latérale a été re-
« vêtue par une construction en maçonnerie, l'altération dont
« il s'agit n'a pas lieu. »

**302. Généralités sur la méthode de détermination de la
poussée d'un massif de terre contre son revêtement.** — Un
massif de terre s'appuyant sur la face postérieure AB d'un mur
(fig. 109) et ayant sur une longueur indéfinie un profil quelconque mais constant BCDEFG, il s'agit de calculer la pression
que supporte ce revêtement par unité de longueur.

Cette question n'est pas susceptible d'une solution rigoureuse,
comme elle le serait si la pression supportée par le mur était
exercée par un liquide. Il s'agit ici d'un solide imparfait, friable,
dont la déformation, premier degré de l'éboulement, qui tend
à se produire par l'effet de la pesanteur, doit être empêchée par
la réaction du mur, aidée des résistances au glissement mutuel
des particules du massif. C'est à Coulomb (Mémoires des savants
étrangers à l'Académie des sciences, 1773) que l'on doit la méthode suivie pour tenir compte de ces résistances en les supposant soumises à la loi énoncée à la fin du numéro 297.

Il admet que si la paroi postérieure AB du mur de soutene-
ment venait à céder tant soit peu à la pression des terres, le
massif se romprait seulement suivant un plan AX, dit *plan de
rupture;* de sorte qu'à l'instant où le mouvement serait sur le
point de naître, le prisme BAX, dit *prisme de rupture,* pourrait,
suivant Coulomb, être assimilé à un coin solide, en équilibre
sur le point de cesser, entre le terrain immobile inférieur au
plan AX et la paroi AB du mur prêt à reculer ; et cet équilibre aurait lieu entre le poids du prisme et les résistances au

glissement sur le point de naître des terres sur le talus **AX** d'une part, et sur la maçonnerie, suivant la paroi **AB**, d'autre part.

Il est évident que cette hypothèse n'est complétement réalisable que dans le cas très-rare où, la paroi **AB** se mouvant horizontalement et parallèlement à elle-même, le mur glisserait tout d'un bloc sur sa fondation ; et que, dans toute autre circonstance, la rupture du massif, dont les fragments ne peuvent cesser de s'appuyer sur la paroi du mur, s'opère par plusieurs lézardes simultanées qui s'emplissent de menus détritus. Mais l'équilibre supposé par Coulomb n'est certainement pas assez éloigné de la vérité pour ne pas conduire à des résultats utiles dans la pratique des constructions.

Ce point admis, le premier pas à faire est de déterminer la direction du plan de rupture ; et voici comment on y parvient.

Supposons d'abord que le plan **AX** de la figure 109 soit, non plus le plan de rupture, mais un plan mené arbitrairement par la droite projetée en **A**. Entre ce plan et la paroi **AB** se trouve compris un prisme **BAX** qui doit être maintenu en repos par la réaction du mur. Donc cette réaction doit être *égale ou supérieure* à celle qu'il faudrait pour empêcher ce prisme de se séparer de la partie inférieure du massif en descendant et glissant le long des plans **XA** et **BA**. Cet équilibre est analogue à celui d'un corps **HR** (fig. 110) en repos sur un plan incliné **IL**, sous l'action de son poids **P** et d'une force **F** d'une direction donnée. Si, par exemple, cette direction est parallèle à **IL**, on peut affirmer que la force **F** est comprise entre

$$P \sin i - fP \cos i \quad \text{et} \quad P \sin i + fP \cos i,$$

valeurs qui correspondent, la première, au cas où le corps est sur le point de glisser en descendant, la seconde, au cas où il est sur le point de glisser en montant.

Ainsi, en calculant, comme nous allons le faire au numéro 303, la force que devrait au moins exercer le mur pour empêcher le glissement naissant du prisme BAX supposé solide, on aura une limite inférieure de la réaction nécessaire du mur sur le massif.

Cela étant, si l'on parvient, soit par des essais successifs suffisamment nombreux, soit par voie de raisonnement, à trouver parmi tous les prismes imaginables, ayant AB pour face commune, celui qui exigera la plus grande réaction de la part du mur, ce sera celui-là même qui sera le prisme de rupture (qu'il vaudrait mieux appeler *prisme de plus grande poussée*, puisque la rupture n'est qu'hypothétique et doit être empêchée) ; et la réaction qui lui correspondra sera celle qu'il suffira que le mur puisse exercer.

Il ne restera plus qu'à chercher la loi de l'inégale répartition des diverses forces élémentaires dont se compose la réaction totale. Pour cela, on pourra prendre sur AB plusieurs points A', A"... ; calculer la réaction de la paroi A'B comme on a calculé celle de la paroi AB ; en conclure par soustraction la réaction de la bande projetée en AA' ; trouver de même celle de la bande A'A". En procédant ainsi de suite on obtiendra, à une approximation suffisante, les forces partielles et parallèles dont la réaction totale est la résultante, et par suite on déterminera la distance de cette résultante au point A.

Passons au détail des calculs que nous venons d'indiquer.

503. Calcul de la réaction du mur nécessaire pour résister à la disjonction du massif suivant un plan donné AX. — La réaction de la partie du massif inférieure au plan AX, sur le prisme BAX, d'une longueur égale à l'unité, résulte d'une multitude de forces élémentaires qui peuvent se réduire, à l'instant où le glissement est imminent, à trois forces équivalentes, savoir : une pression normale N, une force tangentielle analogue au simple frottement, proportionnelle à N et représentée par fN ; enfin, une force également parallèle au plan AX, appelée *cohésion*, proportionnelle à la surface AX, et que nous représentons en conséquence par $c\xi$, en faisant $AX = \xi$, et désignant par c la cohésion par unité de surface.

La réaction totale du mur sur le prisme peut également se réduire à trois forces : une pression normale Q, un frottement $f'Q$ et une cohésion ou adhérence $c'h$. Nous désignons par f' le coefficient de frottement du mur contre les terres, et par c' l'adhérence rapportée à l'unité de surface le long du mur, dont la dimension AB est représentée par h.

Enfin, le prisme est sollicité par la pesanteur ; représentons son poids par P.

Les forces que nous venons d'indiquer satisfont aux conditions d'équilibre, dont l'une est que leur résultante de translation est nulle. Transportons ces forces en un point quelconque, par exemple, en un point de la droite AX, et écrivons que les sommes de leurs projections parallèlement et perpendiculairement à cette droite sont nulles. Nous avons, en faisant l'angle à l'horizon $XAL = \alpha$, et l'angle du prisme $BAX = \beta_1$.

$$fN - P\sin\alpha + Q\sin\beta + f'Q\cos\beta + c'h\cos\beta + c\xi = 0,$$

$$N - P\cos\alpha - Q\cos\beta + f'Q\sin\beta + c'h\sin\beta = 0,$$

d'où, en éliminant N,

$$Q = \frac{P(\sin\alpha - f\cos\alpha) - c'h(\cos\beta - f\sin\beta) - c\xi}{\sin\beta + f\cos\beta + f'(\cos\beta - f\sin\beta)}.$$

Cette formule se simplifie en remplaçant f par $\dfrac{\sin\varphi}{\cos\varphi}$ et f' par $\dfrac{\sin\varphi'}{\cos\varphi'}$, c'est-à-dire en représentant par φ et φ' les angles de frottement des terres sur elles-mêmes et contre le mur. On obtient aisément, d'abord

$$Q = \frac{P\sin(\alpha - \varphi) - c'h\cos(\beta + \varphi) - c\xi\cos\varphi}{\sin(\beta + \varphi) + f'\cos(\beta + \varphi)},$$

puis

$$\frac{Q}{\cos \varphi'} = \frac{P \sin(x - \varphi) - c'h \cos(\beta + \varphi) - c\xi \cos \varphi}{\sin(\beta + \varphi + \varphi')},$$

formule dans laquelle les variables β, P et ξ sont des fonctions de x.

La force $\dfrac{Q}{\cos \varphi'}$, résultante de Q et de $f'Q$, étant ainsi connue, en la composant avec $c'h$, on aurait l'intensité de la réaction totale demandée.

304. Recherche du prisme de plus grande poussée. — La question se réduit à trouver la valeur de x, à laquelle correspond le maximum de Q, puisque φ', c' et h étant des constantes, la réaction totale est la résultante de $\dfrac{Q}{\cos \varphi'}$ et de $c'h$.

Il est clair que si l'on connait les constantes φ, φ', c et c', en appliquant le calcul du numéro précédent à une suite de valeurs de x suffisamment rapprochées, on pourra toujours trouver approximativement la valeur de cet angle pour laquelle la réaction nécessaire du mur atteindra son maximum, qui se trouvera en même temps déterminé.

Plusieurs savants ingénieurs ont cherché le moyen de dispenser de ces tâtonnements les constructeurs, soit au moyen de formules analytiques, soit à l'aide de constructions graphiques. Ils ont tous commencé par simplifier la question par des hypothèses qui s'éloignent plus ou moins de la réalité. MM. DE PRONY, FRANÇAIS, AUDOY et NAVIER ont négligé la résistance que la paroi AB du mur oppose au glissement des terres ; selon eux, la réaction de cette paroi lui serait perpendiculaire. M. PONCELET, et à son exemple M. ARDANT, ont restitué parmi les données du problème la considération du *frottement* des terres sur la paroi du mur ; mais ils ont négligé la cohésion sur les deux faces AX et AB du prisme. Voici leurs motifs :

M. Poncelet dit dans son mémoire inséré au numéro 13 du

Mémorial de l'officier du génie, année 1840, page 136 : « Quant
« à la cohésion... et à l'adhérence... dont l'action est purement
« virtuelle et cesse de s'exercer après les instants qui précèdent
« la rupture, sauf peut-être pour les terres argileuses, il serait
« possible d'en tenir compte, en admettant les hypothèses de
« Coulomb ; mais il convient, sous plus d'un rapport, d'en né-
« gliger la considération dans la question qui nous occupe. »

M. Ardant, dans son mémoire de 1848, n° 15 du *Mémorial*,
page 7, s'exprime ainsi : « Nous adopterons ces différentes
« hypothèses (de Coulomb), sauf celle qui concerne l'existence
« simultanée du frottement et de l'adhérence ou de la cohé-
« sion. Nous ne croyons pas que l'adhérence et le frottement
« puissent coexister et agir au même instant. Nous supposerons
« la cohésion anéantie le long des faces de contact du prisme
« de rupture avec le reste du remblai et avec la maçonnerie.
« Au surplus, pour éviter une discussion qui, en l'absence
« d'expériences bien concluantes, ne pourrait mener à rien de
« satisfaisant, nous consentirons, si on l'exige, à restreindre
« aux terres sans cohésion les résultats de nos calculs. »

On voit que si les deux auteurs arrivent à la même conclusion, les motifs qu'ils énoncent sont différents et loin d'être
incontestables. Il est à présumer que, dans la première phrase
citée, par le mot *action*, il faut entendre le *travail*, qui, en effet,
ne pourrait être que virtuel pour la cohésion, laquelle cesse-
rait aussitôt que la disjonction du massif se produirait. Mais le
mur a précisément pour fonction d'empêcher cette disjonction,
et la détermination du prisme de plus grande poussée résulte
de l'équilibre qui a lieu aux instants qui précèdent la rupture,
alors qu'il semble impossible de nier que la cohésion s'exerce
réellement, si ce n'est peut-être dans des cas exceptionnels, où
le massif est, à dessein, formé de sable purement siliceux fin et
sec. Quant au doute élevé par M. Ardant sur la réalité de
l'existence simultanée du frottement et de la cohésion, tout se
réduit à savoir si, avant que la rupture du massif se produise

(car c'est bien, nous le répétons, à cet instant qu'il s'agit de calculer la poussée), la résistance au glissement imminent se compose, suivant l'opinion de Coulomb, de deux termes proportionnels, l'un à la pression normale, l'autre à la surface. Or, il est incontestable que, sauf le cas très-particulier de terres sans cohésion, le second terme existe ; lui seul peut expliquer la possibilité de maintenir à pic sur une certaine hauteur les terres ordinaires suffisamment tassées, et même il suffirait, sans le frottement, pour réaliser cet état. Si donc l'expérience venait à confirmer l'opinion de M. Ardant, le changement à introduire dans la théorie serait, non d'anéantir la cohésion pour ne tenir compte que du frottement, mais de réduire ou de négliger le frottement en attribuant à la cohésion une plus forte part ou la totalité de la résistance au glissement.

Pourtant, à l'appui de l'usage reçu de supprimer la cohésion dans la théorie de la poussée des terres, il reste les motifs enveloppés dans les termes que nous venons de rapporter : *Il convient, sous plus d'un rapport, d'en négliger la considération dans la question qui nous occupe.* Nous croyons, en effet, qu'on peut dire : 1° que lorsque les terres soutenues par un mur doivent former, dans toute l'étendue du prisme de plus grande poussée, un remblai récent, il peut être convenable de ne pas compter, dans les premiers temps, sur leur cohésion, parce que le travail nécessaire pour leur faire acquérir artificiellement cette qualité pourrait coûter au delà de la dépense épargnée sur l'épaisseur du mur ; 2° que si les terres du remblai peuvent être accidentellement pénétrées d'eau, il est à craindre que cette circonstance, tout en laissant subsister leur frottement, ne vienne à anéantir momentanément leur cohésion ; 3° enfin que lorsqu'il s'agit des murs de fortification des places de guerre, exposés à être battus en brèche, l'inconvénient de les faire un peu trop épais est compensé par l'avantage de les rendre plus difficiles à détruire.

Dans les articles suivants, nous négligerons la cohésion et

nous ferons usage de considérations géométriques dont nous avons emprunté le fond essentiel au mémoire cité de M. Poncelet, pages 132 et suivantes.

305. Détermination du prisme de plus grande poussée d'un massif sans cohésion. — Dans l'hypothèse du manque de cohésion, il faut, dans la formule finale du numéro 280, faire $c = 0$ et $c' = 0$. $\dfrac{Q}{\cos \varphi'}$ est alors la réaction totale du mur, à l'instant où le prisme BAX est sur le point de glisser. Désignons-la par R; la formule se réduit à

$$R = P \, \frac{\sin (\alpha - \varphi)}{\sin (\beta + \varphi + \varphi')} \cdot$$

On obtiendrait facilement et directement cette équation de la manière suivante : représentons dans la figure 111 la force R faisant l'angle φ' avec la perpendiculaire à AB. Soit de même S la réaction totale du terrain inférieur à AX, résultante de N et de fN, et faisant l'angle φ avec la perpendiculaire à AX. Soient R' et P' les droites opposées à R et à P. Les trois forces P, S, R transportées en un même point ont leur résultante nulle. Donc on a, comme ci-dessus :

$$\frac{R}{P} = \frac{\sin (P, S)}{\sin (R, S)} = \frac{\sin (P', S)}{\sin (R', S)} = \frac{\sin (\alpha - \varphi)}{\sin (\beta + \varphi + \varphi')} \cdot$$

Il faut mettre dans cette formule une expression du poids P du prisme dont la base est ABCDEXA (fig. 112), variable avec la position du point X. Pour cela, en supposant que ce point variable doit, quand le prisme est celui de plus grande poussée, rester entre les points E et F du profil, on déterminera sur le prolongement de EF un point K, tel que l'aire du triangle AKX soit égale à celle du polygone ABCDEXA; ce point K est indépendant de la position du point X entre E et F, puis-

qu'il suffit que le triangle AKE soit équivalent au polygone
ABCDEA. Soit AT la perpendiculaire de A sur KX. En désignant par Π le poids du mètre cube de terre, on a pour le
poids du prisme AKX, ayant un mètre de longueur perpendiculaire au plan vertical de la figure,

$$P = \frac{1}{2}\, \Pi \cdot AT \cdot KX,$$

et l'expression de R devient

$$R = \frac{1}{2}\, \Pi \cdot AT \cdot KX \, \frac{\sin(\alpha - \varphi)}{\sin(\beta + \varphi + \varphi')}.$$

Cela posé, voici comment M. Poncelet procède pour trouver
le point X qui donne à la pression R sa plus grande valeur.
Le rapport de deux sinus se remplace par celui de deux droites
de la figure : pour cela on mène AO faisant avec AB l'angle
$\varphi + \varphi'$ et par conséquent avec AX l'angle $\beta + \varphi + \varphi'$; on
mène AM faisant avec l'horizontale AL l'angle φ et par conséquent avec AX l'angle $\alpha - \varphi$; puis on mène XX' parallèle
à AM, afin de former le triangle AXX', dans lequel l'angle en
A est $\beta + \varphi + \varphi'$ et l'angle en X est $\alpha - \varphi$. On en conclut

$$\frac{\sin(\alpha - \varphi)}{\sin(\beta + \varphi + \varphi')} = \frac{AX'}{XX'},$$

et par conséquent

$$R = \frac{1}{2}\, \Pi \cdot AT \cdot KX \cdot \frac{AX'}{XX'}.$$

Il y a ici trois variables, KX, XX', AX', qui dépendent de la
position du point X et qui sont dans trois directions différentes.
On en remplace deux par d'autres qui soient dans la direction

de la troisième : on mène KK′ parallèle à AM et à XX′, et l'on a

$$KX = K'X' \cdot \frac{OM}{OA} \quad \text{et} \quad XX' = OX' \cdot \frac{AM}{OA},$$

d'où résulte

$$R = \frac{1}{2}\Pi \frac{AT \cdot OM}{AM} \cdot \frac{K'X' \cdot A'X'}{OX'}.$$

La quantité constante $\dfrac{AT \cdot OM}{AM}$ peut s'exprimer plus simplement en remarquant que $AT \cdot OM$ est le double de l'aire du triangle AOM, et qu'en le divisant par AM considéré comme base, on a la distance du sommet O à AM, ou $AO \cdot \sin OAM$. Donc

$$R = \frac{1}{2}\Pi \cdot AO \cdot \sin OAM \cdot \frac{K'X' \cdot AX'}{OX'}.$$

M. Poncelet détermine par des considérations géométriques le point X′ qui correspond au maximum de $\dfrac{K'X' \cdot AX'}{OX'}$. Le calcul différentiel le donne très-aisément. Soient $OA = a$, $OK = k$ et $OX' = x$. Ainsi

$$\frac{K'X' \cdot AX'}{OX'} = \frac{(x - k)(a - x)}{x} = a + k - \frac{ak}{x} - x,$$

dont la première dérivée est $\dfrac{ak}{x^2} - 1$ et la seconde $-\dfrac{2ak}{x^3}$; d'où il suit que lorsqu'on fait $x = \sqrt{ak}$, la fonction dont il s'agit devient un maximum, et sa valeur est

$$a + k - 2\sqrt{ak} = \left(\sqrt{a} - \sqrt{k}\right)^2.$$

La valeur de R devient alors, AO étant remplacé par a,

$$R = \frac{1}{2}\Pi \sin OAM \cdot \left(a - \sqrt{ak}\right)^2;$$

ce qu'on peut encore écrire de cette manière

$$R = \frac{1}{2} \Pi \sin OAM \cdot AX'^2,$$

en notant que le point X' est déterminé par la relation

$$OX' = \sqrt{OA \cdot OR'}.$$

306. Remarques diverses. — I. L'angle OAM égal à $BAM + \varphi + \varphi'$ est par conséquent égal à $BAL + \varphi'$; d'où il suit que sin OAM est égal au cosinus de l'angle que fait avec la verticale une droite faisant avec AB, du côté opposé au massif, un angle φ' égal à celui du frottement des terres sur le mur.

II. Les lignes RR', XX', MA étant parallèles, les longueurs OX', OA et OR' sont proportionnelles à OX, OM et OR. La condition $OX' = \sqrt{OA \cdot OR'}$ revient donc à

$$OX = \sqrt{OM \cdot OR},$$

ce qui permet de trouver OX *à priori* par une construction ou par le calcul.

III. L'équation $OX'^2 = OA \cdot OR'$ donne $\dfrac{OX'}{OA} = \dfrac{OR'}{OX'}$; les parallèles XX', RR' donnent $\dfrac{OR'}{OX'} = \dfrac{OR}{OX}$; par conséquent $\dfrac{OX'}{OA} = \dfrac{OR}{OX}$; la droite RX' est donc parallèle à AX. Ainsi le point X doit satisfaire à cette condition que si, par le point R, on mène RX' parallèle à AX, la diagonale XX' fasse avec l'horizon l'angle φ. C'est un moyen de vérification.

IV. L'angle AOR peut être petit, et le point O tellement éloigné de AR, qu'il soit incommode d'opérer graphiquement pour connaître $OR' \cdot OA$, et par conséquent OX' et AX'. On peut faire ces déterminations par le calcul, en supposant qu'on mesure à l'échelle les distances AN et RN.

Soient les angles donnés $\theta = ONA$ et $\gamma = NAL$. On a :

$$OA = AN\,\frac{\sin\theta}{\sin(\theta+\gamma+\gamma')}, \quad OK' = (ON - KN)\,\frac{OA}{ON + NM},$$

$$ON = AN\,\frac{\sin(\gamma+\gamma')}{\sin(\theta+\gamma+\gamma')}, \quad NM = AN\,\frac{\sin(\gamma-\gamma)}{\sin(\theta-(\gamma-\gamma))},$$

formules à l'aide desquelles on calculera les inconnues auxiliaires ON et NM, puis les distances OA et OK'. Il ne restera plus qu'à calculer $AX' = OA - \sqrt{OA \cdot OK'}$.

D'ailleurs ces formules se simplifient un peu quand on y fait $\gamma' = \gamma$, hypothèse tout à fait admissible.

V. La droite AO peut être parallèle à KM. Alors les distances OA et OK' sont infinies; mais AK' est finie et égale à KM, et AX' a pour valeur $\frac{1}{2}KM$. En effet, l'équation $OX'^2 = OK' \cdot OA$ peut s'écrire $(OK' + K'X')^2 = OK'(OK' + K'A)$ ou $2K'X' + \frac{K'X'^2}{OK'} = K'A$, équation qui, par $OK' = \infty$, devient $K'X' = \frac{1}{2}K'A$; donc $AX' = \frac{1}{2}K'A = \frac{1}{2}KM$.

VI. Les droites KM et AM peuvent être parallèles (fig. 113). Dans ce cas, les points O, K' et X' se confondent, et le maximum de R devient

$$R = \frac{H}{2}\sin OAM \cdot OA^2,$$

comme on le trouve directement en posant, pour un prisme quelconque AKX,

$$R = P\,\frac{\sin(\alpha-\varphi)}{\sin(\beta+\varphi+\varphi')} = P\,\frac{OA}{OX} \quad \text{et} \quad P = \frac{H}{2}\,KX \cdot OA \cdot \sin OAM,$$

d'où

$$R = \frac{H}{2} \sin OAM \cdot OA^2 \cdot \frac{KX}{OX},$$

dont le maximum répondant à $KX = \infty = OX$ est

$$R = \frac{H}{2} \sin OAM \cdot OA^2.$$

VII. La rencontre O des droites KM et AK′ peut être du côté du massif, au delà de M (fig. 114). En répétant pour ce cas les raisonnements précédents, on reconnaît sans difficulté que l'expression de la pression totale sur AB est encore

$$R = \frac{H}{2} \sin OAM \cdot AX'^2,$$

le point X′ étant déterminé par la relation $OX'^2 = OA \cdot OK'$.

Les trois premières remarques subsistent également, ainsi que les formules de la quatrième, eu égard aux changements convenables des signes.

VIII. Dans tous les cas, l'application de la formule qui donne la pression R suppose la détermination préalable du point K, et par conséquent le choix du côté EF du profil sur lequel on présume que sera l'arête X du prisme de plus grande poussée. Si, la solution obtenue, le calcul de la distance OX montre qu'on est parti d'une hypothèse inexacte, on jugera si l'erreur commise peut être assez considérable pour qu'il soit utile de recommencer l'opération, en changeant l'alignement sur lequel doivent se trouver les points K et X.

307. Ancienne théorie présentement inadmissible. — Nous avons cité (281) plusieurs auteurs qui, s'écartant des considérations exposées par Coulomb, ont traité de la poussée des terres en négligeant leur frottement sur le mur de revêtement. Si, à cette simplification purement théorique, on joint l'hypothèse que la surface supérieure du massif, BM, soit horizontale (fig. 115), on arrive à un résultat remarquable par sa simplicité.

L'angle φ' étant supposé nul, les quatre angles MAL, BAO, AMD, BXX', sont égaux. Les deux triangles AOB et AOM sont semblables et donnent :

$$\frac{OA}{OB} = \frac{OM}{OA} \quad \text{ou} \quad OA^2 = OB \cdot OM.$$

On a d'ailleurs, suivant la remarque II ci-dessus :

$$OX^2 = OB \cdot OM ;$$

par conséquent $OX = OA$, d'où il suit que l'angle OAX est égal à l'angle OXA, lequel est égal à l'angle XAL. Donc AX est bissectrice de l'angle OAL, et par conséquent de l'angle BAM (Théorème donné par Prony, en 1802, pour le cas d'une paroi verticale, et par Français, en 1820, pour le cas d'une paroi inclinée).

Dans le triangle isocèle AOX, les droites AB et XX' sont également inclinées sur la base AX, et par conséquent les deux segments AX' et BX sont égaux, d'où l'on conclut, dans les hypothèses ci-dessus énoncées,

$$R = \frac{\Pi}{2} \sin \text{BAL} \cdot \text{BX}^2.$$

L'état actuel de la science ne permet plus d'admettre ces résultats, qui ne se réaliseraient que dans le cas tout particulier où le mur soutiendrait un liquide. Dans ce cas, la droite AM devient horizontale (fig. 116) ; la bissectrice AX forme avec AB et l'horizontale BX un triangle isocèle, et, si l'on mène la verticale AT, la dernière équation devient $R = \dfrac{\Pi}{2} \text{AT} \cdot \text{AB}$.

C'est ce qu'on déduirait immédiatement de la première équation du numéro 305, en y faisant $\varphi = \varphi' = 0$, $\dfrac{\sin \alpha}{\sin \beta} = \dfrac{AB}{BX}$ et $P = \dfrac{\Pi}{2} AT \cdot BX$. On reconnaît que la force R est alors constante, quelle que soit la direction de AX. Il n'y a donc plus de maximum à chercher.

308. Centre de poussée du massif sur le mur de soutènement. — En admettant que sur toute portion AB de la paroi $A_0 B$ (fig. 117), portion aboutissant toujours au sommet B, la poussée du massif soit égale au maximum

$$R \quad \text{ou} \quad \frac{1}{2} \Pi \sin OAM \cdot AX'^2$$

trouvé précédemment, et relatif à cette portion AB, il s'agit de déterminer le centre de poussée sur $A_0 B$, c'est-à-dire le point de passage sur la paroi de la résultante de toutes les pressions élémentaires réparties sur $A_0 B$ et faisant avec cette paroi l'angle complément de φ.

La solution est très-simple dans le cas où la surface supérieure du massif supposé homogène est un plan BM ayant d'ailleurs une inclinaison quelconque. L'expression de la poussée partielle sur BA, variable avec la longueur de B en A, est alors proportionnelle au quarré de cette longueur. En effet, pour deux points A, A_1, auxquels correspondent les points X', X'_1, on a

$$OX'^2 = OK' \cdot OA \quad \text{et} \quad O_1 X'^2_1 = O_1 K'_1 \cdot O_1 A_1;$$

or, on a aussi

$$\frac{OK'}{O_1 K'_1} = \frac{OA}{O_1 A_1} = \frac{BA}{BA_1},$$

donc

$$\frac{OX'^2}{O_1 X'^2_1} = \frac{BA^2}{BA_1^2}.$$

(On voit que tous les points, tels que X', X'_1... sont sur une droite passant par B et que toutes les droites AX, $A_1 X_1$,... terminant les prismes de plus grande poussée, sont parallèles.)

Ainsi, en représentant par z la longueur BA ayant pour origine ou extrémité fixe le point B, et en désignant par C une constante $\dfrac{\Pi}{2} \sin \text{OAM} \cdot \dfrac{AX'^2}{AB^1}$ on peut poser, pour la poussée sur AB,

$$R = Cz^2 \, ;$$

donc la poussée élémentaire sur une longueur dz, accroissement de z, serait

$$dR = 2\,Czdz\,.$$

Toutes les poussées élémentaires, depuis B jusqu'à A_0, sont des forces parallèles, dont la résultante, égale à leur somme, passe en un point ou centre dont la distance Z au point B est déterminée par la propriété des moments, savoir :

$$Z = \frac{\displaystyle\int_0^{z_0} 2\,Cz^2\,dz}{Cz^2} = \frac{2}{3}\,z_0\,.$$

Donc le centre de la poussée sur BA_0 est au tiers de cette longueur, à partir de l'extrémité inférieure.

Lorsque le profil du massif, sans être rectiligne, n'est pas trop accidenté, on peut le remplacer approximativement par une ligne droite qui donne une poussée égale ou un peu plus grande, et l'on applique alors les formules précédentes.

Dans tout autre cas d'un massif homogène, sachant trouver les valeurs de la poussée R sur diverses portions BA de la paroi du mur, on pourrait construire la courbe représentative de ces poussées, en prenant les longueurs BA ou z pour abscisses et les forces R pour ordonnées correspondantes. La poussée totale sur BA_0 étant R_0, et la poussée élémentaire sur chaque bande infiniment petite dz de la paroi étant dR, on trouvera l'abscisse Z du centre de poussée par l'équation de moments

$$R_0 Z = \int_0^{z_0} z\, dR ,$$

d'où, en intégrant par parties,

$$Z = \frac{z_0 R_0 - \int_0^{z_0} R\, dz}{R_0} ,$$

formule à laquelle on appliquera les méthodes de quadrature approximative.

309. Extension de la méthode précédente. — Les questions relatives à la poussée des terres peuvent être plus compliquées que celles qui viennent d'être traitées. La surface supérieure du massif peut supporter une surcharge résultant de poids répartis suivant une loi quelconque. L'épaisseur horizontale du massif peut être moindre que celle qu'exige le prisme de plus grande poussée. Le massif des terres peut n'être pas homogène et le coefficient f du frottement n'être pas le même dans toute son étendue. Lorsque de telles circonstances seront bien définies, les considérations précédentes suffiront pour indiquer les moyens de calculer, au moins approximativement, la poussée en intensité et en direction.

310. Expérience de M. Ardant. — Si quelques doutes pouvaient s'élever relativement à l'influence du frottement des terres sur la paroi postérieure du mur de soutènement, ils disparaîtraient devant l'expérience suivante due à M. Ardant (page 25 du Mémoire cité (281)).

On prend un prisme en bois ABC (fig. 118) ayant pour profil un triangle rectangle dont la médiane AD, partant du sommet de l'angle aigu A, fait, avec le côté d'angle droit AB, un angle φ de 35° égal à l'angle du frottement du sable siliceux fin et très-sec. On pose horizontalement les arêtes longitudinales de ce prisme en appuyant la face AB contre un plan fixe qui fait avec la verticale le même angle de 35°. Les deux bouts ou bases triangulaires, perpendiculaires aux arêtes horizontales du prisme, sont tout près de deux plans verticaux terminant deux piliers qui laissent au prisme une entière liberté de tourner autour de l'arête A. Les joints compris entre les piliers et le prisme sont fermés avec du saindoux pour intercepter l'écoulement du sable dont le prisme va être chargé. Avant que ce remblai soit opéré, on constate que le prisme, abandonné à la pesanteur et ayant son centre de gravité sur la verticale AD, est en équilibre instable et se renverse, l'hypoténuse AC se couchant sur l'horizontale AL. Mais si, lorsqu'il est dans sa première position, on le charge de sable sur la face CB (qu'on a préalablement enduite de gomme et saupoudrée du même sable, afin que le coefficient du frottement soit le même pour le remblai sur la paroi que pour les parties du remblai entre elles), on voit le prisme, devenu stable, rester immobile sous la double action de son poids et de la poussée, et cela, parce que la poussée totale R passe en un point E situé entre D et B, et, faisant avec la normale EN un angle de 35°, est par conséquent verticale ; la résultante de la poussée R et du poids P du prisme est donc verticale et passe entre A et B, tandis qu'elle passerait en dehors de l'appui et renverserait le prisme si, suivant l'hypothèse autrefois admise, la poussée, étant perpendiculaire à la paroi BC, était parallèle à AB.

311. Considérations préliminaires sur la stabilité d'un solide. — Soit ABCD (fig. 119) un corps solide reposant sur un autre, LM, par une face dont les projections sont AB et aebcd, sans pouvoir s'en détacher par glissement, mais avec la possibilité de tourner autour d'un point ou d'une arête quelconque du périmètre de cette face. Le corps AC étant sollicité par diverses forces F indépendantes de l'appui, il faudra, pour que le repos subsiste, que ces forces soient en équilibre avec les réactions que le corps LM exerce sur l'autre et qui toutes, partant des points de la face AB, sont dirigées vers le corps supporté. Donc, si, par un point quelconque du contour de la face de contact, on imagine un axe qui ne traverse pas cette face, et tel, par exemple, que celui qui, passant par le point (A, a), se projette verticalement en A, il faudra que la somme des moments, autour de cet axe, des forces, telles que F_1 et F_2, qui tendent à faire tourner le corps AC autour de cet axe, en le détachant de LM, soit inférieure, ou tout au plus égale à la somme des moments des forces, telles que F_3, qui tendent à produire le mouvement contraire ; car, autour de l'axe considéré, les moments des réactions du corps LM ont tous le même signe que ceux des forces F_1 et F_2, à moins qu'ils ne soient nuls, ce qui a lieu quand les forces F ont une résultante rencontrant le contour de la face de contact.

Dans le cas particulier où les forces qui sollicitent le corps ABCD, indépendamment de l'appui, ont une résultante, la condition précédente revient à dire que cette résultante doit être dirigée du corps vers la face de contact, et en rencontrer le plan dans l'intérieur ou au moins sur le périmètre du plus petit polygone convexe entourant les points de contact.

L'équilibre, dans le cas de l'inégalité de moments qui vient d'être indiquée, a ce caractère remarquable, que les forces F_1, F_2, F_3,... peuvent, dans certaines limites, varier indépendamment les unes des autres, sans que le corps AC auquel elles s'appliquent prenne un mouvement sensible ; ce qui tient à ce que les réactions du corps résistant LM se modifient de manière à satisfaire aux conditions d'équilibre, tandis que, dans les systèmes à articulations simples (197), le moindre changement dans l'intensité ou la direction de l'une des forces extérieures produit en général le mouvement.

L'équilibre, dans lequel les forces autres que les réactions des appuis peuvent ainsi varier en plus ou en moins, jusqu'à une certaine limite, sans production de mouvement, constitue la *stabilité* proprement dite.

312. Répartition de la pression totale sur l'appui. — Lorsque les forces F ont une résultante, les réactions du corps d'appui LM en ont aussi une, laquelle est égale et opposée à la première ; mais il ne s'ensuit pas qu'on puisse déterminer l'intensité et la direction de ces réactions pour chaque portion donnée de la surface de contact. Dans la mécanique rationnelle, qui admet l'existence de corps parfaitement durs et parfaitement polis, on conclut de cette hypothèse que, pour l'équilibre du corps AC posé sans encastrement sur l'appui LM, il faut que la résultante R des forces F soit perpendiculaire au plan AB des points de contact, et, si ces points sont réduits au nombre de trois, on détermine aisément la réaction normale de chacun de ces points par une équation de moments. Mais s'il y a plus de trois points de contact, le problème posé dans l'hypothèse de l'invariabilité de figure des corps est indéterminé, tandis qu'il est certainement déterminé dans l'état réel des corps en vertu de leur compressibilité et de leur élasticité.

On peut, dans un cas simple et assez fréquent, faire disparaître l'indétermination à l'aide d'hypothèses dont l'exactitude, quoique incomplète, est néanmoins suffisante pour la pratique. Ce cas est celui où les deux corps solides, régulièrement dressés suivant leurs faces en contact, peuvent être considérés comme se touchant dans toute l'étendue d'un polygone plan ; de plus, dans le voisinage de cette base commune, ils ont approximativement la forme d'un prisme droit ; enfin, les pressions mutuelles des deux corps sont à peu près perpendiculaires à cette base.

Soit $A'A''$ (fig. 120) la projection de la face polygonale par laquelle l'un des corps s'appuie sur l'autre. Pour compléter cette donnée, nous supposons que le premier corps est sollicité par diverses forces F, dont la résultante N est perpendiculaire à $A'A''$, et voici les autres hypothèses qui vont servir à déterminer la loi de la répartition des pressions mutuelles.

On imagine que, avant l'application des forces F, et lorsque le corps était dans l'état naturel, un plan $B'B''$ ait été mené dans ce solide parallèlement à $A'A''$ et assez voisin pour que la tranche $A'A''B'B''$ comprise entre ces deux plans soit sensiblement prismatique, et l'on admet :

1° Que, après la déformation imperceptible subie par les deux corps, en vertu des forces F et de celles qui maintiennent l'appui en apparence immobile, le prisme droit $A'A''B'B''$ se transforme en un prisme tronqué $A'A''b''b'$, de sorte que les molécules qui se trouvaient primitivement dans les deux plans $A'A''$ et $B'B''$ se trouvent encore respectivement dans deux plans qui sont plus rapprochés entre eux que ne l'étaient les deux premiers. Dans la figure, le nouveau plan $A'A''$ est fictivement ramené dans le plan de la base d'appui primitive, et les molécules du plan supérieur du prisme considéré se trouvent en $B'B''$ et $b'b''$ dans les deux situations, l'une primitive et l'autre finale, relativement à la base $A'A''$.

2° On considère le prisme $A'A''B''B'$ comme composé de colonnes élémentaires ou fibres perpendiculaires à la base A'A', lesquelles, pendant la transformation du prisme droit en prisme tronqué, se contractent longitudinalement et sans frottement mutuel. Ainsi la fibre élémentaire AB devient A b, et s'est par conséquent raccourcie de la longueur B b. Or, ce raccourcissement ne peut se maintenir dans le nouvel état d'équilibre que parce que la fibre est pressée à ses deux extrémités par des forces égales et opposées, dont l'une est exercée en A par le corps d'appui ; et l'on admet, suivant ce qu'on appelle *la loi de l'élasticité*, que le raccourcissement B b étant très-petit, comparé à la longueur primitive AB (dont on peut se figurer qu'il est moins qu'un dix-millième), la force qui le produit et le maintient est proportionnelle à l'aire de la section transversale

de la fibre, et au rapport $\dfrac{Bb}{AB}$; de sorte que si l'on partage la

surface A'A" en éléments que nous désignerons par $d\omega$, à chacun de ces éléments répond une réaction de l'appui exprimée par le produit $kh\,d\omega$, dans lequel

k est un facteur constant dépendant de la nature du corps comprimé et de la hauteur AB du prisme, et

h est la diminution B b de longueur que subit la fibre dont la base est $d\omega$;

ou bien encore chaque force correspondante à l'élément $d\omega$ est égale à la constante k multipliée par $h\,d\omega$, qui est le volume dont se trouve diminuée la fibre primitive AB ayant cet élément pour base.

Dès que ces deux hypothèses sont admises, la détermination de la répartition de la pression sur la base A'A" se réduit à une question de géométrie.

Pour l'exprimer avec précision, il convient d'établir la notion de ce qu'on appelle la *pression par unité superficielle en un point d'une surface;* par exemple, la pression par mètre quarré au point A de la surface A'A". Imaginons une portion de cette surface qui comprenne le point A, et qui ait d'ailleurs une étendue ω quelconque ; et soit P la pression totale que dans cette étendue chacun des corps en contact exerce sur l'autre.

Le quotient $\dfrac{P}{\omega}$ exprime ce qu'on nomme *la pression moyenne par unité de surface* dans l'étendue ω. Si, par exemple, ω est 0,05 de mètre quarré, et si P est de 4 000 kilogrammes, le quotient $\dfrac{P}{\omega}$ étant 80 000, on dit que la pression moyenne est de 80 000 kilogrammes par mètre quarré, ou 8 kilogrammes par centimètre quarré. Maintenant, supposons que nous diminuions ω en y comprenant toujours le point A : la pression P diminue en même temps, et il peut arriver que ces deux quantités décroissent proportionnellement ; le quotient $\dfrac{P}{\omega}$ est donc constant, quelque petite que soit l'étendue ω. Dans ce cas, la pression est dite *uniforme* sur une étendue finie dans le voisinage du point A. Si, au contraire, le quotient $\dfrac{P}{\omega}$ est variable, il approche d'une certaine limite à mesure que ω decroît, et cette limite, qu'on peut clairement désigner par la notation $\dfrac{dP}{d\omega}$, est ce qu'on appelle la pression au point A rapportée à l'unité superficielle, ou, plus brièvement, la pression au point A par unité superficielle, ou encore par mètre quarré, si telle est l'unité de surface. Par là, on entend que si, au lieu d'un élément $d\omega$ supportant la pression dP, on réunissait un nombre infini d'éléments égaux, tous également chargés, pour en former un mètre quarré, la charge sur cette unité de surface serait à 1 mètre quarré, comme dP, charge de $d\omega$, est à $d\omega$, et par conséquent exprimée par $\dfrac{dP}{d\omega}$.

Ainsi, en désignant par p la pression rapportée à l'unité de surface au point A de la surface $A'A''$, on exprimera la pression sur l'élément $d\omega$ par $pd\omega$, et, d'après ce qui précède, on aura

$$pd\omega = khd\omega,$$

équation applicable à tous les points de la surface $A'A''$, p étant alors variable comme h.

Cela posé, le corps soumis en dehors de l'appui aux forces F est en équilibre sous l'action de ces forces, dont la résultante est N, et sous celle de toutes les forces $pd\omega$, réactions de l'appui. Donc :

1° On a l'équation d'équilibre

$$N = \Sigma pd\omega = k\Sigma hd\omega,$$

c'est-à-dire que le produit de la constante k, multipliée par le volume $\Sigma hd\omega$ du prisme de déformation $B'B''b''b'$, est égal à la pression totale N.

2° Les réactions $pd\omega$ ont leur résultante directement opposée à la force N. Or, ces forces élémentaires $pd\omega$ sont proportionnelles aux volumes élémentaires $hd\omega$ correspondants, situés sur leurs directions, dans le même prisme de déformation. Donc, en vertu de l'équation d'équilibre des moments, ce prisme doit être tel que son centre de gravité soit situé sur la direction de la force N.

Donc, sauf les exceptions mentionnées ci-après (314 et 315), le problème se trouve réduit à trouver au-dessous du polygone $B'B''$ égal à $A'A''$ un plan $b'b''$ tellement incliné que le centre de gravité du prisme tronqué $B'B''b''b'$ soit sur la direction de la pression totale N. Ce plan trouvé, les distances bB ou h de ses divers points au plan $B'B''$ sont proportionnelles aux pressions par unité superficielle aux points correspondants de la base $A'A''$.

Ce problème est très-facile dans le cas particulier que nous allons traiter, et qui est le seul nécessaire dans la théorie de la stabilité des voûtes cylindriques dont les têtes sont perpendiculaires aux génératrices horizontales.

Dans ce cas, la base d'appui est un rectangle dont $A'A''$ est un côté et dont nous désignons l'aire par Ω ; de plus, la force N est dans un plan qui coupe en leurs milieux les côtés projetés en A' et A''. Le plan $b'b''$ est alors, à cause de la symétrie, perpendiculaire au plan de la figure, et si l'on désigne les hauteurs $B'b'$ et $B''b''$ par h' et h'', on a d'abord

$$N = k\Omega \frac{h' + h''}{2},$$

puis, en appelant p' et p'' les pressions par unité superficielle aux points A' et A'',

$$p' = kh' \quad \text{et} \quad p'' = kh'',$$

d'où, par l'élimination de k,

$$p' = \frac{N}{\Omega} \frac{2h'}{h' + h''} \quad \text{et} \quad p'' = \frac{N}{\Omega} \frac{2h''}{h' + h''}.$$

$\frac{N}{\Omega}$ est la pression moyenne par unité de surface sur le rectangle projeté en $A'A''$, et l'on voit, ce qui doit être en effet, que si la force N passait au milieu du rectangle et si, par conséquent, les hauteurs h' et h'' étaient égales, les pressions p' et p'' seraient égales à cette quantité $\frac{N}{\Omega}$. Dans tout autre cas, les rapports de p' et de p'' à la pression moyenne ne dépendent que du rapport de h' à h'', lequel est déterminé par la situation du centre de gravité du prisme de déformation ; ce centre de gravité G se confond en projection dans la figure avec celui du trapèze $B'B''b''b'$.

Soit a la distance de G ou de N à $B'b'$ et $B'B'' = A'A'' = l$. Pour déterminer, en fonction du rapport $\frac{a}{l}$, le rapport $\frac{h'}{h''}$,

nous divisons le trapèze B'B''b''b' en deux triangles dont les aires
sont proportionnelles à h' et h'', et dont les centres de gravité sont aux distances $\frac{1}{3}l$ et $\frac{2}{3}l$ de B'b', de sorte qu'en
prenant les moments des deux triangles et de leur somme relativement à cette droite B'b', on a

$$(h'+h'')a = \frac{l}{3}(h'+2h''), \quad \text{d'où} \quad \frac{h'}{h''} = \frac{2-3\frac{a}{l}}{3\frac{a}{l}-1},$$

par conséquent

$$\frac{h'}{h'+h''} = 2-3\frac{a}{l} \quad \text{et} \quad \frac{h''}{h'+h''} = 3\frac{a}{l}-1.$$

D'après cela, les expressions précédentes de p' et de p'' deviennent

$$p' = 2\left(2-3\frac{a}{l}\right)\frac{N}{\Omega} \quad \text{et} \quad p'' = 2\left(3\frac{a}{l}-1\right)\frac{N}{\Omega}.$$

Telles sont les valeurs extrêmes de la pression qui, dans l'intervalle, varie comme l'ordonnée d'une ligne droite.

**315. Limites dans lesquelles les formules précédentes sont
applicables.** — Pour que ces formules soient applicables, la nature de la question, dans laquelle on fait abstraction de toute adhérence produite par un ciment interposé entre les corps, exige
que les quantités h' et h'' soient toutes deux positives comme
p' et p'', et que par conséquent a soit moindre que $\frac{l}{3}$, à moins
que la plus petite des deux pressions ne soit nulle, ce qui arrive
lorsque $a = \frac{l}{3}$, c'est-à-dire que la distance du point C ou de
la force N à la plus proche des deux extrémités A' et A'' est
égale au tiers de la distance A'A''. Dans ce cas particulier,

la pression le long du côté projeté en A'' est nulle, tandis que le long du côté projeté en A' la pression rapportée à l'unité de surface est double de la pression moyenne $\dfrac{N}{\Omega}$.

314. Cas où les formules précédentes ne sont pas applicables.—Si la distance du centre de pression C (fig. 121) au point A' de la base est moindre que le tiers de la distance $A'A''$, pour maintenir l'hypothèse simple et approximative, sinon exacte, que la pression, sans pouvoir devenir négative, varie à partir de A' suivant l'ordonnée d'une ligne droite, et satisfaire à la condition nécessaire que la résultante des réactions élémentaires de l'appui soit égale et directement opposée à la force N, on est forcément conduit à conclure :

1° Que la pression est nulle depuis A'' jusqu'au point D situé à la distance $A'D$ égale à $3A'C$;

2° Que la pression moyenne, qui a lieu au milieu E de $A'D$, est égale à $\dfrac{N}{3ab}$, la longueur b étant le côté du rectangle $A'A''$ perpendiculaire au plan de la figure ;

3° Que la pression extrême, qui a lieu au point A', est, par unité superficielle, double de la pression moyenne et par conséquent donnée par la formule

$$p' = \frac{2N}{3ab}.$$

315. Remarques.—I. Nous avons jusqu'ici supposé (312) que les deux corps en contact avaient, à partir de leur face commune, la forme prismatique. Quand il en est autrement, et que l'un des deux corps déborde l'autre (fig. 122), c'est une question qui mérite quelque attention que celle de savoir si la répartition des pressions, dans une section $B'B''$ faite en travers du corps de moindres dimensions, est la même que pour la première hypothèse. Considérons le cas le plus simple, celui, où le polygone de contact A'A'' étant un rectangle, la résultante N des forces F passe au centre A de cette base. Si les deux corps étaient prismatiques et de même base, il serait parfaitement admissible que, dans leur déformation, les molécules situées primitivement dans les deux plans parallèles A'A'', B'B'' resteraient dans deux plans parallèles, mais plus rapprochés, et que, par conséquent, les pressions y seraient uniformément réparties. Mais il n'en est plus de même si l'un des corps déborde l'autre : par l'effet de leur compression mutuelle, leur déformation doit avoir quelque ressemblance avec ce qu'indique la figure 122 ; les points extrêmes s'enfoncent moins que le point central A ; par suite, la fibre A'B', devenue A'B',, est plus raccourcie et plus comprimée que la fibre AB devenue AB,. Ainsi, l'élargissement du support semble rendre moins favorable la condition de résistance du corps supporté, et l'on est théoriquement conduit à préférer pour ce support la forme de raccordement indiquée par la figure 123.

II. Étant donnée la distance A'C ou a (fig. 120), si l'on fait la longueur $l = A'A'' = 2a$, la pression est uniformément répartie sur la base $2ab$, et l'on a $p' = p'' = \dfrac{N}{2ab}$; tandis que si l'on faisait $l =$ ou $> 3a$, on aurait $p'' = 0$, mais $p' = \dfrac{2N}{3ab}$. Ainsi, quoique la base fût augmentée, la pression extrême p' serait plus grande dans le rapport de $\dfrac{2}{3}$ à $\dfrac{1}{2}$, ou de 4 à 3. Ce résultat théorique peut paraître invraisemblable et conduire à penser que l'hypothèse de la répartition des pressions proportionnellement aux ordonnées d'une ligne droite offre une certaine incertitude ; mais la différence que nous venons de remarquer dans deux cas extrêmes ne doit pas empêcher d'admettre l'hypothèse en question dans les cas intermédiaires et ordinaires. Les qualités des matériaux de construction ne sont pas tellement connues et invariables qu'on puisse prétendre à une complète exactitude dans les calculs dont ils sont l'objet.

III. Dans la théorie exposée au numéro 312, la force N, pression totale de chaque corps sur l'autre, est supposée perpendiculaire au plan de contact. Lorsque cette résultante des forces F est oblique, on peut admettre que les réactions qui lui font équilibre ont la même inclinaison, et que leur répartition suit la même loi que lorsqu'elles sont perpendiculaires. C'est au moins une hypothèse dont l'exactitude est suffisante pour la pratique.

316. Application de la théorie précédente à deux corps solides. — Deux pièces solides AL, LA' (fig. 124) s'appuient sur deux plans invariables AB, $A'B'$, et s'arc-boutent mutuellement suivant la face LM. On connaît les résultantes F et F' des forces qui sollicitent ces pièces indépendamment des pressions mutuelles en LM et des réactions des appuis AB, $A'B'$. On suppose, pour simplifier : 1° que les forces F et F' sont dans un plan vertical qu'on prend pour celui de la figure ; 2° que les plans de joints AB, $A'B'$, LM sont perpendiculaires à ce plan, et que leurs figures sont des rectangles limités à deux plans situés à égales distances en avant et en arrière du plan des deux forces. On demande ce qu'il est possible de connaître relativement aux pressions qui s'exercent sur les trois faces de joint.

On voit d'abord que la recherche de ces pressions est un problème indéterminé. En effet, on peut choisir arbitrairement sur les faces trois points C, C', D, comme étant les centres de pression sur les trois joints, c'est-à-dire les points par lesquels passent les résultantes Q et Q' des résistances des appuis AB et $A'B'$, et la résultante P ou P' des pressions que chacun des deux corps exerce sur l'autre. La détermination de ces forces Q, Q' et P, en grandeurs et en directions, s'achève alors par le procédé employé au numéro 197.

On peut aussi obtenir graphiquement une solution du problème : on prendra, par exemple, sur F un point E pour la rencontre des deux forces Q et P avec lesquelles F est en équilibre ; on tracera arbitrairement EC et ED coupant les deux joints AD et LM ; puis, en décomposant la force F suivant ces deux directions, on en conclura les intensités de Q et de P. On prolongera ED pour avoir en DE′ la direction de la pression P' égale et opposée à P ; on prendra la résultante des deux forces connues P' et F' ; sa direction E′C′ et son intensité feront connaître celles de Q' qui lui est opposée et égale ; mais la solution ne sera admissible qu'autant que l'intersection C′ se trouvera entre A′ et B′.

Une solution quelconque étant obtenue, on pourra immédiatement en obtenir autant d'autres qu'on voudra. En effet, ayant tracé le polygone CEE′C′ dont les trois côtés sont sur les directions de trois forces Q, P et Q' qui constituent une première solution du problème, il suffira d'en tracer un autre, tel que $C_1E_1E_1'C_1'$, parallèle au premier et ayant comme lui les deux sommets E_1E_1', sur les directions des forces F et F'. Les pressions Q_1, P_1 et Q_1', correspondantes à ce second polygone, auront évidemment les mêmes intensités que Q, P et Q', mais les centres de pressions C_1, D_1 et C_1' seront différents.

A chaque système de trois pressions totales formant ce qu'on peut appeler un *polygone des pressions* (qu'il ne faut pas confondre avec le *polygone des centres de pression* tel que CDC′) et satisfaisant avec les forces F et F' aux conditions de l'équilibre, répondra sur chaque joint une répartition des pressions qu'on trouverait par les formules des numéros 312 et 314, et notamment la pression extrême par unité de surface qui aurait lieu dans ce joint à son arête la plus rapprochée du centre de pression.

Mais le problème serait déterminé si les centres de pression C, C′ et D, et le système correspondant de forces Q, Q' et P, devaient être tels que les pressions rapportées à l'unité de surface ayant lieu aux trois arêtes de joint les plus proches des points **C, C′ et D** fussent aussi petites qu'il serait possible.

A quel caractère reconnaîtra-t-on que cette condition de moindres pressions est remplie ?

Premièrement, les trois centres de pression les plus favorables ne peuvent être tous d'un même côté de la ligne joignant les milieux des trois joints. Car, en les rapprochant des milieux par le transport parallèle du polygone des pressions, on ne changerait rien aux pressions totales, mais on diminuerait les trois pressions extrêmes.

Secondement, lorsque les trois centres de pression constituant une solution quelconque sont, un d'un côté et deux de l'autre côté du polygone des milieux, si ces trois pressions extrêmes correspondantes ne sont pas toutes égales, on peut toujours diminuer la plus grande ou les deux plus grandes en augmentant la plus petite, soit par le transport parallèle du polygone des pressions, soit en le faisant tourner d'un petit angle sans changer l'un de ses sommets. Nous croyons devoir nous borner au simple énoncé de cette proposition presque évidente, dont la démonstration rigoureuse exigerait des détails minutieux pour embrasser tous les cas possibles.

Nous en concluons que,

Pour qu'à un système de centres de pression correspondent les moindres pressions extrêmes, il faut que ces trois pressions, s'exerçant de différents côtés de la ligne joignant les milieux des joints, soient égales entre elles, et cette condition suffit pour déterminer les moindres pressions possibles, à moins que l'égalité des trois pressions extrêmes ne puisse se réaliser de plus d'une manière, comme dans l'exemple suivant.

Remarque. Supposé que, soit par un procédé de tâtonnement, soit par une méthode directe, on parvienne à la solution la plus favorable, dans laquelle les trois pressions extrêmes des deux corps entre eux et sur leurs appuis seront égales et les moindres qui sont possibles, il faudra se garder de croire que cet état des actions mutuelles des corps considérés se réalisera nécessairement sous l'action des forces données F et F' : l'état qui existera réellement dépendra des circonstances de la pose des deux corps sur leurs appuis. Si, avant de les abandonner aux forces définitives F et F', on les surcharge momentanément, il en résultera des déplacements de centres de pression et des accroissements de pressions extrêmes qui, par l'effet du frottement, subsisteront au moins en partie après la suppression de la surcharge. C'est ainsi qu'un coin fortement enfoncé et comprimé entre deux appuis ne cesse pas d'y exercer de grandes pressions, même quand on supprime la charge qui l'a mis dans cet état.

317. Cas particulier. Deux corps pesants symétriques. — Les deux corps IE_0, $I'E_0$ (fig. 125) sont symétriques par rapport au plan vertical E_0H, et terminés en avant et en arrière du plan vertical de la figure par deux plans qui lui sont parallèles; les deux forces P et P', résultantes de celles qui les sollicitent (indépendamment des réactions des appuis en EI, $E'I'$ et des pressions mutuelles en E_0I_0), sont verticales, dans le plan de la figure, égales entre elles, et à égales distances de E_0H. On conclut immédiatement de cette symétrie que, les circonstances de pose étant supposées les mêmes à droite et à gauche de E_0I_0, les actions mutuelles qui s'exercent de part et d'autre dans le voisinage de ce plan de symétrie lui sont perpendiculaires, et nous n'avons à nous occuper que de l'un des deux corps pour déterminer les pressions qu'il subit. Soient

$l_0 = E_0I_0$ la longueur du joint commun aux deux corps,

$l = EI$ la longueur du joint d'appui,

C_0 le centre de pression sur le plan E_0I_0,

N la pression totale exercée sur ce plan par le second corps,

z_0 la distance I_0C_0,

Q la résultante des forces P et N, dont le point de concours est M,

C le centre de pression sur le joint EI,

z la distance IC,

$y = \mathrm{III_0}$ la distance de l'horizontale III au point $\mathrm{I_0}$,

$x = \mathrm{IR}$ la distance de I à la force P,

$x = \mathrm{CLN}$ l'angle de EI avec la verticale ou de la normale CL au joint EI avec l'horizon,

$\varphi = \mathrm{QMN}$ l'angle de la force Q avec l'horizon,

$\psi = \mathrm{IMN}$ l'angle de droite IM avec l'horizon,

p_0 et p'_0 les pressions par unité de surface aux points $\mathrm{I_0}$ et $\mathrm{E_0}$,

p et p' les pressions analogues en I et en E.

Les quantités P, l_0, l, x, y, z, sont données ; N et z_0 sont deux inconnues principales qu'il s'agit de déterminer de manière que les plus grandes des pressions p_0, p'_0, p, p', inconnues fonctions de N et de z_0, sont aussi petites qu'il est possible ; Q, x, φ et ψ sont des inconnues auxiliaires.

D'abord on a les formules connues (312)

$$p_0 = 2\left(2 - \frac{3 z_0}{l_0}\right)\frac{N}{l_0} \quad \text{et} \quad p'_0 = 2\left(\frac{3 z_0}{l_0} - 1\right)\frac{N}{l_0},$$

$$p = 2\left(2 - \frac{3 z}{l}\right)\frac{Q}{l} \quad \text{et} \quad p' = 2\left(\frac{3 z}{l} - 1\right)\frac{Q}{l}.$$

Cherchons à exprimer p et p' en fonctions de N et de z_0. Les triangles CIM et IRM donnent

$$z = \mathrm{IM}\,\frac{\sin(\psi - \varphi)}{\cos(x - \varphi)} = \frac{x}{\cos\psi}\,\frac{\sin(\psi - \varphi)}{\cos(x - \varphi)},$$

et on a d'ailleurs

$$Q = \frac{P}{\sin\varphi}.$$

En substituant ces expressions de z et de Q dans celle de p, on a

$$p = \frac{2P}{l\cos(\alpha - \varphi)} \left(\frac{2\cos(\alpha - \varphi)}{\sin\varphi} - \frac{2x}{l}\frac{\sin(\psi - \varphi)}{\sin\varphi\cos\psi} \right),$$

$$= \frac{2P}{l\cos(\alpha - \varphi)} \left(\frac{2\cos\alpha}{\tang\varphi} + 2\sin\alpha - \frac{3x}{l}\frac{\tang\psi}{\tang\varphi} + \frac{3x}{l} \right),$$

d'où, eu égard aux relations

$$\tang\varphi = \frac{P}{N} \quad \text{et} \quad \tang\psi = \frac{y + z_0}{x},$$

on conclut

$$p = \frac{2P}{l\cos(\alpha - \varphi)} \left[\left(2\cos\alpha - \frac{3(y + z_0)}{l} \right)\frac{N}{P} + 2\sin\alpha + \frac{3x}{l} \right].$$

On trouve de même

$$p' = \frac{2P}{l\cos(\alpha - \varphi)} \left[\left(\frac{3(y + z_0)}{l} - \cos\alpha \right)\frac{N}{P} - \sin\alpha - \frac{3x}{l} \right],$$

et l'on vérifie l'exactitude de ces formules en s'assurant qu'elles donnent

$$p + p' = \frac{2Q}{l}.$$

Maintenant, pour satisfaire au problème proposé, il faut d'abord que l'on ait, attendu que les centres de pressions C_0 et C doivent être des différents côtés de la ligne des milieux des joints, ou

$$z_0 < \frac{l_0}{2}, \quad z > \frac{l}{2}, \quad \text{et} \quad p_0 = p'.$$

ou

$$z_0 > \frac{l_0}{2}, \quad z < \frac{l}{2} \quad \text{et} \quad p'_0 = p.$$

Dans le premier cas, on a

$$\left(2 - \frac{3z_0}{l_0}\right)\frac{N}{l_0}$$

$$= \frac{P}{l\cos(\alpha - \varphi)}\left[\left(\frac{3(y+z_0)}{l} - \cos\alpha\right)\frac{N}{P} - \sin\alpha - \frac{3x}{l}\right],$$

et dans le second,

$$\left(\frac{3z_0}{l_0} - 1\right)\frac{N}{l_0}$$

$$= \frac{P}{l\cos(\alpha - \varphi)}\left[\left(2\cos\alpha - \frac{3(y+z_0)}{l}\right)\frac{N}{P} + 2\sin\alpha + \frac{3x}{l}\right].$$

Mais ces relations, nécessaires pour que les pressions aux points les plus chargés des trois joints EI, E_0I_0, E'I' soient égales, peuvent être réalisées d'une infinité de manières, puisque φ étant une fonction implicite de N, d'après la relation $N\tang\varphi = P$, les deux inconnues N et z_0 ne sont assujetties qu'à une équation dans chaque cas. Pour trouver la solution à laquelle correspondrait la moindre valeur des trois pressions égales, aucune méthode ne serait probablement préférable au procédé fort simple de tâtonnement, qui consisterait à attribuer à l'une des inconnues une suite de valeurs pour chacune desquelles on déterminerait facilement l'autre.

On simplifierait ces calculs, dont il suffit que les résultats soient approximatifs, en remarquant que si la distance des milieux des deux joints EI, E_0I_0 est assez grande comparativement à leurs longueurs l et l_0, l'angle φ diffère peu de celui qui correspondrait aux valeurs $z_0 = \frac{l_0}{2}$ et $z = \frac{l}{2}$. On lui assignerait donc cette valeur, et alors les deux dernières équations n'étant que du premier degré relativement à chaque inconnue considérée séparément, on ferait varier z_0 dans la première de $\frac{l}{3}$ à $\frac{l}{2}$, et dans la seconde, de $\frac{l}{2}$ à $\frac{2l}{3}$; on calculerait les valeurs correspondantes de N, puis celles de z, à l'aide des relations $N \tang \varphi = P$ et $x \tang \psi = y + z_0$; enfin, en excluant les valeurs de z_0 et de N, qui ne correspondraient pas à des valeurs de $z > \dfrac{l}{3}$ et $< \dfrac{2l}{3}$, on calculerait les valeurs de p_0 et de p_0' dont on reconnaîtrait le minimum.

318. Courbe des pressions d'une voûte en berceau. — Soit une voûte ou plus généralement une suite de corps solides en équilibre, dont les deux extrêmes reposent par des faces planes sur deux appuis fixes, et chacun des autres est en contact avec les deux voisins suivant deux plans. Chaque corps ou voussoir est soumis à des forces indépendantes des réactions des corps voisins; ces forces ont pour chaque corps une résultante que nous désignons en général par F. Toutes les forces F sont supposées dans un même plan auquel les plans de joints sont perpendiculaires.

Les voussoirs étant supposés sans adhérence, leurs actions mutuelles ne peuvent être que répulsives; en d'autres termes, elles constituent des pressions, et les forces qu'un voussoir exerce sur l'un quelconque des deux corps avec lesquels il est en contact ont une résultante passant par un point C situé dans l'étendue de la face de joint. Ce point s'appelle *centre de pression*.

Si par la pensée on réunit deux à deux les centres de pression consécutifs de tous les joints, on a le polygone des centres de pression; et si l'on imagine les joints infiniment rapprochés, la suite des centres de pression est une courbe qu'on appelle souvent, pour abréger, *courbe des pressions*.

Si l'on ne connaît que les dimensions de la voûte et les forces F, la recherche de la courbe des pressions, qui dépend en réalité des circonstances de la pose, est un problème indéterminé; mais *trois autres données suffisent pour déterminer cette courbe*, comme on va le voir. Distinguons quatre cas.

PREMIER CAS. Si l'on connaît (fig. 126) un point C_1 de la courbe dans le joint E_1I_1 et, de plus, l'intensité et l'angle avec C_1I_1 de la pression Q_1 sur l'un des voussoirs en contact suivant ce joint, cela suffira pour en conclure le centre de pression C_2 sur un joint pris à volonté E_2I_2. Soit, en effet, F_2 la résultante des forces F qui sollicitent les voussoirs compris entre E_1I_1 et E_2I_2. En composant Q_1 représentée par AB et F_2 représentée par AD, on obtient pour résultante représentée par AH la pression Q_2, qui s'exerce sur le joint E_2I_2 et le point C_2 de la courbe cherchée.

Deuxième cas. Si l'on connaît les deux points C_1 et C_2 et l'angle de Q_1 avec C_1I_1, en joignant A, intersection des directions données de Q_1 et de F_2, avec le point donné C_2, et en achevant le parallélogramme dont le côté AD est donné, on trouve Q_2 et Q_1, et l'on rentre dans le cas précédent pour la détermination de tout point de la courbe autre que C_1 et C_2.

Troisième cas. Si l'on connaît deux points C_1 et C_2 (fig. 127), et la situation angulaire de la réaction Q inconnue, qui s'exerce sur le joint donné EI, dont le centre de pression C est inconnu, on détermine comme il suit ce point C et l'intensité Q. Soient

F_1 la résultante des forces F qui agissent entre les joints EI et E_1I_1;

k_1 la distance connue de F_1 au point C_1;

h_1 la distance inconnue de la force Q au même point;

F_2 la résultante de toutes les forces connues F qui agissent entre le même joint EI et le joint E_2I_2, de sorte que F_2 comprend implicitement la résultante partielle F_1;

k_2 la distance connue de F_2 au point C_2;

h_2 la distance inconnue de la force Q au même point C_2;

$h = h_2 - h_1$ la différence connue de h_2 et de h_1.

L'équilibre de la partie de voûte EII_1E_1 donne l'équation de moments autour de C_1 :

$$Qh_1 = F_1k_1.$$

L'équilibre de la partie EII_2E_2 donne l'équation de moments autour de C_2 :

$$Qh_2 = F_2 k_2 .$$

Ces deux équations, jointes à

$$h = h_2 - h_1 ,$$

déterminent Q, h_2, h_1, et par conséquent le point G.

QUATRIÈME CAS. Si l'on connaît trois points C, C_1 et C_2 de la courbe, connaissant aussi les deux résultantes F_1 et F_2 précédemment définies, on procédera comme au numéro 197. On cherchera la pression Q concentrée au point C, par exemple, en la décomposant en deux forces, suivant deux droites prises à volonté; et deux équations de moments, l'une autour de C_1 pour l'équilibre de EII_1E_1, l'autre autour de C_2 pour l'équilibre de EII_2E_2, détermineront les deux composantes inconnues. On se retrouvera encore ainsi ramené au premier cas, pour achever la construction de la courbe.

319. Conditions de la stabilité d'une voûte. — On peut réduire ces conditions à deux :

1° Il faut qu'il soit possible de tracer des courbes de pressions qui traversent tous les joints et non leurs prolongements au-dessous de l'intrados et au-dessus de l'extrados de la voûte, ce qui exige que, pour une voûte de dimensions données, les rapports des forces F restent renfermés dans certaines limites.

2° Parmi les diverses courbes de pressions possibles, eu égard aux dimensions et aux forces données, il faut qu'il y en ait au moins une, telle que la pression rapportée à l'unité de surface qui en résulte dans chaque joint, près de l'arête la plus rapprochée de la courbe, soit, pour tous les joints, inférieure ou tout au plus égale à la valeur que comporte la résistance limitée des matériaux de la voûte.

Évidemment, pour affirmer que la seconde condition n'est

pas remplie, il ne suffit pas de tracer une courbe de pressions qui satisfasse à la première condition, et de vérifier que cette courbe de premier essai donne lieu à de trop grandes pressions extrèmes s'exerçant près des arêtes où la pression par unité de surface a la plus grande valeur : on ne pourra s'arrêter à cette conclusion négative que lorsqu'elle s'appliquera à la courbe la plus favorable, qu'on peut qualifier la courbe de moindre maximum de pression, et que nous appellerons plus simplement la *courbe de moindre pression.*

Ici trouvent leur application les considérations exposées au numéro 316, et qui font voir :

1° Que la courbe de moindre pression ne peut se trouver toute d'un côté de la courbe des milieux des joints ;

2° Que, pour que les plus grandes pressions extrêmes qui répondent à une courbe soient aussi petites qu'il est possible, il faut que ces pressions rapportées à l'unité de surface soient égales.

Nous allons traiter comme exemple un cas particulier très-fréquent dans la pratique.

320. Voûte en berceau symétrique. — Considérons une voûte en berceau formée de deux parties exactement symétriques (quant à leurs dimensions et à leurs poids) relativement au plan vertical passant au milieu de la clef. De plus, les circonstances de la pose sont supposées avoir été les mêmes pour les deux moitiés de cette voûte, de sorte que les actions mutuelles qui s'exercent de part et d'autre dans le voisinage du plan de symétrie sont horizontales et perpendiculaires à ce plan. Nous n'avons ainsi à nous occuper que d'une moitié de la voûte, dont nous supposons d'ailleurs la dimension parallèle aux arêtes du berceau égale à 1 mètre.

La demi-voûte, dont la poussée N à la clef est nécessairement horizontale à cause de la symétrie supposée, est représentée par la figure 128, dont la partie supérieure est une reproduction de la figure 125, au-dessous de laquelle se trouve indiqué le reste de la demi-voûte jusqu'à sa naissance E_1I_1. Nous conservons toutes les notations convenues au numéro 317; mais le joint EI est un joint intermédiaire quelconque situé entre la clef et la naissance et faisant avec la verticale l'angle indéterminé x; la quantité P est le poids de la partie de voûte EII_0E_0, y compris sa surcharge supposée verticale, s'il y en a une; ce poids P varie donc avec x, ainsi que les longueurs l, y et x, la force Q, la distance z, les angles φ et ψ, les pressions p et p'.

A la naissance E_1I_1, correspondent des quantités analogues, savoir :

P_1 poids de la demi-voûte et de sa surcharge verticale,

$l_1 = EI_1$ longueur du joint de naissance,

Q_1 la résultante des forces P_1 et N, dont la rencontre est en M_1,

$z_1 = I_1C_1$ la distance du centre de pression C_1 à l'intrados,

$y_1 = II_1I_0$ la flèche de la voûte,

$x_1 = I_1K_1$ distance de I_1 à la force P_1,

α_1 l'angle de E_1I_1 avec la verticale ou de la normale à E_1I_1 avec l'horizon,

γ_1 l'angle de Q_1 avec l'horizon,

ψ_1 l'angle de la droite I_1M_1 avec l'horizon,

p_1 et p' les pressions par unité de surface en I_1 et E_1.

Si l'on attribue aux quantités z_0 et N des valeurs compatibles avec l'équilibre de la voûte, il en résultera une courbe de pression comprise entre les courbes d'intrados et d'extrados, et concaves comme elles vers le bas. Il sera facile, un joint quelconque EI étant donné, de calculer ou de trouver par une construction graphique la pression totale sur ce joint, et d'en conclure la plus grande pression extrême par mètre quarré, laquelle sera p ou p', à l'intrados ou à l'extrados, suivant que la courbe traversera le joint au-dessous ou au-dessus de son milieu.

Notre but étant de trouver le groupe de valeurs de z_0 et de N auquel correspondrait la courbe de pression la plus favorable à la résistance des matériaux, c'est-à-dire auquel correspondrait la moindre valeur pour la plus grande des pressions extrêmes, nous remarquons d'abord que cette courbe de moindre maximum de pression ne peut pas être toute d'un même côté de la courbe des milieux des joints, parce que si une courbe était supposée ainsi placée, on pourrait, sans altérer la pression N, ni par conséquent les pressions totales sur tous les joints, rapprocher partout la courbe de celle des milieux, et, par suite, diminuer les pressions par unité de surface près des arêtes les plus chargées de toute la voûte.

Il n'est pas aussi facile de voir, mais il n'est pas moins vrai, au moins dans les circonstances ordinaires de la pratique, que si la courbe du moindre maximum de pression passe au-dessus du milieu de la clef, elle doit passer aussi au-dessus du milieu du joint de naissance, et que, dans l'intervalle, elle doit, par conséquent, passer au-dessous de la courbe des milieux des joints ; dans le cas contraire, elle doit être au-dessous de la courbe des milieux à la clef et à la naissance et en partie au-dessus dans l'intervalle. Pour une voûte donnée, l'un de ces deux cas réalise seul la condition du moindre maximum de pression, et on le reconnaît à ce que les pressions extrêmes aux trois arêtes les plus chargées sont égales.

La recherche du joint moyen où a lieu la plus grande pression extrême est la seule difficulté de la question : on le déterminera par voie de tâtonnement. Soit EI la position supposée de ce point ; il s'agit de déterminer N et z_0 de manière à satisfaire à l'un des systèmes suivants d'équations :

$$p'_0 = p, \qquad p'_0 = p'_1 ;$$
$$p_0 = p', \qquad p_0 = p_1 .$$

Deux de ces équations sont littéralement les mêmes que celles qui, exprimant les égalités $p_0 = p'$ et $p'_0 = p$, se trouvent vers la fin du numéro 317. Les deux autres, qui expriment les égalités $p_0 = p_1$ et $p'_0 = p'_1$, s'obtiennent aussi facilement en remarquant que les expressions de p_1 et de p'_1 ne diffèrent de celles de p et p' qu'en ce que les quantités P, l, α, γ, y et x sont remplacées par les quantités $P_1, l_1, \alpha_1, \gamma_1, y_1$ et x_1, qui se rapportent à la naissance.

A la rigueur, les angles γ et γ_1 sont des fonctions de la force inconnue N; de sorte que les équations à résoudre sont transcendantes. Mais, suivant la remarque faite à la fin du numéro 317, ces angles diffèrent peu de ceux qui correspondraient aux valeurs

$$z_0 = \frac{l_0}{2} \quad \text{et} \quad z_0 = \frac{l}{2} \quad \text{pour le premier,} \quad z_0 = \frac{l_0}{2} \quad \text{et} \quad z = \frac{l_1}{2} \quad \text{pour}$$

le second ; ainsi les facteurs $\cos(\alpha - \gamma)$ et $\cos(\alpha_1 - \gamma_1)$ peuvent être considérés comme connus quand on se donne l'angle α. Remarquons, en second lieu, que l'inconnue z_0 n'entre, dans les quatre équations, que multipliée par l'autre inconnue N, de sorte que ces équations sont du premier degré relativement aux inconnues N et $N z_0$, ou, si l'on veut, relativement aux

inconnues z_0 et $\dfrac{1}{N}$. On peut, en effet, les réduire comme il

suit, à trois termes, moyennant les notations ci-après indiquées, et en désignant, pour abréger l'écriture, par δ et δ_1 les angles des résultantes Q et Q_1 avec les normales aux joints sur lesquels elles agissent ; ainsi :

$$\pm (\gamma - \alpha) = \delta \quad \text{et} \quad \pm (\gamma_1 - \alpha_1) = \delta_1 ,$$

$$\textbf{1}^{\text{er}} \textbf{ Cas :} \quad z_0 > \frac{l_0}{2}, \quad p'_0 = p, \quad p'_0 = p'_1 .$$

$$a''N + b''N z_0 + c'' = 0, \qquad a'''N + b'''N z_0 + c''' = 0 , \quad [1]$$

$$a'' = \frac{l^2}{l_0}\cos \delta + 2l \cos \alpha - 3y, \qquad a''' = \frac{l_1^2}{l_0}\cos \delta_1 - l_1 \cos \alpha_1 + 3y_1,$$

$$b'' = -\frac{3l^2}{l_0^2}\cos \delta - 3 = b, \qquad b''' = -\frac{3l_1^2}{l_0^2}\cos \delta_1 + 3 = b',$$

$$c'' = P(2l \sin \alpha + 3x). \qquad c''' = -P_1(l_1 \sin \alpha_1 + 3x_1).$$

2° Cas : $z_0 < \dfrac{l_0}{2}$, $p_0 = p'$, $p_0 = p_1$.

$$aN + bNz_0 + c = 0, \qquad\qquad a'N + b'Nz_0 + c' = 0. \qquad [2]$$

$$a = \frac{2\,l^2}{l_0}\cos \delta + l \cos \alpha - 3y, \qquad a' = \frac{2\,l_1^2}{l_0}\cos \delta_1 - 2l_1 \cos \alpha_1 + 3y_1$$

$$b = -\frac{3\,l^2}{l_0^2}\cos \delta - 3, \qquad b' = -\frac{3\,l_1^2}{l_0^2}\cos \delta_1 + 3,$$

$$c = P\,(l \sin \alpha + 3x). \qquad c' = -P_1\,(2l_1 \sin \alpha_1 + 3x_1).$$

L'un ou l'autre de ces deux systèmes d'équations sera seul applicable, selon que, les calculs faits, on trouvera la valeur de z_0 supérieure (1er cas), ou inférieure (2e cas) à $\dfrac{l_0}{2}$.

La valeur admissible de z_0 étant obtenue, ainsi que la valeur correspondante de N, on en conclura la valeur p_0' ou p_0 qui en résultera. Puis, si l'on veut, on obtiendra z par les formules précédemment établies : $z = \dfrac{x}{\cos \psi}\,\dfrac{\sin (\psi - \varphi)}{\cos (\varphi - \alpha)}$, $\tan \varphi = \dfrac{P}{N}$ et $\tan \psi = \dfrac{y + z_0}{x}$.   On calculera de même z_1 à l'aide des trois relations analogues qui se rapportent au joint de naissance.

Mais il restera du doute sur la question de savoir si la pression ainsi obtenue est, à un degré d'approximation suffisant, le moindre maximum possible dans toute la demi-voûte. Pour s'en assurer, il faudra, en adoptant les valeurs trouvées pour z_0 et N, chercher la plus grande des deux pressions extrêmes qui en résultera dans un joint ou plusieurs joints voisins de celui qui a d'abord été pris arbitrairement pour le joint supposé le plus chargé entre la naissance et la clef. On attribuera donc à z une valeur différente de celle qui aura servi aux calculs précédents; on déterminera la valeur correspondante de P; on prendra sur l'épure les valeurs corrélatives de l, y et x, et l'on calculera, comme nous venons de l'indiquer, la valeur analogue à z et par suite la plus grande des deux pressions extrêmes correspondantes. Ainsi, après quelques essais, on jugera si l'on peut s'en tenir à la première solution obtenue, ou bien s'il y a lieu de recommencer les premiers calculs en adoptant une autre situation pour le joint intermédiaire EI, le plus exposé à l'écrasement.

Quand on se sera ainsi fixé sur les valeurs de N et de z_0, on pourra, par les formules du numéro 317, calculer les valeurs de z et de p pour autant de joints qu'on voudra considérer dans la voûte, et l'on tracera, si l'on veut, la courbe des centres de pression.

521. Voûte en berceau non symétrique. — Une voûte peut n'être pas symétrique et chargée symétriquement par rapport au plan vertical passant au milieu de la clef, ne fût-ce qu'à cause des charges accidentelles et irrégulièrement réparties qu'elle peut avoir à supporter. Dans la pratique ordinaire, ces charges passagères étant très-petites en comparaison du poids propre de la voûte, on en conclut qu'elles ne peuvent pas altérer les pressions d'une manière notable. Mais si, par une exception fort rare, le défaut de symétrie des charges était considérable, on trouverait sans difficulté une courbe de centres de pression suffisamment rapprochée de la courbe la plus favorable pour garantir la stabilité de la voûte. Pour cela on pourrait prendre arbitrairement trois points C_1, C_0, C_1', d'une courbe d'essai, savoir, un, C_0, à la clef et deux aux joints de naissance; ces points seraient, par exemple, aux milieux des trois joints indiqués. Dès lors, considérant les deux moitiés de la voûte comme deux solides inégalement chargés et articulés en C_1 et C_1' sur leurs appuis et en C_0 où ils s'arc-boutent, on suivrait le procédé indiqué au numéro 197 pour déterminer les pressions totales Q_1 et Q_1' aux naissances et la pression mutuelle Q à la clef; puis on se servirait de ces forces et de la distribution connue des charges sur la voûte pour en conclure, soit par le calcul, soit par une construction graphique, les pressions totales et les centres de pression sur deux joints intermédiaires à peu près également éloignés des deux naissances et de la clef; on calculerait en conséquence les pressions par unité de surface, près des arêtes les plus chargées des cinq joints considérés. Si les cinq pressions extrêmes ainsi obtenues différaient assez peu entre elles, on pourrait s'y arrêter comme à une solution suffisante du problème Dans le cas contraire, on jugerait en quel sens il faudrait mouvoir le polygone des cinq centres pour diminuer la plus grande pression, sauf à augmenter la plus petite, en remarquant qu'un petit balancement de ce polygone change peu les intensités des pressions totales, tout en altérant sensiblement la pression extrême sur un joint où le centre de pression se déplace d'une fraction notable du tiers de la largeur de ce joint. On choisirait en conséquence pour un second essai deux nouveaux centres de pression aux naissances et un à la clef, et l'on recommencerait les opérations faites pour le premier. Un petit nombre de ces tâtonnements méthodiques conduirait à la courbe cherchée que l'on construirait complétement pour rendre sensible la loi de la variation de la pression dans toute l'étendue de la voûte.

522. Du frottement dans les voûtes. — Nous avons jusqu'ici passé sous silence une condition évidente de la stabilité d'une voûte : c'est que l'action mutuelle de deux voussoirs ne soit jamais tellement oblique à leur plan de contact, qu'il y ait lieu de craindre leur glissement. Or le coefficient de frottement des matériaux de construction (125) est si grand, que cette condition se trouve amplement remplie par la direction qu'on donne ordinairement aux plans de joint.

523. De la répartition des charges supportées par une voûte. Détail des calculs. — Les poids et les centres de gravité des diverses parties de la voûte proprement dite peuvent être déterminés avec toute l'exactitude désirable, d'après les dimensions adoptées et la densité connue des pierres employées.

On peut également évaluer à une approximation suffisante le poids de l'ensemble ou de telle partie qu'on voudra de la surcharge, c'est-à-dire des matériaux de remplissage qu'on pose ordinairement sur les reins et, le plus souvent, jusqu'au-dessus de la clef. Mais une question qui n'est pas susceptible d'une solution incontestable, c'est celle de savoir comment se répartit cette surcharge sur la voûte, quelles sont en intensité et en direction les pressions partielles qu'elle exerce sur les divers éléments de l'extrados. *M. Yvon Villarceau* a proposé d'admettre que ces pressions y sont normales et comparables à celles d'un liquide d'une densité égale à la densité moyenne de la surcharge. Mais l'hypothèse la plus généralement reçue est de considérer chaque voussoir comme supportant simplement le poids de la partie de la surcharge qui se trouve comprise dans un prisme vertical tronqué ayant pour base oblique l'extrados de ce voussoir. Nous adoptons cette dernière conception, qui n'exagère pas les motifs de sécurité en faveur de la construction, et qui se prête plus facilement que l'autre à l'application de la théorie précédemment exposée, en réduisant toutes les charges de la voûte à des forces verticales. Un calcul rigoureux de ces forces n'étant nullement nécessaire, on pourra procéder à leur évaluation comme il va être indiqué pour le cas ordinaire d'une voûte symétrique.

Soit $H_0 E_0 E$ (fig. 129) la section verticale de la demi-voûte. Soit LL celle de la surface supérieure qui termine la surcharge. On divise la demi-ouverture HI en un nombre pair de parties égales; supposons en seize. Par le point I et par les quinze points de division, on mène des verticales telles que $E_n L_n$; puis on substitue aux hauteurs $c_n L_n$ qui traversent la surcharge, d'autres hauteurs $c_n L'_n$, de manière que le rapport $\dfrac{c_n L'_n}{c_n L_n}$ soit

égal à celui de la densité moyenne des matériaux de la surcharge à la densité des matériaux de la voûte proprement dite, de sorte que la surcharge est supposée être comprise entre l'extrados

E_0E_nE et une surface cylindrique $L'_0L'_nL'$, et être formée de matériaux de même densité que ceux de la voûte.

On mesure à l'échelle les dix-sept distances verticales, telles que I_nL_n, que nous nommons v_0, v_1, v_2, v_3 ..., v_{16}, et qui sont comprises entre l'intrados et la courbe L'_0L', sur les droites menées par les points de division de III.

On calcule par la formule d'intégration approximative de Th. Simpson (Géom. anal., n° 232) les huit surfaces, telles que $I_0I_nL'_nL'_0$, comprises entre l'intrados, la courbe L'_0L', la verticale v_0 ou $I_0L'_0$ et chacune des verticales v_2, v_4, v_6,... v_{16}. Ainsi, en appelant A_2, A_4,... A_{16}, ces surfaces (l'indice de A désignant la verticale variable à laquelle la surface se termine latéralement), et en posant

$$\frac{III}{8} = \delta,$$

on a

$$A_2 = \frac{\delta}{6}\,(v_0 + 4v_1 + v_2), \quad A_4 - A_2 = \frac{\delta}{6}\,(v_2 + 4v_3 + v_4),\dots$$

$$\dots A_{16} - A_{14} = \frac{\delta}{6}\,(v_{14} + 4v_{15} + v_{16}).$$

On calcule ensuite les huit moments $\mathfrak{M}A_2$, $\mathfrak{M}A_4$ ..., produits de la multiplication de chacune des aires A_2, A_4,... A_{16} par la distance de son centre de gravité à la verticale IIIL_0 du milieu de la clef. Ainsi l'on a (Géom. anal., n° 317)

$$\mathfrak{M}A_2 = \frac{\delta^2}{6}\,(2v_1 + v_2), \quad \mathfrak{M}A_4 - \mathfrak{M}A_2 = \frac{\delta}{6}\,(v_2 + 6v_3 + 2v_4),$$

$$\mathfrak{M}A_6 - \mathfrak{M}A_4 = \frac{\delta^2}{6}\,(2v_4 + 10v_5 + 3v_6),\dots$$

$$\mathfrak{M}A_{16} - \mathfrak{M}A_{14} = \frac{\delta^2}{6}\,(7v_{14} + 30v_{15} + 8v_{16}).$$

On calcule les surfaces des trapèzes tels que $I_nE_nL''_nL'_n$, dont un côté est le joint I_nE_n, un autre côté est la verticale $I_nL'_n$ ou v_n, un troisième est $E_nL''_n$, épaisseur verticale de la surcharge fictive au-dessus de E_n. Le plus grand de ces trapèzes est $IEL''L'$ au-dessus du joint de naissance. Nous désignons ces huit surfaces, adjacentes aux verticales v_2, v_4,... v_{16}, par T_2, T_4,... T_{16}.

On calcule les moments $\mathfrak{M}T_2$, $\mathfrak{M}T_4$,... $\mathfrak{M}T_{16}$, ou produits de chaque surface de trapèze et de la distance de son centre de gravité à la verticale III_0. On simplifie tous ces calculs en considérant qu'une exactitude rigoureuse serait inutile et qu'une approximation à $1/20^e$ près est bien suffisante.

Ces opérations préparatoires étant faites, on se sert de leurs résultats pour obtenir les valeurs des quantités P_1, P, x_1 et x qui entrent dans les équations [1] et [2] du numéro 320, savoir : P_1 et x_1 se rapportant à toute la demi-voûte, puis P et x se rapportant à la partie de voûte comprise entre le plan milieu de la clef et un joint intermédiaire, soit par exemple I_8E_8. En réduisant à 1 mètre la dimension de la voûte perpendiculairement à sa section droite, et en appelant Π le poids des voussoirs par mètre cube, on a

$$P_1 = \Pi(A_{16} + T_{16}) \quad \text{et} \quad (A_{16} + T_{16})(\Pi - x_1) = \mathfrak{M}A_{16} + \mathfrak{M}T_{16},$$

$$P = P_8 = \Pi(A_8 + T_8) \quad \text{et} \quad (A_8 + T_8)(I_cI_8 - x) = \mathfrak{M}A_8 + \mathfrak{M}T_8.$$

La figure de la voûte tracée à une échelle suffisante procure d'ailleurs les valeurs numériques de la longueur l_0, des quantités l_1, z_1, δ_1, y_1, qui se rapportent à la naissance, et des quantités analogues l, z, δ, y, qui sont relatives au joint intermédiaire I_8E_8. On a donc toutes les données nécessaires pour former les équations [1] et [2] et en faire l'usage indiqué au numéro 320. Quant aux essais et calculs subséquents, ils s'exécutent rapidement au moyen des calculs préparatoires que nous venons de détailler.

REMARQUE. — Il importe d'appliquer aux voûtes la remarque

finale du numéro 316 : les dimensions d'une voûte étant données, ainsi que les poids de ses diverses parties, on ne peut affirmer que la répartition des pressions s'y fera toujours et spontanément suivant la loi de leur moindre maximum. Ce qui est
incontestable, c'est que cette répartition la plus favorable est
au nombre des cas possibles; l'art du constructeur doit donc
tendre à la réaliser, ou du moins à en approcher comme de la
perfection idéale, et l'une des conditions nécessaires pour y
parvenir est évidemment de procéder avec une méthodique
lenteur au décintrement des voûtes après que les mortiers y
ont pris une consistance suffisante. Au reste, on se met à l'abri
des conséquences que pourraient avoir les incertitudes des données adoptées par la théorie, les imperfections inévitables de
l'exécution et les circonstances imprévues, en n'admettant
pour maximum de pression qu'une assez petite fraction, un
dixième au plus, de la pression qui produirait l'écrasement des
matériaux de la voûte mis sous forme de petits cubes.

324. Voûtes sur pieds-droits. — Jusqu'ici nous avons considéré une voûte comme reposant aux deux naissances sur des
appuis inébranlables, et la question se réduisait à examiner si
sur ces appuis, ou dans quelque point de la voûte, la pression
rapportée à l'unité de surface excédait nécessairement une
limite imposée par la nature des matériaux, ou si, au contraire,
cette pression était assez au-dessous de la limite conseillée par
la prudence pour qu'il fût convenable, dans le cas où il s'agirait d'une voûte projetée, d'en réduire l'épaisseur et d'obtenir
ainsi une économie notable sans sacrifier la sécurité.

Lorsque la voûte est ou doit être élevée sur des pieds-droits,
les généralités de la théorie précédente s'appliquent immédiatement en considérant la courbe des centres de pression
comme se prolongeant dans ces supports, eu égard à leur poids
propre et aux charges qu'ils ont à supporter de la part des
constructions voisines.

Lorsqu'il s'agit d'une voûte isolée reposant sur deux pieds-droits, on peut commencer par considérer séparément la stabilité de la voûte proprement dite ; puis, en partageant un pied-droit en plusieurs assises, comme on a partagé la demi-voûte en voussoirs, y prolonger la courbe des centres de pression obtenue comme la plus favorable pour la voûte, et en conclure la pression par unité de surface près de l'arête la plus chargée de chaque joint. Trois cas sont alors possibles :

1° Il peut se faire que, près de l'arête la plus chargée du pied-droit, la pression par unité de surface soit à peu près la même que celle qui a été trouvée pour les trois arêtes les plus pressées de la voûte ; et il ne reste alors qu'à décider si l'ensemble présente soit insuffisance, soit excès de sécurité ;

2° Il peut se faire que, près de l'arête la plus chargée du pied-droit, la pression par unité de surface soit moindre que le maximum obtenu en trois points de la demi-voûte, et alors le système de pressions qui résulte du calcul est le plus favorable, la voûte étant donnée, et il serait possible, sans changer le maximum, de diminuer l'épaisseur du pied-droit ;

3° Il peut se faire enfin que, près de l'arête la plus chargée du pied-droit, la pression par unité de surface soit plus grande que le maximum le plus favorable obtenu pour la voûte seule. Dans ce cas, s'il s'agit d'un ouvrage exécuté ou d'un projet qu'on ne veuille pas modifier, il faudra, pour connaître le moindre maximum de pression possible dans l'ensemble de cet ouvrage, recommencer le calcul en prenant pour les trois joints les plus menacés celui de la base du pied-droit, celui de la naissance et celui de la clef. Le tracé complet de la courbe des centres de pression servira de vérification.

Lorsque deux voûtes reposent sur un même pied-droit, on peut étudier d'abord la stabilité de chacune d'elles, si elles sont inégales, puis combiner les deux pressions aux naissances avec le poids et la charge spéciale de la pile, pour en conclure les valeurs et la répartition de la pression sur les assises de celle-ci.

325. Stabilité d'un mur de soutènement. — Un mur étant destiné à soutenir un massif de terre, nous ne nous proposons pas d'exposer les considérations qui peuvent servir à déterminer la figure qu'il convient de lui donner, sa moindre épaisseur au sommet, l'inclinaison de ses deux parois, antérieure et postérieure. Nous supposons que le profil de ce mur soit donné, ainsi que la densité des matériaux qui le composent, de même que le profil et la nature du terrain à supporter ; de sorte que la question se réduit à vérifier la stabilité de cet ouvrage. Si, d'une part, on néglige, pour plus de sécurité, la cohésion du terrain, et que, de l'autre, on considère le mur comme formant un monolithe posé sur un plan de fondation immuable, on calculera la poussée totale qu'il doit subir et l'on composera cette force avec le poids total du mur ; d'après l'intensité de la résultante et la situation de sa rencontre avec le plan de la base, on jugera si l'arête la plus voisine de ce point ne supporte pas une pression qui excède la limite qu'impose la nature des matériaux employés. Lorsque le terrain sur lequel le mur doit être assis est modérément compressible, il convient que la résultante de la poussée des terres et du poids de la maçonnerie passe au milieu de la base de la fondation, afin que la charge y soit uniformément répartie et que le tassement prévu s'opère à peu près verticalement. Si l'on consolide la fondation par un pilotis, il sera convenable, en enfonçant les pieux, de les incliner parallèlement à la charge qu'ils doivent supporter.

FIN.

Paris. — Typographie HENNUYER ET FILS, rue du Boulevard, 7.

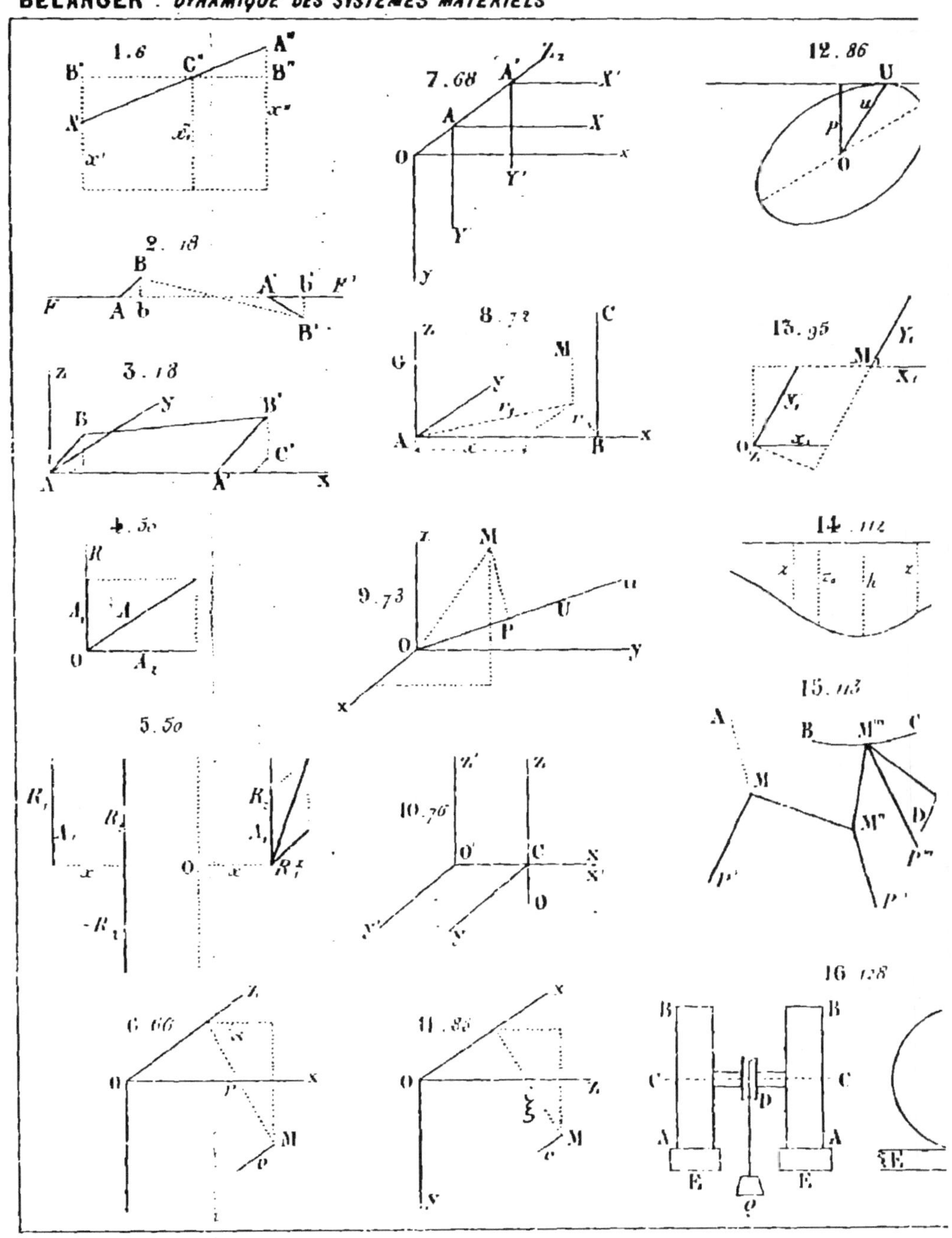

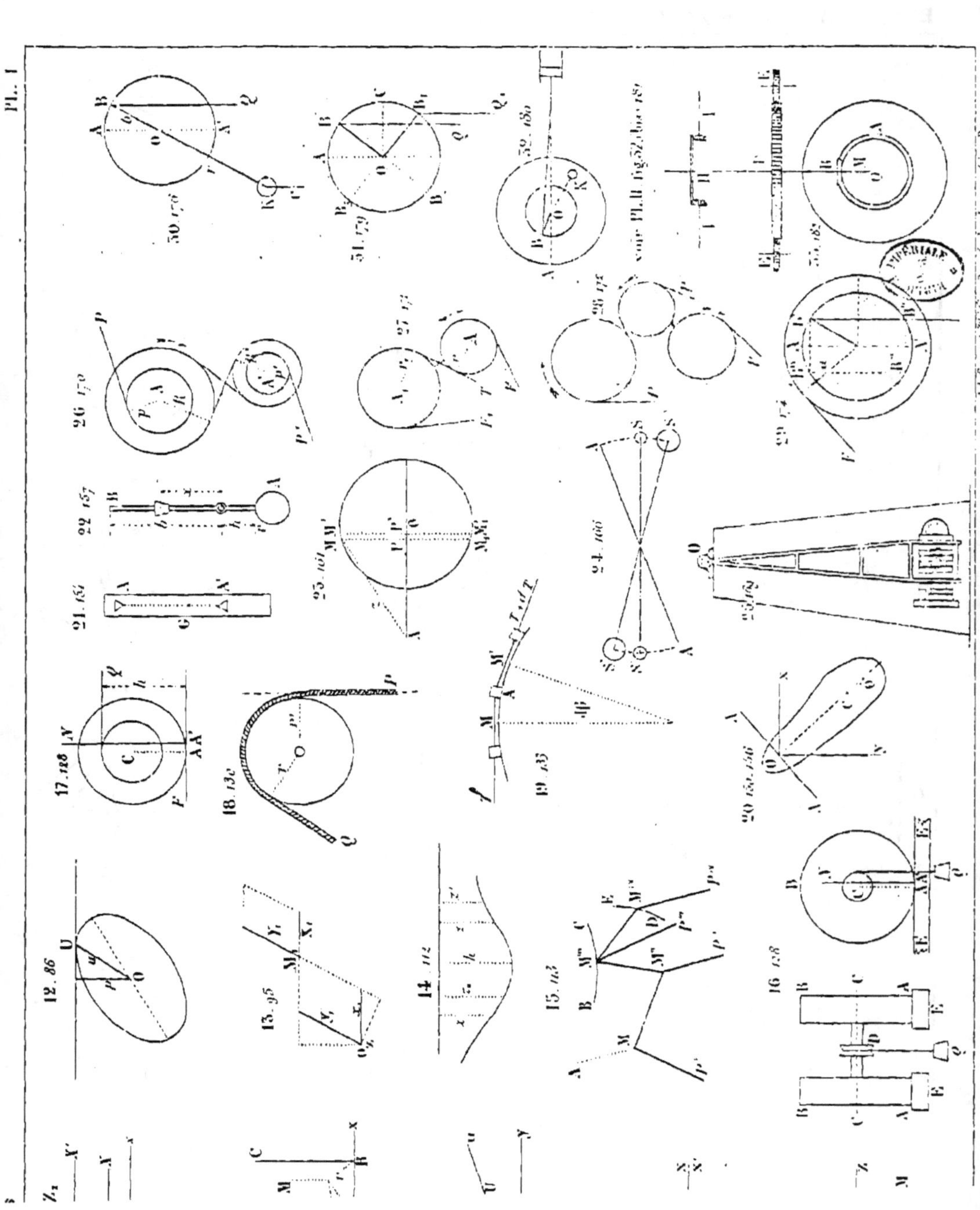

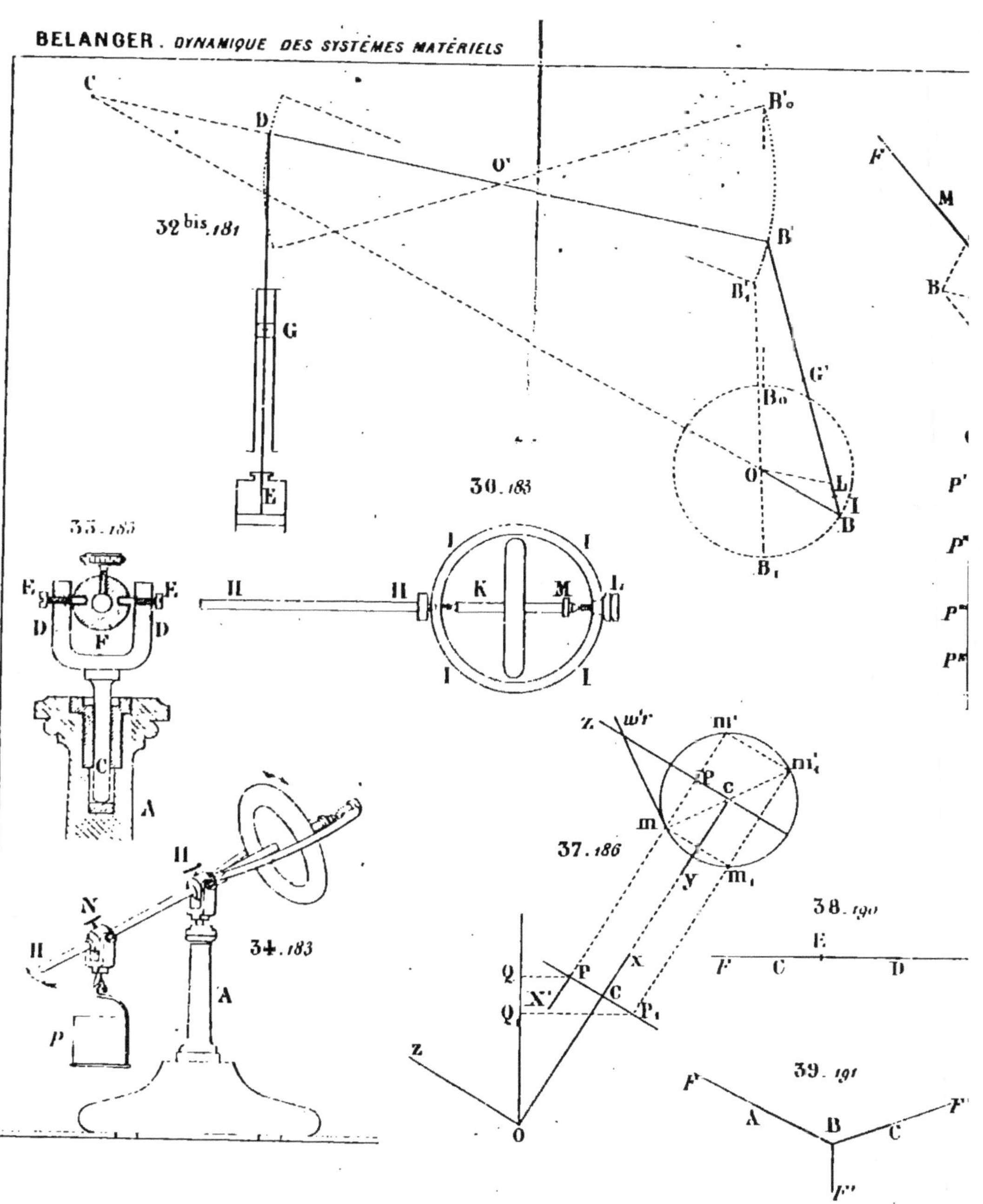

BELANGER. DYNAMIQUE DES SYSTÈMES MATÉRIELS
32 bis. 181
30. 183
35. 185
34. 183
37. 186
38. 190
39. 191

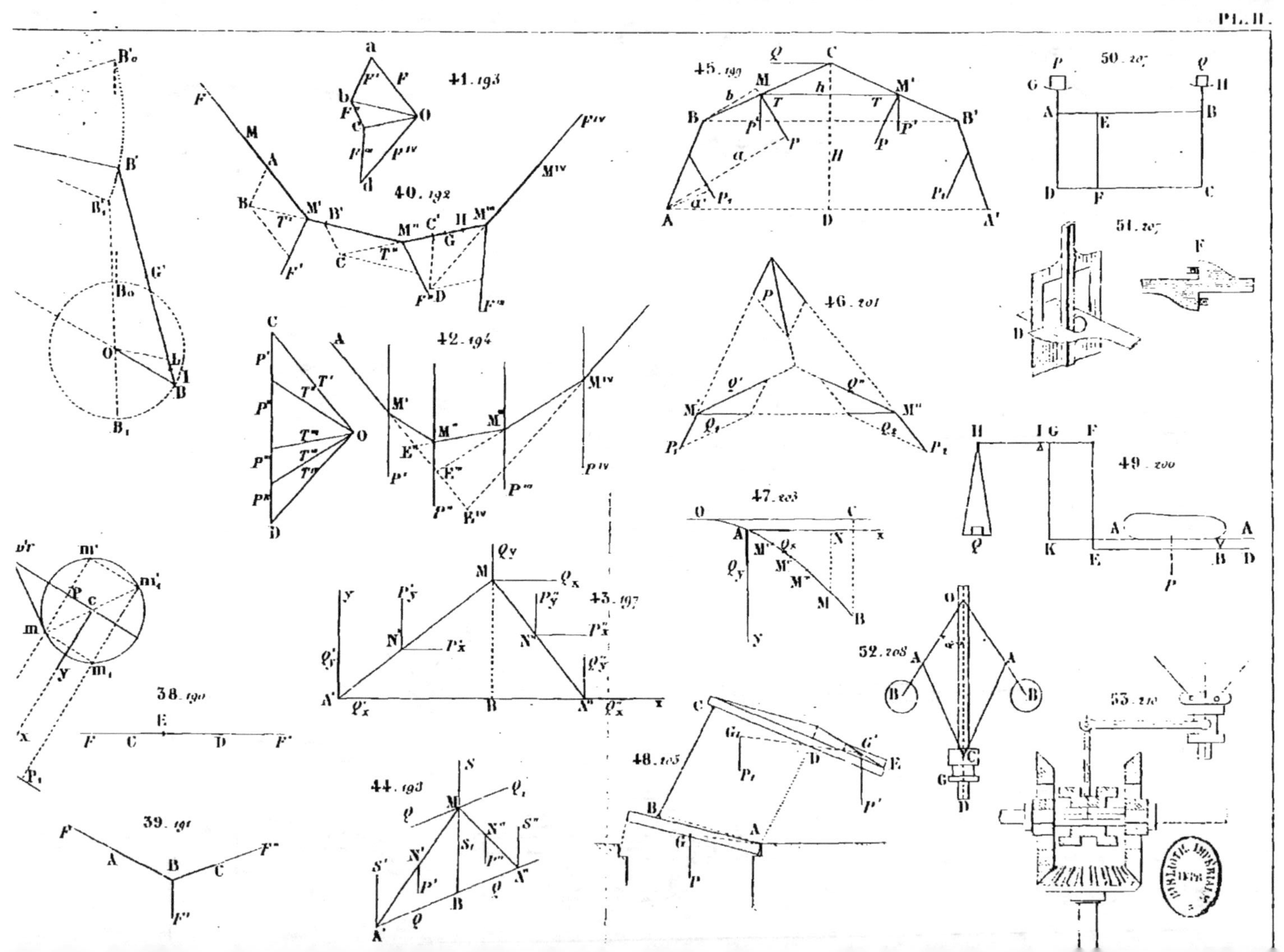

Pl. II

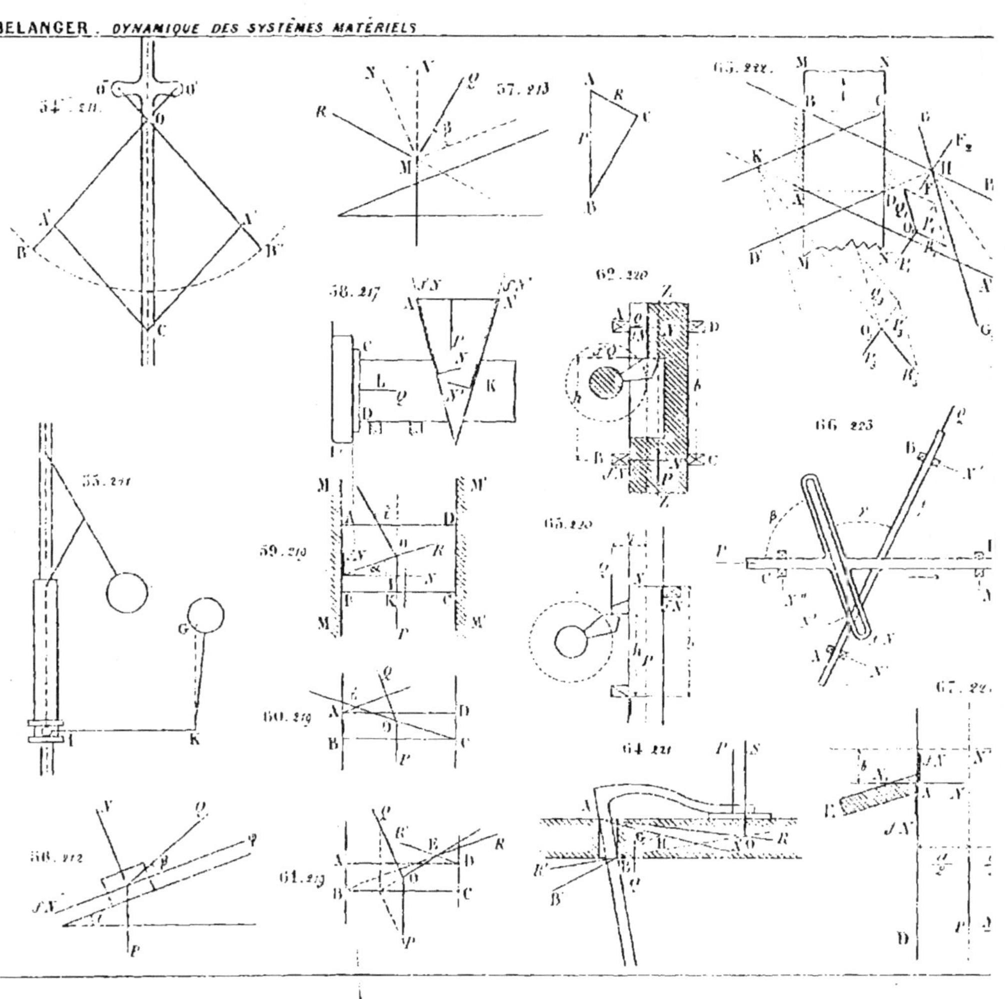

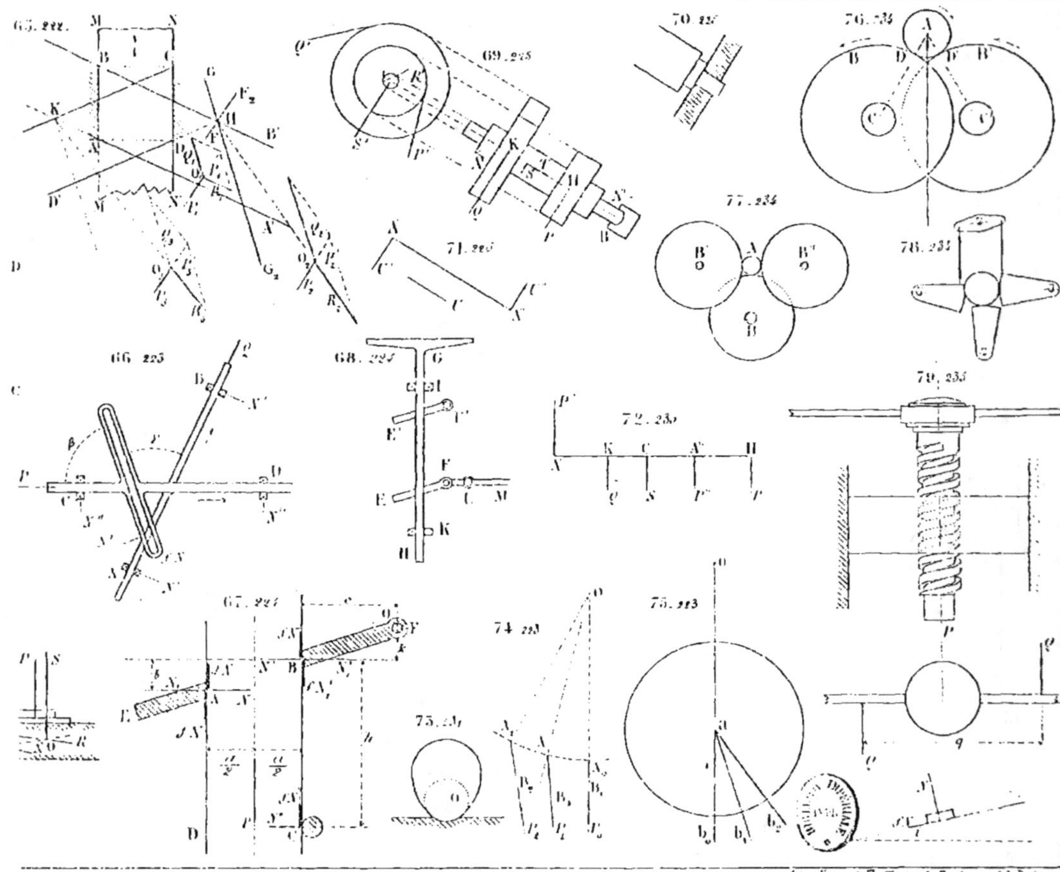

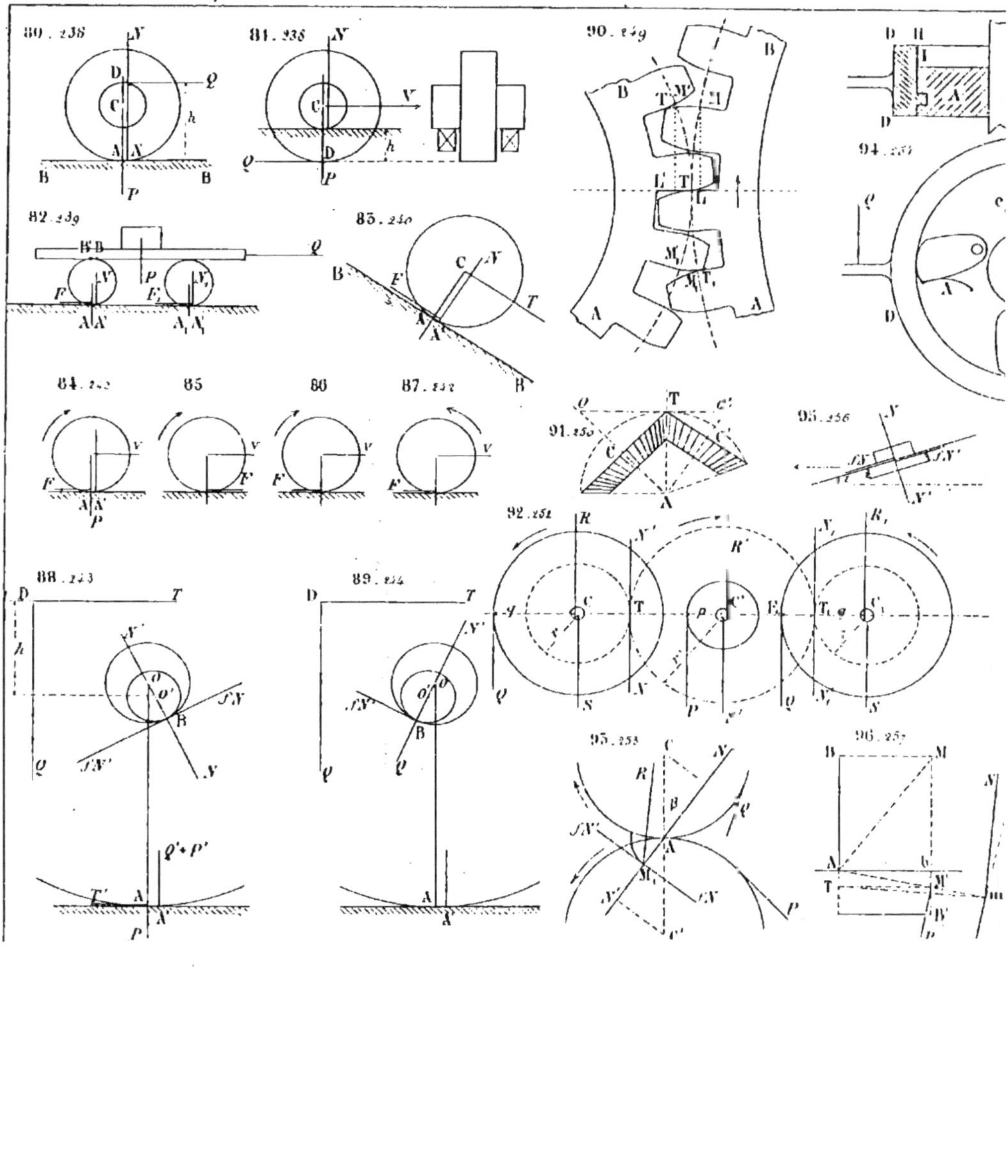
80 . 238
81 . 238
82 . 239
83 . 240
84 . 242
85
86
87 . 242
88 . 243
89 . 244
90 . 249
91 . 253
92 . 252
93 . 253
94 . 255
95 . 256
96 . 257

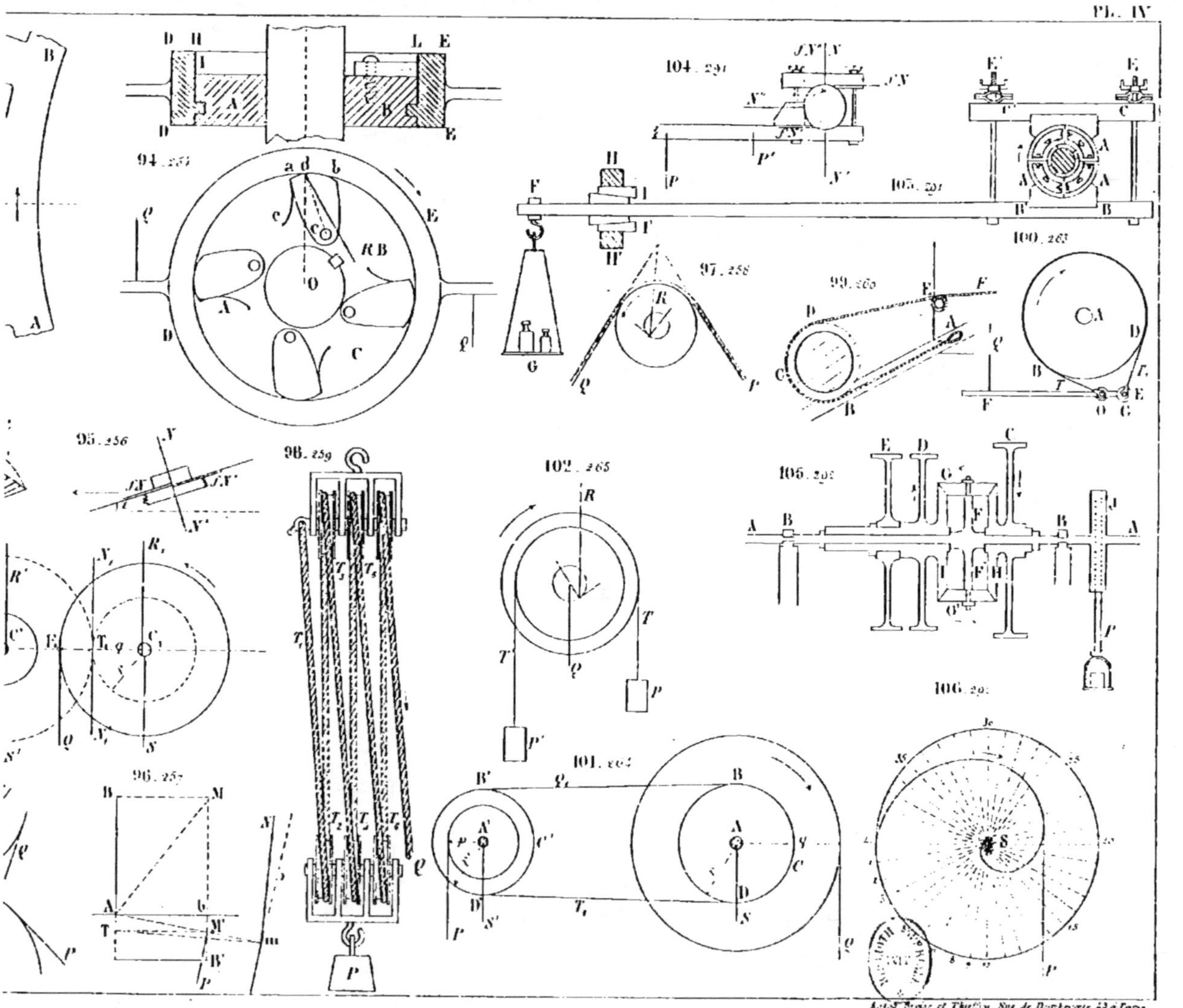

Pl. IV
94.
104.
105.
100.
97.
99.
95.
98.
102.
105.
96.
101.
106.

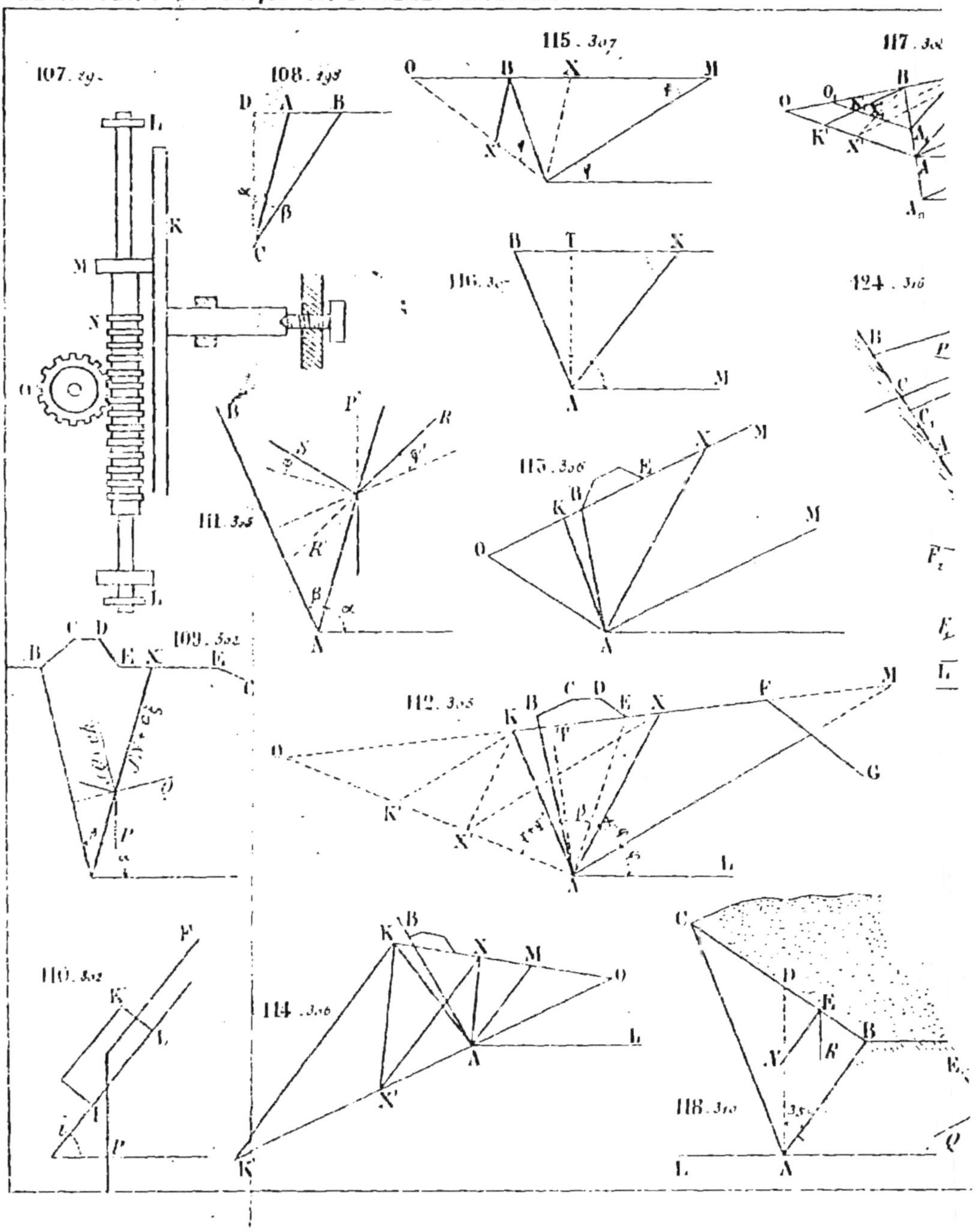

107. 29.
108. 198
115. 307
117. 308
116. 30
124. 310
111. 305
113. 306
109. 302
112. 305
110. 302
114. 306
118. 310

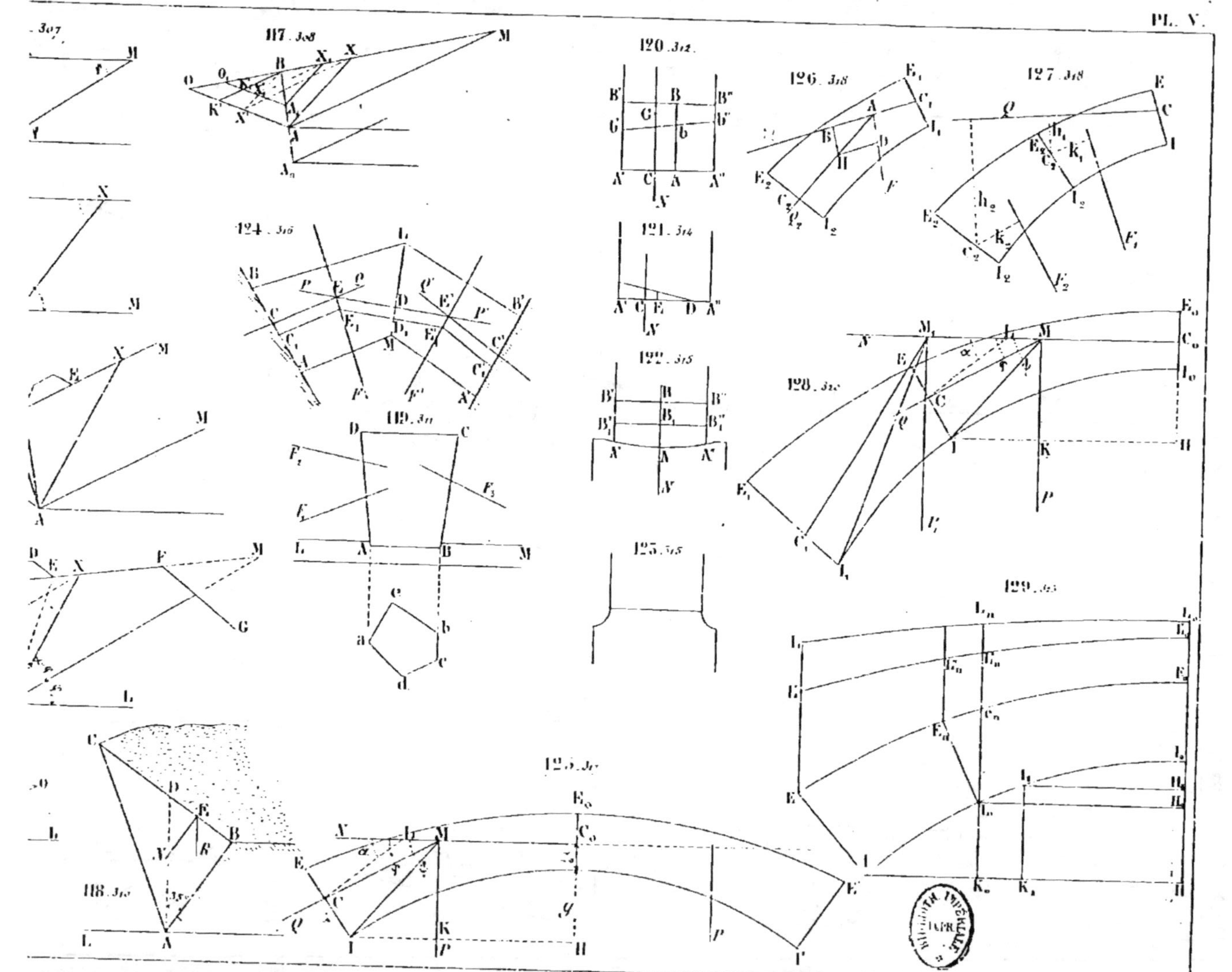

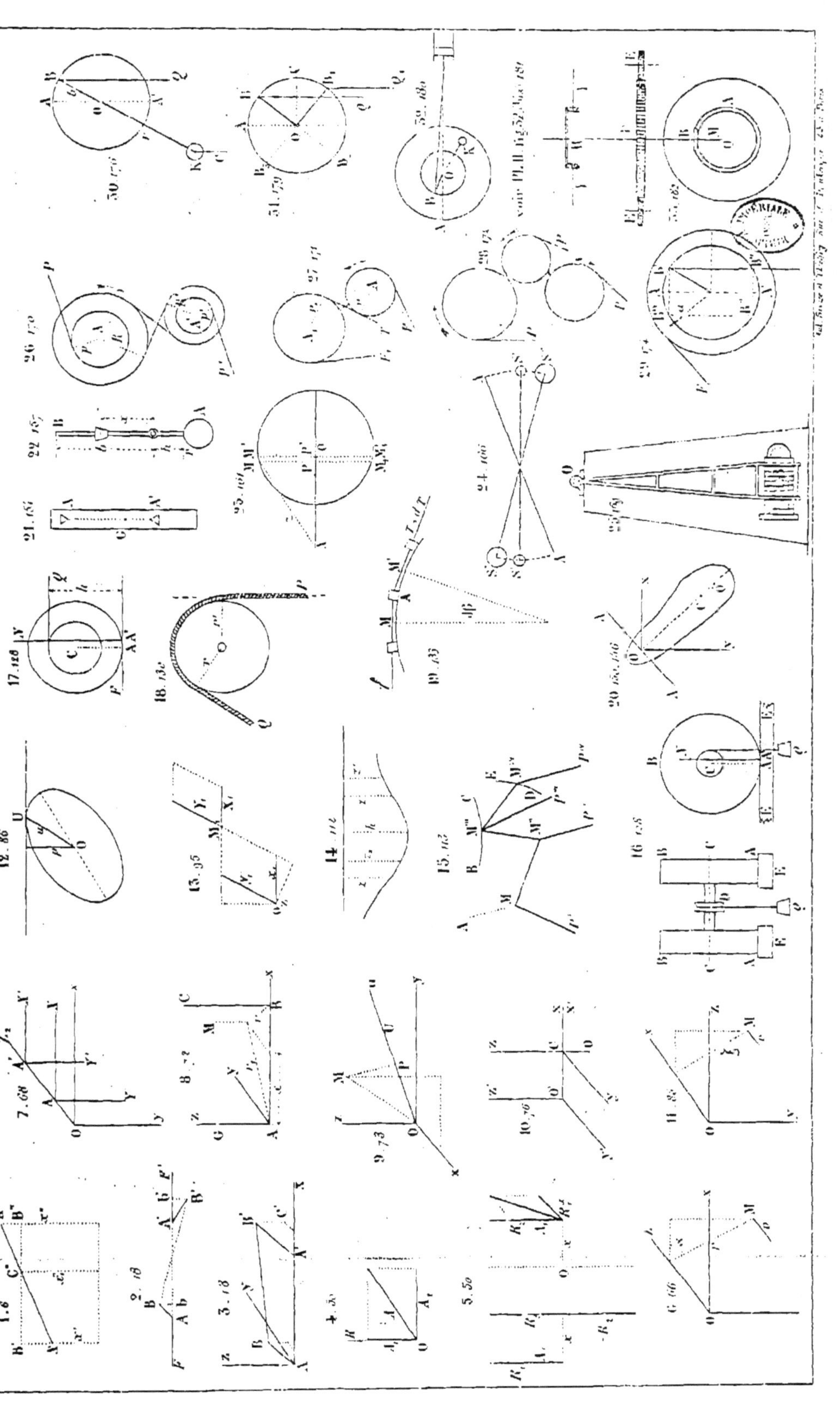

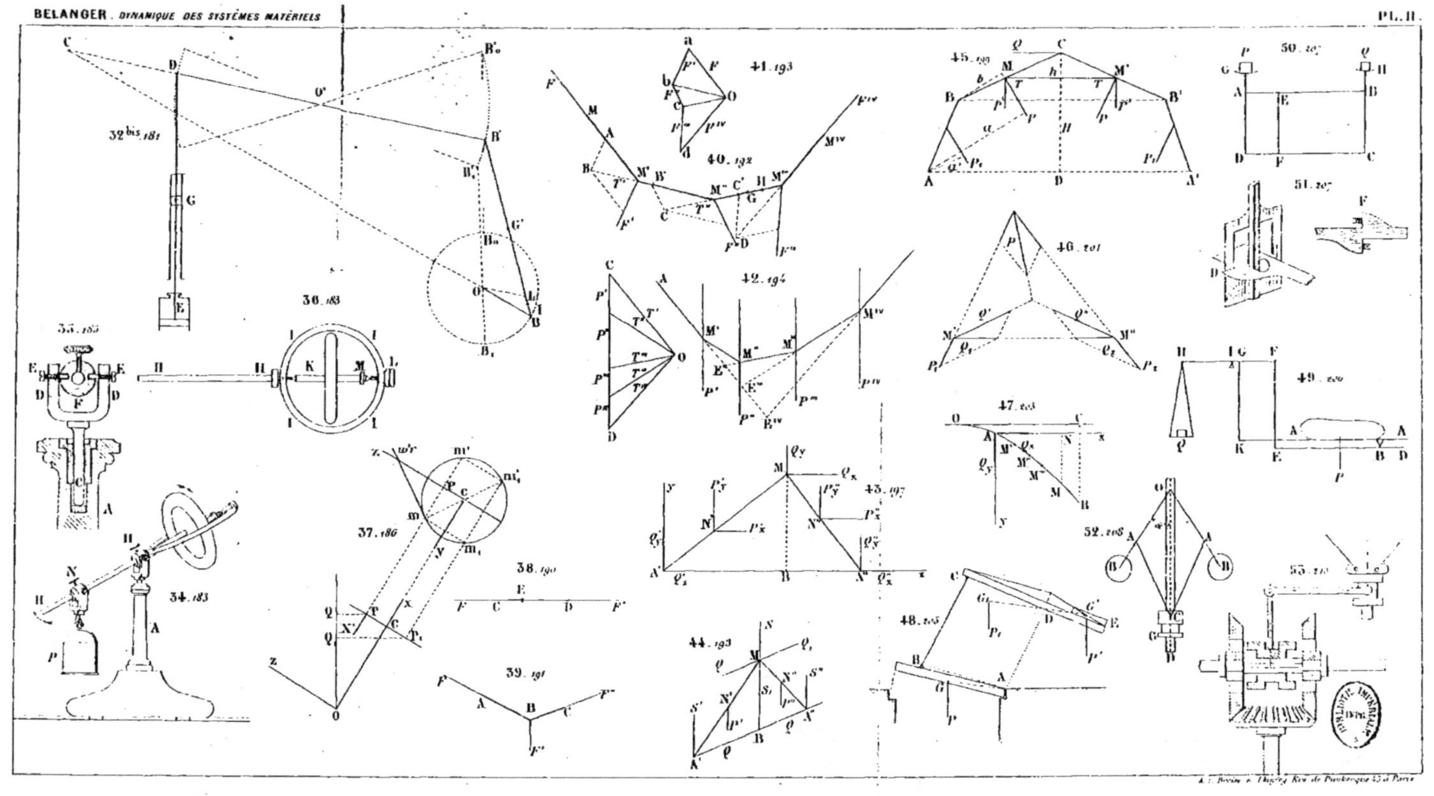

BELANGER. DYNAMIQUE DES SYSTÈMES MATÉRIELS
PL. II

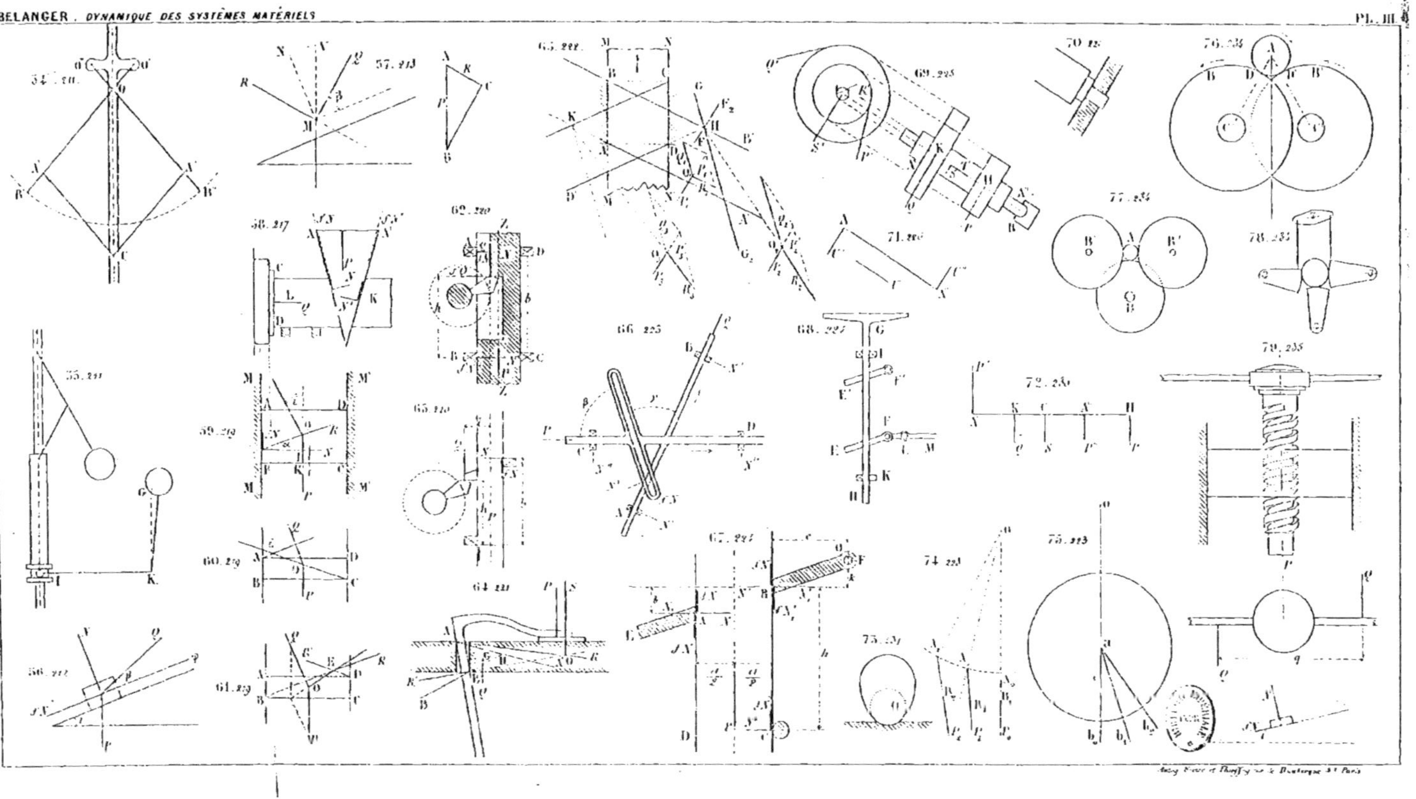

BELANGER. DYNAMIQUE DES SYSTÈMES MATÉRIELS
PL. III

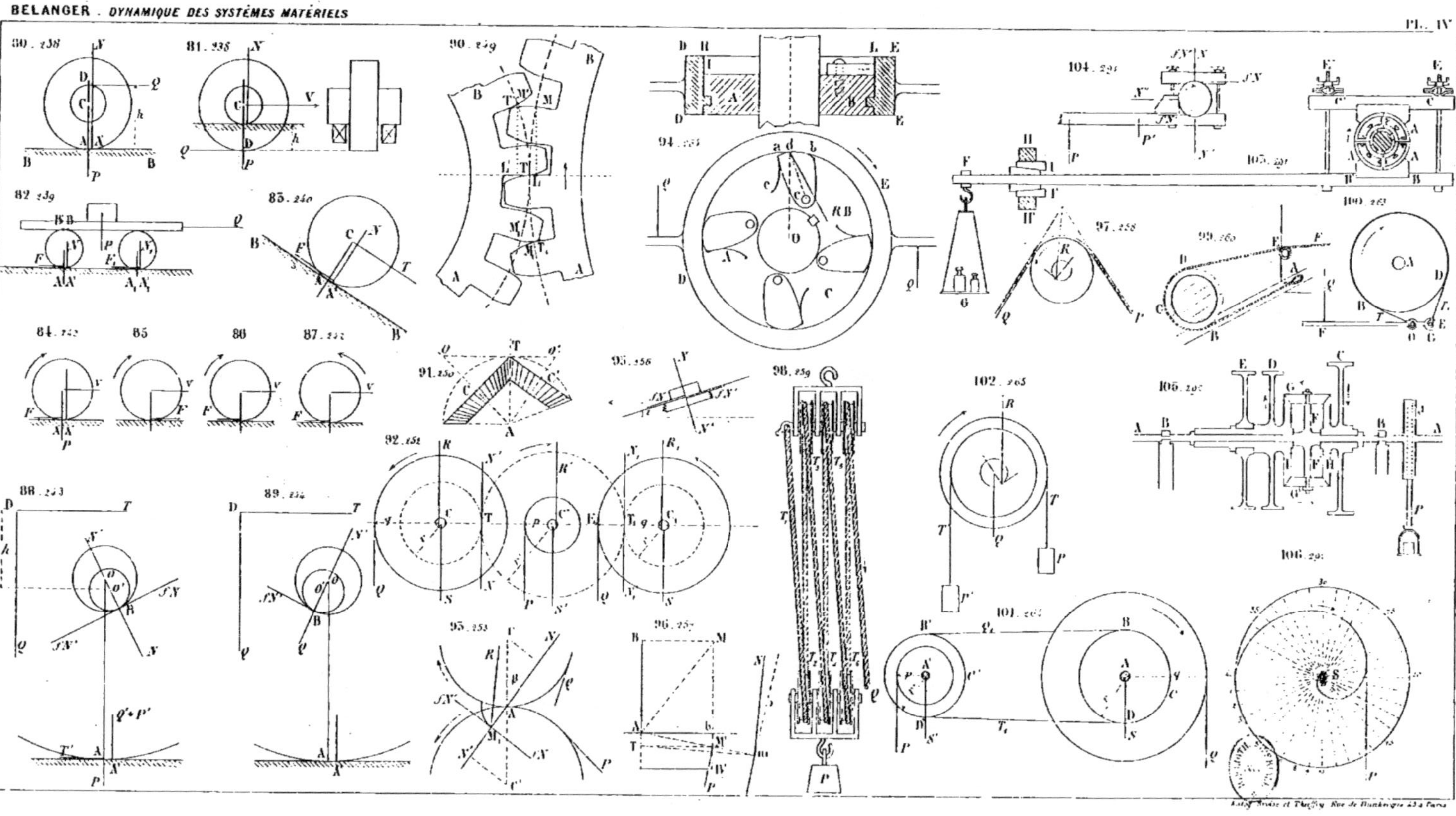

BELANGER. DYNAMIQUE DES SYSTÈMES MATÉRIELS
Pl. IV

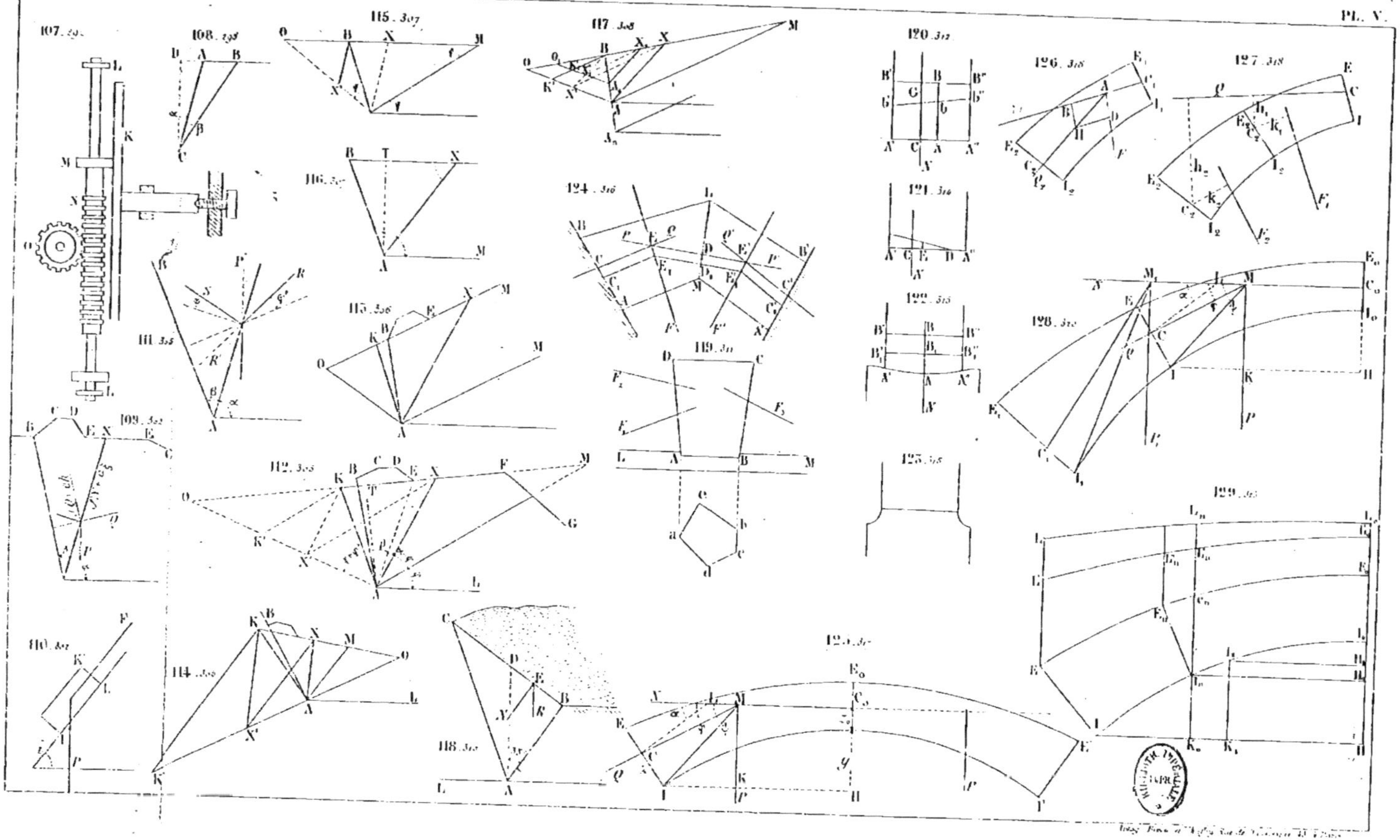

BELANGER . *DYNAMIQUE DES SYSTÈMES MATÉRIELS*

PL. V.